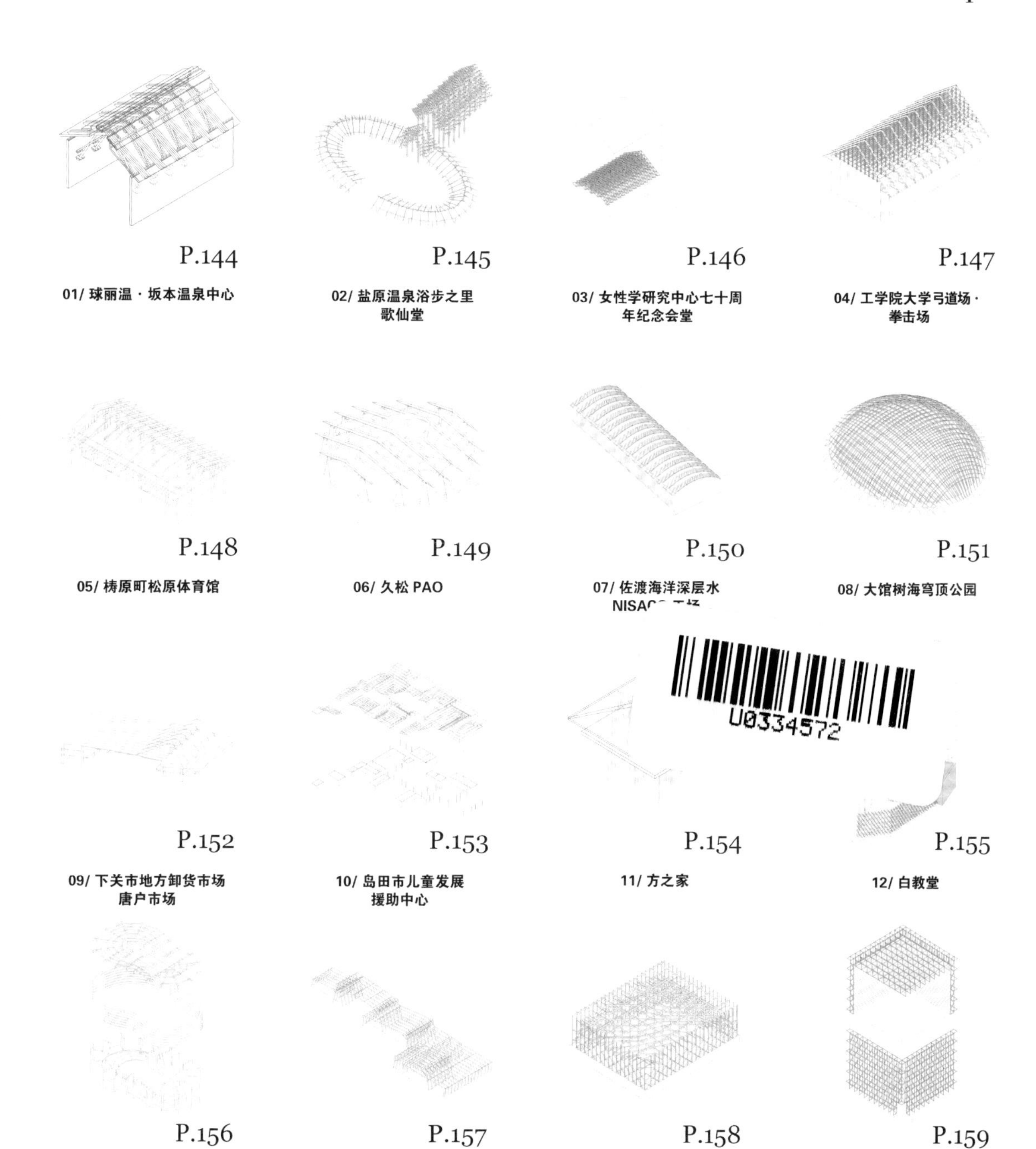

· IV ·

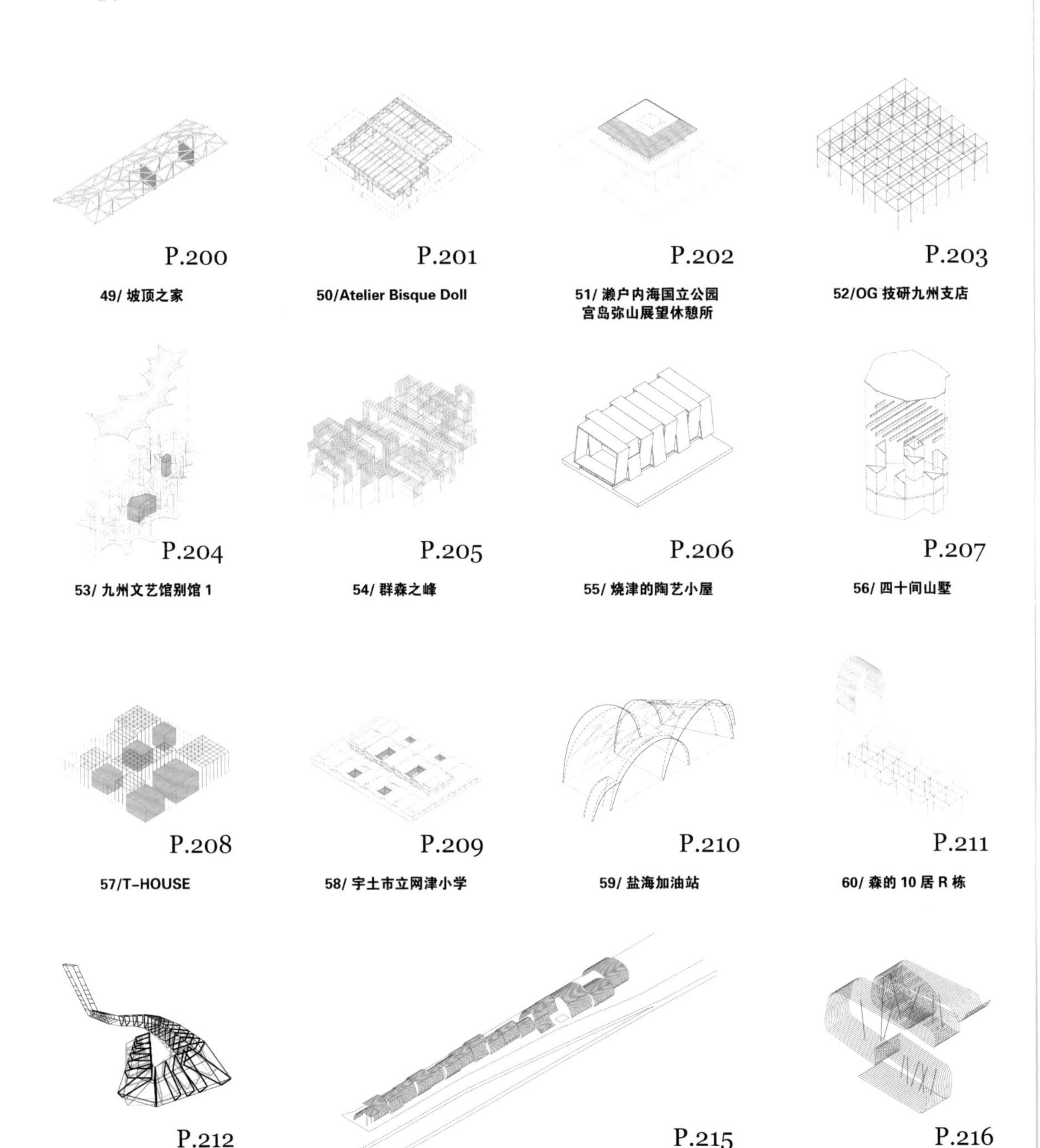

光明城

LUMINOCITY

看见我们的未来

结构制造

日本当代建筑形态研究

郭屹民 著

同济大学出版社
TONGJI UNIVERSITY PRESS

序一

郭屹民的专著《结构制造：日本当代建筑形态研究》终于可以与读者见面了。这部在他2014年答辩的博士学位论文基础上修改完成的论著即将问世之际，郭屹民邀请我为之写序，实在义不容辞。

我愿意以自己在建筑学方面的一点个人经历切入这篇序文。

上世纪70年代末80年代初我在南京工学院（现东南大学）建筑系读本科。那是一个“拨乱反正”的年代，经过“文革”的十年浩劫之后，一度停办的建筑学教育起死回生，逐步恢复。那也是一个资讯十分匮乏的年代，参考书寥寥无几，连教材都是手工刻写和油印的，更不要说我们现在已经习以为常的计算机、互联网、手机即时通讯以及由此引发的“信息爆炸”了。

在为数不多的由南京工学院非正规出版（即没有书号的出版）的教学参考书中，有一些我珍藏至今。其中两本特别值得在此一提，一本是1978年7月出版的《建筑译文》第5期，另一本是1979年9月出版的童寯先生的《日本近现代建筑》。

首先是《建筑译文》第5期。这一期《建筑译文》之所以值得一提，是因为它刊登了一篇题为《现代建筑的结构与形式》的译文，由当时的南京工学院建筑系老师译自德国建筑师和工程师柯特·西格尔（Curt Siegel，1911—2004）所著 *Strukturformen der modernen Architektur* 的英文版 *Structure and Form in Modern Architecture* 的序言和第一章。《建筑译文》只是教学参考资料，并非课用教材，也不在考试内容之列，但是与当时上课使用的《结构力学》相比，这篇译文对我却更具吸引力，因为它以一种更为建筑学的方式展现了建筑与结构之间的某种关联，因此给我的印象也就特别深刻。比如它在序言中提出了“结构形式”（即原著书名中的Strukturformen）的观念。它指出:“结构形式不能简单地加以计算，而必须经过设计，结构和形式之间的关系复杂到不能仅仅用数字来表达，它还包括艺术创造的因素。”与此同时，它的序言部分还将“结构形式”的观念与我们所学的建筑史知识结合起来。在这方面，哥特式大教堂将结构与装饰融为一体的案例自不待言，一个更为简单但更具挑战性的论点是它从正反两个方面阐述了梁柱结构与西方古典建筑语言之间的关系。这一关系源自“搁在两个支柱上的过梁，在很早的史前时期庙宇中就出现了，而且以其优雅的形式一再出现于后来的各种建筑文化之中”。但是西格尔指出：“在新古典主义作品中，厚重的横石被挂在钢梁上的石材贴面所取代，真实形式的表现力由于屈从于追求纪念性的需要而消失了，这个结构形式也就灭亡了。”这个阐述给我的触动很大，而这是我所经历的南京工学院西建史课程中从未涉及的。

现代建筑的结构与形式是西格尔论著的主题。从建筑史的角度，它指出新艺术运动只是尝试了一种艺术和道义上的革命，而没有能够把这种革命和当时的技术成就结合起来，因此“这个革命只能算成功了一半”。相比之下，芝加哥学派发展的框架结构形式的技术含量要高得多，但是由于建筑学的缺失而停留在技术的层面，未能带来框架结构的建筑学革命。这个工作是20世纪20年代由柯布、密斯、包豪斯的建筑师来完成的。无疑，这为理解现代建筑的发展提供了一种结构的视野。

当然，在今天看来，西格尔这部著作也有很大局限。首先，它在观念上还停留在对结构的物质性表达和“造型美”的强调。其次，它对现代建筑结构与形式的关注也过于简单，缺少建筑学的丰富性和思辨性。比如，《建筑译文》第5期翻译的第一章涉及框架结构的形式处理，与柯布多米诺体系将框架结构转化为建筑学问题的壮举完全不可同日而语，而1981年建工出版社出版的成莹犀翻译、冯纪忠先生校审的题为《现代建筑的结构与造型》的中文译本也显示，之后的第二章和第三章分别论述V形支座结构和网架、壳体、缆索结构等空间结构，这与弗兰姆普敦后来在《建构文化研究》中阐述的建筑与结构之间更为精妙的关系和意义也无法相提并论。尽管如此，该书给我本人的启蒙意义仍然是难以忘怀的。

童寯先生的《日本近现代建筑》是我愿意在本文中特别提及的另一部著作。准确地说，这是一本不到60页的小册子，而且一半以上是图页。但是恰如《江南园林志》《新建筑与流派》《建筑科技沿革》等其他论著，童寯先生在短小精悍的文字中阐述历史和思想洞见的能力也在本书中得到充分体现。作为一位才华横溢的建筑师和现代中国建筑学的先驱者之一，童寯先生在美国接受“布扎”式的建筑学教育，但是他对西方现代建筑、中国古代园林和东西方园林史，以及日本近现代建筑都有研究，体现了宽广的学术胸怀和情趣。《日本近现代建筑》是我最早接触到的一本关于日本建筑的论著。在这部著作中，童寯先生全面而又扼要地论述了日本建筑在近现代的发展，从明治维新全面向西方学习到制度和技术的变革，从早期“洋风”建筑到战后日本现代建筑的辉煌发展，从高层建筑到都市规划。童先生在“前言”中这样总结道：“今天，日本建筑西化的彻底，已达到和欧美毫无二致的地步，这就引起某些疑虑。前川国男在《文明与建筑》的论述中，指出日本对产生现代建筑的西方背景茫无所知，因此这种移植花木怎样繁殖？他这意见可能引起学院派正统观点的共鸣。但今天的时代，早已不是百年前明治开始维新的时代。前川仅仅从文化角度出发，而不可忽视的倒是，只要一个国家能取得科技成就并掌握经济实力，就可以避免走文化的漫长复杂道路而直攀现代建筑顶峰。日本为所有非西方民族树立了榜样。”

在童寯先生看来，中日两国是一衣带水的邻邦，在现代建筑的创作方面，我们能从日本得到很多启发。确实，在《近现代日本建筑》问世后的30多年中，中日建筑文化交流与日俱增，各种关于日本建筑的论著和译著也如雨后春笋般不断涌现。尤其是近20年以来，更为年轻新锐的日本建筑师及其作品已经超越童寯先生在《近现代日本建筑》中阐述的老一代日本近现代建筑师的作品，成为中国建筑师尤其是年轻建筑师们关注的对象。需要指出的是，这些关注常常集中在新颖抽象的形式上面。对建筑师而言，这似乎并不完全错，但是如果仅仅停留在形式层面，甚至沦为纯粹的形式模仿，忘记了铸就这些形式的技术和思想成就，那就只能用知其一而不知其二来形容了。

正是在这样的意义上，郭屹民的《结构制造：日本当代建筑形态研究》显示出其不同凡响之处。在我看来，这也是其在博士论文期间就引起学界广泛关注和好评的原因。也正是在这样的意义上，我们才能够理解该书不惜笔墨对“形态”概念进行思辨和论述的良苦用心。在这里，“形态”既是一个观念层面的问题，也需要与其结构受力联系在一起才能充分理解。一定程度上，它有些类似西格尔的Strukturformen，但是很显然，它比Strukturformen更为细腻和微妙，从思想观念和结构技术两个层面涉及当代日本建筑师和结构工程师更为深入的思考。具体而言，本书不仅在观念层面探讨了“自然”“细分”“平坦”“身体”“暧昧”等主题，又在结构技术层面对“水平抵抗”“抗震”“材料”“解析”“架构”等与结构受力相关的问题进行了阐述。二者共同形成了日本建筑的“形态”，或者说一个以形式、结构和观念组成的“三位一体”。

毫无疑问，这样的三位一体既包含了较之西格尔以结构的物质性及其“造型美”为核心的Strukturformen概念更为丰富的内涵，也把日本传统和当代文化的诸多特质融合进来。受我们自己的建筑学教育的影响，中国建筑师也许很容易理解老一辈日本建筑师的建筑作品中的“传统”与“现代”（如前川国男的东京文化会馆或者丹下健三的代代木体育馆），但是对蕴含在“自然”“细分”“平坦”“身体”“暧昧”以及“水平抵抗”“抗震”“材料”“解析”“构架”中的日本文化特质可能还所知甚少。

从建构学（architectural tectonics）角度看，传统的西方建构观念强调物质性，这在西格尔的“结构形式”中彰显无遗，即便是倡导“建造的诗学”的弗兰姆普敦也在他的《建构文化研究》中不时流露出对“非物质化”（dematerialization）的排斥。相比之下，日本文化却呈现出根深蒂固的非物质化倾向。这种倾向在童寯先生的《日本近现代建筑》中还没有得到关注，但是在之后数十年日本建筑的发展中却愈发明显。这使得日本建筑师和结构工程师对建筑与结构之关系的思考呈现出比西方同行们更为精妙的介于物质和非物质之间的暧昧特质，甚至放弃了被弗兰姆普敦《建构文化研究》视为建构学基础的“结构理性主义”所追求的重力表达。某种意义上，我们可以认为这是日本建筑师和结构工程师在经历了西方现代主义影响之后寻求自我文化认同的自觉行为。它既不同于日本近现代曾经出现过的“帝冠式”，也不同于现代主义时期对钢筋混凝土框架结构和材料的“日本式”表达。它更为含蓄，更为本质，也更加“无形”。尽管如此，这些建筑仍然在结构设计的理念以及与建筑形式的融合方面有极高的创造性和技术含金量，它们是童寯先生在《近现代日本建筑》中所说的“科技成就”的最好体现。

就此而言，本书的价值之一就是它以结构为切入点，拓展了我们对日本建筑文化特质的认识。当然，这里所谓的日本建筑文化特质不仅是“传统”意义上的，而且也是当代的。在本书中，这个“当代”被定义为由发生在1995年的几个足以深刻改变日本社会的事件所开启的时代（当然，案例的选择并不局限于1995年之后）。这几个事件包括1995年1月17日发生的阪神大地震、1995年3月20日发生的东京地铁“沙林毒气事件”、1995年8月24日微软发布的“视窗95”（Windows 95）系统以及由此开创的计算机普及化时代。特别是阪神大地震和计算机的广泛使用，它们对日本的结构设计以及与建筑的关系产生了巨大影响。

即便我们没有经历“沙林毒气事件”，然而地震和计算机的广泛使用却同样对中国建筑产生了巨大影响。2008年汶川大地震之后，中国建筑抗震等级全面提高，然而这种提高规格沿袭的似乎仍然是“以刚克刚”的思路，并没有对建筑和结构设计真正产生多少有积极意义的促进作用。在这样的过程中，计算机提供的只是一种计算工具。某些情况下，它甚至只是一种审图工具，一种通过结构验算决定建筑设计生死存亡的审图软件。

因此，郭屹民这部著作的另一个精彩之处在于它以一个建筑师的独特视角对日本当代建筑设计与结构设计之关系的研究和阐述。这些作品有些是我们熟知的，另一些则是我们不熟悉的；有些是享誉世界的大型公共建筑，另一些则是名不见经传的小型私家住宅。无论哪一种情况，郭屹民对这些作品的选择和阐述都基于两个基本的原则，即本书第三章论述的“结构即意匠”以及“美在合理的近旁”。前者表明，对于建筑学而言，结构的重要意义首先是设计而非计算；而后者则表明，任何对建筑与结构之关系的关注都不是将建筑等同于结构(反之亦然)，而建筑与结构的关系从来没有唯一解。

除了文字阐述之外，本书的一个亮点是精心绘制的图解。相信这些图解会对读者理解本书的主题提供很大帮助。另外，该书中所梳理的日本结构工程师的关联谱系也是我们了解日本结构设计发展的重要线索。据说这样的梳理在日本也是首创的。

好了，我的序言中说得也许有些过多了。还是让读者通过自己对本书的阅读获得对日本当代建筑的认识和理解，进而为我们自己的建筑品质的提高提供应有的启发和借鉴吧。

王骏阳

2015 年 7 月

序二

近些年来，随着信息技术与媒体的日益发达，日本建筑，特别是日本当代建筑琳琅满目地跃入我们的视界之中。在它们多样的表象背后，除了为建筑师与评论家们所熟识的那些“都市”“身体”“社会”“环境”等的解读视角之外，还有一个被忽视却又不可或缺的恐怕应该就是“结构”了。如同被忽视的往往就是最熟悉的那样，由地震、台风、海啸等自然灾害频发的风土所历练而来的结构意识，显然是在日本的建筑中亘古未变的。或者可以说，建筑形态被结构所渗透既是日本建筑当中的固有传统，也是其所具有的识别性能够经受住时间考验的根本所在。就这一点而言，脱离“结构”的形态研究，至少对于日本建筑而言应该是不够充分的。当然，全然不顾结构事实而对表面形式的粗浅模仿或抄袭，则必然会是表里不一的东施效颦了。

另一方面，对于当下国内的建筑学界而言，“结构”对于建筑设计的意义大多被局限在“计算”或“解析”的工具层面。与建筑相关的结构设计仅涉及一些大跨或高层等建筑，其原因在于大尺度的大跨或高层建筑技术选用会对造价产生直接的影响。不可否认，近些年来我们在相关建筑结构的研究与技术领域的确是取得了令人瞩目的成就。然而，结构与建筑设计之间的互动则显得曲高和寡，使得结构纯粹局限于自我封闭领域，相关研究与实践也难以改变其终究会陷于工具的命运。对于建筑设计而言，高科技的结构越来越变得难以问津也就是必然的结果。当代消费日渐强大下的形态游戏正不断地撕裂着建筑的设计与结构。渐行渐远的合理性，正导致建筑的形态越发令人不堪人力、物力与财力的巨大负重。

本书是在王骏阳教授指导的、我的同济大学博士学位论文《触发形态的结构：关于日本当代 1995—2011 年期间建筑设计的一种方法的研究》的基础上，为了更好地作为阅读文献而进行了大幅修订和增补而来的。与作为研究文献的原论文相比，内容上删节了“数据比较”部分；遴选并重新绘制了其中具有代表性的案例；增补了 2011—2014 年期间有价值的新案例；重写了有关“日本建筑的形态”及其他章节的内容及注释等。正如弗雷・奥托（Frei Otto，1925—2015）所说的，“有人说建筑必须是美的。然而所谓的美同善良却并不是一致的。美而不善，美而野蛮，抑或是丑而善良都有可能。由此，对于建筑甚至于所有的人类而言，比美更重要的是善良。贪财之人也好，贵族或犯人也罢，对于那些贫苦之人以及弱者、母亲、孩子而言，善良都是不可或缺的。善良乃是爱之根本，这注定了它不仅仅是技术的，更是感官的。可是，仅仅是爱和美尚且无法构筑起健全而善良的建筑。那是因为善良与美是无法在墨守成规的等待中获取的。它只存在于人类自身，存在于所有形态的经验与理解之中。”[1] 以“善”的“结构”为滤镜，来试图放大日本当代建筑中那些能够形成“美”的形态的途径是本书的目的。尽管书名冠以“结构制造”，但就像坂本一成（Kazunari SAKAMOTO，1943—）教授在本论文的答辩中指出的，这并不是一本关于“技术论”的研究，而是基于“设计方法论”对建筑本体进行的“认知论”研究，是以“结构设计”为线索的“建筑形态论”的研究。

诚然，结构尽管可以说是形成建筑形态的重要因素，但是建筑的复杂性与综合性远非作为技术要素的结构所能涵盖的。因此，在此有必要指出的是，单纯地通过结构这一单一要素来论述建筑形态必然会是一把双刃剑，其危险性在于过度放大结构对建筑形态的作用，无疑将会导致对影响建筑形态的其他要素的弱化与忽略，进而产生结构等同甚至凌驾于建筑形态之上的误解。本书包括了以“方法论”方式进行分析的案例论述，这其中所归纳的结构设计方法既是为了说明它们都是基于客观设计条件的主观回应，也是为了更加全面地阐明结构在形态设计中的可能性。倘若忽视了对结构设计方法归纳的前提，不顾具体现实，僵化地将这些“方法”当作是一成不变的，并将其移植为“技巧”，甚至是将掌握这些“技巧”当作为目的的话，那就很容易陷入“手法”的牢笼之中。而这绝非本书的目的所在。

本书一共四章，包括第四章中 90 个图解的案例研究。第一章对“形态”的意义进行了词源学层面的分析，来释清其字面背后的文化性含义与内容所指。它是本文以观念和结构两条线索来论述建筑形态与结构关系的理论基础和基本线索。第二章以横向的文化特征为线索，来梳理和归纳日本建筑形态的特点。第三章以纵向的时间维度为线索，概述了自近代以来日本建筑结构的发展历程。第四章以案例研究为主，对日本当代建筑形态中的结构设计方法进行了归纳与分类。附录中作者与两位日本结构设计师的对谈，其内容几乎涉及了本书所有章节的讨论要点。希望能以这种方式，通过更多的视角，来向读者呈现本书探讨的内容。而作者归纳和整理的“日本近代建筑发展年表”和“结构发展史年表”提供了结构工程与设计方面的发展线索，以供参考。各章的论述方式各不相同，之间既有层层递进的关系，又确保了相对的独立性和完整性。因此，本书提供了多种不同的阅读方式：读者既可依照先后顺序通篇阅读；或根据兴趣挑选相关的章节；也可以直接对案例研究按图索骥。我们也希望以一种相对灵活的方式来呈现建筑结构设计与建筑形态之间关系的“善”与“美”，进而能引发思考，而非技巧。

尽管我不敢奢望这本书能够多大程度上对建筑与结构的认知有所裨益，但还是希望它能够成为一种思考建筑与结构关系的线索。

郭屹民

2015 年 12 月

注释

1 F·オットー(岩村和夫訳). SD選書201　自然な構造体. 东京　鹿島出版会, 1986：23.

目录

第四章 结构制造 135

附录 267

致谢 309

第一章 关于形态

满足人类家族生活的空间是与人类的存在息息相关的自由空间，因此理性无法同人类的一半存在所一直追寻的技术完全重合，自然也就成为必然。而那些只拥有古代架构技术的传统空间能让我们产生强烈的充实感，自然也就不会令人吃惊了。“反复性”是人类本质的一部分，其根源来自人类性欲中的反复性。人类如果始终无法跨出其肉身一步的话，那么这种“反复性”就会永远制约自由。与纯粹理性领域的产物——科学的不断前行相反，艺术不断应验着“反复性”的轨迹。矛盾的两分性揭示的正是人类自身的结构。[1]

1.1 “形态”词源考

1.1.1 “形态”

“形态”一词由“形”和“态”组成。作为名词的“形”在汉语里的基本注释可以记载为实体、样子和表现三种含义。[2]如果详究“形”在古代典籍中出现时的含义可以发现，起初“形”被较多用来表示状态，例如“形，象形也”（东汉·《说文》）、“在天成象，在地成形”（东周·《易传·系辞上》）、“形色，天性也”（东周·《孟子·尽心上》）、“由此言之，勇怯，势也；强弱，形也”（西汉·司马迁《报任安书》），这些应用中的“形”基本都可作“形势”之解。而在“无案牍之劳形”（唐·刘禹锡《陋室铭》）、“山岳潜形”（宋·范仲淹《岳阳楼记》）、“钩勒形廓”（民国·蔡元培《图画》）中的“形”便已作为“实体”之意了。也就是早先“形”之中具有的动态意味被逐渐淡化了。事实上，古字中“形”的意义是非常丰富的，“形”通“型”和“刑”便是例证之一。之后的演变将“形”的意义固化于静态的用法上。“态”的本意是“姿势、姿态和状态”，亦可引申为“会意”之义。例如“态，意态也”（东周·《说文》）、“尽变态乎其中”（东汉·张衡《西京赋》）、“宁溘死而流亡兮，予不忍为此态也”（东周·《楚辞·离骚》）、“有风既作飘摇之态，无风亦呈袅娜之态”（清·李渔《芙蕖》）中的“态”则皆可作“姿态、状态”之意，也可理解为一种暂时平衡或变换的间隙。因此“态”是具有与“形”相异的动态意味的。根据以上分析可知“态”的动态意味与“形”更早期的词义是有相通之处的，即它们都具有“状态”的意思。当“形”与“态”组成“形态”一词时，汉语的基本解释为“形状神态、形状姿态”，或“指事物在一定条件下的表现形式”[3]。“形态”的含义事实上是将“形”与“态”两字各自静态和动态意味都包含在内，既体现出“形”的实体性，又暗示了实体背后动态的趋势，符合“一定条件下的表现形式”之义。“形态”所具有的这种动态意味皆是由于“态”具有动态意味。如果我们将“形态”与相近的“形式”进行意义上比较的话，那么这种差异就更加显现了。“式”意即“法度、规矩，同‘距’”[4]，也就是确定了的内容。“形式”的意义也作“某物的样子和构造，区别于该物构成的材料”。所以“形式”是与零散的材料相对静态的、被赋予一种强制性意味的实体。既然是实体，就必然需要通过外部来表现。维基百科（Wikipedia）有关“形态”意义的注解显然表明了这种基于外部的关照性：“一般而言，形态是指事物外部的形状、外观及形式。和其构成的物质、内容或材质相对”[5]。

日语中的“形態”同古汉字（けいたい，音作 kei-tai），其音读[6]特征表明了它应源自古汉语。据《国语辞典》以及三省堂《大辞林》第三版有关“形態”的注释可知，其意义是“物体外部可见的形或样子、形体”。组成日语“形態”的“形”与“態”两字都有各自的训读，表明了它们具有更加古老的词源。“形”的训读为 kata（かた）或 katachi（かたち），据《大辞泉》意为“外形、姿势、表面、图案或者纹样等”，其中作 kata 的“形”字通“型”。“形”与“型”的训读发音特征成为菊竹清训[7]当年阐述其“新陈代谢理论”[8]的引喻：

> “か”是设计实践过程中展开依据的内容，是对“各种可能性”的构想、秩序，也是对新功能的发现。“かた”（型）是典型与体系，从属于实践的认知阶段。从“か”到“かた”的认知，是对构想、秩序在实体概念上的把握。而最终阶段从“かた”到“かたち”（形）转变的操作，乃是实践的本质阶段，是被整合后的“かた”通过“かたち”的实践来验证和强调它的重要性。[9]

菊竹清训的“か、かた、かたち”不仅以语言的规律巧证了其建筑理论，也对日语“形”的实体意味做出了清晰的揭示（图 1.1）。另一方面，“態”一字训读音作“sama”（さま），无论读音还是意义，“態”都与日语的另一个字“様”（样）相同，即“样子、外观”。尽管和汉语中一样强调了外部的表现，

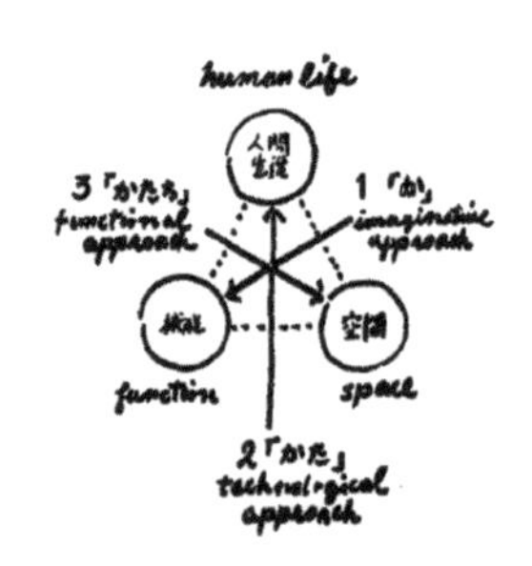

图 1.1 菊竹清训关于“形态”图示

但由于日语“態”的含义中没有动势的意味，因此在日语“形態”的释义中，没有汉语“形态”包含有的“一定条件下”的动态因素也就可以理解了。

1.1.2 “form”与“morph”

无论中文还是日语，汉字中“形态”的表述具有实体的外部表现这一点是能够得到确认的。然而“形态”的意义却并非如此单纯，当代语境下的“形态”不仅可以指向可见的实体外观，同时也可以指向不可见的抽象内容。对于当代“形态”意义上的复杂性，小林克弘[10]认为：

> 围绕形态讨论时，会意识到问题并非如此简单。其理由大致可以整理成以下三点。
>
> 第一个理由是所谓形态的单词其意义主体本身绝非单纯。作为含有形的意味内容的类同词，比如就有形状、形态、形式，等等，这些词之间究竟有何差异？形状也就是指可见的形，意味着表面的形，相当于英语中的 shape 或者 figure。可是，形态（form）除了意指可见的形之外，还包含了使形得以成立的某种秩序。而像康（Louis Isadore Kahn）那样 form 的用法，其所指的却并非是目之所及的事物，也指向决定目之所及所涉及的深处所具有的思考方式。进而对于形式而言，与其说是指目之所及的形，倒不如说它更指向附加秩序的状态，换句话说更接近构成的含义。形态的词义在各种关于形的词语中处于居中的位置，不同的使用方式会产生微妙的语气差异这一点是需要留意的。
>
> 第二个理由是，形态根本上是包含有对目之所及形之意味的，但对于平面形态、空间形态这样的表现用语而言，在实际建筑中并不一定指向目之所及之物……因此形态在用于建筑的说明时，会被作为适用范围很广的便利用语，但对于其所指的明确是必要的。
>
> 第三个理由是，即便是形态，根据其句法层面的使用，或是意义揣

摩的不同，对于形态评价的方法会产生很大的差异。[11]

图 1.2 路易·康关于“form”的图示

目之所及与目之不及都被纳入“形态”关照的范围之内，因而也就使得“形态”远非我们通常理解的那么简单。“形态”某种意义上可以进入视觉无法进入的对象深层之中而产生意义。小林克弘为了区别“形态”的这种双关性，以英语 shape 和 figure 的表面指向与“形态”(form) 进行了对照。在小林克弘看来，汉字的“形态”所具有的这种丰富性是可以用英语单词 form 来对应的。并且在路易 · 康 (Louis Isadore Kahn)“关于 form 的图示”(图 1.2) 中获得到了佐证。取代了 1950 年代古典主义观点所提出的 order 与 design 的二元论，60 年代康的作品是以存在主义观念的 form 与 design 的二元论展开的。早先的 order 之所以变成为 form，是因为在康看来 form 是以 realization (现实) 为基础，伴随着 realization 的升华与变幻，form 的意义也会随之而改变。进而，康以 form 为中心的图示解释了从 personal (个人的) 到 form (形态) 最后到 design(设计)的路线图。在这里 realization 被当作为是 feeling(感情) 与 thought (思维) 的融合。而 form 则是包含了超越论意义与形式论意义的合体，前者是作为 form 根源的梦想与愿望，后者则代表了 form 对不可或缺因素的统合。

不管康的这番解释是使 form 的意义更加清晰还是更加隐晦，form 所具有的可见与不可见的两义性应该是没有异议的。然而，这段被福蒂[12]看作是 20 世纪建筑中最重要也是最苦难的历史却仍然在不断地反复着。他在 *Words and Building*[13]一书针对 form 的意义论述中这样写道：

> form 存在着两义性。一方面它意即 shape，另外它也含有 idea 或者 essence 的第二层意义。它既指向形或视觉可以捕捉的事物特性，也指向形或精神可以捕捉的事物特性。当使用 form 言及建筑时，作为某种见解，不是言语的特征将这两种意义混淆而使其丧失其原意，就

图 1.3 格式塔杯

是这种混淆别有用心地被利用。对于 form 所不得不提及的是，在基于物质创作的艺术实践领域，这个词的两种含义所产生的两义性与理解息息相关。德语（有关 form 近代概念所最初提及的语言）中对于这个问题的理解相对于英语更加有利一些。与英语中仅仅只有 form 这一个词相对，德语中有 gestalt 和 form 两个词。Gestalt 一般用于作为接受感觉的对象，而 form 一般用于对具体事物意味着某种程度的抽象化。[14]

Gestalt 即我们熟知的“格式塔”[15]（图 1.3），意作“模式、形状、形态”，被视作为“完形”的代名词。其所具有的具象性、组织性和恒常性使它总是指向于具体的视觉对象。德语中的 form 在卸去了 Gestalt 所承担具体指向的负担之后，常被用于表示抽象事物，而抽象当然是依附于观念的产物。显然，英语中的 form 混淆了这种关键的两义性而变得模棱两可。不仅如此，福蒂还接着归纳了有关 form 直到 1900 年左右的衍生意义：①作为对象视觉上的特质（康德）或对象其自身特质的 form；② germination，也就是在有机物或艺术作品中存有的作为生成原理（歌德，Johann Wolfgang von Goethe）的 form，或是作为事物先验 concept 的 form；③如科勒[16]所提及的那种作为艺术目的、艺术主题整体的 form，或是由此表现出思考与力量的，作为单纯符号的 form；④作为以 mass 来表现建筑作品的 form，或是以空间来呈现的 form。[17]

早在 13 世纪开始被使用的 form 最早是来源于拉丁语的 forme，意作“形式、漂亮”，之后演变为盎格鲁法语（Anglo-French）中的 furme、forme，最后才出现中古英语（Middle English）中的 forme，即现在 form 的英语原型。而福蒂上述的归纳则是在试图说明 form 在经过大约 700 多年之后，其原本的意义已经陷入了混乱。康德的 form 明确无误地表示出其在德语中清晰的两义性。苛勒的符号与实体空间则表明了这种两义性更加精确的指向。只有歌德[18]的“生成原理”是比较特别的，它以时间作为序列，试图在先验的“原型”同“form”的多样性之间建立起某种逻辑上的关联。这种关于 form 动态的观点显然不同于仅仅关注于事物表象或者内部静止的构成关系，更是将 form 用于指向事物间的相互关系。据此，我们大致上可以了解到因 form 意义上的宽泛从而由此所导致的混乱。而福蒂罗列的 20 世纪 form 在意义上的细分，更显示出 form 意义的混乱在不断加剧的事实。作为对装饰的抵抗、大众文化的解毒剂与社会价值的相对化，区别于功能主义的、以及对意义、现实、技术的考虑，form 几乎成为 20 世纪几乎所有领域都竞相罗致的救命稻草，最终使得 form 不可避免地套上了观念的枷锁。

另一方面，不同于小林克弘大胆地将汉字“形态”同英语 form 直接对应，*Words and Building* 日语版监译坂牛卓[19] 与邉见浩久[20] 将原文的 form 译作“形”。这种审慎展现在学术上有其必要性。无论“態”一字在日语中有无动态意思，从其在汉语中“态”字尚且保留的动态之意而言，form 具有的对象性含义中还无法涵盖这一意义。事实上，“形态”与 form 在含义上的这种差异所引起的混淆并非个例。汤则正信[21] 引述了关于“形”的含义：

> 形态主义（原文作モーフィズム =Morphism）
>
> 作为从物理学、生物学、心理学以及艺术学对形态（form）一般论探究的最初研究，以选集形式记载如下：*Whyte Lancerot Law ed.: Aspects of Form—A Symposium on Form in Nature and Art*, 1st ed., 1951; enlarged ed., American Elsevier Publishing Co., Inc., New York, 1968。就编者的序论（Introduction），以及 1968 年的前言（Editorial Preface to the 1968 Edition）和全书总体的观点而言，在这里可以对 Whyte，也就是形态（form）的概念进行简要的探讨。通过对“格式塔理想，有机的组织体理想”形态主义（morphism）的揭示，可以就形态整体的性格进行评价。这里所涉及的形态（form）是指空间的形

态（spatial form），其中既包括了外的形态（exterior form）即可视的形（visual shape），又包括了内的形态（internal form）即结构（structure），以及变化、性质转化（transformation）的三重意义。其次，形态（form）一词所具有的各种意义（他所列举的内容有形 <shape>、配列、结构、图案、体制、诸关系的体系六个）的共通性是"被秩序化的复杂性"或者"根据某种统一化原理所支配的多样性"的概念。建筑设计的过程正是 Whyte 这样的形态论事物，此外，也可以说同形态（form）一词的二重性——"采用线、面、体积等一切可能形（shape）的暧昧的意义"，以及"还是采用更正确地通过各部分的秩序化来决定这些形"之间有着紧密的关联。

自然界中有关生物形态的研究对建筑而言也是意味深长的话题。汤姆森·达西[22]著，柳田友道、远藤勳、古泽健彦、松山久义、高木隆司共译的《生物的形态》[23]中写道"生物精密的形是由分子之间的力在一定范围内产生的，成长与形的法则应该是单纯的"，从而将生物的形纳入数学领域之中。汤姆森对于形态的观点，即"所谓形就是形对形所具有的事物进行力作用的表现形"这一假说引出了力学的观点，并通过高阶解析等基础数学的方法对生物形态及其内容进行了简洁的说明。虽然对于生物学来说，形态是同进化密切相关的，但在这里却导入了与时间进化概念不同的观点。他不仅引述了黑格尔及亚里士多德的观点，认为"进化乃是在思考之中的秩序与连续性及其组合智慧的概念，并非事实的时间序列"，例如坐标变化法就同各种各样的生物形态相关联。这种变换的重要性依据著者所述可以归结为："在形态学中，与其正确地定义每一个形态，倒不如说其相互之间的形态比较更是问题的症结所在，形自身无论有多么复杂，总是可以通过变形操作而容易被理解。当某种形的基本型被当作为比较的标准时，那么其他形的变化就说明这完全是数学领域的问题了。"[24]

在这里完整地引述汤泽的这段文字是因为这里面包含着有关“形态”意义的重要线索。其在引述有关“形态”概念时，form 是被标注为“形态”的。而正文标题以及文中的“形态主义”都被用片假名标注为 morphism。显然，form 所涉及的有关“形态”的概念并非汤则引文的核心，正如其标题“形态主义”（morphism）所示，汤姆森有关通过数学和力学来试图建立起形态变化的观点是汤泽这段“形态主义”的核心。如果是这样的话，那么与“形态”所涉的 morphism 就一定是与 form 不同的，也就一定是与基于数学、力学方面的变换相关的。这里“黑格尔与亚里士多德”的“时间进化观点”与福蒂指出的歌德 form 的意义是相近的。参与 *On Growth of Form* 一书翻译的高木隆司[25]对 morphology 与 form 区分道：

> ……Morphology 一词的起源原是 19 世纪中叶，由希腊语的 morph（形）与 logos（语言、理论）而来的造词，也可称之为形态学。这是一个被认为暗示形及其生命变化运动的浪漫主义哥德式命名。
>
> 表示“形”的另一个英语 form 被定义成与 morph 正相反，据说这是由亚里士多德所造的单词。不管怎样，morphology 作为生物学上形态变化或组织体的起点，同 form、shape、type、figure、configuration 等相似单词是有着本质区别的，可以说是包括了可见的和不可见的“内部深远”意味的单词。[26]

一般认为“形态学”Morphologie 是歌德为研究生物进化所造之词，也有在歌德之前由布尔达赫[27]于 1810 年时引入一说。关于 morph（v）在《剑桥高阶学习词典》(*Cambridge Advanced Learner' S Dictionary*) 标注为“to change one into another or combine them using a compare program”；《牛津高阶学习词典》(*Oxford Advanced Learner' s Dictionary*) 则更为简洁：“something into something or somebody into somebody”。由此可见，morph 表示出一种动态的指向

性变换，即 into。在韦氏在线词典（Merriam-Webster）中，morph 甚至就等同于 transform。这一点 morphism 这一数学专有名词也提供了线索。morphism 汉译为“态射”，数学上一个态射表示两个数学结构之间保持某种联系的一种抽象。比如在某种意义上保持结构的函数或映射，它们被视为是一种方向性的形式变换。换句话说 morph 可以用来表明一种矢量的变化。词根 ology 源于希腊语的动词 λεγω，意思是“倒”。之后逐渐演化成名词 λογos，初为“采集”的意思，后来成为 logos，意思便成为“说”和“话”之意，也可指“书”“著作”等文字资料。与同样是表示“说”“话”的希腊语 mythos 强调故事性的叙述不同，logos 表示辩理，是抽象性的和理论性的。所以 logos 的“说”离不开“概念”，而“概念”具有“符号”的普遍性，因而可以“涵盖”“时间”的“流变”，但其自身却是“空”的。换句话说，logos 代表了具有普遍性的抽象理念，因此以 ology 为词根的前缀也包含了普遍的意味。由此可知 morph 与 ology 相组合的 morphology 可以作“规则变化的普遍形态论”。英语词典中关于 morphology 的表注为“the form and structure of animal and plants or form of words and phrases”。morphology 是一种与动植物或抽象语言有关的、关注于它们的 form 和 structure 的理论。也就是说 morphology 是与客观事物和抽象事物相关的普遍性形态理论，其与观念无关。

综上所述，通过比较 form 与 morph 我们就可获知两者之间在意义上的不同：两者虽然都以形态作为对象，但 form 强调的是对象的视觉特征或形的特质，附带有文化的含义；而 morph 强调的是形态对象内部关联的结构，其与客观世界的演化规律相关。而这一点亦即汤泽“形态的一般论”中所提到的“外的形态”——可视的形与内部形态——结构。如果说“形”是一个观念的实体对象外观的话，那么“态”则指向了具有普遍性的变化状态（姿态)。汉字的“形态”将观念性与普遍性一并叠加在了事物的对象之上，使其具有了对应于人类主观与客观共存于世界的能力，因此拥有了丰富的含义。当我们将汉语的“形态”与西语相对照时显而易见的是，“形”对应于 form，“态”对应于 morph。形态的含义之中包含了观念与结构的两义性，并且无论汉字与西方文字在语境上存在着多大的差异，其在主体与客体上由“形”意义的叠加来获取“形态”的意义这一点上是共通的。

1.2 形态的尺度

1.2.1 结构的尺度

对“形态”词源的考究中所获得的观念与结构的两义性也能够在形态尺度变换的差异中得到印证。

> 结构物体无法放大，无论是人类还是自然界都没有可能。仅把船桨、风帆、细针、铁棍等物品变得超级巨大，或是把船、宫殿、寺院等变得超级巨大都是不可能的。即便是自然也无法创造出超巨大的树木。这是由于树枝会由自重而折断的缘故。同样，人、马等动物的身高如果变得非常巨大的话，其骨架维持原来整体的正常功能也是不可能的。这是由于为了增加身高，除了使用比通常更为坚硬的材料，或是像怪物那样将骨架变大之外别无他法。与此相对，当把身体变小时，强度却不会以相同的比率降低，而会变得相对更强。比方说小型犬驮起与之大小相近的二、三条犬也不会有问题，但如果是马的话，即便是要驮起与其大小一样的一匹马都是不可能的。[28]

伽利略（Galileo Galilei）的这段关于结构物体大小的论述出自 1638 年出版的 *Two New Sciences*（图 1.4）一书。当中首次提到了结构材料与梁受弯强度，被认为是世界上首本关于材料力学的论著。伽利略开启的

DISCORSI
E
DIMOSTRAZIONI
MATEMATICHE,
intorno à due nuoue ſcienze
Attenenti alla
MECANICA & i MOVIMENTI LOCALI;
del Signor
GALILEO GALILEI LINCEO,
Filoſofo e Matematico primario del Sereniſſimo
Grand Duca di Toſcana.
Con una Appendice del centro di grauità d'alcuni Solidi.
IN LEIDA,
Appreſſo gli Elſevirii. M. D. C. XXXVIII.

图 1.4 *Two New Sciences* 封面

这扇结构理论研究的大门，聚焦在了结构物体强度与其形态大小的密切关系上。在其看来，形态中存在着与结构强度相关的大小“比例”关系。伽利略对形态与尺度的关注显然是同他的实证论科学方法有关，是以客观世界物质的观察作为前提的。换而言之，伽利略的形态是客观世界的具象形态，受到客观物质世界自然规律支配的形态。他所指出的是存在于形态中的“结构尺度”。

> 当代的结构设计中，在大容量、超高速计算机和各种各样软件的辅助下，复杂的结构系统解析也能够在瞬间解决，由此也使得我们结构设计者的日常设计业务变得极其高效。然而，无论是计算机还是软件，都不过是提供便利的道具而已，在这些道具中，对于以基本结构概念为基础的高度判断能力的期待，至少在现阶段可以说还是遥不可及的。
>
> 这种基本概念的其中之一就是“尺度”。
>
> ……
>
> 结构设计中尺度概念的必要性在于“在小物体中能够成立的结构，在大物体中并非就一定成立”。这一点是迄今四百年前伽利略以明确的形予以指出的。[29]

川口卫[30]这里所指的“四百年前伽利略以明确的形予以指出”的“结构尺度”正是 *Two New Sciences* 中物体大小与结构强度之间的“比例”（大小）关系。事实上，伽利略的“结构尺度”被后来归纳为“平方立方定律”（Square-Cube Law）：断面截面积是长度的平方，体积为其立方的比例。其更加简明的公式化描述为：

$$\sigma = \mu \rho g \ (V/A)$$

其中，σ 表示结构所受的应力值；ρ 表示结构材料密度；g 是重力加速度值；μ 则是根据结构的形式、支撑方式、应力种类等所确定的系数；V 表示结构物的体积；A 表示结构物的截面积值。公式中的结构尺度是由（V/A）来确定的。比如结构物体仅仅在跨度方向放大 3 倍时，结构材料不变，则 μ、ρ、g 也都保持不变，当被放大结构物的应力值仍然维持被放大之前的大小，那么放大后的结构物体的情形，伽利略以动物的骨头给出了图式（图 1.5）：粗细放大了 9 倍，截面积 81 倍，而体积更是达到了惊人的 243 倍。这意味着当小物体被放大之后，其断面呈平方级数放大，体积更是惊人地以立方级数膨胀，只有这样它才能获得如同原先小物体时所具备的力学性能。而当截面积与体积被极大地放大之后，物体原先的材料以及结构系统是否还能适用也必须重新作出判断。因此，"结构的尺度"是从根本上关系到物体形态的要因。

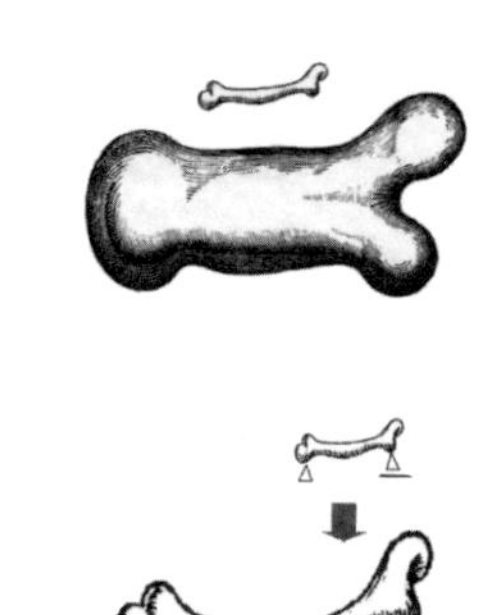

图 1.5 伽利略动物骨头 示意图

1.2.2 观念的尺度

然而，在伽利略开启的科学观到来之前，支配形态的尺度并非源自客观物质世界，更多地源自人类的心智。柏拉图（Plato）在 *Timaeus*（《蒂迈欧篇》[31]）中明确了作为"理念"（Ideen）的视觉形态几何学：造物主将"没有比率和尺度的状态"带入到"由形与数所组成形态"的宇宙。自然界的四种构成要素，或者原始的四种要素（火、空气、水、土）因为都是物体、都具有内部，因此都可以用面将其围合。[32] 作为心智的"理念"，几何的永恒性挣脱了时间的束缚，又是视觉完形的"最简模式"的最好诠释，于是观念的几何形态成为主导之后对象化建筑形态的主要视角。柏拉图将基本几何学视作是永恒不变的"理念"的视觉化，也就意味着基本几何学具有不受客观世界变化影响的恒定性，以三角形、圆形、正方形等为代表的基本几何形无论放大或缩小都表现出不变的特质无疑就是"理念"完美的图式化身。它们只存在于人类自身的观念之中并且形态的大小只受观念支配，因此存在于这些形态之中的是"观念的尺度"。

19 世纪末，古斯塔夫 · 埃菲尔（Gustave Eiffel）就将这一"矛盾的两分性"向世人展露无遗：埃菲尔铁塔是"结构的尺度"的形态，而自由女神像（图 1.6）则显然是属于“观念的尺度”的。然而，真正将形态“矛盾的两分性”推向极致的是在 20 世纪的 60 年代。一方面得益于科学技术在经历了两次世界大战之后的飞速发展，一批结构建筑师如奈尔维、艾斯勒以及坎德拉[33]等将结构的形态赋予空间的表现获得了成功，开创了被称为“结构表现主义”的时代（图 1.7）。一时间结构成为取代观念的形态主宰。另一方面则是以皮希勒[34]、霍莱茵[35]等人试图通过消解形态的物质属性来获得纯粹的“观念形态”。1967 年在斯蒂芬中心画廊展出了皮希勒由电话亭改造而来的“防护帽”——一个可以遮蔽住身体头面部的视听觉终端装置（图 1.8），通过一套自闭的影音系统向头部感觉器官灌输空间的意象。此外，在一系列被称作为“非建筑”（Non Building）、“不可视建筑”（Invisible Architecture）的作品之后，霍莱茵也提出了他的终极“胶囊”（Non Physical Environmental Control Kit，图 1.9），试图通过药性使身体崩溃之后产生的幻觉来营造空间的假象。无论是“防护帽”还是“胶囊”，它们的共通性正如霍莱茵的宣言所阐释的那样——“谁都可以是建筑师，一切皆是建筑！”[36]。

图 1.6 埃菲尔铁塔与自由女神像

图 1.7a 罗马小体育宫　F. 奈尔维　1957

图 1.7b 阿尔罕希拉斯市场　E. 特罗哈　1934

图 1.7c 奥赛阿诺餐厅　F. 坎德拉　1958

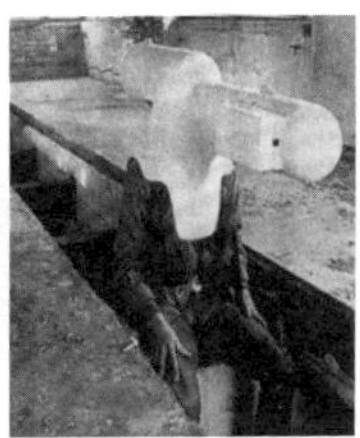

图 1.8 “防护帽”

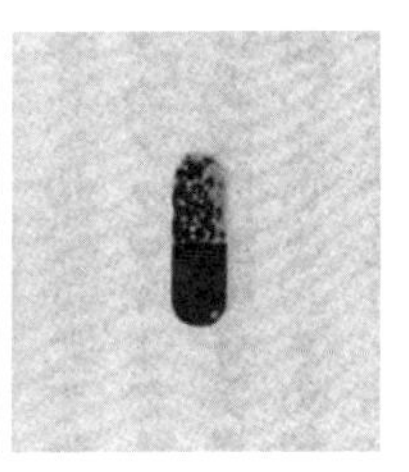

图 1.9 “胶囊”

杰弗里·斯科特[37]将建筑物的大小分为三种“度量”：实际的大小“机械度量”，看上去的大小“视觉度量”，以及给人感觉上的大小“身体度量”[38]。显然，“机械度量”是“结构的尺度”，而后两者的“视觉度量”和“身体度量”无疑都是属于“观念的尺度”的。从主观的任意性与客观的规律性的两种不同尺度的存在可以看出形态中观念与结构的两义性。将形态以观念与结构进行二分化并非是非此即彼的简单化，而是试图从中揭示出促使形态形成的要因及其机制。也正因为形态中的观念与结构的重叠，相互影响，才使得形态具有多样性和丰富性。形态的观念与结构的两义性也表明了它是主观世界与客观世界的交汇，建立起人与客观世界之间相沟通和融合的媒介与途径。因此，如果说形态是最终结果的话，那么组成“形”的观念则是来自主观世界对结果设定的目标；而“态”的结构则是遵循客观规律从而实现结果的手段。

1.3 形态的秩序

1.3.1 构成

什么是“构成”？

所谓构成的概念不仅包括建筑，亦适用于各种各样的对象。

如果对象是家族，家族的构成就是祖父母、双亲、子女等各自有多少人。如果是人口，各年龄段占总人口数的比例就是人口的构成。绘画的话，画面中的要素，色块的大小以及配置的平衡形成了画面的构成。音乐中存在着音符有关时间配列的构成。树木中，根、干、枝、叶这些部分沿着地面向上形成了相互连接的构成。每一个构成概念都拥有几个要素，并由此形成统一的整体。并且，各个要素之中，都存在着固有的要素与整合的方法。因此，研究作为构成的对象，就是抽取作为要素的局部与作为整合的全体之间的关系来作为对象，并由此来明确对象的固有属性。[39]

构成就是将局部与整体之间建立关联的秩序，一如上述的家族通过血缘关系、人口构成通过比例关系、画面通过配置关系、音乐通过时间关系、树木通过生长关系来将各自独立的局部构成为整体。其中血缘、比例、配置、时间以及生长这些被抽出的内容就是构成的秩序。那么，形态中的构成也就意味着通过某种秩序内容的抽取来将局部整合成为整体的过程。

什么是“建筑形态的构成”？

20世纪初叶的俄罗斯，塔特林（Vladimir Tatlin）、马列维奇（Kasimier Severinovich Malevich）们以绘画及雕塑作为题材（图1.10），对新时代的艺术进行了实验，他们所开创的抽象造型运动“构成主义”因令人印象深刻，使得建筑中“构成”的用语也被直接联系到抽象的造型。也就是说，这是以一个个造型要素各自内容（象征的、寓意的等）剥离为目的的抽象化，进而通过各自位置关系的局限来进行意义生成的近代特有的造型概念。这一造型概念通过将这样的印象、上述的内容进行彻底地教育系统化予以确立与实践的包豪斯，以及以之作为造型理论通过实践不断推进的风格派的存在变得更加地强烈。把基本要素作为构成的要素，将它们整合成集合称之为构成原理的话，那么所谓建筑的“构成”就是将构成要素与构成原理进行组合还原。换句话说构成就是把建筑局部作为构成要素，通过某种构成原理将它们整合成为建筑整体，和“局部与整体的关系”相关联的，包括了建筑优先概念的内容。这里的优先概念规定了对每一个要素各自固有性内容的确保。“构成”是在规定了要素的选择、局部的单位以及形成的整体这些内容之时才被赋予意义的，因此构成与其设定方式的意义内容有着很大的依存关系。[40]

图 1.10 第三国际纪念碑 塔特林 1919—1920

“建筑形态的构成”就是将局部要素通过几何位置的关系秩序化成为整体的过程。“构成”的英文“Composition”的含义也验证了这一点。前缀的“com”标明了“集合”“共同”之意，而“position”是指“位置”，“composition”合在一起就是“位置关系的集合体”。朗文（Longman）英语中对“composition”的释义是“ the way in which something is made up of different parts or members”，即“一种组合不同部分与成员的途径”之意。其中的“不同部分和成员”既可以是家庭成员、人口年龄，也可以是树木的上下分类或音乐的不同乐音。对于建筑形态而言，在不同水准上的选取与所确定的不同的目的有着关系，但不管如何，都是围绕着能够形成建筑实体空间这一本质前提展开的。

由此“建筑形态的构成”基本机制也就变得清晰了。首先是作为形态构成对象的局部要素，它在成为形态的组成之前是作为形态的外因而存在的，即与形态之间没有直接的关联性。然后，通过对局部要素的对象选取，并通过对局部要素原先意义的剥离使其与形态的外部相分离。进而在局部要素被抽象处理后，通过选定的秩序赋予其相应的几何关系，以此来形成形态总体的意义。在这里，总体意义的赋予被先验地定为目标，并以此作为位置关系确立所必须遵循的法则。换句话说，由先验的意义来确定秩序法则。如果说意义是观念的表述的话，那么显然，作为构成方式的秩序也必然是受制于观念的主宰的。这也将导致观念的非连续性势必使得构成的方式呈现出跳跃性的特点。比如作为观念形态最大化的后现代主义建筑就非常明显地具有这种特点。概括地说，构成的过程是：要素（选择）→几何（抽象）→意义（表现）。要素在被物化重组的过程中，意义也相应地被重置了。因此，我们可以将构成认为是对概念转译的操作。

梳理一下观念构成形态的发展历史，也许会有助于我们更加清晰地理解这一概念转译的操作其由简单到复杂的演进过程。在柏拉图普遍观念的基本几何被确立之后，夏尔比[41]把中世纪建筑的几何学称之为构成几何学（Constructive Geometry），借以此来区分同理论几何学（Theoretical

Geomentry)，以及由实用几何学（Practical Geometry）所界定的测量学和度量学。

> 这是一种以三角形、正方形、多角形、圆形等单纯几何图形的物理操作以及通过建造来解决设计与施工中存在技术问题”的方法，而它却“并不包括数学的方法”。也就是说，建筑师与工人所使用的的几何学是一种并没有经过理论验证的纯粹几何图形而已。[42]

至文艺复兴时期，受当时新柏拉图主义（Neo-Platonism）哲学的影响，阿尔伯蒂（Leon Battista Alberti）的 *De re edificatoria*（《论建筑》，1452）和帕拉蒂奥（Andrea Palladio）的 *I Quattro Libri dell' Architettura*（《建筑四书》，1570）这两本文艺复兴时期重要的建筑理论都提出了按照圆形和正方形进行建筑形态组合的原则（图 1.11）。无论如何，作为观念的数学几何强调的是抽象的永恒性与普遍性，这也导致了数学几何的静止与客观世界的动态之间的割裂。不仅是这种数学几何学与观念的联系可以在建筑形态的发展史上获得线索，其中要素的选取也成为将观念投射到物质的重要方式。真正意义上开始对建筑形态论进行分析研究的是 19 世纪末维也纳学派的开创者里格尔[43]。他的 *Stilfragen*（《风格问题：装饰艺术史的基础》[44]，1893）一书通过对从古埃及一直到罗马时期装饰纹样的研究，揭示出这些作为植物纹样的单位组合所构成的式样（pattern）。沃尔夫林[45]则试图通过切断时间的线索来更纯粹地分析形态的自律性。在他看来，凡是具有静态形态观的造型美术所有的一切都是形式。因此完全的形式分析无疑必然会导致对精神的掌控。他通过建立四组二元式的对比概念：静的与动的、线的与面的、集中与扩散、分割与联结来作为分析自文艺复兴到巴洛克，或者是从 15 世纪到 16 世纪期间建筑形态的方法[46]。弗兰克尔[47]根据沃尔夫林的四组对比概念，通过将其运用到对建筑形态的分析，进而提出了四类要素的设定：空间形态

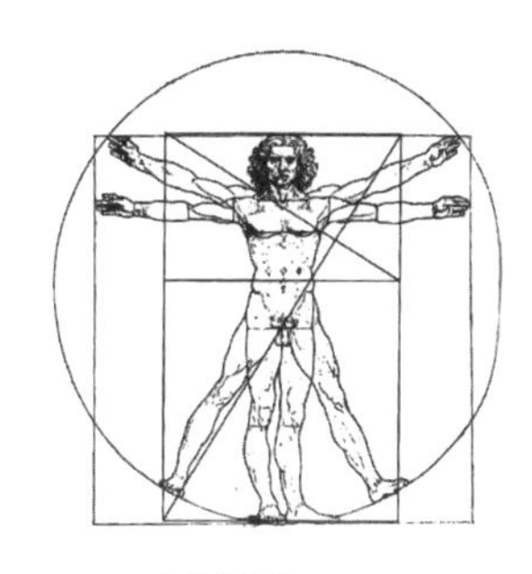

图 1.11 达芬奇几何

(spatial form，Raumform)、物体形态（corporeal form, koper-form)、可视形态（visible form，bildform)、目的意图（purposive intention，Zweck-gesinnung)。通过这四类设定，弗兰克尔比较了近世的欧洲建筑，提出了发展自沃尔夫林美术史形态概念的建筑形态概念：空间的连接对空间分割；力的中心对力的运动；单一意向对多种意向；自由对抑制，并以此来作为建筑形态比较研究的基础。在此基础上，萨默森[48]对由柱式的整合而形成统一原理的、更为具体的古典建筑形态给予了明快的分析[49]（图1.12)。尽管如此，萨默森的分析是基于数学比例的语言基础之上的，仍然还是建立在观念上的结构分析。因此，这里的柱式与其说是物质的形式，倒不如说是一个作为抽象的对象更为恰当。由此可见，从里格尔、沃尔夫林、弗兰克尔到萨默森，研究对象的要素选取无一例外地都停留在了观念之上。

在形态的意义层面上，观念显然是作为主宰存在的，这是观念介入形态及构成的目的所在。同样来自维也纳学派的里格尔“艺术的欲望”的接班人，沃林格[50]以同样的比较方法，在艺术的先决条件（抽象）和确认的内在冲动（移情）的双重作用下，对哥特与古典、北欧与南欧及其与东方之间的差异性进行了发掘。当德沃夏克[51]的 *Kunstgeschichte als Geistesgeschichte*（《作为精神史的艺术史》[52]，1924）宣告意义正式开始介入建筑形态的分析时，赛德鲁迈耶[53]则将结构与意义二元化。因为在赛德鲁迈耶看来，对复杂建筑的形态和意义进行分析时，必须对其形态结构与意义结构进行二元化的对应分析才有可能。他将几种用不同方法获得的整体整理出各自的形态结构，并在此基础上将这些形态结构以重组更迭的方式来进行整体的置换。通过与人的视广角相关的纯粹数学系统，来分析建筑物的形态关系（位置关系）。比如通过对古希腊神殿建筑物之间位置关系的分析，来获得杂乱无章的视觉景象背后所具有的清晰秩序。而在一定时期单一风格的样式范畴内，对形态展开分析的可见之于维特科沃[54]与赫西[55]对文艺复兴建筑形态的研究。维特科沃对以圆形和正

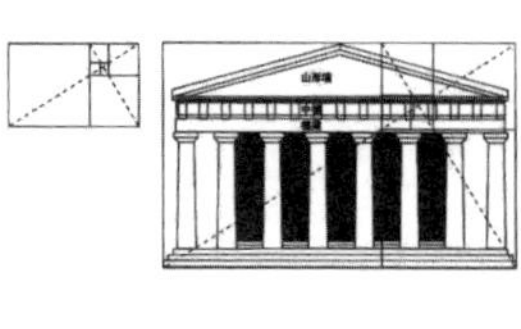

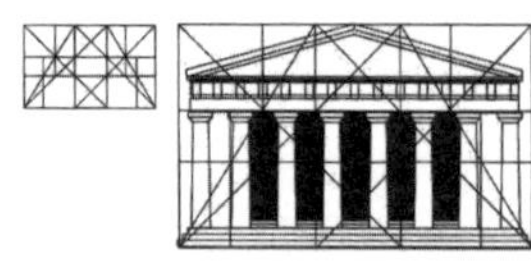

图 1.12 帕提农神殿黄金比分析

图 1.13 文艺复兴立面几何分析

方形为基本形态的文艺复兴建筑，对当时的比例理论及其具有代表性的建筑师及理论家阿尔伯蒂和帕拉蒂奥等人的建筑的构成法等进行了分析（图1.13)。据此维特科沃对文艺复兴建筑的构成原理——协调与比例进行了系统性的研究[56]。赫西则对维特科沃仅重视比例而忽略数理及其自身性质进行了批判。他将数理与几何进行了同一化，并认为所有的数理与形态都可以还原成立方体，从而将建筑的几何形态从阿尔伯蒂和帕拉蒂奥的二维层面上升到三维层面[57]。尽管如此，基于纯粹数学比例的分析在本质上，其意义仍然只是局限在抽象关系的研究。因此，这些由比例和位置所产生的意义也终究只能被限定在作为分析对象的形态本身。从而使得它们被彻底地从客观世界当中割裂出去，而这正是观念的内在本质使然，也是“形”被视觉对象化之根源所在。

1.3.2 生成

即便是从“morph”所表达的、强调组成要素之间动态的关系，以及强调内部连续秩序的含义中，我们就能明白其与“form”所代表的“形态”之间是有着根本不同的。这意味着“morph”所具有的将外因导入形态的机制也应该会别于“form”对应的“构成”。那就是“生成”(generation)的机制。所谓“生成”，从其词义可知“生”表示内在变化的连续与传承，“成”表明了一种“组合”与“聚集”的整体。也就是说“生成”意味着由内部要素的连续演化而形成的整体。另一方面，“generation”英语释义在韦氏在线英语中的释义是“a body of living beings constituting a single step in the line of descent from an ancestor” 或“a type or class of objects usually developed from an earlier type”，这其中包含的从原型而来的连续演化之意与汉字“生成”的意思并没有区别。而且，无论是“body”“living beings”还是“objects”，都意味着“morph”所指代的形态都是具象的、存在于外部世界之中的形态。这显然与“form”的“构成”指代的抽象的、主观的形态是完全相反的。同时，既然是对客观世界具象事物的组合，其秩序的建立也就无法从外部世界的客观规律中被完全独立出来，其秩序将依附于客观规律，并将这种客观秩序作为演化的动力。因此，“生成”的形态必然是属于客观世界的组成，必须具备存在于世的价值——功能。

> 第一，自然物的形态无论它是生物还是无机物，它的物将它所存在场所的性质以及自然的理论给予形象化。第二，在不同形态下所创造出的各自场所的环境条件中，存有的各种各样的自然物的存在性质与形态，通过相互关联组合与积聚，将会形成独特的空间（景观）。
>
> 像这样的基于自然的各种形态与整体空间之间相互关系的捕捉方式，对我而言，是思考人类造形历史重要的基石。[58]

山本学治[59]将形态与存在的环境进行整体捕捉的观点，显然是属于“生成”形态范畴的（图 1.14）。其观点的前提在其看来就因为是客观物质“通过相互关联组合与积聚，将会形成独特的空间（景观）”。对于尚且无法独立存在于具象之外的建筑而言，作为客观物质的材料当然是不可回避的基本属性之一。

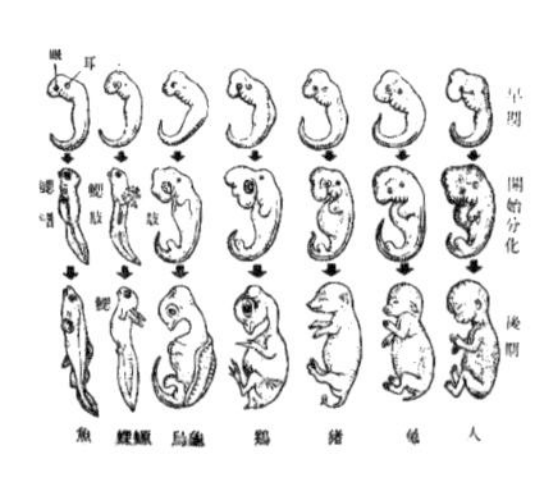

图 1.14 进化

> 我的看法是，建筑物无法避免依附于大地的天性，正如包含视觉景观成分一样，它也包含建构和触觉的成分，尽管这些成分都不能否认建筑的空间性。即使这样，我们还是应该强调，建筑首先是一种构造，然后才是诸如柯布西耶在 1925 年的 *Vers une architecture*（《走向新建筑》，1925）中的“给建筑师们的三项备忘”所涉及的表皮、体量和平面等更为抽象的东西。在这里，我们也许还应该顺带强调一下，与美术作品不同，建造不仅是一种再现，而且也是一种日常性的体验，人们必然会得到标识这个物体的符号，但是我们还是应该强调，建筑是具有物性的物体，而不是符号。[60]

与弗兰姆普敦（Kenneth Frampton）认为建筑首先是“物体”的观点类似，“生成”的组成要素是物质，也就注定了其不可能如“构成”的抽象要素那般，通过几何的位置来被直接定义。相对于“观念的尺度”随心所欲的放大缩小而言，“结构的尺度”只能遵循客观规律的支配。“生成”的机制可以被视作为将客观世界的结构导入形态的一种途径。仅由“平方立方定律”我们便可获知，那是由重力所引起的形态关系。在“生成”的机制中，建立起物质形态秩序的是基于重力而来的力学几何，尽管也有着数学几何位上的基本关系，不过由于存在着恒定的外在作用的缘故，使得力学几何具有了矢量的方向性。方向性意味着某种不可逆的特征，同时也是“生成”演化本质所决定的。

1.3.3 两种秩序的比较

首先在“形态”的词义上，“构成”是与“form”相对应的，而“生成”是同“morph”相关的。这是因为“构成”与“form”都表达出静止的外化形式特征，而“生成”与“morph”则都表明了一种内在的，运动演化的特点。因此，“构成”与“生成”在动势的特征上是截然不同的。而“构成”与“生成”在动静 / 内外特征上的相对化差异，则在很大程度上是与各自对导入形态的外因在选取方式上的不同有关。“构成”选取抽象的事物，“生成”选取具象物质，选取上的区别直接导致两者在形态尺度上的二元对立：“构成”的形态具有的是“观念的尺度”，形态的大小借由观念是任意的；“生成”的形态具有的是“结构的尺度”，形态的大小遵循着“平立方定律”。同时，“构成”与“生成”在尺度上的对立，也是由于主导各自形态秩序的来源不同：主导“构成”秩序的是人类的心智，主导“生成”的秩序的是自然界的重力。并由此使得形态导入机制也产生了不同的方式“构成”的数学几何，通过局部要素之间的相对位置差异来建立起关系，因此并不存在方向性，某种程度上具备了可逆的条件。“生成”的力学几何，由于重力的恒定存在，不仅要素相对位置不同，在要素之间还存在着不可逆的方向性。从形态表现形式上来看，“构成”的形态是主观意义的媒介，而“生成”的形态则是对客观规律的物质表现。由此，“构成”的形态输出了观念的跳跃性，而“生成”的形态也同样如实地沿袭着自然的连续性。“构成”的形态摆脱客观性的方式是通过建立起观念的边界来获取独立的形式，与之相对的是“构成”的形态其连续性需要其以开放的边界包容更多外部要因的介入。这一特质也让“生成”的形态不再仅凭借视觉来获得认知、而是需要调动更多的感觉来建立关系的原因（表 1.1）。正因为“构成”与“生成”的外因导入形态机制的相对性，才有了两者之间相互对峙、调和、交换，并纠结在一起形成意义与功能两全的丰富形态的可能。这当然取决于形态之中如何取舍与调和“观念”的“构成”与“结构”的“生成”之间的平衡，从而将“观念”与“结构”的两分整合为步调一致的整体。这就好似人类本身这一矛盾二分的机体如何完满地协调一致一样，一旦这种化二为一的平衡协调崩溃，其结果只能是像人类一样，要么成为精神幻境的俘虏，要么成为物欲的动物那样，观念极大化的后现代主义和结构极大化的结构表现主义无疑就是建筑中这一平衡失调的写照。

表 1.1 构成与生成的比较

	构成（形）	生成（态）
形成方式	形 =form →构成	态 =morph →生成
动势	静止	运动
外因	心智	科学
尺度	观念	结构
几何模式	数学（可逆）	力学（不可逆）
秩序来源	人类的意念	自然的规律
表现方式	意义	功能
完结性	排他	包容
整体特征	跳跃性	连续性
观察方式	视觉	知觉
建筑	后现代	结构表现

注释

1 篠原一男：住宅建築．东京：彰国社，1964：109.

2 中国社会科学研究院语言研究所．新华字典．北京：商务印书馆，1992：518.

3 夏征农，陈至立主编．辞海．上海：上海辞书出版社，2010：1471.

4 同 2.

5 http://zh.wikipedia.org/wiki/%E5%BD%A2%E6%85%8B.

6 日语汉字按汉语的发音读出来，称音读；只取汉字义，读日语音，叫训读。

7 Kiyonori KIKUTAKE，1928—2011，建筑师．

8 1959 年以黑川纪章、菊竹清训为首的年轻建筑师、规划师团体开始的一场建筑运动，他们以“新陈代谢”为名，为了符合社会变化与人口增长，而提出了城市与建筑应当有机成长的概念。

9 新建築 1995 年 12 月臨時増刊創刊 70 周年記念号　現代建築の軌跡 1925—1995「新建築」に見る建築と日本の近代．东京：新建築社，1995：260.

10 Katsuhiro KOBAYASHI，1955—，首都大学教授，建筑师

11 日本建築学会編．建築論事典．东京：彰国社，2008：38.

12 Adrian Forty，1948—，伦敦大学巴特莱特学院教授，历史学家。

13 エイドリアン・フォーティー（坂牛卓，邉見浩久監訳）．言葉と建築 語彙大系としてのモダニズム．东京：鹿島出版会，2005.

14 同 13：221.

15 格式塔系德文“Gestalt”的音译，主要指完形，即具有不同部分分离特性的有机整体。

16 Wolfgang Kohler，1887—1967，德国著名的心理学家，格式塔心理学的创始人之一，也是柏林学派一员。

17 同 13：237.

18 Johann Wolfgang von Goethe，1749—1832，德国作家、戏剧家、诗人、自然科学家、文艺理论家和政治人物。

19 Taku SAKAUSHI，1959—，东京理科大学教授，建筑师。

20 Hironaga BEMI，1959—，建筑师。

21 Masanobu YUZAWA，1949—，建筑师。

22 D'Arcy Wentworth Thompson，1860—1948，苏格兰生物学家、数学家、古典文学学者。

23 D'Arcy Wentworth Thompson 著，柳田友道、远藤勲、古澤健彦等訳．生物のかたち．东京：東京大学出版会，1973.

24 湯沢正信．文献解題—建築造形論の方法展開，日本建築学大系 5. 东京：彰国社，1985：338-339.

25 Ryuji TAKAGI，1940—，形态艺术研究学家。

26 高木隆司．形の事典．东京：丸善，2003.

27 Karl Friedrich Burdach，1776—1847，德国生理学家。

28 Domino Galileo Galilei, Henry Crew, Alfonso de Salvio：Two New Sciences. 1933: 130.

29 坪井善昭，佐々木睦朗，川口健一等．力学・素材・构造デザイン．东京：建筑技术術，2012：29-30.

30 Mamoru KAWAGUCHI，1931—，建筑结构设计家，法政大学名誉教授。

31 [古希腊] 柏拉图．蒂迈欧篇．谢文郁译．上海：上海人民出版社，2005.

32 同 31.

33 Pier Luigi Nervi，1891—1979，意大利建筑师；Otto Eisler，1893—1968，捷克建筑师；Félix Candela Outeriño，1910—1997，活跃于墨西哥的西班牙裔建筑师。

34 Walter Pichler，1936—2012，奥地利雕塑家、建筑师、插画家。

35 Hans Hollein，1934—，奥地利建筑师、设计师。

36 “Everyone is an architect. Everything is architecture.” 出自汉斯・霍莱茵 1968 年发表于维也纳建筑杂志 *Bau* 的文章。

37 Geoffrey Scott，1884—1929，英国学者、诗人，建筑史学家。

38 [美] 杰弗里・斯科特．人本主义建筑学——情趣史的研究．张钦楠译．北京：中国建筑工业出版社，2012.

39 坂本一成，塚本由晴，岩岡竜夫等．建築構成学 建築デザインの方法．东京：実教出版．2012：10.

40 同 11：46.

41 Lon R. Shelby，南伊利诺大学教授、校长，美国建筑历史学家。

42 Lon R. Shelby: The Geometrical Knowledge of Mediaeval Master Masons（Speculum Vol.47 No.3, July 1972）.

43 Alois Riegl，1858—1905，19 世纪末 20 世纪初奥地利艺术史家，维也纳艺术史学派的主要代表，现代西方艺术史的奠基人之一。

44 [奥地利] 阿洛瓦 · 里格尔 . 风格问题：装饰艺术史的基础 . 刘锦联，李薇蔓译 . 长沙：湖南美术出版社，1999.

45 Heinrich Wölfflin，1864—1945，19、20 世纪之交德语国家最重要的美术史家之一，生于瑞士，先后在巴塞尔大学、柏林大学、慕尼黑大学、苏黎世大学担任教授。

46 [瑞士] 沃尔夫林 . 美术史的基本概念——后期艺术中的风格发展问题 . 潘耀昌译 . 北京：北京大学出版社，2011.

47 Paul T. Frankl，1886—1958，出生于奥地利，活跃于美国的风格主义家具设计师、建筑师、作家。

48 John Newenham Summerson，1904—1992，英国 20 世纪最伟大的建筑历史学家之一。

49 John Summerson, The Classical Language of Architecture, Boston: The MIT Press, 1966.

50 Wilhelm Worringer，1881—1965，德国艺术史学家。

51 Max Dvořák，1874—1921，捷克出生的奥地利艺术史学家，维也纳学派成员之一。

52 [奥地利] 德沃夏克 . 作为精神史的美术史 . 陈平译 . 北京：北京大学出版社，2010.

53 Hans Sedlmayer，1896—1984，奥地利艺术史学家。

54 Rudolf Wittkower，1901—1971，德国出生的美国建筑历史学家，专注于意大利文艺复兴和巴洛克艺术与建筑的研究。

55 George Leonard Hersey，1927—2007，耶鲁大学名誉教授，艺术史学家。

56 Rudolf Wittkower，Architectural Principles in the Age of Humanism, NYC：W. W. Norton & Company, 1971.

57 George Leonard Hersey，Pythagorean Palaces: Magic and Architecture in the Italian Renaissance, Ithaca：Cornell University Press, 1976.

58 山本学治．素材と造形の歴史．东京：鹿島出版会，1966：13.

59 Gakuji YAMAMOTO，1923—1977，东京美术学校和东京艺术大学教授 . 建筑史学家，建筑结构史学家。

60 [美] 肯尼斯 · 弗兰姆普敦 . 建构文化研究——论 19 世纪和 20 世纪建筑中的建造诗学 . 王骏阳译 . 北京：中国建筑工业出版社，2007：2.

第二章 日本建筑的形态

从一开始，“日本之物”这一问题机制是就相对于岛国日本的外部视线而言的。然而，如果仅是作为岛国这一封闭共同体而言的话，在其内部重复地追溯“日本之物”是没有必要的。因为这只能是自说自话的标榜而已。

可是，当这种外部视线受到关注时，与之相应的对策就会导致内部组织化的开始。内部会对外部视线作出揣测，并以此来搜索相应的实例和审美趣味。当日本将“日本之物”这一问题机制摆上台面之时，就一定是将这种关系发生于作为岛国的国境线，以及唯有大海的轮廓线之内之时。[1]

2.1 观念

观念既包含了社会的内容，也包括了文化与审美的内容，因此观念既同所处的时代性相关，也同时代之前就已经存在着的传统文化相关。由此，作为岛国的日本在其观念的形成中，既不可避免地受到各种时代社会因素的影响，也不可能完全从历史的延续中抽身而出。封闭着岛国的大海将日本与外部划分出内与外的界限，而这正是为适应外部而来的视线，在内部组织与生产出“传统”的必要条件。意味深长的是，西方对浮世绘、屏风、甲胄、印笼这些日本古物产生浓厚兴趣的 19 世纪，正是日本试图“全盘西化”的明治维新时代。一种看似“里应外合”式的内外间差异的观念有了交换，进而各自有了组织化的动力。它们全面地在社会、文化和审美等各个方面表露无遗。“陌生化”产生的价值，驱动着交换的发生。随着时间的推移以及交换的持续，内外间的观念早已经从最初的不知所措演变到融会贯通。从古代对中国大陆观念的吸收到近代对西方观念的憧憬，岛国的日本似乎早已习惯了这种对外来观念的吸收，并且每次总能将此作为刷新自身观念的催化剂。如果说日本中世（平安时代末至江户时代末）的寝殿造、书院造、茶室、数寄屋造的出现是消化早先中国大陆形态观念的结果的话，那么当代日本建筑形态的表现则就是对明治时代开启的西方观念输入的传统再现了。如果当一处地域具有极其强大的传统力量，那么这种包容外部输入能量进行的补强或许正是其传统的组成。不可否认，日本当代形态的观念是综合了已然被全球化了的普世观念的，同时我们却还能清晰地辨识出其传统的存续。这俨然是一种形态对普遍性与传统性观念的平衡。

因此，在愈发同质化的当下，日本当代的“形”的观念也自然是普遍性与自身地域性相混合的产物。即便是对于普遍性的理解，也必然是将其以既有文化语境过滤后的结果。韩立红[2]指出：

善于摄取文化的日本文化呈现的是其开放性的基本特征。……

但是，擅长于吸收外来文化的日本文化不仅具有“开放性”，还具有“主体性”。[3]

几乎相似的观点也见之于叶渭渠[4]对日本文化史的研究：

日本传统文化是日本民族在漫长的历史发展过程中形成的。这是由民族的、历史的独特价值体系所形成的日本精神，是日本文化的主体，其自身具有强烈的传承性和延续性。近代以来，日本传统文化受到“西方的冲击”和欧化主义思想的影响，置身于西方文化的潮流之中，但它吸收西方文化的同时却并没有“全盘欧化”，而是经过百余年的抉择，使传统文化与西方文化达到或并存或融合的程度，在其中保持传统的主体性。也就是说，通过与西方文化的结合，更新其深层的主体内在结构，包括心理结构、思维模式、价值观念、行为模式等。可以说，日本的现代化，既打破了文化传统的束缚，又维系文化传统的根本，文化的传统与现代不是断层或决裂，而是继承和延续，剔除的只是不适应现代化的部分，而保持其深深扎根于日本国民意识中的传统的创造性主体。[5]

“摄取”显然是一有针对性的选择，它意味着融入日本当代观念中的外来文化，对于其一直延续的传统而言，一定是具有补强作用的正能量，而非是扼杀与倒退。并且，这种对外来文化的“摄取”是服务于对传统文化的继承和延续的。加藤周一[6]对于日本的这种“杂交文化”这样写道：

我在欧洲生活时，常常围绕着传统的日本考虑日本的问题，可是当我回到日本，却不得不承认日本与其他亚洲诸国不同，日本的西洋化进行得比较深入。这绝不是说，我的关心点从传统的日本转向了西洋化的日本。我认为，日本文化的特征是两种因素深深地交织在一起，正因为如此，任何一种都不能单独抽取出来。[7]

日本的这种“杂交文化”显然可以从其形成的当代观念中窥知一二。它在表象上适应着时代前行的脚步，却在根基上维系着传统的步调，这就使日本当代观念包含了所特有的混合——普遍性与地域性的混合以及当代与传统的混合。为了论述上的方便，以下将影响日本当代“形”的观念归纳为“自然”“细分”“平坦”“身体”与“暧昧”五类。诚然，观念对“形”的影响和作用绝非是简单的一一对应，而是不同的观念以各种不同的方式产生混合效应的结果。这是日本当代“形”的表现之所以能够如此丰富多彩的根本所在。

2.1.1 自然

原本，自然是建筑之敌。被遗弃的建筑一旦变成植物枝繁叶茂，那么也就意味着离旋即的崩坏不远了。而且如果是石材建筑的话，一旦被植物所缠绕，试图将这些植物除去，必然会进一步加速崩坏的过程。

此外，另一方面就像“建筑师隐藏了失败的支脉”这一玩笑那样，建筑为植物所覆盖之后，就会呈现出与之前完全不同的表象来。支脉的缠绕，就能经常带走墙壁中的湿气，一般这样会被认为是确保了建筑具有良好的物理状态。[8]

以山岳、树木甚至是场所等的“自然为原型”的观念是日本本土宗教的重要特征。韩立红认为的“亲植物性”以及“顺应自然”就是日本文化的重要组成。[9]从木架构到草庵茶室以及书院造，去人工化的传统意识无不透出这种自然观念施加于建筑形态上的影响。1980 年代，柄谷行人[10]的“他者”理论风靡一时，其中透过自然的概念对近代思想的分析方法对于当代日本的建筑界产生了深远的影响。矶崎新（Arata ISOZAKI）在与柄谷的对谈中就指出，日本的理性主义建筑观与自然概念之间其实是非常接近的。[11] 此外，中谷礼仁[12] 在《明治 · 国学 · 建筑家》[13] 一书中阐述了明治时期的建筑家与自然概念之间的关系。不仅如此，在日本近代史上第一个真正意义上关于“我国将来建筑样式应该如何”的正式会议中，无论是三桥四郎[14] 的“和样折衷论”、关野贞[15] 的“新样式创造论”、长野宇治平[16] 的“样式推进论”还是伊东忠太[17] 的“进化论”，都与“自然的概念”相关[18]。在 1937 年巴黎世博会日本馆（Japanese Pavillion in Paris Expo 1937, 图 2.1）上，坂仓准三[19] 以纤细轻盈的透明性，展现出带有“日本自然”印记的“国际风格”。这显然是与当时日本国内“帝冠样式”[20] 的“人为”分道扬镳的，对“自然”的显露。甚至是以“巨构”作为形态特征的、席卷 1960 年代末期的日本“新陈代谢派”（Metabolism，图 2.2），在奥古斯汀 · 贝克[21] 看来都可以归结为是日本人对于高速经济增长的一种“自然”的态度。土居义岳[22] 将这种“自然”的态度视作为对某种系统的妥协。对于建筑而言，所谓自然就是对既有的场所、环境、风土的协调与融合。这种建筑形态之中既有的“自然”观念在当代与绿色理念相遇，更是获得了空前的提升空间。不仅是建筑形态本身，甚至是一直以来被视作为自然对立面的、作为构筑技术的结构，也表达了对自然的尊崇。

图 2.1 巴黎世博会日本馆 坂仓准三

图 2.2 新陈代谢 Helix City 黑川纪章 1961

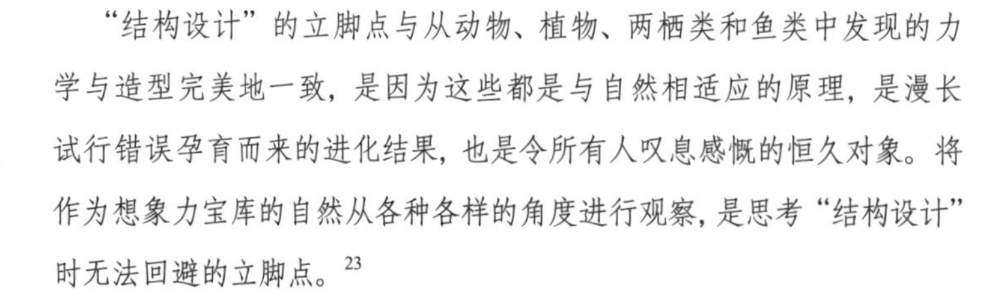

> “结构设计”的立脚点与从动物、植物、两栖类和鱼类中发现的力学与造型完美地一致，是因为这些都是与自然相适应的原理，是漫长试行错误孕育而来的进化结果，也是令所有人叹息感慨的恒久对象。将作为想象力宝库的自然从各种各样的角度进行观察，是思考“结构设计”时无法回避的立脚点。[23]

渡边邦夫[24] 一共归纳了涉及多达 23 种包括植物、动物以及自然现象在内的“自然的必然性与生物进化理论”（图 2.3）。其“东京国际会议大厦”（Tokyo Forum Building,1996）中梭形中庭的巨型鱼腹桁梁（图 2.4）

图 2.3 生物中的结构

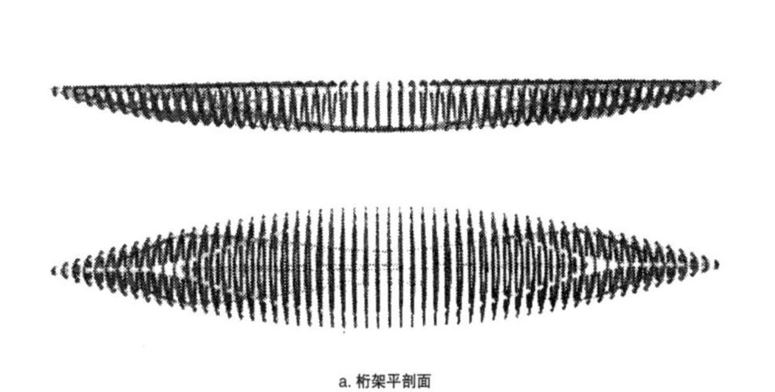

a. 桁架平剖面

b. 桁架内部

图 2.4 东京国际会议大厦梭形中庭巨型鱼腹式桁架

显然就是对他这一自然观念的致敬。进而，不同于渡边邦夫的仅将自然形态与建筑形态在结构组合机制上进行转译，将结构喻为“设计的诗法”的佐佐木睦朗[25]，其著作封面上的昆虫翅膀结构（图 2.5），则表明了他决意从自然机制中导出结构形态的意图：

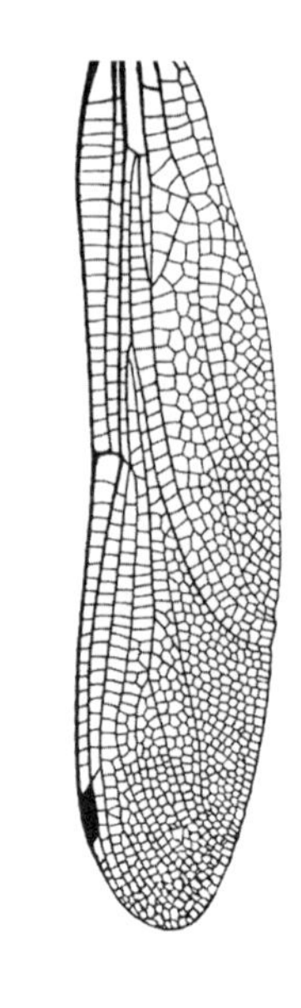

图 2.5 昆虫翅膀的结构

> 重要的内容不是对自然形态的简单模仿，而是创造了自然结构形态的过程与机制。此外从结构设计的视角而言，像自然结构所展现的那样，建筑的结构美中包括了单纯、明快的美与复杂且暧昧的多样之美。概言之，形态是单纯的还是复杂的，对于建筑的结构美而言都是无关紧要的。与自然美一样，同环境条件（设定条件）相适应的，自然的形成过程才是关键所在。作为结果，那才是自然的结构体中蕴藏的、能够感受生命力量本质的结构之美吧！[26]

佐佐木从把握具有普遍性的自然结构体原理出发，在“环境条件”特定性的适应过程中生成结构形态的操作，展现出令人耳目一新的开放性与流动性。基于这些自然结构体原理生成的形态，在自然的普遍与环境的特殊性的叠加之中，获得某种具有自然属性的自身特征，这正是自然的多样性给予我们的可以依赖的宝贵价值。

2.1.2 细分

> 西洋的庭院建筑一般都是对称结构，相反日本庭院的风格则以不对称为美。大概日本人觉得不对称结构表现的东西比对称结构表现得更多、更广泛吧！当然，这种不对称性的美，同日本人纤细微妙的感受性之间能够保持协调。[27]

川端康成[28]将日本传统建筑中的不对称性与纤细性相关联并非是毫无理由的。几何原本是人类理解自然现象的一种抽象形式，是建立在忽略具体性的整体策略之上的秩序。而它与日本传统形式的无缘，则说明了两者在具体性和细分性上的差异。这就是川端康成所说的“不对称结构表现的东西比对称结构表现得更多，更广泛”的缘由所在。即日本传统建筑是建立在局部对应而非整体架构上的细分之美。

稻作文化也造就了日本人纤细的性格特点。水稻栽培的劳动，从灌溉秧田到插秧、收割、脱粒等整个过程，都需要农民细致地作业和观察，稍有粗心大意，一年的辛苦劳作就会付诸东流。

另外，为了不错过农耕的最佳时节，必须仔细体察季节的变化，事先做好充分的准备。为了掌握季节变迁的规律，人们认真观察自然景观的变化情况。在日本，人们观察的重点不是天象的变化，而是地上自然景观的变化。如“樱花盛开之日”等词语所表述的，人们通过捕捉自然界的变化来认知季节更替。受中国的影响，日本人将一年分为若干时节，不同时节逐渐形成了各种不同的庆典活动仪式。在漫长的历史生活中，日本人养成了对季节敏锐的感受性，造就了独特的纤细性格。[29]

“稻作文化”而来的细分性格自然会在一定程度上影响到传统建筑的形态表现。不仅是植物，包括自然、地理这些风土在内的客观条件，一同造就了日本地域性观念中的“细分性”。由于面积狭小而造成的尺度感进一步强化了这种对细腻的极致追究。1970 年后出生的建筑师中村拓志[30]在《微观的设计论》(Microscopic Designing Methodology) 中这样写道：

对我而言所一贯坚持的是，相比于建筑的形或构成这些目之所及的静态事物，我更加关注于人在哪里，与怎样的物体形成怎样的关系这种动态的关系性。不仅在人与人之间，而且在人与建筑、人与物质、人与自然等具有某种运动或作用的物体之间，正如言语或文字所言的那样，存在着沉默的沟通。

对于这种沟通，仔细观察对象的行为或举动，以及它们之间的关联是必要的。我称之为“微观”。即便是极其细微的运动，随着与对象越来越近，这种运动就会被放大。相反如果是俯瞰，就会将对象视作为是静止的。所谓微视，在物理学上是指物质构成要素的每一个分子运动。也就是说“微观”并非是捕捉作为静态的整体对象，而是关注于作为运动的微细之物。……

建筑设计上，微观与宏观的双眼都是必要的。然而，我执着于微观的设计论是有理由的。其一是，就像前面所说的，微观的设计是被忽视的。另一个是宏观思考的主体将架构之外的明确事实不假思索地包含在结构之内，从而造成了俯瞰整体的错觉。宏观无视自身之外仍然存在的架构事实来截取原本视角，在过分的客观性及整体性的自信之中，将对象丰富的具象性及运动性压制。人类在俯瞰世界的时候，总会忘却属于这个世界的自己。而世界却总是以局部示人。正因为如此，我才意识到客观的、普遍的视角所具有的不可能性，才试图去探求可以取而代之的新的设计论。……

也就是说微观设计论是在各式各样架构存在的社会环境及绝对价值的世界中，试图从这些架构缝隙闪现的瞬间，来构建具有共通性的方法。这不是一种陷入社会整体性的、狭小世界自闭之中的方法，而是彻底地激发潜能的设计论。世界不是由抽象化及普遍化这样的俯瞰思考所限定的固定内容，而是在微观之中，与勃勃生机的爱及其动态所息息相关的。[31]

微观的细分与真实相关联，反之宏观的对象总是以牺牲真实性作为代价的。细分与具象的关系，就如同像素越高、细分越甚的屏幕分辨率，才有可能去更接近对真实的还原。当代的细分正愈发表现出一种从抽象到具象的蜕变（图 2.6）。

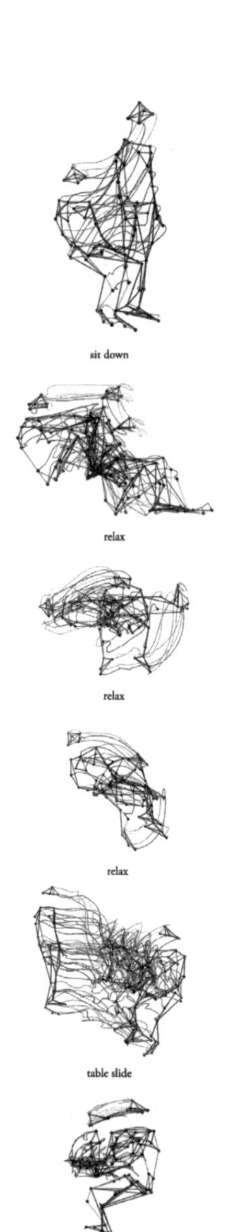

图 2.6 “微观建筑学”中行为与建筑的相互作用

当代的建筑思潮保持了多样性的发展。这是时代正在发生转变的特征。从19世纪后半叶到20世纪初，工艺美术运动、手工艺运动、分离派、折衷主义、构成主义等思潮不断涌现却又消失殆尽正是很好的说明。这些各式各样的主义和流派最终都被统合成功能主义和国际样式风格。纵观历史，我们可以获知并不是所有的分支都会变为具象，可是作为一种大趋势，从抽象到具象的确正在不断发展。作为时代的关键词，“从抽象到具象”的表征变化是我们必须认识到的。

具象性的复权是建立在抽象已趋极端之上的。现代主义的抽象带走的正是与身体情感息息相关的具体性。无论是曾经盛极一时的，还是匆匆过场的支流与旁系，都无一例外地是去试图驱散现代主义曾经的宏大，用细分来活血趋于僵化的形态理论。[32]

2.1.3 平坦

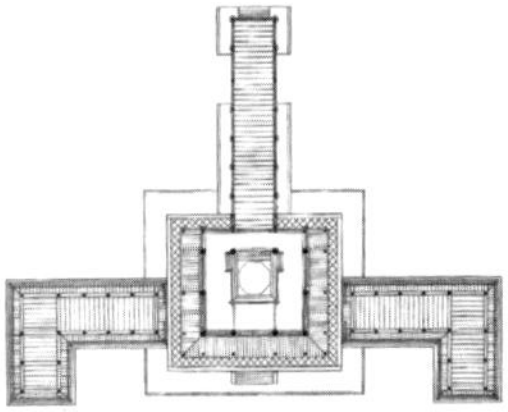

一般的绘画，不像雕塑那样具有强烈的实体性。与雕塑从三维的各个方向上占据相当的大小、并通过自身的存在来获取意义相反，绘画是通过薄纸、布、板上所描绘的“假象”来获取意义，它们两者之间存在着根本的区别。所谓雕塑是“物体”，而绘画不过是“影子”而已。阿伊洛斯·里格尔曾经比较了古代初期的美术与古代末期的美术，他将前者称为“触觉的”，后者是“视觉的”。这两个概括也适用于这里。[33]

图 2.7 平等院凤凰堂 平面

井上充夫[34]认为日本传统建筑的空间具有“绘画构成”的特征，而这一特征所展现的平面性是从属于“视觉的”。从中世的社寺建筑的代表作平等院凤凰堂（图 2.7）以及寝殿造的住宅平面分布（图 2.8）中可以清晰地看出，在此之前由中国大陆输入的围合内院式的组织结构出现了解体同时原先长宽比接近的建筑平面比例也变成为面宽远大于进深。在面宽被加长放大之后，进深的短窄及其外观的效果几近被忽略。

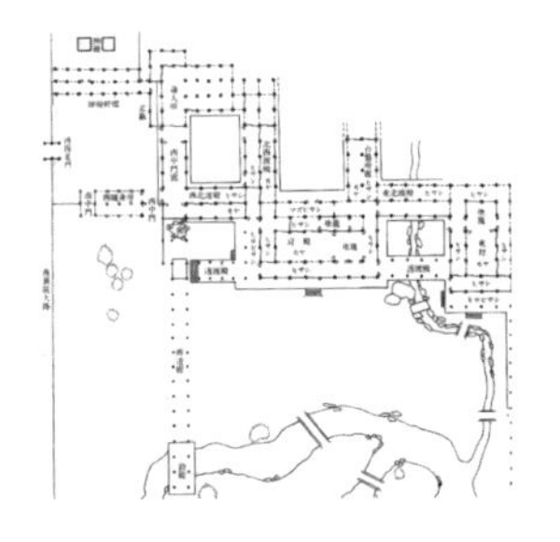

图 2.8 寝殿造（东三条殿）复原平面

> 这种变形（指由原先长宽比接近到悬殊的变化）的特点简单概括来说，就是将整体扁平化，换句话说就是出现了正面性，也就是形成了绘画建筑的构成极限。[35]

这种“正面性”在寝殿造住宅中，从南向庭院的“主殿”，以及南面庭院、水池、渡廊的空间构成中也可以发现，它们与凤凰堂有着共通的视觉化特征。

> 优美的日本空间中全都存在着正面性。这不仅仅是古代建筑的问题。当代我们建筑中的美也是来自正面。即便是当代优秀的作品，在某一特定视角呈现的优美造型在随着目光转向下一处立面时，其魅力也会急速消失，这般视觉体验想必很多人都曾遭遇过。如此也正好揭示出我们对建筑面的意识的强烈，而对于体量的把握能力的稀缺。[36]

图 2.9 法隆寺百济观音像 7 世纪初

从百济观音像（图 2.9）的正面性视觉效果，以及对侧面、后面视觉的忽略，筱原一男[37]从中确认日本传统建筑形态中“正面性”的存在，以及其中具有的不连续性特征。他将此归结为“静态”之美与“绘画构成”。

日本传统建筑形态中这种来自“正面性”对平坦的关照，其实在当代也并不鲜见。飞速发展的科技正在将一切使用之物烫平: IC 卡取代了钥匙；智能手机取代了繁杂的通信设备； 电视机和电脑越加纤薄……总之，周遭的事物都在变得越来越薄，越来越平已是不争的事实。

图 2.10 DOBSF 不可思议的森林 DOB 君

1999 年，当代美术家村上隆[38]发表了其作品集《DOBSF 不可思议的森林 DOB 君》[39]（图 2.10）。他在其中变形米老鼠的短文关键词注释中，创造性地使用了“Super Flat”（超级平坦）一词。在同一页中，村上隆运用了各种漫画、电脑平面图形（Computer Graphic）示例，来强化“Super Flat”的定义: 无论何处都没界限，平坦的地平所无限延伸的空间。进而东浩纪[40]在“Super Flat”宣言中写道:

没有照相机镜头。没有纵深。没有等级结构。没有里面。或者没有“人类”。可是，充满着视线。全部都对准了焦点。网络存在。运动存在。接着是“自由”的呈现。[41]

这无疑是对“Super Flat”的一次宣言，宣告了当代的横向平坦取代了现代主义，或是一直以来的等级关系。而这无疑既是日本的，又是世界的。2005 年 5 月，村上隆在东京的“Super Flat 展”的宣传册中说道：“日本也许是世界的未来。……高（high）与低（low）的一切都将被平坦并置在一起。”“平坦”(Super Flat) 一词一时间成为普遍性与地域性交换的焦点。

首先，较之于立体体量或空间组合，立面（façade）成为设计的核心。原本是三维存在的建筑，却更加接近二维。玻璃表面印刷了文字的建筑，与集约了各种各样信息的计算机视屏等价存在。

“Super Flat”的另一点是建筑具有的等级解体。这可以在不同的层面上考察。比方说表里的差异、空间的优劣等等方面。[42]

五十岚太郎[43]对“Super Flat”归纳，不仅包含了视觉上的平坦，同时也揭示出另一个抽象层面上知觉的平坦。当代社会中更加个体和并置的社会结构及人际关系就是这种知觉平坦的代表。并且它并非是当代日本社会所特有的现象，而是传统的延续。

国土的大部分被森林覆盖。仅有被开辟的小原野可以生产，即便是支配者再残酷地剥削，其绝对量依然有限。较小的土地以及有限的生产都是和外国大规模富庶的积蓄不可相提并论的。[44]

并非贫富的悬殊差异造就了日本自古以来就有的扁平化社会结构，由这种社会结构而来的平坦观念不能不说是日本特有的识别性之一。

价值由差异产生。所以资本主义是差异的扎堆。当然设计也可以被如此形容。过分地说，在日本，战前欧洲而来的现代主义，战后旋即转向美国而来的现代主义及其生活方式，60 年代又将技术表现主义作为未来，这些都成为设计上的动力所在。到了 80 年代，类型化之下的现代主义又被地域性、历史性的重新审视所取代。然后是 90 年代，至此为止的差异性已经无法继续维持设计的需求，而新的差异性却迟迟无法发现。随着社会不断成熟，将外部（海外）导入内部（日本）的方式，所谓“拿来”(catch up) 型的局限性也已浮现。这种差异性难于发现的状况可以称之为“Super Flat”。[45]

塚本由晴[46] 所说的“Super Flat”，或者说是由差异性的缺失所导致的平坦性显然不是视觉上的，而是建立在物质交换体系中的平衡。五十岚的“Super Flat”指向了建筑形态中的视觉与知觉的平坦，塚本则将普遍性与地域性之间的等级性差异的消失作为一种平坦的呈现。但是对于作为知觉的平坦性而言，无论是五十岚还是塚本都将等级性的消解作为平坦呈现的根本原因。等级的消解意味着事物之间呈现为等价的、互换的、并置的关系。塚本由晴与贝岛桃代[47] 在“无纵深的家”(图 2.11) 方案中将建筑空间中固有的“内部与外部”这一差异性作为对象，通过对形成围合关系的内外分割、流线形成的前后关系进行平坦性操作，来将当代以信息化为特征的平坦性通过空间构成给予了重置。不仅是视觉平坦的形态对象，知觉的平坦意味着等级差异的消失，并置意味着事物间的等价关系。平坦的观念为形态所导入，必然会导致形态中物质等价的形成。

图 2.11 无进深的家　1994

在所有的东西都被作为等价的要素并置在一起的同时，建筑所拥有的那些细部、那些母题具有了与建筑整体同样的重要性，这一信念被建筑家们所接受。将建筑整体上的印象从最初开始浮现，细部被有序地整合成为为整体而服务，那种想法在这里不存在。因为局部与细部成为等价；过去与现在成为等价的思考已经从建筑之中被发现。进而正是这样的思考，成为当代装饰的思考。

这样的建筑已经从现代主义建筑等于功能主义建筑的地平线上升腾而去。然而这并非是一种逃避，却是当代建筑所具有的多样表现之中的一个有力的倾向。[48]

等价化的操作，也就是对等级所造成的差异性的发现，之后在某种设计的操作中所进行的平坦化的方法，无疑已经成为当代建筑形态设计上的一种倾向。当代的建筑形态设计已经成为从等级发现到平坦操作的固定程序。然而，平坦操作背后真正的原因是什么呢？是什么促使平坦操作成为时髦？对此，坂牛卓认为：

从 90 年代的后期开始到 21 世纪为止，以平坦性为基础的建筑在增加。之所以要标榜平坦性是因为其被当作是能够确保自由的因素。比如当库哈斯（Rem Koolhaas）谈到“普化城市”（generic city）时，其所指向的便是自由。也就是在无个性之中存在着自由，这是他的城市观。

建筑也同样如此。也就是说对建筑进行无个性的操作，通过对建筑家强烈个性表达的剥离，来提升使用者一方的自由度。进而，这样的自由度是当代建筑所憧憬目标的根源所在。

这种自由的标榜与建筑的平坦化是相通的。但是，很难从单纯的平坦箱体中感受到自由。这一点同在没有规则之处无法感受到自由的道理是一样的。只有通过与自由相抵抗的事物，我们才能感受到实在的自由，这一逆向思维的建筑也在不断增加。[49]

平坦性的意义在于它给出了自由的可能性，这是当代社会试图从现代主义的共同目标时代中脱身而出，迈向一个更加开放的、个体的自由时代的理想所在。另一方面，正如坂牛卓所指出的，平坦性的存在是相对于等级性的差异化而言的，后者是前者被感受的前提。换句话说，没有绝对的平坦，也没有绝对的自由，它们都是在等级与限制的相对化中才得以呈现。

图 2.12 江户城本丸建筑布局

2.1.4 身体

在井上充夫看来，与西方同心圆式的极坐标体系以及中国大陆横平竖直的正交体系这类纯粹人类意识之下的建筑布局不同，日本传统建筑群的布局之中决然没有这类意识上的先验：

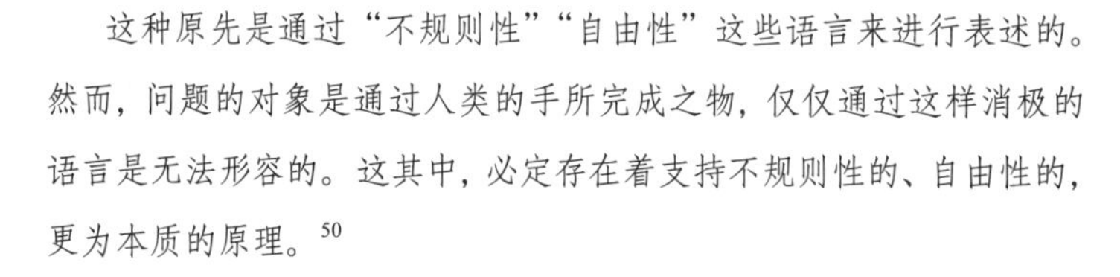

> 这种原先是通过“不规则性”“自由性”这些语言来进行表述的。然而，问题的对象是通过人类的手所完成之物，仅仅通过这样消极的语言是无法形容的。这其中，必定存在着支持不规则性的、自由性的，更为本质的原理。[50]

“不规则性”“自由性”是日本传统建筑群形态的固有特征。“不规则性”因为挣脱了“坐标”这类意识产物的束缚，同时将构成要素的“同时性”关照以及视线穿越的意识与形态对应的等级消解，在“不规则性”与“规则性”的差异化之中，获取“自由”的属性。进而，井上认为，对于一个本质上内向的日本传统建筑而言，行进路径本身并不重要，路径上相邻节点间的连接关系才是其中的关键。他以江户城本丸的建筑布局（图 2.12）以及玉虫厨子[51]中的“舍身饲虎图”（图 2.13）的画面布局为例分析了这种基于“行为空间”的特征：

图 2.13 舍身饲虎图

> ①在行为空间中，类似于解析几何模式下的构成要素间的位置关系并不重要，而像相位几何学模式的连接关系更为重要。

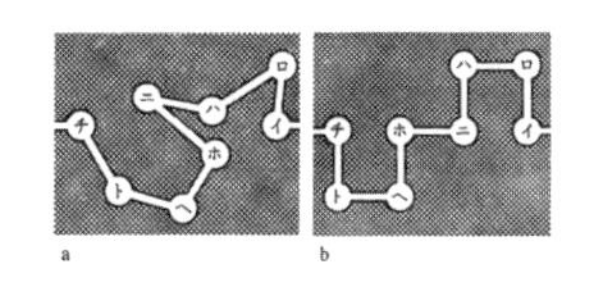

a　b

图 2.14 行为空间模式（a 与 b 等价）

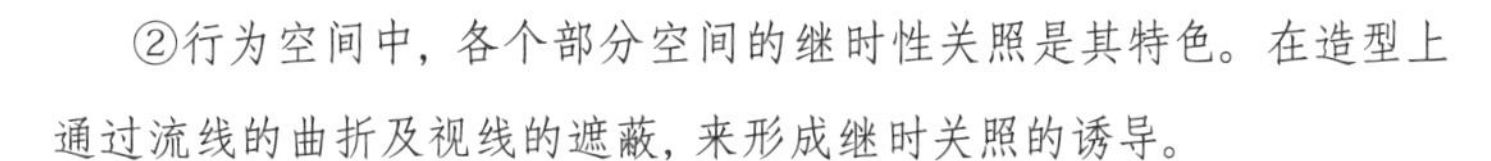

②行为空间中，各个部分空间的继时性关照是其特色。在造型上通过流线的曲折及视线的遮蔽，来形成继时关照的诱导。

③因此行为空间的关照在于，无论是实际上的步行，还是观念上的运动，关照者的行为始终是其前提。[52]

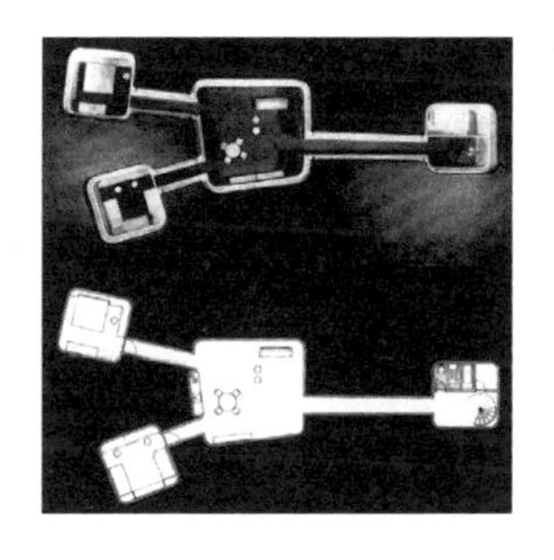

图 2.15 大地之家—黑的空间
筱原一男 + 朝仓摄　1964

由曲折和回旋所形成的日本传统建筑空间所形成的不规则性在于它将整体遮蔽在身体之外，进而使得身体只能同内向路径的两个前后节点相关（图 2.14）。正是这种内外的隔绝性，或者说身体的内向性成为将传统视为出发点的、筱原一男“黑的空间”（图 2.15）的来由。换句话说，日本传统建筑空间的不规则性表现在忽略整体的片断上。路径节点的变幻，后面的景致会迅速将前面的景致取代和替换，场景以一种并不连续的开放永远地呈现为局部。由于缺乏整体上的线索，因此这种片断得以以一种并置的方式介入身体。开放的、并置的不规则性显然也具备了平坦性的一切特征。如此，我们也就可以理解井上乐于将“不规则性”与“自由性”相等同的意图了。

a. 诸星大二郎：下地铁……　b. 吉田秋生：《BANANA FISH》第 8 卷

图 2.16 地铁与身体文化

对日本传统空间的曲折性及遮蔽外界的身体性的发现，很容易使我们将其与当代日本的“地铁文化”联系起来。地铁不仅屏蔽了地面以上的现实景象，行进的路线也与身体的感知无关，而只有点到点的车站会被当作是识别的标志。“地铁文化”将日本传统中的内向性与身体性以当代的方式再现。无论是漫画、小说，还是互动媒体以及个体主义，都是这种脱离都市现实的“地铁文化”下的产物（图 2.16），其还被引申为“宅文化”（御宅）。它将都市的复杂性推进到一个媒体所装点的世界之中，随着地下空间的延伸，复杂化、巨大化、网络化的无色透明的都市世界就像计算机的网络一般侵入身体。它无疑是一个传统与当代的交汇点。

图 2.17 养老天命反转地　1995

荒川修作（Shusaka ARAKAWA）与妻子马德琳·金斯[53]在名古屋的养老公园的“养老天命转运地”（图 2.17）中将这种身体的真实性以一种景观的方式展开。盆地状的地形中凸起的圆球以及上部片断的日本及其他国家城市的地图碎片同杂草、人工材料拼贴在一起。切开的电话、无法坐下的沙发和无法躺下的床等，一切的一切既熟悉又陌生，它试图将我们身体中被固化了的概念统统打上质疑的问号。没有任何来自身体外部的限制与约束，每一个参观者可以获得各自独立的关于身体的感受。荒川与金斯所要表达的正是重新唤起这种被环境所排斥的身体感知。因为社会性将人类的身体固化为功能，同时自我意识却从身体中后退。

不同于纯粹的经验主义的现象学所谓的身体意义的范畴，犬吠工作室(Atelier Bow-Wow)[54]将其提出的“行为学”(Behaviorology,日语作“ふるまい学”)定义为不仅涉及现象学的经验主义，还包括了环境控制的技术主义，即科学。在塚本看来，正是身体通过行为与环境的、物质的交换，才有可能去追溯时间的隔绝，感知物体本源的意义。而这才是身体中意识存在的价值所在。由此，行为学贯穿起曾经被人类身体所二分的观念与技术，而这需要的仅仅是将身体介入到行为之中。

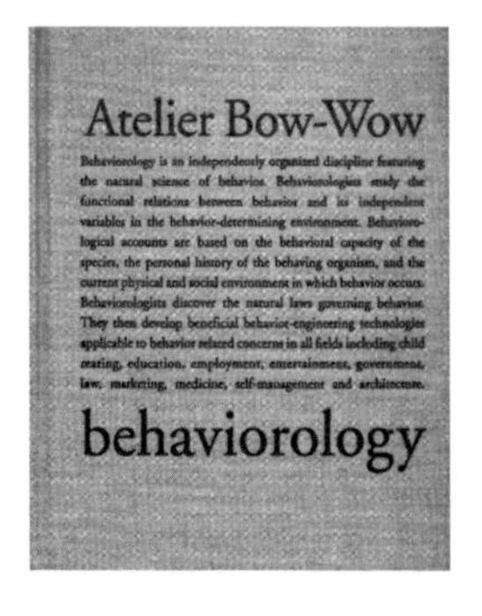

图 2.18 *Behaviorology*

> 今天我更愿意来讨论 Behaviorology。这并不是一个建筑学中常用的单词。它关注建筑物内外的人类的行为。建筑在不同的层面上同行为相关，却从来没有像这样被讨论过。右边的那张图（图 2.18）是我的近作 *Behaviorology*。第一级别的 Behaviorology 是自然与微气候，自然的行为，光线、风等等。它并不是一种在建筑物内外出现的人类行为。建造房屋是在整个区域内创建一个新的微环境。它在内外之间建立起联系。比方说你会感觉到气温越来越高，这是因为从你体内释放热量的行为。接着第二个级别的 Behaviorology 是人类的行为。不过它总是受到来自自然行为的影响。比如人们总是愿意待在温度适宜微风轻抚及光线充足的场所而讨厌黑暗与寒冷。因此，它总是受制于第一级别的 Behaviorology。空间完全是由人们的行为来改变的，而我真的很喜欢看到这些来自不同的人的有趣行为。第三是建筑物的行为。这听起来有些奇怪是因为建筑物自己不会动。但是当你纵览一

个更长的时间尺度，比方说50年或100年时，社会的变革、体制的变迁、经济状况的变化或者是生活方式的更迭使得这些建筑物正处于行为的变化之中。建筑物的行为启发我从时间尺度的视角去发现问题。自然的尺度需要花费一到两个小时去观察。人类的尺度是一天。你用完早餐然后去工作，接着是上厕所然后睡觉，到早晨再次苏醒。因此，它总是重复。还有一些社会行为可能会花费一周时间来观察，或者是一年。由此，Behaviorology有这些类型。我深受这些想法的触动。在20世纪，在建筑设计中建筑物没有获得应有的尊重而更多的是关注于视觉效果。但是我认为建筑却是深深地扎根于时间的。建筑是耗费时间的基本艺术，而时间则源于思考。[55]

图 2.19 《考现学》

图 2.20 “The Production of Space”

“Behaviorology”无疑是受到了来自今和次郎[56]的《考现学》（图2.19）以及亨利·列斐伏尔[57]*The Production of Space*（图2.20）对“他者”的关注的影响，面对的是鲜活的行为主体。“他者”的意义在于将形态的双重主体——作为设计的身体与作为使用的身体并置的平等，而非强加于人或使其缴械投降。身体的行为拓展了被视觉所俘获的建筑形态，形态不再属于形态本身，形态通过行为实现了与身体意识的沟通。因此，身体的行为是具体的和个人的。也正因为如此，行为注定与具体的身体行为意识之外的社会性无缘。消费的、媒体的这些社会性外部被行为的“无意识”阻隔于身体之外。作为一种与社会性的对抗，或者是对身体的私密性与社会性的平衡，行为显然是当代不可或缺的一种存在，并且始终被作为是真实身体的归宿。

2.1.5 暧昧

无论是“暧昧”还是“模糊”，都可以看作是一种“混沌”与“混合”。从混血的人种起源到事物相互之间混合共存的现象，“混沌”与“混合”是日本传统文化的特征之一。

“共生”这一新的概念和思想仍在创建过程中，现在要把共生的定义、概念在辞典中确定下来，还为时过早。但是，迄今为止，在共生思想的研究与发展的过程中，我们还是可以看到共生与调和、共存、妥协等类似词语之间的差别。

· 共生是在包括对立与矛盾在内的竞争和紧张的关系之上，建立起来的一种富有创造性的关系。

· 共生是在相互对立的同时，又相互给予必要的理解和肯定的关系。

· 共生不是片面的不可能，而是可以创造新的可能性的关系。

· 共生是相互尊重个性和圣域，并扩展相互的共通领域的关系。

· 共生是在给予、被给予这一生命系统中存在着的事物。[58]

黑川纪章（Kisho KUROKAWA）关于“共生”的定义简而言之可以概括为“创造性”“共存性”“多样性”“重合性”以及“交换性”。它与日语“暧昧”（あいまい）一词所指的“态度或状态不甚明确”，即同“模糊”（もこ）有着许多共通的含义，都包含了打破既有条框的流动性。

时尚设计师津村耕佑[59]在他“Final Home”的一系列服装设计作品（图 2.21）中，将衣服与包裹身体的空间等同在一起。在他看来，如果衣服具有了空间的一系列收纳功能之后，衣服也许就成为身体最后可以依存的“家”。这是一个可以随着身体任意移动的“家”，“家”对于身体的意义不在于恒定不动，而在于对包裹着的身体的呵护。永恒的身体与变换的衣服组合成的矛盾叠合在伊东丰雄（Toyo ITO）看来表达了“两重的身体”：知觉的身体与视觉的身体。进而，衣服作为视觉的身体在本质上隐含了另外两层意义：衣服的表层性与替换导致的流动性。

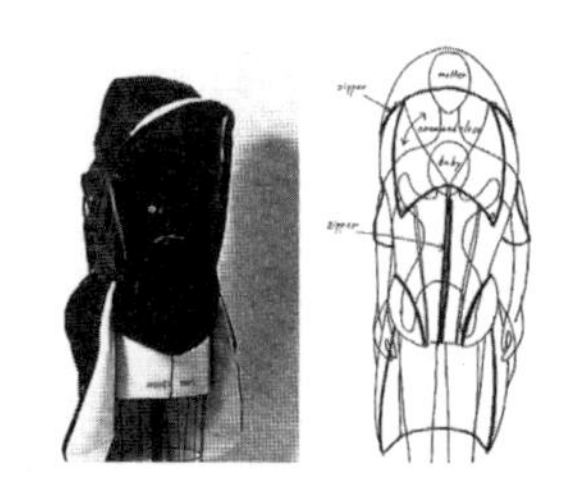

图 2.21 Final Home Mother 设计图

1985 年，伊东丰雄在“东京游牧少女的包”（图 2.22）的设计中展示了这种“两重身体”：一个在轻盈的帐篷中，仅有床以及少女生活仅需的设施。一切都显示出一种流动的、轻漫的、柔软的氛围。少女的身体通过

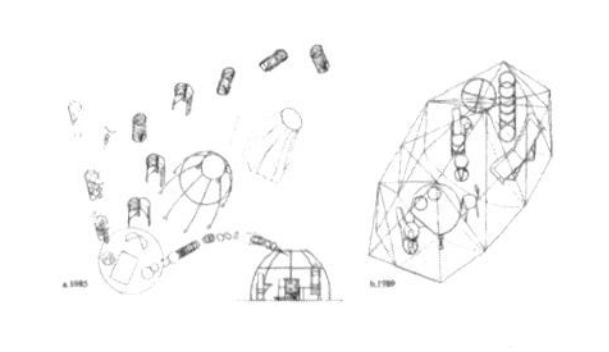

图 2.22 东京游牧少女的包

图 2.23 运动中的男子草图
柯布西耶

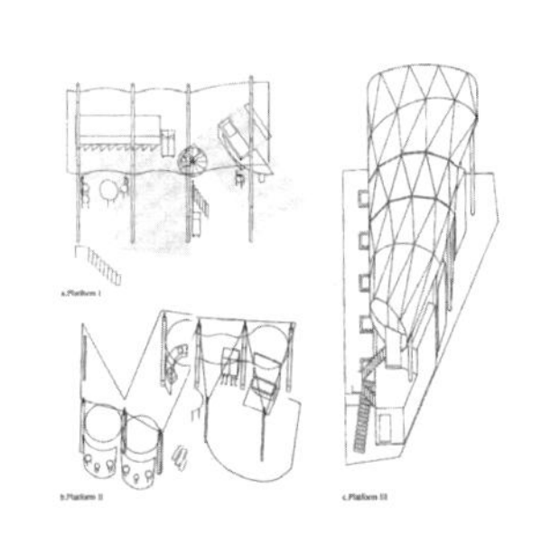

图 2.24 PLATFORM 系列

仅有的限定家具，展现出行为的高度自由与不可预测的无意识性。同时包裹这行为身体的帐篷既是一种弱限定的覆盖，也具有浮游感所表现的流动特征。伊东的少女身体同柯布西耶（Le Corbusier）那健康的、强壮的，沐浴在阳光之下的可以在屋顶花园锻炼的男性身体（图 2.23）产生了鲜明的对比。

与其说伊东丰雄试图通过“东京游牧少女的包”来表达一种臆想的少女身体，倒不如说担当此项目的设计师妹岛和世（Kazuyo SEJIMA）将她自己的身体性通过这一设计呈现了出来。妹岛的设计在看似抽象的物质背景中所呈现的正是这种轻盈的身体性。与伊东以流动覆盖的弱限定来呈现自由的身体不同，妹岛的身体性是在对物质的极度抽象中来实现对场所极限的约束，并借此来最大化地还原出身体的自由。同时，妹岛将当代身体所处的现实与虚拟的双重特征，以透明玻璃的透射与反射的双重性给予视觉化。随着身体的行为展开，玻璃界面将内外的环境与身体的反射动态地连接在了一起。身体的行为所带动的动态环境则犹如罩盖于身体的薄纱一般，若隐若现的身体在其间婆娑游动。妹岛将身体通过半透明的玻璃来表现的流动性，展现出当代建筑形态抽象背后的可能性。这种介于透明与不透明之间的界面被五十岚太郎视为当代的“现象半透明”[60]。对于妹岛的身体性，奥山信一[61]评述道：

> 她对于以前有关“东京游牧少女的包”设计的感想中，曾经叙述到对于用布这样的柔软材料轻盈地架设空间、将个人的身体包裹起来的构成感受到强烈的异样感。对于像这样通过对一个一个的身体的关照而来的对现实生活围合思考的怀疑，促使她将人们在场所中的移动及其轨迹直接进行空间化的想法的展开。之后妹岛的建筑通过打开空间的方向性，来寻求更加开放的场所，实现了被称作为“PLATFORM”系列的住宅（图 2.24）。此外妹岛通过在实践的设计中介入这些实际的感受，来表达对于当代的建筑家而言，应该将人类、城市、信息或媒

体等相互纠结的场所通过建筑的方式进行建构的思想。对于这种将私密场所与公共场所通过人类身体的介入而建立起的相互之间直接接触的状态是妹岛建筑所追求的目标。[62]

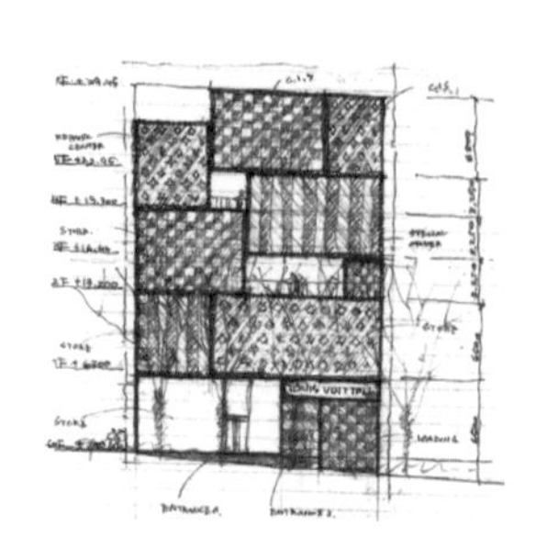
图 2.25 Louis Vuitton 表参道草图

与妹岛身体与半透明的罩衣联动的处理不同，当代衣服所具有的变幻特征在媒体与消费的驱动之下，正在将衣服的表层据为其表现的舞台。青木淳[63]的“Louis Vuitton 表参道”（图 2.25）的形态表层随着身体所处视角的不同而变幻，另一种方式则是将身体的行为忽略而将建筑表层视作为巨大视屏的载体来进行表现。无论前者还是后者，都是基于将表层视作为流动的载体。物质形态表层的流动性在石上纯也[64]“四角风船”（图 2.26）的设计中被完完全全地以一种动态的直接方式表现出来。四角的风船每一个面都与内中庭的四壁保持了一定的偏角，铝箔覆面的风船在空气浮力以及中庭四壁碰撞的轻推力的共同作用下，保留着一种随机性与偶发性。在参观者行为的具体性的参与下，“此时”“此地”“在场”“唯一”“现实”“映像”“浮游”“包裹”“覆盖”甚至是“自由”“场所”等当代独有的身体性在物质的流动中被还原而出。

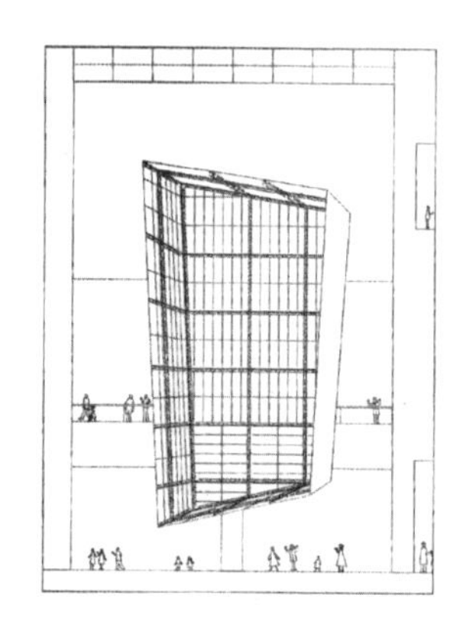
图 2.26 四角风船 结构剖面

会津若松的“荣螺堂”（图 2.27）六角形的平面内外所布置的双重螺旋上下的流线及其形态化的处理显然表现出日本佛教固有文化观念中“轮回”“曲折”的意味，同时也将这种建筑形态中的流动在内与外同时展开的可能性表露无遗。

倾斜的目的是通过将身体置于建筑物与触觉之间，来使人感受重力。由此当人们从自己熟知的空间状态中跨越而出之际，建筑的品质被敏感的器官知觉到了。[65]

图 2.27 荣螺堂　江户后期

1995 年的“仙台媒体中心”竞赛的古谷诚章[66]案向人们展现了一个当代的“荣螺堂”（图 2.28）：连续折板楼面在建筑的周边形成连续的

图 2.28 “仙台媒体中心”竞赛古谷诚章案 模型

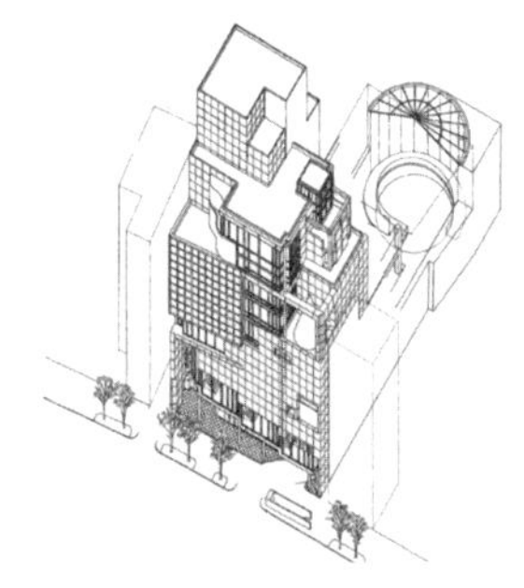

图 2.29 螺旋 Spiral 轴测

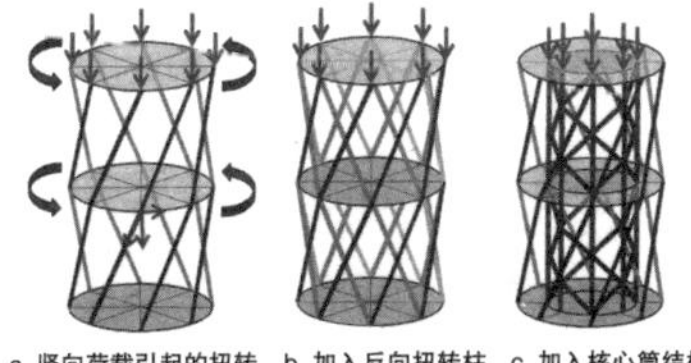

a. 竖向荷载引起的扭转 b. 加入反向扭转柱 c. 加入核心筒结构

图 2.31 Mode 学园螺旋塔 结构原理

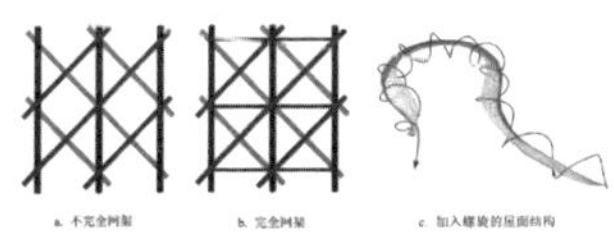

a. 不完全网架 b. 完全网架 c. 加入螺旋的屋面结构

图 2.32 高雄主体育场 结构

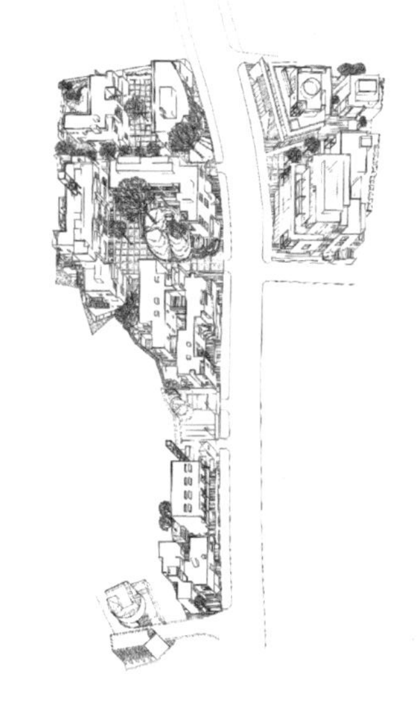

图 2.30 Hillside Terrace Complex 轴测

上下坡道，并围合起中央的书库。如果不是巧合的话，槙文彦（Fumihiko MAKI）的“Spiral”(1985，图 2.29）或许正是“Hillside Terrace Complex（1967—1992)”(图 2.30）中那种建筑与城市空间相互咬合、渗透的暧昧边界的原型吧。而“Mod 学园螺旋塔（Spiral Tower)”，沿着中部核心筒体盘旋而上的楼层宛若一个以当代技术所呈现的螺旋纪念碑(图 2.31)。伊东丰雄设计的“高雄主体育场”(2009）则将螺旋沿着看台遮阳篷从入口游廊横向地连续展开（图 2.32)。“轮回”“曲折”在这里被“流动”所诠释，所不同的是，传统的佛教信仰已然让位于同样抽象的信息网络了。

2.2 结构

2.2.1 词源考

维基百科中汉字“结构”一词可用于“建筑物、建筑结构、化学、机械、数学、计算机语言、数理逻辑、微分结构、哲学”诸多领域。这种过于宽泛的用途，对建筑形态中的结构含义的判断造成了干扰。仅从字面上分析，“结”表示“系、聚、收束”，而“构”古字作“構”，表示“组成、组合、造”等。“構”字还可以往前追溯到“冓”字，表示“金文象屋架两面对构形，本义为架木造屋”。在《说文》中有“構，交积材也”[67]。这种木材编织形成的结构意义可以从“構”字本身“木”偏旁以及横竖相间的象形标识中得到辨认（图 2.33)。“结构”在汉语中有两个意思，一是表示各个组成部分的搭配和排列；二是表示建筑物上承担重力或外力的部分的构造[68]。前者中的“各个组成部分”通过我们许多熟知的生活用语，如“经济结构”“社会结构”“语言结构”等等可知它可以用来表示抽象事物之间的关联。而后者则明确指出了结构的建筑所指。日语中以“構造（こうぞう，音作 kou-zou)”表示结构之意。“構”(構え，音作 kamae）在日语中作“建造、结构或指家屋的外观”之意。而“構造”在日语中的意义也与汉语相近，一是表示形成整体形的各部分之间的组合以及各类相关要素相互结合所形成的整体[69]。由此可见，汉字中有关结构意义的表述可以归纳为：一表示相关联的局部构成的整体；二表示构成整体的局部之间的关联，即局部→整体和局部—局部均可以用结构来表述。另一方面正如本节开始时所述，结构一词用途的宽泛性，即结构既可以指向抽象事物，又可以用于具象事物的特性使得结构的使用非常普遍。“構”一字通过象形图示的方式将木材的用材、“编织”的连接方式以及“底部架空的干阑式”造型的形态统合在一起，表现出汉语圈的东方传统结构的整体性意识。而无论是中文的“结”还是日语汉字的“造”，都表现为对于“構”的建造方式，日语

图 2.33 构

的“造”表达更为抽象和综合，除了包括木材的连接之外，还意指对土地的处置；而中文的“结”则明确了对木材进行结构性连接的方式。因此，无论是中文的“结构”，还是日语“構造”，都将结构从材料、连接、形式与建造诸方面融合在一起，是一个含义丰富的多指向用语。

英语中 structure 的意思源于 strut，其作名词的意思是“支柱、支杆、支撑”，也可指“抗压材料”。后者源自拉丁语 structura 和 structus，意作“有目的堆砌、建造”的完成分词。韦氏在线词典（Merrian-Webster）中列举的 structure 的含义包括整体意义上的有关建造行为与结果、某种模式下的组合；关联意义上的建造行为与组合方式；局部间的关联等。概括而言，包括“整体”“方式”和“关联”三个方面。从 structure 的指向来看，它既能指向具象物质，特别是与建造有关的内容；同时它也可以被用于抽象事物。当 structure 被用在与建筑相关的内容时，福蒂在 *Words and Building* 有关 structure 一章中，归纳了以下 structure 的各种用法：

> ①作为建筑的总体形象。
>
> ②某建筑物的支撑系统。用以区分诸如装饰、外装、附属设备等的其他要素。
>
> ③根据某种图纸所衍生的产品、建筑物、建筑群，或是为了能够清晰辨识出城市总体和地域而衍生的某种图式。这一图式无论是依据各种要素中的何者都是相同的。所谓各种各样的要素，最一般的是结构部分的配置、体块（mass）——或是与之相对的体量（volume）和“空间”，进而是相互联系与连结的体系。
>
> 这些之中的何者，单独上都非 structure，structure 只不过是作为赋予认知要因的符号而已。[70]

福蒂对 structure 在建筑中用法的归纳基本上同上述韦氏词典中有关 structure 的“整体”“方式”和“局部关联”的意义是相同的。不过，福蒂还对这三种用法做了更进一步的说明：

> 因为①的意义容易理解，所以没有必要对此进行阐述。所有复杂的问题都隐藏在其他两个用法之中。②与③的意义是无法切分的。其原因在于不论它们是否经常会被分开使用，②其实是③的特殊情况。②和③的混用是由于现代主义（Modernism）的 structure 一词用法其原先的特征使然。进而因为①的存在将这种混用升级（尤其是英语较之其他语言更加严重）。[71]

福蒂指出的这种英语中 structure 一词用法的含混可以从密斯与卡特的相关引述中得到验证：

> 英语把不管什么都称作 structure，可是我们欧洲却并不是这样。我们称之为临建小屋，却不会叫它 structure。对于我们而言，structure 一词乃是哲学的思考。structure 是整体，从上至下，到每一处的细部为止——都包含着同样的思考。这才是我们所称谓的 structure。[72]

无论是作为“赋予认知要因的符号”还是“哲学的思考”，structure 都展现出关联整体到局部的宽泛性。整体上 structure 可以作为总体形象的标识，局部上这可以被认为是“联结”与“联系”的符号。

structure 的双重意义我们也可以从汉字“结构”或“構造”的含义中得到确认。它们都源于木与石这些材料及其使用，都涉及了从局部到整体的关联方式，也都是指向于将客观物质转化为人工形态的秩序。与作为形态目标的观念相对，结构是实现形态的手段，也是在遵循客观规律基础上的、人工化的组织过程。

从前所谓结构的理论就是存在的。这是因为“不能倒塌”这样的信念无论在哪一个时代都是不变的自明真理。

以计算机为背景的技术发展在将建筑的可能性大幅拓展的另一面，“一切皆能”的空虚建筑带来的空洞化则是一把双刃剑。此外，对于技术的过度依赖以及对于缺乏冗余性的都市、建筑而言，更加对于它们的形成造成了困难。

对于急速进化的技术我们能够寄托什么，它们会把未来的时代导向何方？所谓的结构的主体性是什么？我想现在应该是对“建造、构筑”进行重新认识的时候了，只有这样我们才能从结构的思考中领悟到新时代的世界观。[73]

陶器浩一[74]的这段文字，道出了在建筑中面对作为外因技术代表的结构，应该如何去直面当代的现实，进而来思考随之而来的那些结构在当代所面临的问题。对此，陶器归纳道：

①在可能性的极大化之中，如何来确立我们的立脚点？

尽管建筑必须是合理的和功能的，但是这样的定义会随着时代以及社会而改变。在技术进步的同时，建筑在可能性的不断扩展之中如何找到自己的立脚点呢？

②在不确定性的最小化之中，结构拥有的主体性是什么？

结构是伦理的同时，作为其根源的科学技术也是时常与不确定性相伴的。预测精度的不断提升使得总体上的不确定性在不断地极小化之中，技术是否会由于领域的变窄而丧失包容力呢？另外，这种不确定性的缩小，在前提的要求条件改变时，是否会成为海市蜃楼呢？在这样的变化之中，结构者所应该具有的主体性到底是什么呢？

③任何时代都不变的是什么？

即便时代及社会不断改变，不变的结构理性果真有存在的可能吗？我想在这里有必要再一次回到建筑的历史中，结构曾经具有的价值。进而来思考构筑这一内容的本质。[75]

的确，在当代这个技术无所不在，无所不能的时代中，在形态的观念面临不断地被刷新的现实面前，结构曾经支撑着建筑形态从古至今，如今这个曾经的“形态之本”，是否依然能够在巨变的时代演进之中再次独善其身呢？

2.2.2 水平抵抗

无论如何，结构在日本并不仅仅意味着抵抗重力。日本最早有关地震的记载是《日本书纪》（日本書紀）中允恭 5 年（416 年）“河内国地震了”（河内国地震ふ），而最早的关于震害的记载也是在同样的《日本书纪》中推古 7 年(599 年)“大和国地震，屋舍毁坏，上苍要开始公祭地震之神”(大和国地震い、屋舎を屋舎を壊る、勅して地震の神を祭らしめ給う)。对于古代的日本人而言，自此开始，地震这一自然现象也开始被当作人们生活经营事件的一部分来对待，人们对于地震现象与生产活动之间的关系也日趋关注。面对诸如地震、台风、海啸这些风土的侵扰，人们赖以生存的建筑环境如何来积极地形成对此的抵御及防治也逐渐在意识中形成。歌人藤原定家[76]在推断家中的佛堂因地震而倒塌的原因时就认为是缘于“没有通长的横向联结”（長押（なげし）なきによると記していることからもうかがうことができる）所致。藤原定家所说的“横向通长联结”就是用来联系作为竖向支撑的木柱的横梁。这种在顶部用来联系建筑物的柱子的通长横梁也被称作为“头贯”（頭貫）。无论是“长押”还是“头贯”，都是源自我们在上文中提到过的平安末期由中国大陆传入日本的“大佛样式”[77]中作为通长联系梁的“贯”（ぬき）结构（图 2.34）。在此之前以寺院建筑为主的日本传统建筑赖以抵抗水平荷载的是柱子本身的自重。因此，无论是飞鸟时代传来的法隆寺金堂还是鉴真和尚带来的“禅宗样式”[78]唐招提寺，都是借由柱径粗大的材料来抵抗水平荷载的。而“贯”

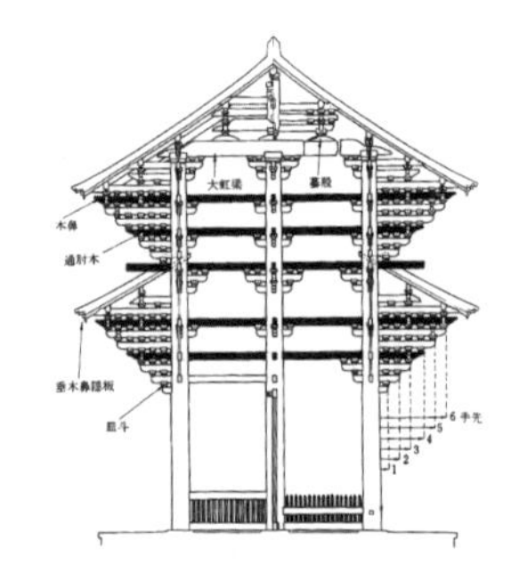

图 2.34 东大寺南大门 剖面

结构的出现，乃至于之后随即转入中世建筑的样式由寺院转向住宅时，随着“贯”的横向联结不断变多加强，原来作为材料抵抗水平荷载的柱子也逐渐变成为细方形。这一结构上由“竖强横弱”向“横强竖弱”的转变也表明了日本传统结构意识中由竖向抵抗向水平抵抗的过渡，而这也恰恰是与日本传统文化从“外摄”到“内化”的转变相同步的。“贯”这种横向的通长联系梁正是日本自古以来所具有的水平抵抗意识的物质写照。

在日本传统建筑中这种水平抵抗意识具体表现为可动性与轻薄性。首先，可动性是相对于西方传统石砌建筑结构的固定性而言的。西方传统石砌建筑结构的固定性是建立在材料抵抗基础上的，与此相对的是，日本传统建筑在中国大陆文化的影响下，从一开始就以木构“横平竖直”的方式作为支撑。与中国大陆传统建筑以“竖直”为重不同的是，出于自身风土意识的考虑，日本传统建筑逐渐形成了“横平”的结构趋向。尽管如此，日本传统建筑结构在本质上还是与中国大陆传统相近似，都以木构的框架形式作为结构的架构体系。比如在日本传统建筑结构中被称为“组物”（くみもの）的柱梁联结物就是中国传统建筑中的一组“斗拱”。“组物”联结纵向的柱子与横向的连梁，其本身就在梁柱结构中承担了分配力流的重要作用。木材不同于石材，在时间经年的作用下会因为材料本身的收缩、变形而产生松动。也正因为这样的可动性，日本传统建筑结构梁柱联结既非铰接、亦非刚接，从而在水平荷载作用时可以产生类似于当代耗能结构那样的位移抵抗，来大幅减轻水平荷载对结构整体上的破坏。这种对于木材松动性的预判而来的可动结构体系当然是在经年累月的错误试行之中才逐步确立起来的。西方传统建筑的结构，即便是采用了木构，往往也会在木材相交的部位用金属件予以加固，这也就保证了结构体系的固定性，而中国以及日本的传统结构，木材的交接采用榫卯方式连接而不用金属加固的方法，是从本质上有别于西欧的。两方在意识方面的不同决定了物质形式的大相径庭。日本传统结构的可动性不仅体现在材料的连接方式上，还体现在结构体系的平衡方式上。事实上，如果我们将“组物”的底座看作是一个保持着平衡的“秤”的话，两侧的出挑会在“秤”的两边形成一个摆动的平衡（材料变形、荷载作用的影响）。这种被称作为“天秤结构”的动态结构平衡方式却是日本传统建筑的结构中非常重要的一种方式。其不仅可以满足水平抵抗的要求，也在很大程度上兼顾了建筑内部的使用以及材料变形的影响。日本古代的寺庙建筑“组物”对出挑屋面的支撑方式就是基于“天秤结构”动态平衡的支撑。营造于飞鸟时代的奈良法隆寺五重塔就已经采用了“天秤结构”。我们从五重塔的剖面图（图 2.35）中可以看出，塔中央垂直方向上的芯柱除了在最上层与屋面结构相连接之外，与其他各层的出挑屋面都没有相连接。这是因为在建造之初，古代的工匠们就已经预想到将来随着时间的流逝，芯柱外周的屋面结构都会因为自重产生下沉，并由此造成与中央芯柱的错位。同时，出挑的屋面也会因为水平荷载的作用产生与芯柱之间连接的松动。进而，五重塔各层屋面的侧柱所制成的尾垂木，将外侧出挑的屋面自重与内侧上部屋面传来的垂直荷载相平衡。而各层的侧柱自下而上层层内收，并没有在竖向上贯通，而是保持了各层侧柱相互独立。“天秤结构”的动态平衡方式从建筑结构的总体到局部材料的连接，都体现出日本传统结构意识中可动性的一面，它将集中受力转化为均布受力；将固定的刚性转化为可动的柔性。因其对组物的斗拱以及芯柱摩擦力作用等各种水平抵抗方面有意识的考虑，可以说法隆寺五重塔是日本当代“制震”与“隔震”工学技术的原型。对于日本传统木构法的特点增田一真[79]归纳道：

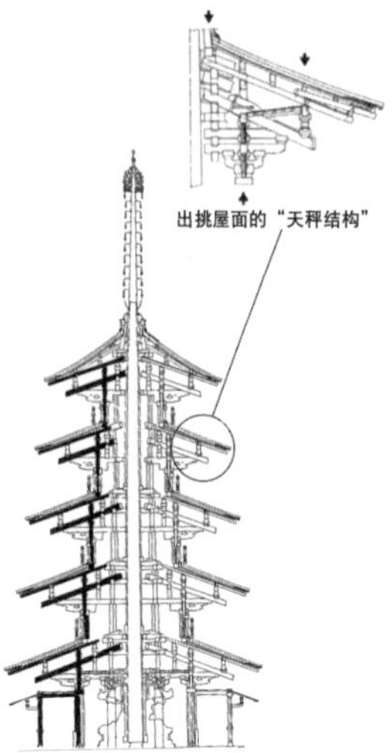

出挑屋面的“天秤结构”

图 2.35 法隆寺五重塔 剖面图

（1）结构即意匠

从细部节点到整体构成，功能性与美观性完美地达成一致是传统木构法的第一也是最大的特征。

（2）应力分散型立体架构

立体结构的特征就如同笼屉一般，局部的损坏不至于放大，避免应力集中。

（3）各层的独立性

通顶柱必要的唯一理由是缘于平衡角柱等容易产生的上拔力而时常会出现轴力不足。然而，一般情况下各层变形角各不相同，为此通顶柱受到强制的弯矩必然会被折断。传统木结构基本上各层独立也就是所谓的“神乐式架构”。

（4）强度型与黏滞型

对于暴风雨及中等程度地震的抵抗是来自于强度型的土壁，在遇到激震时，土壁先行崩坏来消耗地震的能量，之后抵抗则逐渐转移到由贯和榫卯等柱的交接插入部分的黏滞型变形抵抗上。

（5）耐久性

深远的出挑屋面、通风、干燥材、大径木、真壁等综合在一起，是极其耐久的构法。

（6）材料的自然性

传统木结构当然全部都是自然材料。

（7）规划的自在性

墙面较少的架构，不仅在高温多湿的风土条件下更易于存留，在大量人群聚集时，或是家族构成变化时，平面功能的对应性也是非常有利的。

（8）规格与连接的再评价

规格与连接的组合方式巧妙地挖掘了木材弹性的特点，是一种预应力的结构。[80]

当我们将法隆寺五重塔的木构法与增田归纳的传统木构特点相对照时，就能从 1 500 多年前五重塔的木结构形式中发现日本传统木架构的基本原则。也就是说至少从五重塔上，我们已经可以确认古代的工匠们已经完成了从身体意识到物质建造的转译过程，而这其中的大部分又都是与水平抵抗意识息息相关的。

其次是轻薄性，首先表现在结构型材的纤细上。“强梁弱柱”的横向型发展历程是自日本中世开始的。一方面建筑样式演变的重心从原先的寺院公共建筑转向住宅，另一方面日本的传统文化不仅是在诸如文字、绘画、音乐这些精神领域，更在建筑、城市等物质建造领域也开始自我发展。在这一期间原先的木结构形式也开始摆脱竖向型的中国大陆影响，更加适合自身风土人情的、物质限制的、生活方式的以及形式观念的木结构形式的出现是必然的结果。“强梁弱柱”必然会导致原先大径木柱的纤细化。据JAS（Japan Architectural Standard）中“过往木造构法”对型材尺寸的规定中可见一斑。除此之外，我们从日本的《建筑基准法施行令》中有关传统木结构建筑“柱截面的最小半径”可知，日本传统木构中柱间距 *L* 与柱径比在 *L*/33~*L*/22 之间。这仅是古希腊帕提农神殿柱间距与柱径之比（约 *L*/2.2）的 1/15~1/10，也是同样采用木结构的故宫太和殿中间最大跨矩与柱径之比（约 *L*/7.2）的 1/4~1/3（图 2.36）。柱的纤细化一方面是因为传统日式住宅的生活方式仍然保留了“席地”的方式，这与受西方“胡床”传来的影响的中国大陆住居生活方式在尺度感觉上有着很大的不同，因而造成了日本住宅空间在纵向上的高度明显小于西方和中国大陆。柱子长度上的缩减，进而使得柱径尺寸缩小和纤细。另一方面也是由于客观的台风、地震等横向灾害防患意识影响使然。柱的纤细化导致木结构上明显的变化就是，为了保证结构架构在整体上的可靠，势必需要在横向的拉结上给予增强。这便是“强梁”出现的根源。“强梁”并非是在纤细的“弱柱”之间架设粗壮的大径木梁拉结。一来是由于中世日本的木材资源并不丰富，大径木材的使用已非易事。二来横向大径木梁与纵向纤细柱子之间刚度比的悬殊势必会在水平荷载突然作用时造成冲击破坏。因此，日本传统木结构中的“强梁”是通过多道纤细的横向通长连梁，也就是“贯”的拉结来实现的。纤细的柱子与纤细的横梁在纵横方向上的交叉连接，构成了日本传统木结构独有的轻薄形象。也正因为水平抵抗的意识远远高于竖向支撑，因此，早先由中国大陆传来的、以竖向支撑为主要结构机能的

a. 希腊雅典卫城帕提农神殿

b. 北京故宫太和殿

c. 江户城本丸大广间

图 2.36 江户城本丸大广间、故宫太和殿、希腊雅典卫城帕提农神殿 柱跨比较

a. 中山家

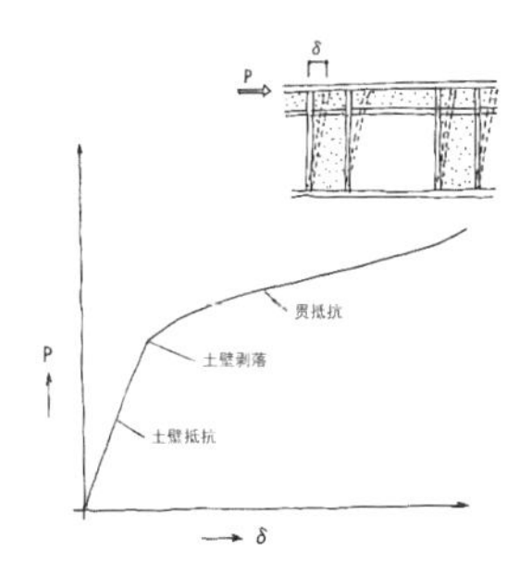

b. 水平力土壁抵抗

图 2.37 中山家与水平力土壁抵抗

“组物”(斗拱)消失于中世的住宅木构之中应该是必然的。木材资源的限制、住宅功能的要求以及灾害发生时对人员次生灾害的最小化等，这些原因也都进一步地促成了纤细化的日本传统建筑朝更加透明的轻薄性演进。

在此基础上，水平抵抗意识也随着社会生产力的发展不断提升，那些在古代寺院建筑中已有的水平抵抗结构技术也进一步地在木架构的体系中不断完善。这其中最重要的一点就是原来作为水平抵抗机制的结构构件本身也被作为竖向支撑的构件。水平抵抗只是在水平荷载作用的那一瞬间发挥作用，即通过“可动性”的位移机制来形成耗能抵抗。竖向支撑与水平抵抗被集约在同一构件，构件本身既受压，又需要随时承受水平荷载的弯矩作用，这就使得结构构件在纵向与横向上都必须具有足够的刚度。然而，这样既耗材，结构传力的效率也不高。随着中世以后结构构件朝向纤细化发展，水平抵抗的方式也变得更加效率化和专门化。原先被集约在同一结构构件上的竖向与水平抵抗被分解为以竖向支撑为主和水平抵抗为主的两组构件。正如增田一真对日本传统木构法特点归纳中的“强度型与黏滞型”所述，土壁的强度保证了横向抵抗时足够的刚度，因此竖向支撑多数为一层木构住宅的柱子才有可能变得纤细（图 2.37)。这种将竖向与横向抵抗分别对应于不同结构构件的方式也是当代日本建筑抗震设计的基本思路。土壁与细柱的传统住宅样式与近代日本结构抗震中出现的抗震墙（剪力墙）在本质上并没有大的区别。由于传统住宅样式中作为横向抵抗的土壁主要是依靠面内剪力来抵抗水平荷载的，平面上横竖方向的合理布置即可形成有效抵御。因此土壁墙体本身并不需要很厚（与其长度、高度相比)，整体上土壁呈片状。纤细的立柱与横梁，加上片状的土壁，以及由此可能形成的大的门窗开口部，日本传统木结构的轻薄性在水平抵抗意识之下被空间化地展现出来。为此，增田一真对日本传统木构法的特点总括道：

> 传统木构法的最大特点是通长的贯与契物将所有的柱进行横向的

拉结，相互之间咬合而形成立体架构。立体结构的特征是所有的部分都参与抵抗，在很多场合都是应力的分散型。由此，才可以避免柱子承受过大的张拉力集中等这样的现象。[81]

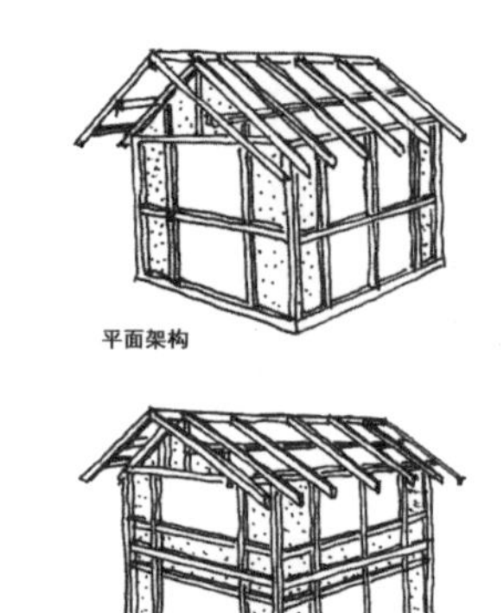

图 2.38 平面架构与立体架构

增田认为“立体架构”是日本传统木构法最大的特点。而“立体架构”恰恰是将水平抵抗与竖向支撑一并考虑的结构体系（图 2.38）。可以说水平抵抗意识是日本传统木构法有别于其他木构法体系的特征之一。

从古代的法隆寺五重塔的应力分散开始，“大佛样式”之“贯”传来后其本土化的演进，及至近代化之后开启的对抗震、隔震的研究，当代的这些结构技术又被重新投射于建筑的形态。从古至今，显然日本的建筑形态始终没有脱离出水平抵抗的意识范畴。

2.2.3 抗震

1894 年的浓尾地震不仅开启了日本地震灾害的调研，也宣告“洋风样式”砖砌结构的终结，以及钢骨补强砌体到钢结构、钢筋混凝土结构，以及日本独有的钢骨混凝土结构（SRC）的转变。它将日本近现代结构技术的发展深深烙上了抗震的印记。从日本传统以“贯”的横向连接开始，由此摆脱了自飞鸟时代带有浓重中国大陆痕迹的木构样式；从明治维新之后“全盘西化”的西方结构技术的导入，到对结构抗震的独特发展轨迹，一直以来的由水平荷载而来的某种技术潜意识一直是日本结构技术发展当中不可或缺的重要因素。

日本之所以没有像中国、美国那样将建筑设计和结构设计完全脱开，是因为它一直处于与自然灾害对抗的状态，传统和当代都告诉我们，建筑必须与设计、设备、结构等技术结合，通过技术手段来抵抗台风、地震、海啸的侵害。所以于古于今，建筑与技术一体化的思想都是日本建筑不可或缺的。[82]

自明治维新到明治末期，建筑结构的类型和计算大部分都是从欧美输入日本的，但自大正时期开始的结构抗震却是由日本以自身独有的理论与方式确立而来的，它的开始缘于1915年佐野利器[83]的《家屋抗震结构论》。佐野在这篇工学博士论文中首次提出了“地震烈度”的概念，并由此使得结构抗震的计算与设计有了可以依据的标准。“地震烈度”概念在1924年的法规中开始作为日本的抗震设计标准被采用，并在日本之外的各国一直沿用至今。《家屋抗震结构论》不仅是世界上第一本关于抵抗地震力作用的结构论著，也是日本对近代欧美结构理论与技术输入的休止符。同年，内田祥三[84]在《建筑杂志》上发表了《钢筋混凝土梁计算图表》，进而1922年内藤多仲[85]也在《建筑杂志》上发表了《架构抗震结构论》。佐野、内田及内藤的这些抗震结构论主张的中心是用混凝土将钢结构骨架包覆起来，以及发挥钢筋混凝土墙所具有的斜撑的效力。其主张将抗震墙斜撑效力作为横力分布系数加以量化，并将其导入框架抗震计算之中。他们的这些主张无疑奠定了之后日本抗震工学的基本方向。不仅如此，佐野利器等将这些结构抗震的研究迅速推向工程实践，为此，这些结构抗震理论也像《钢筋混凝土梁计算图表》那样，将作为解决方法的计算图表、数表以口袋书的形式向建筑技术人员推广，进而被当作为规范及标准使用。1926年建筑与土木两学会成立了权威的“关于混凝土的委员会”；1929年日本建筑学会颁布了《混凝土及钢筋混凝土标准图集》；1921年土木学会发表了《钢筋混凝土标准示方书》； 进而1933年日本建筑学会颁布了《钢筋混凝土结构计算基准案》。这一系列的法规和法案，将佐野利器们的结构抗震研究与理论以规定的形式给予了确立，基本上奠定了战前日本建筑结构的基本原则与标准。

1950年代，日本在战败的惨痛记忆之中又开启了之前一系列抗震结构设计的征程。受当时美国抗震技术基准的刺激，日本开始了解地震荷载的动态捕捉方法。1950年强震计研发而成，有关地震的大型实验室也开始在各处出现。除了这些硬件之外，杆件终极强度及变形能力问题等针对极限耐力问题的研究也受到积极的关注。地振动与结构杆件动态解析的一系列抗震研究得以开展。应该说这些关于地震力与抗震问题的研究填补了战前与战后结构技术发展之间的鸿沟，也为之后至今的日本结构抗震设计奠定了研究与实践的基础。

经历了 1960 年代轰轰烈烈的结构表现主义阶段之后，1968 年日本第一栋高层建筑“霞关大厦”竣工完成，它不仅创立了高层建筑的核心筒结构形式，其“芯柱”结合外周柔性框架的抗震方式也是对“法隆寺五重塔”的再现（图 2.39）。以 1970 年后相继在日本发生的大分地震（1975 年）、宫城地震（1978 年）为契机，日本的抗震设计在专业化方面取得了长足的进步。作为成果，1981 年新的抗震设计法规颁布实施，其不仅对强度，还针对固有周期、韧度给予评估，还将高层建筑之外的一般建筑物也划归为抗震设计的范畴之内。在这一法规和相关研究的推动下，1983 年“八千代尤其其卡式隔震住宅”（图 2.40）采用首创的积层橡胶隔震装置成为日本最早的隔震设计建筑。这是自“旧帝国饭店”之后，隔震这一当代抵御地震灾害的措施真正有意识地被应用于建筑物之上（图 2.41）。由此也标志着日本的结构抗震从计算、测量进入到构件防震、隔震、控震的新阶段。由赖特设计的“旧帝国饭店”在 1923 年的关东大地震中幸免于难的原因被认为是由于在基础摩擦桩持力层上部推挤了约 20 米厚的淤泥层。正是这些淤泥层吸收了地震的振动能量，才使得建筑物得以保全。1986 年由日建设计（Nikken Sekkei）完成的“千叶港塔”（图 2.42）采用了 TMD 制振装置成为日本最早的隔震结合控震设计建筑。这些在隔震与控震方面的成功尝试也正式揭开了随后日趋普遍化的日本当代隔震设计的大幕。

以 1995 年的阪神大地震为契机，结构隔震技术开始普及化。1998 年，对柯布西耶当年的作品“国立西洋美术馆本馆”（1953 年）的保存及隔震改建的成功，标志着当代抗震技术的一次突破（图 2.43）。隔震技术的成熟也促使其之后成为住宅的抗震通用措施。大量化的运用也使得隔震技术的造价成本大幅下降，这样的良性产业循环使得隔震成为当今日本建

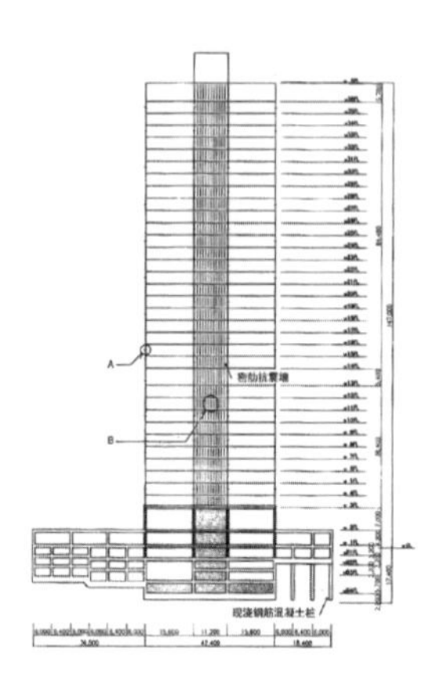

图 2.39 霞关大厦 结构

图 2.40 八千代尤其其卡式隔震住宅立面

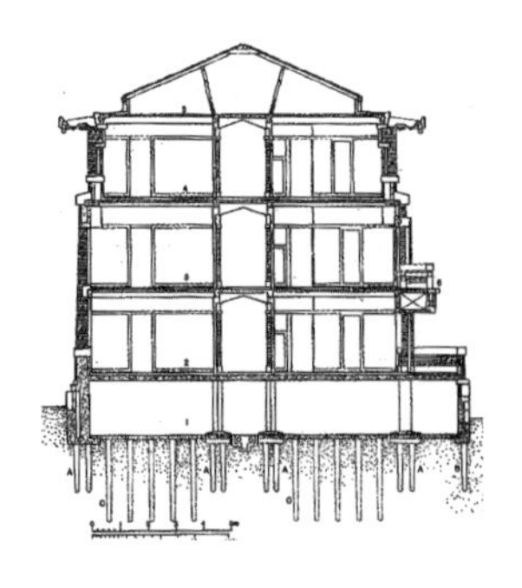

图 2.41 旧帝国饭店 浮基础

筑抗震中不可或缺的组成。

当代日本建筑结构已经从抗震发展到隔震与制振技术。隔震以分布于建筑物结构位置的不同分为基础隔震、中间层隔震、顶部隔震以及全方位立体式的三维隔震；制振技术目前还主要集中适用于公共建筑中，主要包括主动式制振、被动式制振和半主动式制振三类（表 2.1）。

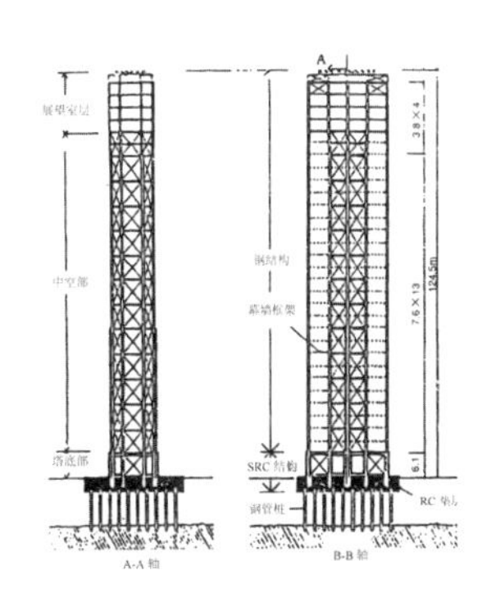

图 2.42 千叶港塔 剖面

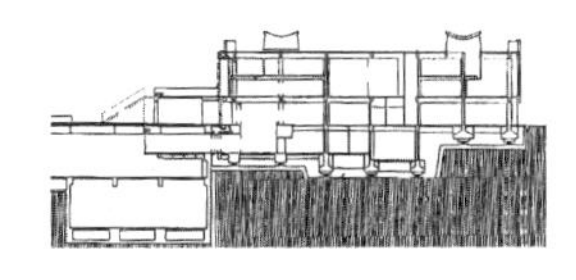

图 2.43 国立西洋美术馆本馆 剖面

2.2.4 材料

结构技术的进步离不开结构材料的发展。首先是钢，在传统的铸铁、炼铁、钢、不锈钢的基础上，当代的结构钢材不仅出现了强度大幅提高的高强度结构钢，还有应对复杂气候条件和提高耐用性能的耐候钢、可以承受高温的耐火钢。同时，经过特殊热处理的调质钢可以具有极高的抗拉强度。除了材料性能上的提升之外，当代的结构钢材在加工制造能力的飞速进步下，已经可以被加工成更加丰富多样的形状，用以适应更多不同用途的需要。除了既有的压延成型的工字钢、扁钢和槽钢外，钢板、钢管、螺纹型钢也已经被广泛采用，厚壁圆钢管、厚壁方钢管以及热成型方钢管也可以一次加工制造。此外，像铝合金那样一次成型的钢型材的制造也已经可以实现。而铸铁方面通过“热压”法可以将铸钢及铸铁压制成任意的自由形状。而压型钢板和高强度钢索、钢筋更是广泛应用的成熟产品。不仅是在钢材的压制和锻造技术上，在加工技术上的飞速发展使得结构钢材料能够更好地实现打孔、切割、弯曲、施加应力、咬合、旋转等，NC 数控机床（Numberical Control）的激光切割加工可以实现人工无法做到的高精度和效率化，并可以实现三维加工操作。这样的加工方式大大拓宽了钢材料作为结构部件的形状范围，更加容易实现曲面和流线型的型材部件的制作，因此对于当代结构形态的贡献是巨大的。在钢材的连接上，强度更高的摩擦性高强度螺栓和更好地控制收缩变形的热处理焊接技术使得钢结构较之以往具有更轻巧的外观。而传统的工字钢和两面钢板叠合在一起的夹心钢板作为工厂预制成品材在楼板和墙板整体化使用中显示出更为

表 2.1 日本当代抗震技术一览

抗震方式		技术种类				
隔震技术		基础隔震结构	中间层隔震结构	柱头隔震	屋面隔震	基础隔震（Little Fit）
隔震技术		中间层隔震（Little Fit）	振子原理	高层顶部隔震系统	隔震钟摆楼板	钟摆隔震
隔震技术		空气隔震	主动式（Active）隔震系统	三维隔震	上浮隔震	人工地基隔震
隔震技术		层叠橡胶支撑	防滑与防倒支撑	隔震耗能支撑		
制震技术	被动式	动能吸收型被动制震	TMD（钟摆式制震）	TLD（可动质量式制震）		
制震技术	主动式	AMD	HMD	层间变形可变型斜撑		
制震技术	半主动式	半主动式制震系统				

出色的受力性能。在材料性能、型材制品、加工技术、连接方式和复合化方面，当代的结构钢材料为当代钢结构形态的丰富性与可能性提供了坚实的基础。

其次，钢筋混凝土材料在当代也在努力地克服抗拉能力弱和现场施工水准导致的品质控制问题。为此，更多的混凝土制品被研制和开发。比如高流动性混凝土在浇捣困难的钢筋密集处可以有效地保证内部的密实度要求；超高强度混凝土的出现，使得超高层建筑的钢筋混凝土结构成为可能，这是因为在结构强度不变的情况下，结构自重被减轻的缘故。同时，原先的高强度混凝土在硬化时，由于内部气泡减少而提高密实程度的方法，在混凝土遭遇火灾等高温灾害时出现的内部水分气化膨胀导致混凝土结构爆裂的情况，也由于近年来通过增加尼龙纤维组织对水分有组织导出的措施而得到了改善；而纤维增强混凝土由于在混凝土中添加入合成纤维（PFRC）、钢纤维（SFRC）、碳素纤维（CFRC）、玻璃纤维（GRC）等，使得混凝土的附着性和韧性大大增强，耐摩擦能力和耐热性能也大为改善。玻璃纤维混凝土 GRC 通过玻璃纤维的补强作用，使得混凝土的抗弯性能、抗冲击性能、韧性变得十分优异，可以作为外装挂板使用。此外，加入了超高强度的纤维微粒粉的增强型混凝土其抗拉和抗压性能堪比钢材，同时还具备了钢材所不具备的耐盐、耐摩擦、耐候、耐火等性能，在钢材不宜使用的地方被作为钢材的替代品使用。空腔混凝土可以用于建筑改建，也可用于需要复杂形状的结构。轻量化、均衡化和全能化，当代的混凝土技术正在试图将混凝土从作为砌体人工替代品的抗压材料变成为普遍性的结构材料。

既然能够将原来只能抗压无法抗拉的混凝土转变为抗压抗拉皆能的材料，也就意味着当代技术对于原本性能单一的材料的改造有着巨大潜力，这一点从当代的木材上能够更加清晰地感受到。作为自然界中的有机材料，尽管木材曾经是人类建筑结构史上的主要材料，但是由于有机材料的耐久性，尤其是异方向受力的不均衡性，木材在建造结构上的作用随着人类社会和文化的进步在很大程度上受到限制，进而在产业革命的钢和混凝土材料的出现后退出结构材料的主要舞台。当代对于木材的再度使用显然是看中了木材所具有的亲人性质感和促进环境良性循环的环保特点，同时也是基于上述木材的诸多缺陷已经可以通过当代的技术给予完善的前提之下的。同传统的自然原木加工成木料和部件型材的方式不同，为了克服木材的异向性受力不均衡，减少性能缺陷，保证强度，对选用的木材、木料进行有针对性的遴选，通过将不同木质进行细分并在不同方向进行叠合，制作成“工程板”（Engineer Ground）来使得木构型材具有各向均衡性的特点。“工程板”根据木质本身的节、原木径大小、目视等级和年轮等进行机械强度等级分类，按照不同的强度和使用类别可以分为集成材（Glued Laminated Timber）、单板积层材 LVL（Laminated Veneer Lumber）、PSL（Parallel Strand Lumber）、LSL（Laminated Strand Lumber），以及类似于工字型钢的 I 型木质复合梁、通过单板 LVL 在纤维方向直交叠合的结构用胶合板、三夹或五夹板 OSB（Oriented Strand Board）、木屑板 MDF（Medium Density Fiberboard）、通过注入化学防腐剂从而具备耐候性能的防腐木板、内置工字型钢、扁钢或角钢的耐火集成材等。这些经过工程技术加工后的“工程板”极大地丰富了结构木材料的种类，提升了木材在结构强度和极限环境下使用的范围。在接合与使用上，由于性能的大幅提升，当代的“工程板”木材大大突破了原来木材榫卯、钉接的传统方式。积层式类似于传统的干阑法将木材层叠在一起，通过小截面木构件层叠堆积，将大的荷载分散化的方式已经被较多地利用于支撑屋面的屋架构件中。直接以面的方式作为结构与围护一体化使用的木面板也并不罕见。此外，通过木材纤维方向的弯曲性能，将板状面材弯曲成木薄壳的方式近年来也被用于工程实例之中。这些木材连接和使用的新方式不仅极大地改变了人们对木材既有的理解，还拓展了木材之前未曾被激发的潜能。

除了传统的钢、钢筋混凝土和木材这些结构材料之外，一些原来因为强度性能或加工水平无法达到结构材料标准的材料也在当代技术的飞速进步中突破原先的瓶颈，进而成为当代新的结构材料。铝的比重为 2.7，仅是铁的约 1/3 而被认为是轻金属材料。其弹性模量为 70GPa，强度也仅为铁的 1/3~1/2，在强度方面只能承受钢结构的大概一半左右的荷载。但是由于铝材具有优良的延性使其压延加工方便。此外铝材的热导性能优异，常被应用于热环境装置中。尽管如此，在当代材料技术的推进下，铝材的强度已经较以往得到了大幅的提升，JIS（Japanese Industrial Standards）中压延材的 5000 系和 6000 系以及铸材的 AC 系（铝型材系）已经可以作为结构材料使用。此外，在铝材的加工方面，压延材的最大断面已经可以达到外接半径 600mm 程度，已经可以达到小型建筑结构材料大小的标准。2000 年之后，铝材结构的小规模建筑已经开始在日本出现。

随着人类日益增加的透明性追求以及当代技术能力的提升，作为结构材料的玻璃也应运而生。与普通玻璃抗弯强度 50MPa 的标准相比，倍强度玻璃的抗弯强度可以达到 80MPa，经过表面强化处理的倍强度玻璃的抗弯强度更可以增强到 140MPa，达到普通玻璃 3~5 倍。同时，当代的加工技术已经能够轻松地对玻璃进行切割、钻孔、弯折。特别是玻璃边缘已经可以实现精确的折边加工，进而可以方便地实现金属连接件的插入。原先倍强度玻璃或强化玻璃在经过强化热处理之后就无法进行切割、钻孔等加工，而现在随着化学强化玻璃的出现，在需要时可以实现随时对玻璃进行切割和钻孔加工，使得玻璃获得了更灵活的建造能力。同时，玻璃经过加热软化可以实现自由曲面成型加工，成型之后的曲面玻璃依然可以对其进行强化处理增加抗弯能力。单方向的曲面加工目前可实现的最大尺寸为 3m×9m，双向曲面的加工玻璃也已实现。玻璃的接合目前还是需要依靠缓冲柔性材料作为衬垫，整体的结构强度和刚度受接合部位的影响较大。即便如此，1996 年由“构造设计集团”（SDG）[86] 设计的“东京国际会议大厦”地下铁出口全玻璃结构雨篷（图 2.44），则无疑展现出当代玻璃作为结构材料的巨大潜力。高约 5m，宽度 4.8m 的悬臂式雨篷出挑 10.8m 之

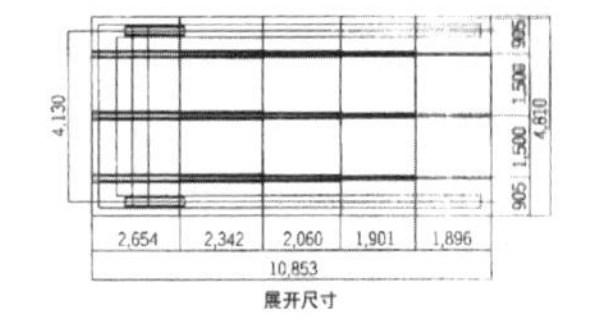

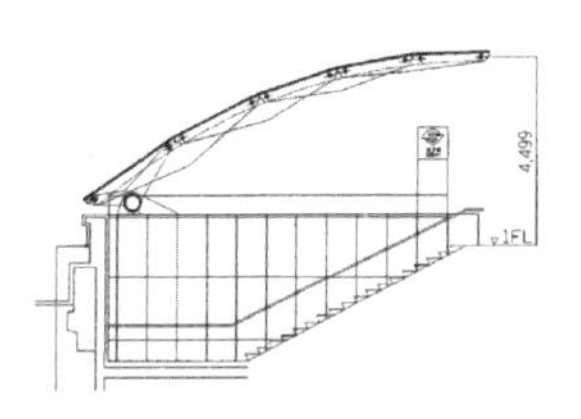

图 2.44 “东京国际会议大厦”地下铁出口全玻璃雨蓬剖面

多。由长向平行的三列玻璃肋支撑的 20 片透光玻璃板的整个雨篷，仅在玻璃肋夹片处使用了少量的金属构件，其余无论是结构型材还是覆盖材料全部使用了玻璃，使它最终成为一个浓缩当代技术结晶的透明物质象征。

不仅像铝、玻璃这些曾经的结构材料旁观者成为参与者，纸、塑料等这些原先被认为是非建筑的材料也已加入建筑结构材料的队伍之中。即便是它们尚需与现有的结构材料结合才能作为结构材料来使用，我们还是可以预期当代的技术已经有能力将结构材料变得前所未有的多样化。尽管新材料取代既有材料来对建筑的结构形态产生影响尚需时日，但星星之火的能量是毋庸置疑的（表 2.2，表 2.3）。

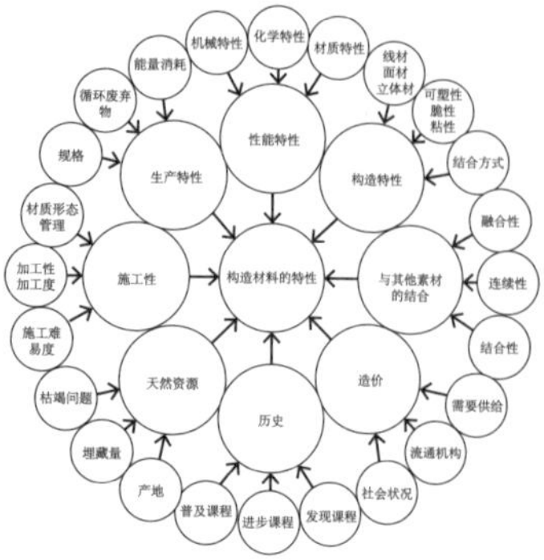

表 2.2 结构设计与材料

2.2.5 解析

增田一真在“结构技术的体系”中罗列的结构设计的构成因子中包括结构模型、数值解析、微分方程式、矩阵法、动力学、有限元要素法以及涉及特殊应力的扭应力、三维应力、接合应力、集中应力、塑性力学、预应力等，这些都可以认为是属于数理解析范畴的（表 2.4）。

当代结构力学的数值解析是在 20 世纪初开始的线性解析逐渐向着二维、三维及曲化方向的“大跃进”发展而来的。在计算机技术的强势介入下，无论是解析的速度还是复杂程度上，当代的结构解析都已经和早先不可同日而语了。首先是对工学现象的解析，原先需要耗费大量人力物力及时间的复杂方程式甚至是不敢轻易涉及的离散系、非线性的解析对于当代计算机技术而言已经不是问题。而这也是助长当代结构形态无所不能意识的根源。从作为物质材料的物理现象到成型架构的可靠性，可以通过以离散系为基础的当代解析方式，以有限要素法、境界要素法、数值积分法（振动）、不连续变形法和差分法等来进行解析（表 2.5）。而有关结构部件和整体强度性能的解析，也已经变得更加完善和全面，涉及组成结构部件的各个方面。部件从荷载到界面确定包括了荷载计算、杆件刚度计算、应力计算、截面确定和水平荷载应力计算。而对整体结构架构的解析包括一般

表 2.3 日本当代结构材料一览表

材料分类	规格分类	加工方式	连接方式
钢铁	耐火钢	数控激光切割	高强螺栓
	耐火钢（FR 钢）	数控激光开孔	热熔焊接（收缩抑制）
	高强度张拉钢索	电离切割	摩擦热熔铆钉
	预应力（PC）钢索	电离开孔	
	高抗拉（>900MPa）	热成型	
	非调质钢	钢制夹板（船舶技术）	
铝合金	AC 系列（砂型）	中空型材（<外径 600mm）	嵌合（强度高）
	ADC 系列（金型）	实心型材（<外径 600mm）	螺钉（低强度）
		蜂窝板材	焊接
		铸造块材	
玻璃	石灰玻璃 Soda Glass	切割	缓冲材料连接
	普法玻璃	开孔（化学强化玻璃）	DPG（Dot Point Glazing）
	倍强度玻璃	弯曲（单向弯曲 3m×9m、双向弯曲）	MPG（Metal Point Glazing）
	强化玻璃		Ten-Point
	玻璃砖		粘结剂玻璃砖（抗震墙）
混凝土	高流动混凝土	中空成型混凝土（压缩空气法）	任意形态三维模板（计算机 FEM+CAD 计算，现场机械切割，施工误差<2mm）
	高强度混凝土	预应力混凝土（先张、后张）	透水模板
	纤维增强混凝土	预制混凝土型材	表面肌理型模板
	法罗混凝土	Half PC（压型钢板 PC 一体型预制）	免拆型一体模板
木材（工程木材）	针叶林（90%）	集成材（Glued Laminated Timber）	线材桁架
	广叶林（10%）	LVL（单板层叠材：Lamineted Veneer Lumber）	层叠
		PSL（Parallel Strand Lumber）	面材
		LSL（Laminated Strand Lumber）	弯曲材（线弯曲、面弯曲）
		木质 I 型复合梁	
		结构用合成板材	
		OSB（Oriented Strand Board）	
		MDF（Medium Density Fiberboard）	
		格罗斯板（高层木结构建筑用材）	
		阿克亚化木材（化学高分子木材）	
		防火集成材	

表 2.4 结构解析体系

力学	构造解析	最适设计	特殊问题
平衡与稳定	构造模型	安全性	扭转应力
应力	数值解析与精度	经济性	三次元应力
挠度图	微分方程	防灾论	仕口应力
仕事与能量	矩阵法	事故案例	应力集中
稳定问题	动力学	免震	塑性力学
破坏论	有限元法	轻构造	预应力

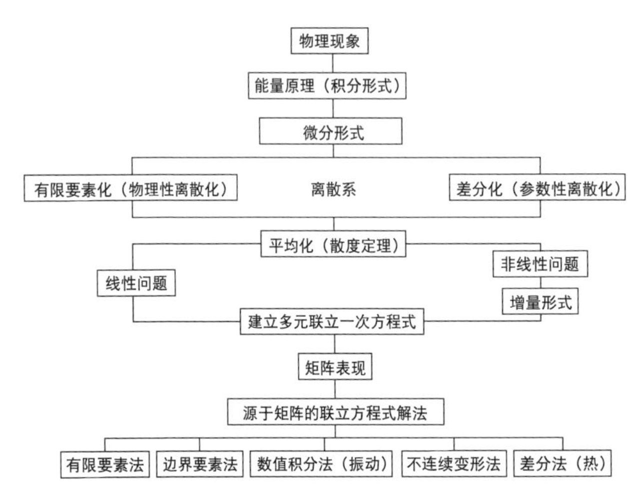

表 2.5 结构物理解析流程

表 2.6 结构计算程序分类

结构计算程序	一般结构架构解析	抗震诊断解析（专用程序）	模型解析	特殊解析	其它
荷载计算、杆件刚度计算、应力计算、截面确定、水平荷载耐力计算	RC、S、SRC 架构 →容许应力度计算 →保有水平耐力计算 →临界耐力计算 RC 墙体承重结构 木框架结构 木承重墙结构	RC 结构 SRC 结构 S 结构 S 室内运动场	任意形状架构解析 动态对应解析（地面以上结构） →质点系模型 →拟似立体模型 →立体架构 地质解析 →地震作用力输入 →地质震动解析	躯体剖面测算 韧性保证剖面研究 大梁、次梁设计 桩基设计 地下连续墙设计	地震风险评价

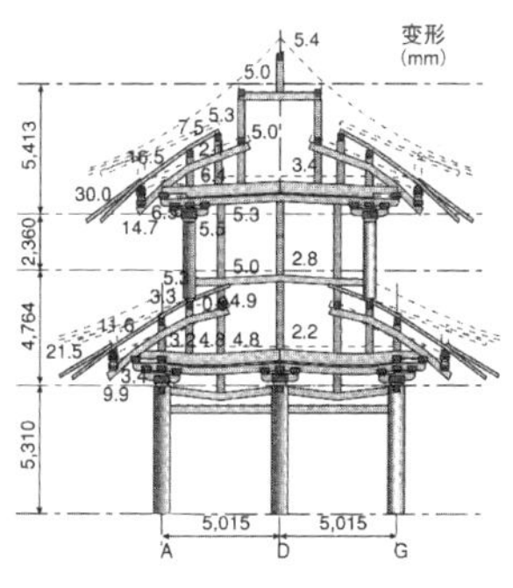

长期荷载作用架构变形

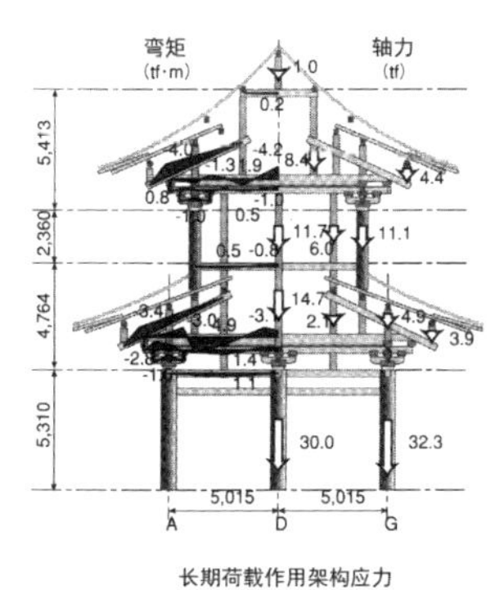

长期荷载作用架构应力

图 2.45 “平成宫朱雀门”解析

结构解析、抗震诊断解析（专门解析）、模型解析、特殊解析以及地震风险评价（表 2.6）。结构荷载解析发展的标志是 1998 年对近千年以前平安时代的“平成宫朱雀门”的复原再建。古代传统木架构的受力机制已经可以通过计算机的解析能力验算及模拟（图 2.45）。

事实上，结构力学除了数值解析之外，更重要的是对组合形态的确定。渡边邦夫将荷载论、物理学、解析学、几何学和安全率论划归为“力学”的范畴[87]（表 2.7）。这其中，荷载论是结构数值化的核心，包括了微观的结构部件材料受力机制的数值化和架构型式受力机制的数值化，这些内容都需要物理学与解析学的介入才能够得以完成。同时，安全率论也涉及了结构架构整体的安全性的数值化分析，也可以同荷载论、物理学和解析学一齐归为力学的解析部分。除此之外的几何学则是基于几何形态范畴对结构部件形态以及整体形态的确定。它与纯粹抽象的数值计算不同，是能够建立起具象物质形态的途径，并在解析的数值化的辅助下对最终形态进行调整的基础。我们通常意义上所说的“建筑结构选型”就是将已经得到确认的常用几何稳定形态作为通用标准化的选用方式。几何形态是否成立与荷载抵抗机制的作用行为有关。它是在保证平衡与安定、应力度、变形图、力传递与能量这些要求的基础上获得的。随着当代计算机技术的突飞猛进，力学几何形态也在不断地突破既有的类型范畴，正在不断地发生着前所未有的变化。它们已经形成了基于计算机技术的，当代可视化解析的重要基础。

在从机器文明进入到信息文明的大背景下，当代的几何包括了以参数设定为基础的轨迹几何、具有周期变化特征的配列几何、以尺度相似为特征的分形几何、更高维度的投影几何、以模仿自然规律为特征的从属几何、以抽象环境状态为特征的环境几何，以及对极端状态和生物现象进行规则化的模拟几何，等等。这些当代的几何无一例外地都不是以人类精神为化身的观念图形，而是人类从了解自身到理解客观世界的认知开化之中，逐渐获得的工具原形，都是以客观世界的现象作为考察对象的。因此，当代

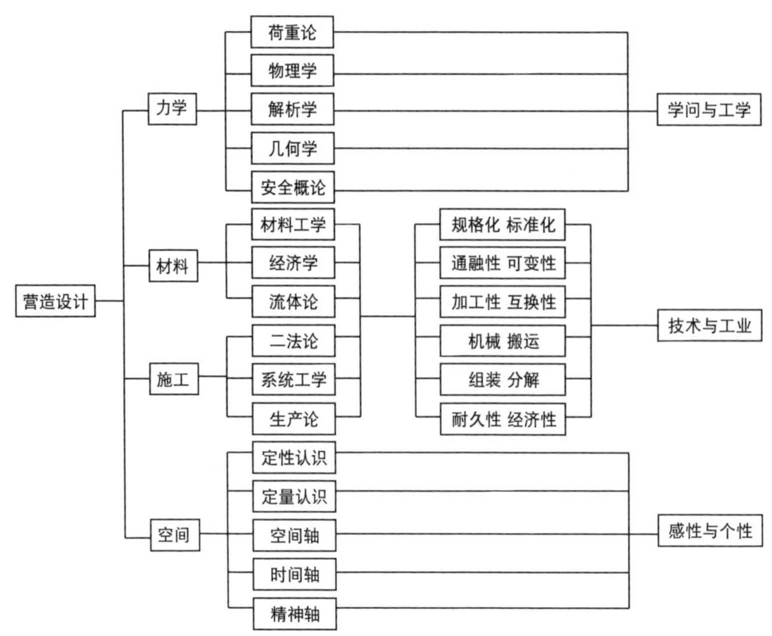

表 2.7 结构设计构成因子

几何是基于环境互动下的复杂图形，它与仅需镜像、旋转、平移等简单操作演绎而来的古典几何及近代几何有着天壤之别（表 2.8）。由于当代几何的复杂性、流动性、多样性以及开放性的特点，也导致了不凭借外力，人类甚至已经无法完成对图形的操作与控制。因此，当代几何的出现是与计算机的高度解析和图形化技术的能力密不可分的。换句话说，当代几何中的当代性正是凭借计算机技术才得以出现的。从曼德布罗特[88]基于计算机技术对分形几何的图形化演算开始，数字可视化技术正式进入到人类的形态设计领域之内。可视化的解析不仅将原先结构解析“输入 / 输出”的暗箱变为透明，它还能够实现人类事先无法预设的形态。因此，基于当代几何的计算机可视化为人类提供了形态设计的新选项。无疑，这一新选项也将原本从形态预设、架构设计到构件与整体结构受力解析的形态设计流程转变为参数设定、形态可视化解析、形态选择。其中，解析的程序由于

表 2.8 几何的发展

时代	几何形									
古代	正方形	三角形	多边形	圆形	椭圆形	圆台	圆筒	圆锥体	角锥体	半球
	圆球	正多边体	轴对称	中心对称						
近代	平移	反复	回旋	悬垂线	抛物线	双曲线	螺旋线	摆线	最速降下曲线	余摆线
	拉普拉斯方程	平均曲率	球面	椭球面	双曲面	双曲放物面	椭球放物面			
当代	螺旋面	常螺旋面	等张力曲面	填充问题	分形	博罗诺伊图	最适化手法			

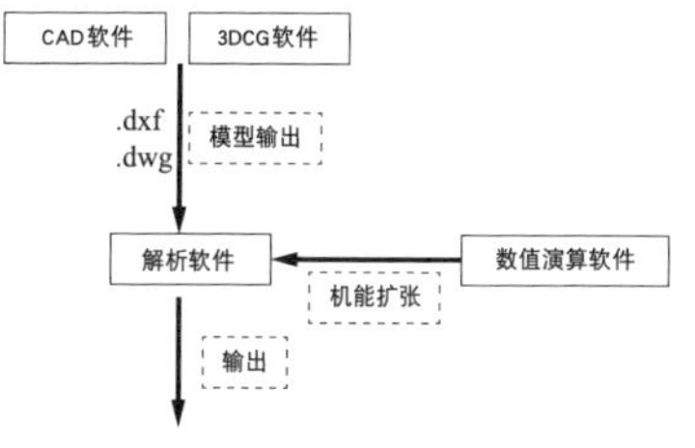

表 2.9 形态软件与结构的关系

可视化的介入而被提前了，使得它能够与解析同步完成。完成形态结构的可视化解析需要凭借专业的计算机图形软件。它们大致可以分为“信息传达软件”和“工程解析软件”两大类。其中“信息传达软件”还可以分为 CAD 软件和 3DCG 软件，而“工程解析软件”分为解析软件和数值验算软件。CAD 软件与 3DCG 软件可以在三维模型上进行数据交换；解析软件与数值验算软件可以通过计算数据进行交换；而“信息传达软件”和“工程解析软件”可以通过 DXF 文件格式进行交换（表 2.9）。

2.2.6 架构

“架构”一词在《辞海》中有两条解释：一是指间架结构，二是指构筑、建造之意。日语“架構”在汉字上与中文的繁体字是完全相同的，并且意义也是较为接近的。它们都是指与砌筑结构及墙体承重结构相对，具有灵活性与跨度方向自由性的结构，多指梁柱式框架结构物。显然，“架构”的意义同森佩尔[89]关于建筑形式起源中“切石法”（实体结构）与“筑造法”

（杆系结构）相区别的观点也是非常接近的[90]。甚至在某种程度上，"架构"可以被认为是等同于建筑形态的。如果再进一步就字面意义分析"架构"的话，除了上述框架结构的含义之外，"架"即"间架"意味着"跨度"的含义。"间"是"距离"的意思，表示出"架"在一定物理方位上的大小；同时"架"本身是由"加"与"木"组合而成，即木材叠加之物。由此可见，"架构"一词既包含了结构物体的组成，也含有结构物所限定的空间之意，即"结构"及其"空间"。因此，架构是物质形态与空间形态的结合，它包括了结构技术所涉及的材料、力学及其几何形态的诸多方面。尽管我们并不能将架构视作为空间本身，但不容置疑的是，架构空间的性格能够在很大程度上影响建筑的空间表现。

佐佐木睦朗认为建筑结构始于人类开始定居生活的新石器时代，在与自然的对话中人类逐渐熟悉材料与建造奥秘，形成了两种不同的结构起源。一是由杭居、树居的原始人通过对森林与树木的观察所形成的由四根柱子上立三角屋架的"原始小屋"（Primitive Hut，图 2.46）；而另一种则是由洞穴居的原始人通过石材和粘土所还原的墙壁屋面一体式的曲面覆盖。如果说原始人所建造的这些结构原型还不足以称之为建筑结构的话，那么古希腊梁柱式的帕提农神殿可以看作为对应于"原始小屋"，而古罗马穹隆式的万神殿则是"曲面覆盖"的开始[91]（图 2.47）。线性与面板这两种架构形式沿着各自的线索在结构技术的发展史上延续了下来，各自之间相互竞争的沉浮构成了我们所见的样式变迁。当 20 世纪初叶现代主义落脚于线性的梁柱架构之时，薄壳也终于实现了万神殿跨度覆盖的历史超越。在细分、流动、抽象的时代观念演变以及技术进步之下，架构也在不断地向着越来越轻、越来越薄以及越来越精密的方向进化。这就如同是日本从中国大陆粗犷的木架构逐渐演变出轻薄的自身架构特征一样，从近代到当代的这种演化也跟技术的飞速发展一样同步。

图 2.46 Primitive Hut

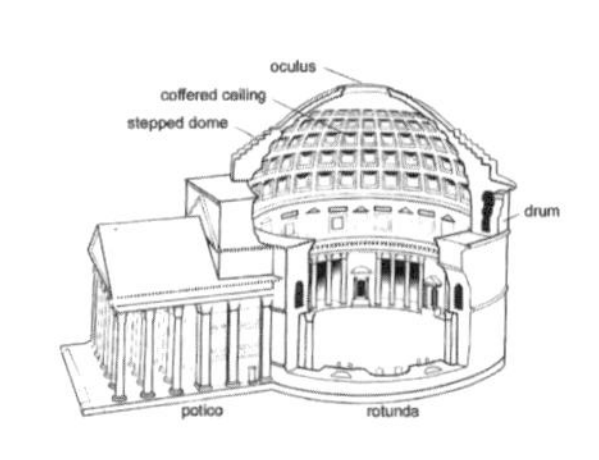

图 2.47 万神庙结构

现代主义的普遍性明确无误地表现在其类型化上：均质的人工材料、刚性节点以及正交框架。包括建筑在内，小到日用产品，大到城市规划，"型"

都无一例外地将现代主义的创造置于其控制之下。经验被“型”置换为选择的便利，却在本质上是将设计从主导滑落至被动的一次倒退。个体绝对服从于整体的共同目标是现代主义普遍性的本质所在。换言之，现代主义“型”的意义在于对可能性进行限定，对意义的可控化。事实上，它被证明是工业化大量生产与利益最大化的最佳模式。

作为一种必然，结构的形态首先是对应于材料，混凝土的抗压、钢的抗拉、木的两面性等都使它们与“型式”一一对应。海诺·恩格尔（Heino Engel）的结构体系即是如此。其意义在于将结构形态与抽象的受力机制相对应，将“型”与“力”建立起关联的系统[92]。增田一真的结构分类从构件与受力的局部入手，为从“型”到“形”的创造提供了可能。杉本洋文[93]在增田一真以构件形态与受力机制相结合的结构形态分类基础上，通过再加入“应力传递机制”的类型（单向与双向两类），进而获得了更多混合的类型[94]。尽管通过分类依据的不断增加，结构架构间相互组合产生的形态可能也会越多。但是，与“形”的无限可能相比，“型”的限定的可能性终究还是相形见绌的。那是因为“型”将连续变化中的可能性排除在外。针对于此，金箱温春[95]提出的“力流控制形态”将轴力、弯矩、剪力这些基本的结构受力都还原成轴力及其相关的转换。籍此在轴力、弯矩和剪力之间建立一套可相互转换的法则，在不同的转换过程中出现的便是各种不同的结构构件形态[96]。比如通过高度方向上的折边，简支梁的纯弯矩会逐渐减少，补偿轴力则会增大。随着构件变成为三角形、四边形……边角的增多，将会使原先的弯矩继续向轴力转化，最终将会变成为纯轴力作用下的拱。弯矩与轴力间的连续性变化与形态上的联动，这样的转换也同样适用于二维面及三维体（图 2.48）的形态。从“型”到“形”，随着对架构形成机制的不断深入，连续性正在打破“型”的隔断，带来的是多样性的涌现。

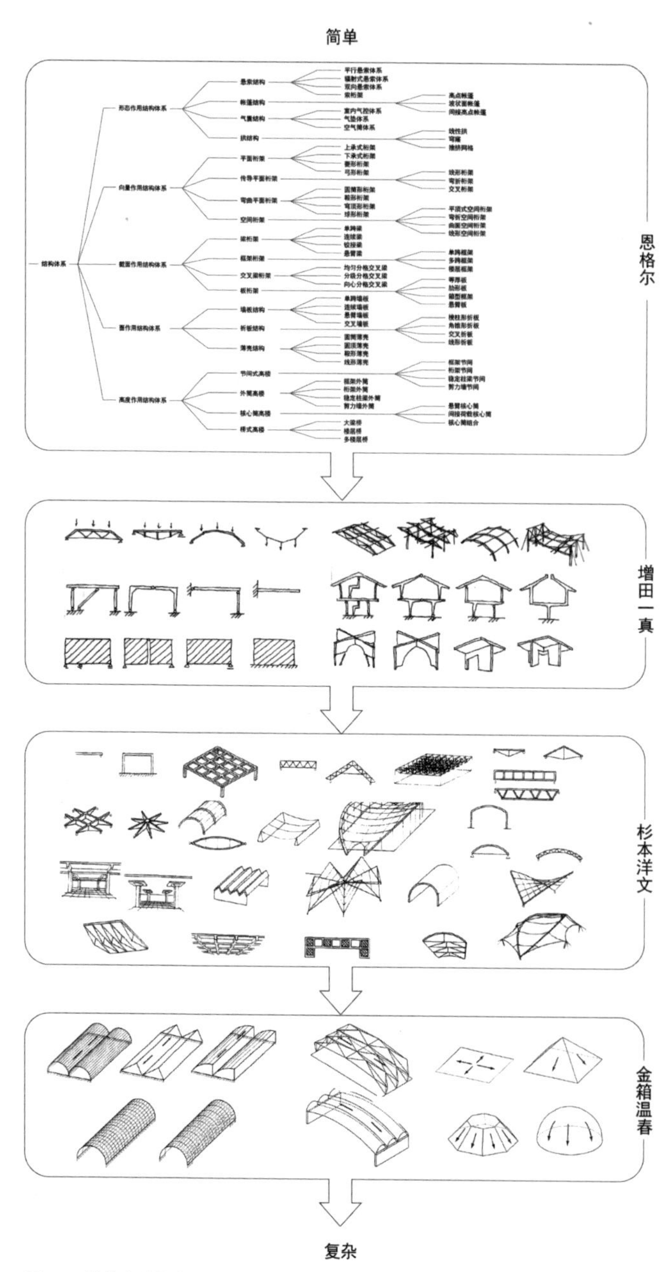

图 2.48 结构类型的分类

注释

1 矶崎新. 建築における日本的なもの. 东京: 新潮社, 2003 : 11.

2 韩立红, 1964—, 南开大学外国语学院日语系教授, 南开大学日语研究员兼职教授。

3 韩立红. 日本文化概论. 天津: 南开大学出版社, 2004 : 3.

4 叶渭渠, 1929—, 中国社会科学院教授, 世界文明研究中心理事。

5 叶渭渠. 日本文化史. 桂林: 广西师范大学出版社, 2005 : 287.

6 Shuichi KATO, 1919—2008, 日本评论家。

7 加藤周一. ハイブリッド文化. 东京: 講談社, 1974 : 31.

8 铃木博之 . 現代建築の見かた . 东京: 王国社, 1999 : 111.

9 韩立红. 日本文化概论. 天津: 南开大学出版社, 2004.

10 Kojin KARATANI, 1941 —, 日本哲学家、思想家、文学家、文艺评论家。

11 ダイアローグ IV. 芸術と理念と . 批判空間 1993 (10) : 341-351.

12 Norihito NAKATANI, 1965 —, 早稲田大学教授, 建筑历史学家。

13 中谷礼仁 . 国学 · 明治 · 建築家——近代「日本国」建築の系譜をめぐって . 东京: 一季出版, 1993.

14 Shiro MIHASHI, 1867 — 1915, 建筑家, 致力于推进日本家屋的改善。

15 Tadashi SEKINO, 1867 — 1935, 建筑史学家, 东京帝国大学教授, 致力于古建筑保护事业, 著有《法隆寺非再建论》《平城京及大内里考》等。

16 Ubeiji NAGANO, 1867—1937, 建筑家。

17 Chuta ITO, 1867—1954, 建筑史学家, 东京帝国大学教授, 著有《日本建筑研究》《东洋建筑研究》等。

18 土居義岳 . 言語と建築　建築の批判の史的地平と諸概念 . 东京: 建築技術, 1997 : 153。

19 Junzo SAKAKURA, 1904—1969, 建筑师, 日本近代新和风样式的先驱之一。

20 帝冠样式是昭和初期在日本流行的、以钢筋混凝土建造的拥有日式屋顶的现代建筑, 是一种和洋折衷的建筑样式。

21 Augustin Berque, 1942—, 法国地理学家、东方学家及哲学家。

22 土居义岳 (Yoshitake DOI), 1956—, 九州艺术工科大学教授, 建筑史学家、批评家。

23 渡辺邦夫. 自然界にみる構造形態. 構造技術 2005 (12) : 116.

24 Kunio WATANABE, 1939—, 建筑结构设计家, 构造设计集团 (SDG) 主持。

25 Mutsuro SASAKI, 1946—, 建筑结构设计家, 法政大学教授。

26 佐々木睦朗. フラックス · ストラクチャー. 东京:TOTO 出版, 2005 : 185.

27 [日] 川端康成 . 我在美丽的日本 . 叶渭渠译 . 石家庄: 河北教育出版社, 2002:15.

28 Yasunari KAWABATA, 1899—1972, 日本第一位获得诺贝尔文学奖 (1968) 的作家, 代表作有《伊豆的舞女》《雪国》等 .

29 韩立红. 日本文化概论 (中文版). 天津: 南开大学出版社, 2004 : 34-35.

30 Hiroshi NAKAMURA, 1974—, 建筑师。

31 中村拓志 . 微視的設計論 . 东京: INAX 出版, 2010 : 6-9.

32 马场璋造 . 从抽象到具象 . 郭屹民译 . domus China , 2007 (1) : 79.

33 井上充夫. SD 選書 037 日本建築の空間. 东京: 鹿島出版会, 1969 : 143.

34 Mitsuo INOUE, 1918—2002, 建筑史学家。

35 同 33 : 124.

36 篠原一男: 住宅建築 . 东京: 彰国社, 1964 : 44.

37 Kazuo SHINOHARA, 1925—2007, 东京工业大学名誉教授, 建筑师。

38 Takashi MURAGAMI, 1962—, 艺术家。

39 村上隆 . DOBSF ふしぎの森の DOB 君 . 东京　美術出版社, 1999.

40 Hironori AZUMA, 1971—, 日本思想家、小说家、学者。

41 東浩紀 . 広告 1999 (11/12) .

42 五十岚太郎 . 現代建築に関する 16 章 空間、時間、そして世界 . 东京: 講談社, 2006 : 163-164, 166.

43 Taro IGARASHI, 1967—, 东北大学准教授、建筑评论家、建筑史学家。

44 太田博太郎 . 日本建築史序説 . 増补第二版 . 东京: 彰国社, 1996 : 3.

45 塚本由晴 .「小さな家」の気づき .

东京: 王国社, 2003 : 166.

46 Yoshiharu TSUKAMOTO, 1966—, 东京工业大学准教授, 建筑师。

47 Momoyo KAIJIMA, 1969—, 筑波大学准教授, 建筑师。

48 同 8 : 28.

49 坂牛卓 . 建築の規則 現代建築を創り · 読み解く可能性 . 东京: ナカニシヤ出版, 2008 : 168.

50 同 33 : 240.

51 奈良县斑鸠町的法隆寺所藏的飞鸟时代（公元 7 世纪）的佛教工艺品, 因其装饰使用了玉虫的翅膀而得名。

52 同 33 : 248.

53 Shusaka ARAKAWA, 1936—2010, 艺术家; 妻 Madelin Gins, 1941—, 艺术家、建筑师及诗人。

54 Atelier Bow-Wow, 由塚本由晴和贝岛桃代于 1994 年创立的建筑设计事务所。

55 Atelier Bow-Wow. The Architectures of Atelier Bow-Wow: Behaviorology. NewYork: Rizzoli, 2010.

56 Wajiro KON, 1888—1973, 早稻田大学教授, 日本生活学与民俗学家。其在 1927 年创立了考现学 (Modernology, the study of modern social phenomena), 是在确立场所和时间的基础上对其时的社会现象通过表象及风俗的分析来解明的学问。

57 Henri Lefebvre, 1901—1991, 现代法国思想大师, 也是西方学界公认的"日常生活批判理论之父""现代法国辩证法之父"、区域社会学、特别是城市社会学理论的重要奠基人 . 著有 *The Production of Space*. (translated by Donald Nicholson-Smith), Wiley-Blackwell, 1992。

58 [日] 黑川纪章 . 新共生思想 . 覃力等译 . 北京: 中国建筑工业出版社, 2009 : vi .

59 Kosuke TSUMURA, 1959—, 艺术家、设计师。

60 参见五十嵐太郎 . 現代建築に関する 16 章 空間、時間、そして世界 . 东京: 講談社, 2006 : 251-254, 指介于透明与反射之间, 或两种现象兼而有之的状态。

61 Shin-ichi OKUYAMA, 1961—, 东京工业大学教授, 建筑师 .

62 坂本一成. 建築を思考するディメンション 坂本一成との対話. 东京: TOTO 出版, 2002 : 152.

63 Jun AOKI, 1956—, 建筑师。

64 Junya ISHIGAMI, 1974—, 建筑师。

65 スラヴォイ · ジジェック著（鈴木晶訳）. 斜めから見る 大衆文化を通してラカン論理へ. 东京: 青土社, 1995 : 5.

66 Nobuaki FURUYA, 1955—, 早稻田大学教授, 建筑师。

67 "结"表示"系、聚、收束", 而"构"古字作"構", 表示"组成、组合、造"等。"構"字还可以往前追溯到"冓"字, 表示"金文象屋架两面对构形, 本义为架木造屋",《说文》卷四冓部。

68 中国社会科学院语言研究所编 . 现代汉语词典 . 北京: 商务印书馆, 2005 : 697.

69 大辞林 . 东京: 三省堂書店, 1995.

70 エイドリアン · フォーティー（坂牛卓 , 邉見浩久監訳）. 言葉と建築 語彙大系としてのモダニズム . 东京 鹿島出版会, 2005 : 424-425.

71 同 69 : 425.

72 同 69 : 424.

73 陶器浩一 : 特集主旨 構造、力、主体. 建築雑誌 2010（10）: 9.

74 Hirokazu TOKI, 1962—, 滋贺县立大学教授, 建筑结构设计家。

75 同 72 : 9.

76 Sadaie FUJIWARA, 镰仓时代初期的公家和歌人。

77 中国大陆在宋代输出至日本的建筑样式。其特点是通高立柱和由通长的"贯"与"插肘木"组成的横向结构。

78 镰仓时代日本引入中国大陆的重拱后产生的样式, 被史学家认为是禅宗在建筑上的反映。

79 Kazuma MASUDA, 1934—, 建筑结构设计家。

80 增田一眞. 建築構法の変革. 东京: 建築資料研究社, 1998:121-126.

81 同 80 : 126.

82 周伊幸, 郭屹民. 应急建筑 仙田满访谈. Domus China 2011 (5) : 92.

83 Toshitaka SANO, 1880—1956, 建筑结构学家, 被誉为"日本建筑抗震之父"。

84 Shozo UCHIDA, 1885—1972, 东京大学名誉教授, 日本建筑材料与构造学研究的先驱。

85 Tachu NAITO，1886—1970，建筑结构学家，高层建筑结构抗震研究的先驱。

86 Structure Design Group，由渡边邦夫创立于 1969 年的建筑结构设计公司。

87 渡辺邦夫. 飛躍する構造デザイン. 东京：学芸出版社，2002.

88 Benoit B. Mandelbrot，1924—2010，美国数学家、经济学家，分形理论的创始人 .

89 Gottfried Semper，1803—1879，德国建筑师、作家、画家和教育家。

90 [德] 戈特弗里德 · 森佩尔. 建筑四要素. 罗德胤、赵雯雯、包志禹译. 北京：中国建筑工业出版社，2010.

91 佐々木睦朗. フラックス·ストラクチャー. 东京:TOTO 出版，2005：22.

92 [德] 海诺 · 恩格尔. 结构体系与建筑造型. 林昌明等译. 天津：天津大学出版社，2001：25.

93 Hirofumi SUGIMOTO，1952—，日本东海大学教授、建筑师。

94 長谷川一美. ハイブリッド構造の素材とディテール. 建築技術 1998（1）：138.

95 Yoshiharu KANEBAKO，1953—，建筑结构设计家、日本建筑结构技术者协会（JSCA）会长。

96 金箱温春. 力と構造形態. 建築技術 2005（12）：112.

第三章 结构即意匠

坪井善胜[1]先生有过“结构美在合理的近旁”这样的名言。所谓“近旁”是极其东方的、非常恰当的概念。……东方，特别是日本，对于像这样的暧昧的想法及表现的宽容，就这一点在我看来是十分有意思的。在文艺世界中有名的净琉璃作者近松门左卫门[2]也认为艺的真髓“存在于虚实皮膜之间”。净琉璃的情节如果完全是虚构的，那么谁都不会为此而感动。反之如果仅是对现实发生事情的记述，那也必然是平淡无趣的。……在我看来这与“在合理的近旁存在着结构之美”不仅是如此的相似，对于某种程度上对虚构或暧昧的宽容更可以说是触及了日本文化情怀的深处！[3]

3.1 合理的近旁

与西方非此即彼的二元论所主宰的文化意识不同的是，东方，特别是日本文化中的暧昧显然更加多元而丰富。而把握这种暧昧的关键在于建立其观念与结构这两者之间的平衡。平衡的分寸并没有精确定义的可能，因为它是基于身体的感觉的。如果这可以算作是一种身体对形态的介入的话，那么试图用客观视觉来推断这种介入了主观性因素的形态意义是导致误读的根源所在。贡布里希[4]在《艺术与错觉——图画再现的心理学研究》[5]一书中列举的两幅面对同样的德温特湖景却截然不同的绘画也许可以更好地来印证这种文化差异所导致的误解。其中的一幅画是一位英国的无名氏画家在1826年绘制的石版画，另一幅是旅英中国画家蒋彝[6]在1936年绘制的水墨画（图3.1）。这两幅相距110年的画中所描绘景色的大相径庭甚至很难让人相信这是来自同一湖畔的画作。

图 3.1 a. 无名氏：德温特湖，面向博罗德尔的景色（石版画，1826年）

图 3.1 b. 蒋彝：德温特湖畔之牛（水墨画，1936年）

蒋彝先生当然乐于使中国惯用手法适应新的要求；他要我们这次“按照中国人的眼光”（through Chinese eyes）来观看英国景色。也恰恰是由于这个缘故，把他的风景画跟浪漫主义时期一个典型的“如画的”（picturesque）描绘（无名氏图）作比较大有裨益。我们可以看到比较固定的中国传统语汇是怎样像筛子一样只允许已有图式的那些特征进入画面。艺术家会被可以用他的惯用手法去描绘的那些母体所吸引，这些成为注意的中心。风格跟手段一样，也创造了一种心理定向，使得艺术家在四周的景色中寻找一些他能够描绘的方面。绘画是一种活动，所以艺术家的倾向是看到他要画的东西，而不是画他所看到的东西。[7]

如果说绘画是一种对客观世界有意识的摄取的话，那么其方式的不同导致结果的差异是必然的。摄取的方式取决于既有的手段乃至于“心理定向”。尽管贡布里希在这里只是针对绘画进行讨论，但显然建筑也同样面临着由不同的“心理定向”所决定的形式与内容，或者说表里是否一致的差异。

观念与结构以各自不同的方式影响着形态，目标与手段总是为形态呈现相辅相成的组合。然而，在这其中也存在着因任意一方强势所致的偏颇。无论是观念附属于结构的技术表现还是结构附属于观念的异形，都是失去平衡的偏颇表现。所谓“美在合理的近旁”不仅是希冀重拾这种建立观念与结构之间的平衡的论调，也是寻求被增田一真视为日本传统木构特征中最为重要的“结构即意匠”的当代解释。

被当代建筑技术所遗忘的，在近代以前技术中被认为是理所当然的、具有浓烈性格的第一条就是结构即意匠这一事实。更一般而言，实用的东西与漂亮的东西，从来就不是分开的，而是被一件作品统一在一起的。不只是建筑，即便是在所谓的技术当中，实用品就是装饰。从细部的构造（detail）到整体构成的每一部分，功能性与美观性完美地相一致之处，正是传统的木构法第一也是最大的特征。

“美”是观念的产物，而“合理”意味着代表技术的结构。纯粹的“美”与绝对的“合理”也都意味着对对方的排斥，它是造成形态或流于表层造形或陷于枯燥乏味的境地的根源所在。如果“美在合理的近旁”这样的意识是日本文化当中不可或缺的，那么这种观念与结构相统合的形态意识也一定传承于日本的建筑之中。如果没有意识到上述的这种“近旁”的意义，或者说忽视这种存在于文化深层的观念与结构的统合来看待日本建筑形态的话，那么误读的可能就是大概率的事情了。[8]

伊势神宫“栋持柱”具有的支撑性的外表很明显地迷惑了英国学者理

查德 · 韦斯顿[9]对其意义的准确判断。在韦斯顿看来：

> 欧洲梁柱结构的茅草顶仓库（如在瑞典哥特兰岛上发现的住宅）和日本的伊势神宫比起来，在建筑史上可以用来举例说明“结构的逻辑性能可以产生相似建筑形式”的清晰范例是极其有限的。伊势神宫本身基于仓库或 kura，发展于弥生时代（即日本的青铜器时代和铁器时代）。从美学角度看，伊势神宫精致秀美的程度远远超过了哥特兰岛上的建筑，但是本质上，它们的构造形式却是完全相同的。[10]

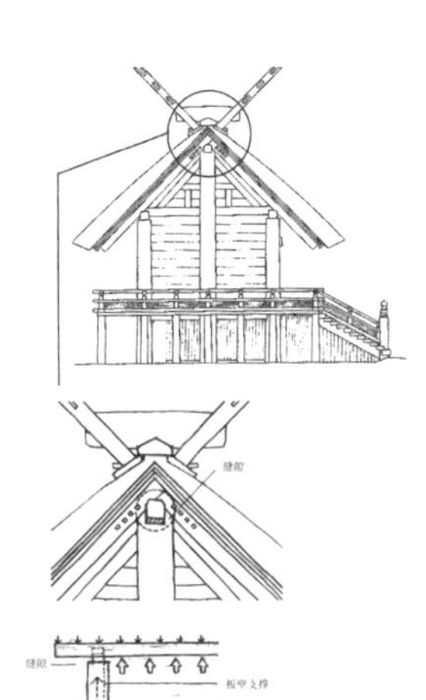

图 3.2 伊势神宫 结构图

事实上“伊势神宫”的大屋顶是由所谓的“校仓”[11]所支撑的，而“栋持柱”则被作为一种外观上具有象征意义的“支撑”之柱，甚至为了考虑茅草屋面能够在 20 年一次的“式年迁宫”[12]的重建到来之前，不至于因为干燥收缩压到“栋持柱”，新建的神宫往往会在“栋持柱”与屋面之间留有 5cm 左右的间隙（图 3.2）。也就是说“栋持柱”更主要地担负着精神意义上“柱”的意味。相反地，哥特兰岛上的仓储屋（图 3.3）从下部墙角处的斜木支撑到屋面斜材的使用的外观，便已经清晰地表明其完整的桁架结构特征。韦斯顿对“栋持柱”的误读在于他想当然地用“竖向立柱等同于支撑”的哥特兰岛上房屋所具有的“心理定向”[13]来判断伊势神宫的“栋持柱”。

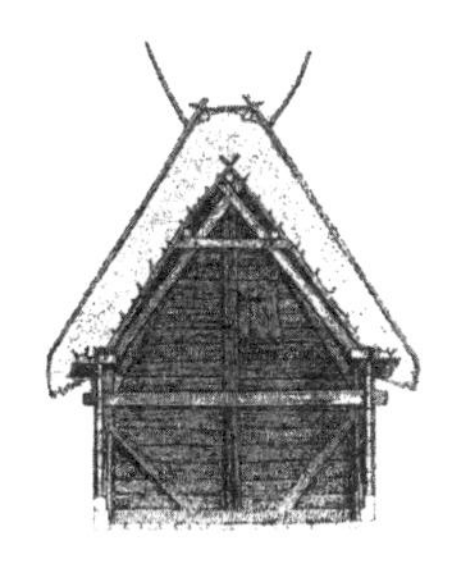

图 3.3 哥特兰岛上的仓储屋

同样，法隆寺五重塔的柔性结构的特征也被从其外观上直接解读，从而也被想当然地误读的原因应该也同样是源自“心理定向”。比如赫恩（M.F.Hearn）认为赖特（F.L.Wright）受到日本寺院建筑，特别是法隆寺五重塔的影响，在其设计的“全国人寿保险公司大楼”(ARS，图 3.4）中采用了类似于“芯柱”的集中支撑柱及悬挑结构[14]。然而，这种集中受力的，仅以竖向支撑为主的结构形式恰恰并不是属于“日本”的。

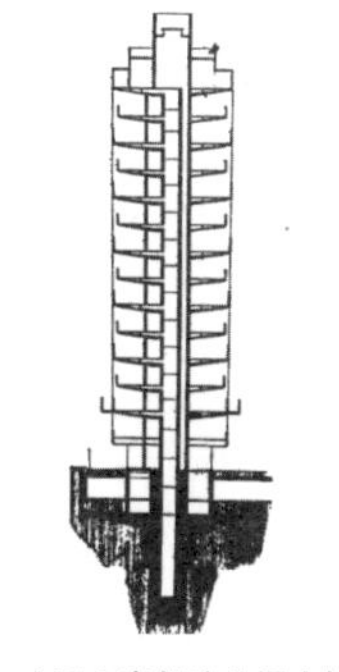

图 3.4 全国人寿保险公司大楼（ARS）剖面

另一例子来自对现代大跨建筑之间的比较1958 年埃罗 · 萨里宁（Eero Saarinen）的“耶鲁大学冰球馆”（图 3.5）和 1964 年丹下健三（Kenzo

TANGE）的“代代木国立室内综合竞技场”（图 3.6）。同属结构表现主义的两者，尽管都是以一根沿体育馆长轴方向的通长受压构件来承担短轴方向垂索的竖向荷载，但与萨里宁将悬索结构通过屋面形态忠实地表现力流的做法不同的是，丹下与坪井善胜将短轴方向下垂索接近两侧端部做出造形上的起翘。显然这并不符合力学的表现，却使得建筑呈现出轻盈凌空的姿态。

图 3.5 耶鲁大学冰球馆 立面

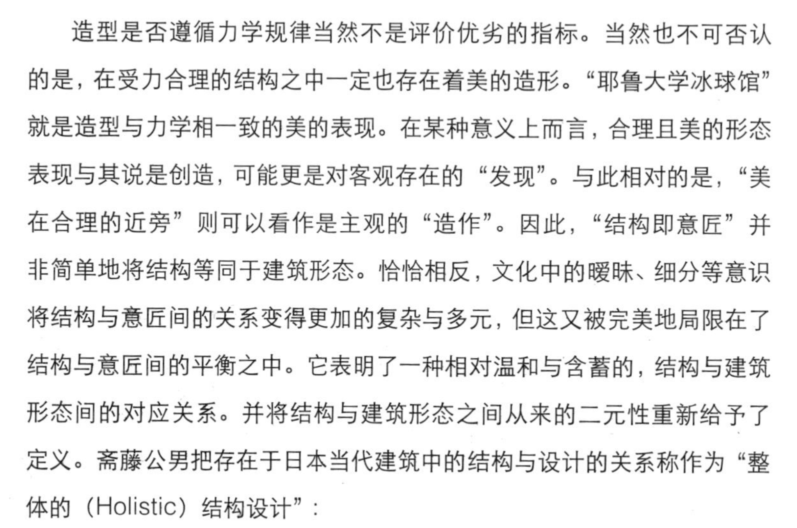

造型是否遵循力学规律当然不是评价优劣的指标。当然也不可否认的是，在受力合理的结构之中一定也存在着美的造形。“耶鲁大学冰球馆”就是造型与力学相一致的美的表现。在某种意义上而言，合理且美的形态表现与其说是创造，可能更是对客观存在的“发现”。与此相对的是，“美在合理的近旁”则可以看作是主观的“造作”。因此，“结构即意匠”并非简单地将结构等同于建筑形态。恰恰相反，文化中的暧昧、细分等意识将结构与意匠间的关系变得更加的复杂与多元，但这又被完美地局限在了结构与意匠间的平衡之中。它表明了一种相对温和与含蓄的，结构与建筑形态间的对应关系。并将结构与建筑形态之间从来的二元性重新给予了定义。斋藤公男把存在于日本当代建筑中的结构与设计的关系称作为“整体的（Holistic）结构设计”：

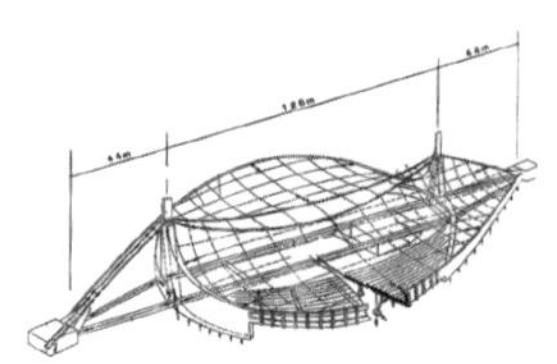

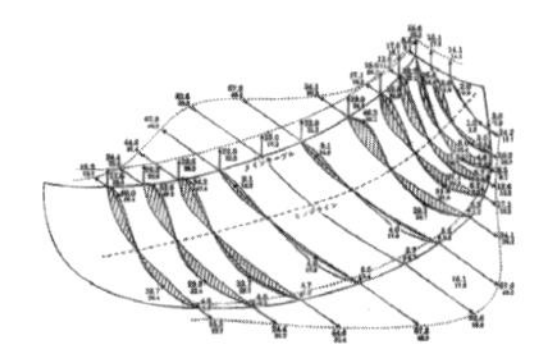

图 3.6 代代木国立室内综合竞技场结构轴测

> 所谓整体式结构设计并不是指将结构更加地合理化。要点是在结构规划的阶段，或者是在构思“建筑形态”的发展之际，如何来确立“结构形态”的整体并且将其设定于总体的平衡之中。由此来形成加入了安全性及经济性的，涵盖材料、系统、施工、细部、表现等方面的具有前瞻性的规划。应该在各种各样不同领域相统合的理念之中推进。意念（image）与技术（technology）这两项内容应该经常地被有机地融合为一体，才能使得建筑得以升华。具有丰富个性的“意念”在经过了技术的过滤之后，才会得到更加优异的“解”，而它正是推动设计进入下一阶段的强大动力。[15]

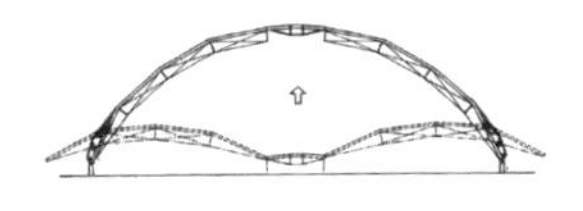

图 3.7 “出云穹顶” 整体抬升式施工

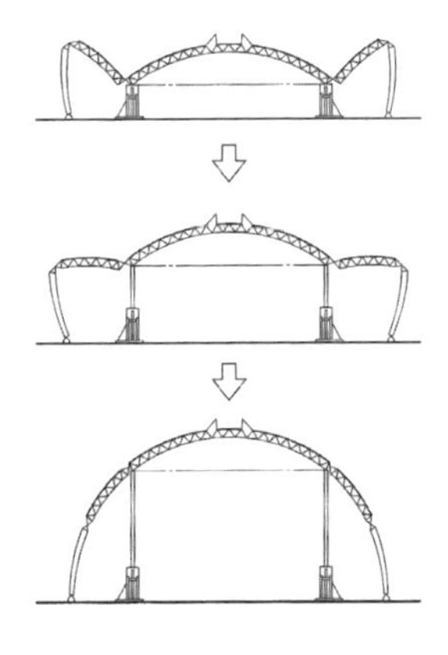

图 3.8 神户世界纪念会堂屋面结构抬升过程

“Holistic Design” 的词源意义是 “对整体有机把握下的设计”。也就是说，“整体式的结构设计” 并非是简单地将建筑与结构并置在一起，“有机” 要求的是两者相互之间渗透的深度融合。因此，“整体的结构设计” 的意图是将原先封闭的结构技术局限扩展到所能涵盖的建筑设计领域中。这其中包括材料、系统、施工、细部、表现等诸方面，甚至是能够同 “观念” 主导的设计构思相碰撞来确定结果。斋藤公男设计的“出云穹顶”（图 3.7）与川口卫设计的 “神户世界纪念会堂”（图 3.8）都以建筑、结构与施工的一体化空间营造，充分展现了这种 “Holistic Design” 的意图。从建筑设计到建筑与结构的设计，进而到结构施工设计，“设计” 的创造意识将观念与技术结合成一体。

> 所谓统合（Integration）并非是以上位的形式来整合的形式。因为感觉到结构是非常重要的要素，因此我将统合视作为我的工作的基础。它是将意匠视作自身基础的人、业主、施工者等与一栋建筑物所相关的所有人员所共同持有的联系，通过它，一栋建筑物才能被实现。[16]

池田昌弘[17]将其所言的、在建筑设计中的 “统合” 过程分为 ① Imaginary Structure； ② Original Figure； ③ Sublimation； ④ Natural Sense； ⑤ Integrated Identity 五个阶段（图 3.9)。其中第①中的椭圆部分表示了基地条件、设计师、施工者、审核部门、融资等设计条件，它们之间能够共享的设计语言位于中间的横线上。其余周围的圆形部分表示潜在可能性。由此所引出的②是各式各样的问题以及不同的解决方法之间经常会出现的矛盾的状态。此时将不同的设计条件分解，将各种诉求回到最先的状态来重新碰撞。接着是③的升华期，过程中并没有出现什么状况，却是各种各样的试行错误阶段。一旦跨越了这个阶段，那么全部的解答将会在一瞬间涌现即④。在池田看来，逐个地解决问题并不是一种自然的方式。很多时候问题都会被纠结重叠在一起，因此很辨别单独的问题。然后，

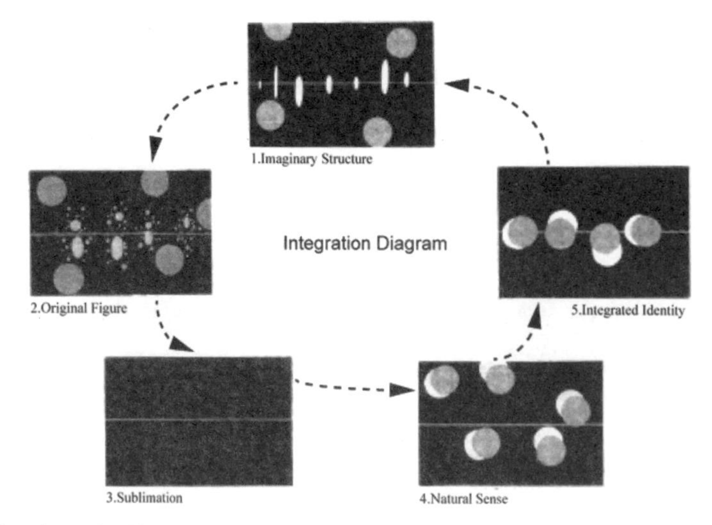

图 3.9 Integration Diagram

将这些出现的解答还原到相互可能共享的设计语言上。需要注意的是，池田的图示中解答与设计条件之间并不是完全一致的，而是大部重叠之后留有“近旁”的余白。

池田昌弘将建筑设计与结构设计统称为“设计”，他的署名也理所当然地出现在建筑师的署名栏中。这是因为，在池田看来结构设计与建筑设计在关乎建筑形态的确定上，具有着同等的重要性，建筑师与结构设计师都应该是建筑设计的主体。尽管池田这种强势介入建筑设计的观点和做法招致很多的非议，但其本身就已经表明了，建筑与结构在日本当代建筑中都是形态的设计的行为这一事实。

3.2 结构设计

3.2.1 何谓结构设计

科学与技术之间有着根本的区别。工程或技术是制作以前并不存在的东西，而科学是发现早已存在的东西。技术成果是根据人们的意向制成的形式，科学成果则是独立于人们意向之外的公式。技术研究的是人造物，科学研究的是大自然。[18]

很显然结构是属于技术的，是需要通过人类的意向建造的人造物，是制作以前并不存在的东西的全新创造。这也就意味着结构并非如想象中那样只有枯燥与机械的按部就班，而是有着与人们的意向密切相关的创造一设计的行为。设计将结构从计算的枷锁中解脱出来，进而成为与“意念”构思同等重要的，能够掌控建筑形态设计全方位的重要因素。同时，设计也将结构与建筑两者统合为一个整体，共同作为实现建筑形态的主导。因此，结构设计不同于结构选型、结构计算，它是将设计者的主观意识同客观规律相结合的创作过程。如果说建筑设计是将建筑师的个人“意念”同基地条件、业主欲求等客观条件相结合的产物的话，那么结构设计的客观条件就对应于来自外界自然抵抗的安全性与耐久性、经济性与便利性。在此之上的审美活动就是结构设计所创造的价值所在。

事实上，“结构设计”是当代日本建筑界中的一个专有名词，特指将结构受力与建筑形态相关联而进行创作的工作。它被用来区分纯粹的结构计算、解析等程式化的作业。斋藤公男对此进行了区分：

在我国的话，与结构技术者相对应的用语是什么呢？列举可以想到的无非就是结构计算员、结构技术者、结构技术士、结构设计者、结构设计家、结构家等。不仅它们之间的语义存在着差异，各自的定义也非常微妙。“结构计算员主要是依据确定的规范对建筑物的安全性进行研究的技术者；结构设计者不仅研究安全性，还作为同建筑师一起进行建筑设计的有机组织的一员，能够提出结构解决方案，以上的两者统称为结构技术者”，大概这样的定义是可以被接受的。[19]

佐佐木睦朗也就“结构设计”写道：

所谓结构设计是将（从自身意愿之中）构思而来的结构概念，通过自然法则或经济条件来实现结构的具体化。特别是，当这个概念不在标准系统之内的特殊场合时，就必须在以意向为基础的结构模型与其被定量化解析的模型之间进行来回反复的研究。进行这样严密的定量实证是有必要的。为了具体化不仅需要内含高度的技术，随着设计密度的提高对于劳动力的增加就成为必须，不过正因为这是为实现自身意愿的审美形式而进行的自我实证，因此它也是快乐的。[20]

结构设计不仅是定量化的解析，同时也是设计者根据自身的“审美意愿”进行形式创造的过程，后者正是结构中“设计”存在的重要原因。

空间的“跃动感”“紧张感”“动感”“变化”等等所有，都暗示了“结构设计”目标空间的品质。[21]

渡边邦夫不仅将对空间的体验和感知作为“结构设计”的根本目标，还以图示的方式说明了“结构设计”成立的要因（图3.10）。在这张表中，“结构设计”被置于创造力和想象力之间，在渡边看来正是“结构设计”协调

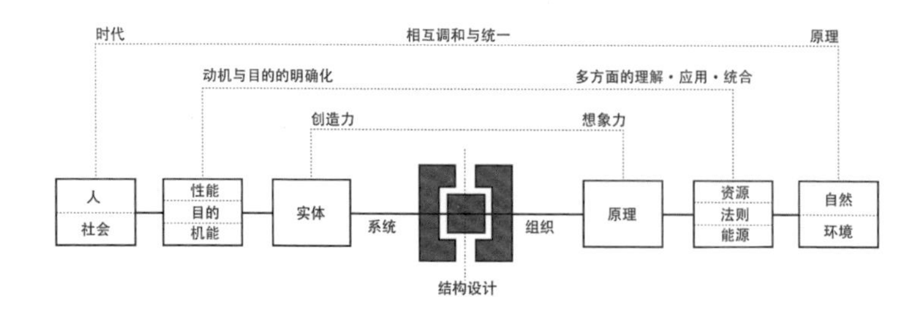

图 3.10 “结构设计”成立的要因

和统合了时代（人类）与原理（自然）之间的对立，是将人类的感性与理性、观念与结构、意念与解析统合、协调的作业。如果用我们所熟知的建筑设计、结构选型、结构计算的相互关系来定位“结构设计”的话，或许能够更好地来理解“结构设计”在建筑与结构之间的定位（图 3.11）。这种通过对“结构设计”的理解来形成建筑形态的意识是一种有效地将原本分裂的观念与结构、感性与理性重新弥合，并由此创造出全新可能的途径。尽管“结构即意匠”的木构意识古已有之，但真正意识到结构对形态意义的还是 1952 年前川国男（Kunio MAEKAWA）在“日本相互银行”（图 3.12）的设计中所提倡的“Technical Approach”。最早正式使用“结构设计”一词的是 1961 年《建筑文化》杂志的特辑《迈向结构设计之路》[22]。这跟当时结构表现之风的盛行不无关系。不过，随着这一股“结构表现”之风的式微，自 1960 年后半叶开始，“结构设计”一词的用法也顿时消失得无影无踪。斋藤公男认为，重新唤起日本建筑界的“结构设计”意识是缘于 1980 年前后的两组项目：一组是 1984 年的“藤泽市秋叶台文化体育馆”（图 3.13）和 1988 年的“东京巨蛋”（图 3.14），这两个大跨体育设施都彰显出结构在建筑形态表现的可能性上的新潜力；另一组是 1984 年的“神户世界纪念会堂”和 1978 年的“法拉第会堂”（图 3.15），它们成功地将作为结构方式的既有技术遗产转译成时代的表现语言，对适用性和普遍性的创造价值进行了有益的探索。这些努力使得 1980 年代末基于结构表现的建筑形态开始摆脱早先 60 年代的痕迹，揭开了重新探索新的

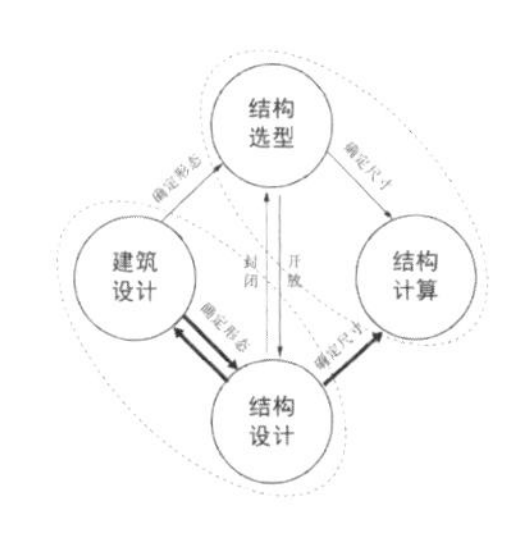

图 3.11 结构设计的定位

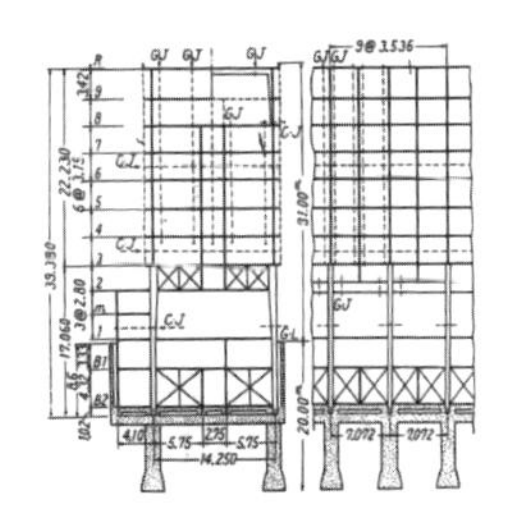

图 3.12 日本相互银行 结构剖面

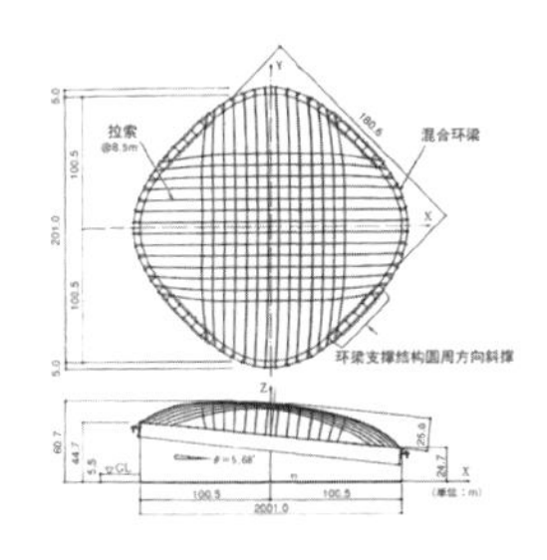

图 3.14 东京巨蛋 屋面结构

图 3.15 日本大学法拉第会堂屋面结构

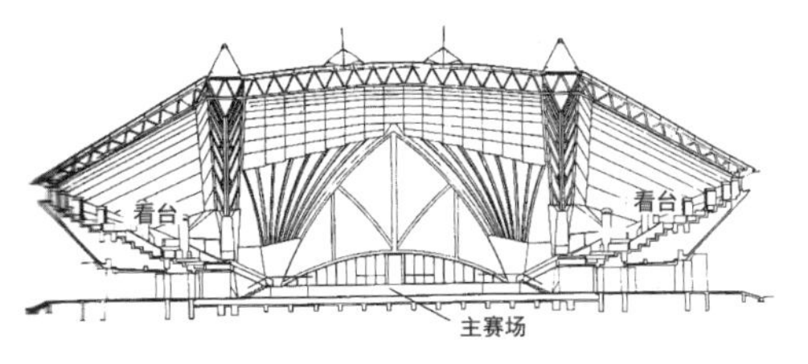

图 3.13 藤泽市秋叶台文化体育馆 剖面（东西）

“结构设计”可能性的帷幕。1990 年《建筑文化》在经过了将近 30 年后再次刊出以“建筑的结构设计”[23]为题的特集，从而标志着“结构设计”又一次回归了建筑的舞台。面临着以计算机为代表的 IT 技术时代的降临，材料、力学、加工、建造和文化与社会的各个方面，都必须和已经发生巨大的变革。从 2009 年 4 月起，由日本建筑学会主办的“ARCHI-NEERING DESIGN”（AND）巡展以历史、20 世纪的建筑与技术、意念与技术的交叉点、空间结构的诸相、防震与高度的挑战、身旁的 AND 与居住的 AND、都市与环境的 AND 八项主题向人们展示了结构对于建筑形态的贡献和意义[24]。“Archi-neering”这个造词的使用本身就说明了“建筑与技术”一体化的意味。

> P. 奈尔维和 E. 特罗哈都曾说过“结构设计是计算之前工程师已经在头脑中完成的内容，计算只不过是对其进行确认的工序而已”。……今后的工程师或许都会在 i-Pad 的画面上通过电子草图来进行工作。然而，构思而来的结构在头脑中表现以及与建筑师一同商讨的能力，对于具有创造性的结构工程师而言也是今后所必须具备的最重要的能力。[25]

竹内徹[26]在“作为武器的结构技术”一文中把结构设计的“武器”归纳为草图与手算、模型、数值解析和结构实验四项[27]，其中前两项在竹内看来是为了避免数值解析的抽象将身体对于结构直观的“尺度”感觉剥离的有效武器，也是结构设计与建筑设计达成共通的沟通途径。

图 3.16 新建筑木村俊彦特辑封面

3.2.2 结构设计师

新建筑社（Shinkenchiku-Sha）1996 年 6 月刊行的新建筑别册《日本当代建筑家系列 17》是结构设计师木村俊彦[28]的专辑[29]（图 3.16），在此之前的 16 册清一色的都是建筑师或建筑设计公司的专辑[30]。“新建筑别册日本建筑家系列”是一个介绍日本最为著名建筑家的专辑系列，都是以新建筑别册的形式刊行的。木村俊彦以一位建筑结构设计师的身份出现的意义不仅在于日本当代建筑界对“结构设计”重要性的确认，也使得对建筑设计师的身份与价值判断发生了转变。木村俊彦的确可以被视为日本从现代到当代杰出的建筑结构设计师。甚至在某种意义上而言，“结构设计”的重要性正是从木村俊彦开始被日本建筑界所认识到的。在和矶崎新、大谷幸夫[31]、槙文彦、谷口吉生（Yoshio TANIGUCHI）、筱原一男、原广司（Hiroshi HARA）、伊东丰雄、安藤忠雄（Tadao ANDO）、山本理显（Rikken YAMAMOTO）、长谷川逸子（Itsuko HASAGAWA）、高桥晶子[32]等建筑家的合作中，他成就了当代建筑的诸多名作。不仅如此，出身于木村俊彦门下的渡边邦夫、梅沢良三[33]、新谷真人[34]、佐佐木睦朗、池田昌弘以及佐藤淳[35]等也都是当代日本结构设计的中坚力量，因此木村俊彦结构设计事务所也被称为“木村俊彦塾”（Kimura School，图 3.17）。木村俊彦 1950 年建筑学科毕业后进入前川国男建筑设计事务所，在工作中目睹了当时前川国男与结构设计师横山不学（Fugaku YOKOYAMA）[36]在设计中的协同，深感结构设计重要性的木村于是两年后转投横山不学门下，开始了他的结构设计师成长之路。事实上，日本的建筑师与结构设计师之间这种相对固定的协同合作的模式是比较普遍的，这也在客观上保证了观念与结构能够更好地相互统合和协调，保证了建筑作品的设计质量。结构设计家在某种意义上更被认为是建筑工程师（Architecture

图 3.17 木村俊彦塾

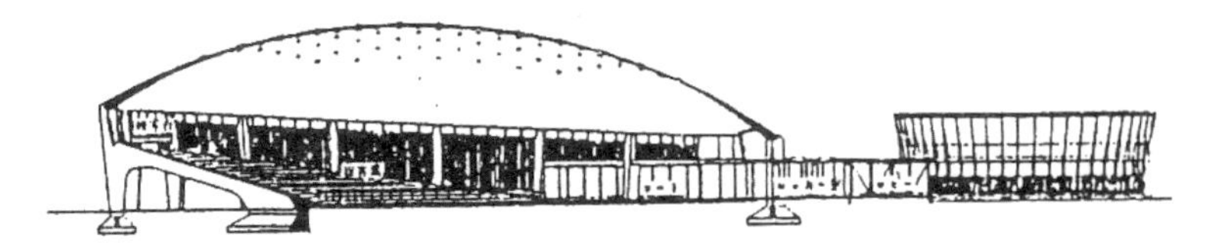

图 3.18 爱媛县民馆 剖面

Engineering)，从而将原来建筑与结构的分割打破。丹下健三与坪井善胜 1953 年完成的“爱媛县民馆”（图 3.18）被认为是建筑师与结构设计师协同设计的最早作品。它既是对战前样式与结构二分的终结，又是战后建筑与结构携手的开端。木村俊彦正是这其中承前启后的重要人物之一，他对“结构设计”理念和方法的探索和坚持成为日本当代建筑与结构最为宝贵的财富之一。因此，即便认为正是木村俊彦将“设计”带入到了当代已然高度技术化的结构领域，其实也并不为过。在日本当代建筑中，结构设计师的存在意义也许可以在 1970 年后年轻一代的结构设计师大野博史[37]的这段话中可见端倪：

> 建筑整体上的合理性是最重要的。因为柱子配置不够所以把它拔掉当然不是问题，取而代之的是梁确保有足够的强度即可。如果在意匠的空间中不想表现结构，那么就必须和建筑家一起对意匠与结构的统合进行磋商。[38]

没有纯粹意义上所谓的结构合理性，那样只会疏远建筑与结构，最终导致二选一式的两分化。结构的合理性是需要建立在“建筑整体上的”。或者说，结构同样也是需要置于建筑学整体考虑中的意识，正是日本当代建筑中“结构设计”的重要本质。2006 年“日本建筑学会”（A.I.J）将终生贡献大奖颁予木村俊彦，身份为“建筑结构家”，理由是“毕生通过结构设计对建筑界作出贡献”[39]，这真是名至实归啊！

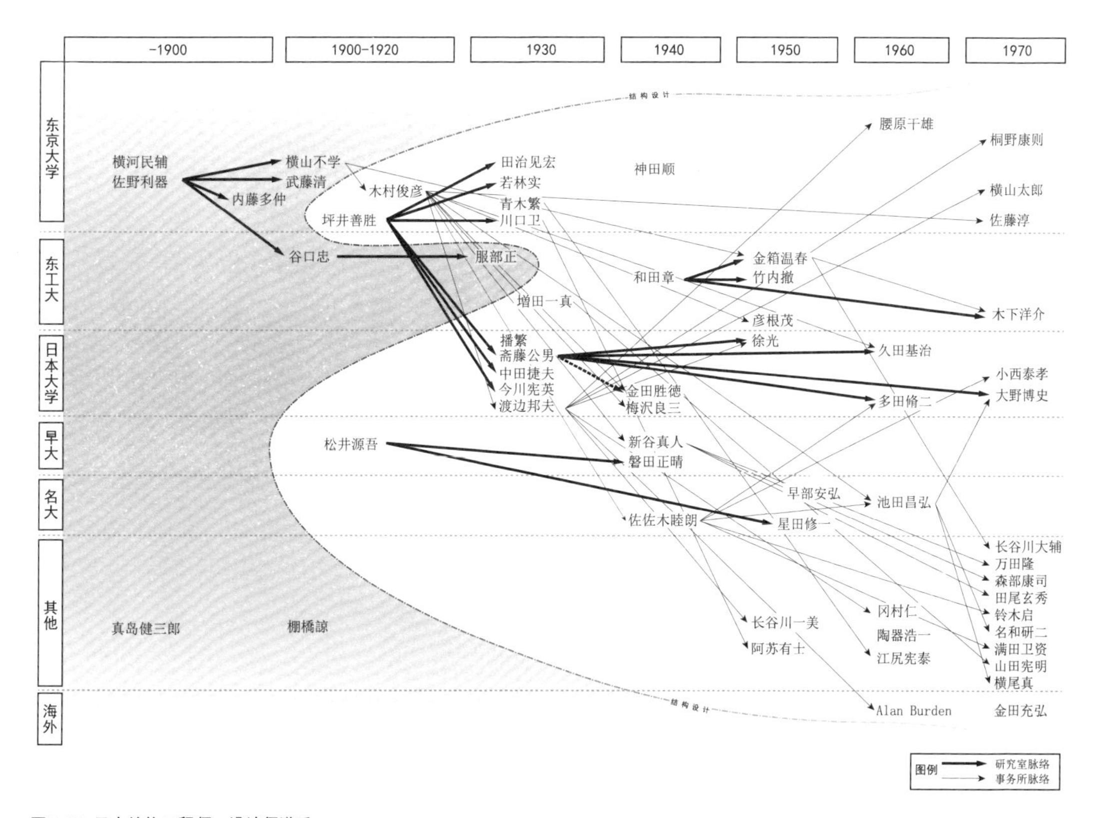

图 3.19 日本结构工程师—设计师谱系

如果说横山不学、坪井善胜等奠定了结构设计师在日本建筑界的存在的话，那么无疑木村俊彦从真正意义上确立了结构设计师的地位。结构设计师不同于以结构解析作为使命的结构工程师，而是以设计作为沟通的语言，在建筑设计与架构形态之间架设起观念与技术的桥梁。以“木村俊彦塾”为起点的结构设计师经历了一代又一代，他们在日本现代和当代的建筑实践中已经扮演了非常重要的角色（图 3.19）。

尽管结构设计师都是以“设计先行、解析确认”来作为区别建筑师或结构工程师的基本方法。但意味深长的是，随着年龄分布的不同，相近年龄段的结构设计师或多或少地会带有区别于其他年龄段的一些共通性特征。如果将结构设计师按其出生年代划分成（19）30 代、40 代、50 代、60 代、70 代五个不同年龄代的话，那么我们可以看到：

（1）在结构形态的表现上: 30 代的作品对结构表现的形态，尤其是通过混合结构来进行表现相对较多。40 代结构的建筑形态比表现方式更加丰富和多样，各种类型比较平均。他们对于新技术、新方式的运用最为成熟，也是结构设计师中参与建筑形态最为积极和活跃的群体之一。50 代与 60 代有些类似，作品也是主要集中在通过建筑形态对结构进行表现上。70 代相对而言呈现以建筑形态直白地表现结构的方式，转而对消解结构表现的形态更有兴趣。

（2）在结构设计的类型上: 30 代较多集中于大跨度的结构设计。40 代与 70 代则是以高度方向的结构设计为主。50 代与 60 代在大跨与高度两方面设计上更加均衡一些。

（3）在结构形态的表现类型上: 30 代更倾向于在内部空间中表现结构形态。40 代与 70 代以外部空间来表现结构形态。50 代与 60 代介于前两者之间，更加平均。

（4）在架构布置的几何上: 30 代主要以单方向轴线分布为主。40 代与 70 代很少采用规整的几何轴线布置，代之以非对位的、有机的和外周式的几何分布为主；50 代与 60 代兼具有前两者的特点。

（5）在结构的构件方面: 30 代与 50 代多采用线性构件。40 代与 70 代以面构件为多。60 代线与面两种构件使用比较均衡。此外，30 代、50 代与 70 代会较多采用直构件，而 40 代与 60 代对曲构件的使用更多一些。

（6）在结构材料方面： 采用木材与钢材比较普遍。其中，40 代与 70 代相对采用钢筋混凝土材料会更多一些。

从上述这些结构设计方法特征与年龄分布的关系（表 3.1）中可以看出 40 代与 70 代是日本当代建筑设计领域中最为活跃的结构设计师的两个年龄群体。30 代行将退出实践第一线，其活跃程度随时间而呈现下降的趋势。同时他们也会更多地保有曾经经历过的、现代主义时代的痕迹。50

表 3.1 结构设计师各年龄段结构设计方法比较

结构设计特点	30 代	40 代	50 代	60 代	70 代
结构形态表现	强	中	强	强	弱
结构类型	跨度	高度	跨度、高度	跨度、高度	高度
架构表现位置	内部	外部	内部	内部	外部
结构几何	规则	不规则	规则	规则	不规则
构件形式	直 / 线	直、曲 / 线、面	直 / 线	直、曲 / 线、面	直 / 面
结构材料	木、钢	木、钢、RC	木、钢	木、钢	木、钢、RC

代与 60 代更加均衡，一方面保有着 30 代的结构表现意图，另一方面他们也在尝试一些具有当代特征的、消解结构的形态表现。

为什么会出现上述这些年龄代间的差异，究其原因或许在于这些不同年龄段的结构设计师，除了各自实践经验上的阅历不同之外，他们所受教育背景也同样存在着差异。日本从近代到现代观念与结构的关系经历过非常大的起伏，观念与结构分分合合（详见本章 3.4）。当代计算机技术的横空出世，更加重了对结构设计师创作方法上直接或间接的影响。20 世纪 60 年代曾经风靡一时的结构表现，无疑对求学时期的 40 代结构设计师们产生了莫大的影响。同理，90 年代后期出现的建筑与结构的重逢，自然也影响到了 70 代的结构设计师们。结构技术的彰显化与信息技术的表层化，或许都使 40 代与 70 代会不约而同地站在建筑与结构相结合的前线。当然，机器与信息的时代差异也同样鲜明地表露在这两个年龄代的设计方法上。50 代与 60 代这两个结构设计师群体人数相对较少，在设计方法上也不如前面的 40 代与 70 代更加易于接受当代的表现方式，这些特点应该是受到 20 世纪 70 年代观念与结构截然分离状态下出现的后现代主义的影响。而作为尚在实践第一线的 30 代，他们是结构表现主义时代的亲历者和见证者，因此其结构设计中所表现出的那一个时代的印记也是理所当然的。

另一方面，从日本的结构设计师谱系可以看出，院校以及师承脉络是日本结构设计师呈现出非常多样化的重要原因。东京大学、东京工业大学、日本大学、京都大学以及早稻田大学等建筑名校基本上构成结构设计师的主要师出。其次，除了木村俊彦之外，斋藤公男、佐佐木睦朗、渡边邦夫等“木村塾”生也为之后结构设计师的辈出做出了非常重要的贡献。在谱系分布中，这三位都是重要的节点人物。在不同的院校以及事务所师承关系浸染下的结构设计师，在其自身实践的积累中逐渐形成了不同的个性标签。并由此与相契合的建筑师建立起稳定的合作关系。

这其中，最为活跃的两位结构设计师当属40代的佐佐木睦朗和70代的佐藤淳。同样是师出木村俊彦门下，二者都惯用以消解结构形态为特征的结构设计方法。这使得他们之间在设计上的差异性要远远小于实际年龄上的差距。与佐佐木睦朗关系密切的建筑师主要是伊东丰雄、妹岛和世（Kazuyo SEJIMA）等。与佐藤淳密切的建筑师则相对较为分散。执着于结构形态表现的建筑师内藤广[40]其作品主要是与30代的川口卫、渡边邦夫及其弟子60代的冈村仁[41]合作采用混合结构的方法来实现的。而同样偏向于用结构作为表层肌理来形成装饰表现的隈研吾，更多地是与40代的中田捷夫[42]、新谷真人以及70代的佐藤淳等有着较多的合作。伊东丰雄与40代的新谷真人的合作更多的是对竖向的结构表皮的形态表现，其同佐佐木睦朗的合作则更偏向于自由曲面在跨度上的创新。在这一点上，矶崎新也有着相类似的选择。妹岛和世与西泽立卫（Ryue NISHIZAWA）一直保持着与佐佐木睦朗稳定的合作，其作品也几乎都是以抽象的形式消解结构的存在作为表现的。手塚贵晴与手塚由比[43]的结构表现作品是通过与30代的今川宪英[44]、60代的池田昌弘和70代的大野博史之间的合作来实现的。由于选择结构设计师的范围很大，也在某种程度上成就了手塚作品表现上的丰富性。远藤秀平[45]与50代清贞信一[46]合作实现了一系列压型钢板的结构形态实践。山本理显、藤本壮介（Sosuke FUJIMOTO）、小岛一浩[47]相对地与佐藤淳合作较多（图3.20）。

当五十岚太郎以“跨越焦土风景”的30代、“从封闭箱体迈向开放空间”的40代、“透明轻盈建筑出现”的50代、“柔软解读环境与状况”的60代以及“全球化抑或是加拉帕哥斯（Galapagos）”的70代来对当代日本建筑师的各个

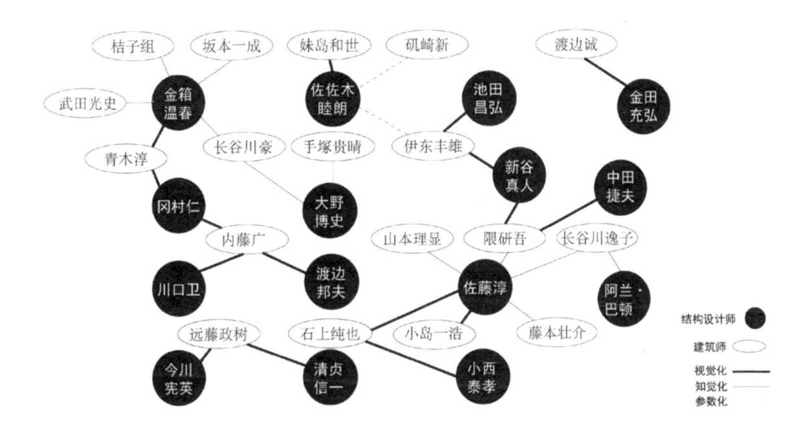

图 3.20 结构设计师与建筑师的组合关系

年龄代给予归纳时[48]，同样对于日本的结构设计师，也可以有着区分年龄代的这般特征描述：奠定结构设计与表现的 30 后；寻求结构与形态创新的 40 后；寻求从结构视觉到知觉的 50、60 后，以及反物质表现的 70 后。正是在建筑师与结构设计师的多样性背后，日本当代建筑才呈现出如此多姿多彩的丰富性来。

3.3 整合的建筑学

3.3.1 建筑学教育体系

既然将结构作为设计纳入到建筑学的范畴，意味着原先被观念所定义的狭隘的建筑学必须对理性的、技术的内容渗入作出必要的调整。这势必会将原先通常意义上仅涉及审美判断、功能梳理、材料选择以及构造考究的建筑学的局限所击破。那些对建筑师而言仅需浅尝辄止的结构、设备的选型会一并纳入到建筑设计的内容中来，在审美、功能、材料乃至于构造的诸环节中，来整体地对空间、结构与设备这些观念与技术的内容进行彻底的整合。这是一种整体建筑学，它是将建筑从构思、设计、建造、使用、维护直至完结为止的、整个建筑的生命周期作为对象所定义的通盘计划。它显然不是横空出世的构想，而是扎根于既有建筑文化的必然选择。材料的选择需要对风土性作出回应；空间的意向需要符合审美观念；构造的设计必须考虑建造与维护的便捷；结构形态无法回避水平作用的影响；使用方式与传统生活习俗的一致更是不在话下。可见，“结构即意匠”的意识就是这么一种整体的建筑学的观念。尽管“明治维新”的“全盘西化”部分中断了地域性的一些传统的价值观念，致使西方的样式与技术以各自独立的方式平行地被输入近代伊始的日本。但不可否认，“和魂洋材”仍然使整体建筑学的观念以一种潜意识的影响左右了近代日本建筑发展的道路。

就建筑学而言，其近代化公认为始于英国人约萨·康德尔[49]。康德尔是一位正统保守的古典样式建筑师，他传授的内容也是西方古典建筑语言和手法，但他所认为的样式背后所统合的观念与技术的体系却是不可多得的。日本近代整体建筑学的观念一度受伊东忠太“建筑艺术论”的观点影响而陷入偏颇，但这并不影响日本从近代开始，一直到当代的建筑学演进中将观念与技术并重的做法。从东京帝国大学建筑学科由横河民辅[50]早在 1903 年就已经开设的“钢结构学课程”以及佐野利器 1905 年开始开设的“钢筋混凝土结构及钢结构课程”就可以看出，即便是在古典样式主宰下的日本早期建筑教育中，技术依然占有着一席之地。这也为之后横河、佐野等人对于近代建筑结构与技术的继续拓展提供了可能。对此，川口卫认为：

> 日本从明治以来，在工学部中设置了建筑学科。在大学入学之后的最初 2 年左右时间内，让将来从事结构的人和从事设计的人接受同样的教育。我觉得这真的是非常之好的。将来想成为建筑师的人与想成为工程师的人虽然抱着不同的想法，但至少让他们有机会一起聆听相同的授课。那样的话，将来的建筑师与工程师在讨论设计时，就

能方便地找到共通的语言。[51]

尽管战前日本近代建筑的发展是沿着意匠与结构相平行的两分道路各自独立发展的，但一直潜在着的“结构即意匠”的意识在战后的日本建筑学界获得了重新定位，使它得以在重新寻求时代与传统相结合的迷茫之际“跃然而出”，并使得意匠与结构的相整合旋即变为现实。事实上，明治以来的整体建筑学科课程的设置，直至今日在传统的建筑院校中都没有发生过根本的改变。比如在工科类建筑学专业的课程设置中，除了建筑设计、规划、历史学科目外，仍然保留着大量的建筑结构、环境（设备）等技术内容的课程（图 3.21）。无论是建筑设计，还是结构技术、结构设计、建筑设备的专业人员，几乎都是从这一整体建筑学的教育体系中接受锻炼和培养的。它提供了将来的建筑师、结构解析与设计师、设备工程师们可以相互之间打破领域隔阂的设计语言。在为建筑界提供着源源不断的专业人员的同时，整体建筑学的教育体系也为日本当代建筑的独特性提供着强大的保证。

3.3.2 建筑执业体系

整体建筑学如果仅限于教育的话，必然不可能产生遍及社会的影响力。同时教育与社会的脱节，也必然反过来会对教育体系本身的生存造成危机。因此，对建筑学的整合也包括了从教育到职业的一致性，并且以这种相辅相成的机制延续至今。

这其中首先是“日本建筑学会”在日本近现代建筑学的发展中起到了非常重要的主导作用。成立于 1886 年的“造家学会”是“日本建筑学会”的前身。这是一个以“评价有关建筑学术、技术、艺术的进步发展为目的”的学术团体。因此，“日本建筑学会”是以建筑的研究学术、技术实践以及观念思想的整体为对象的指导性的组织。其所属的会员以研究机构、施工企业和设计事务所为主体，涵盖了包括政府职能部门、建筑材料、机械

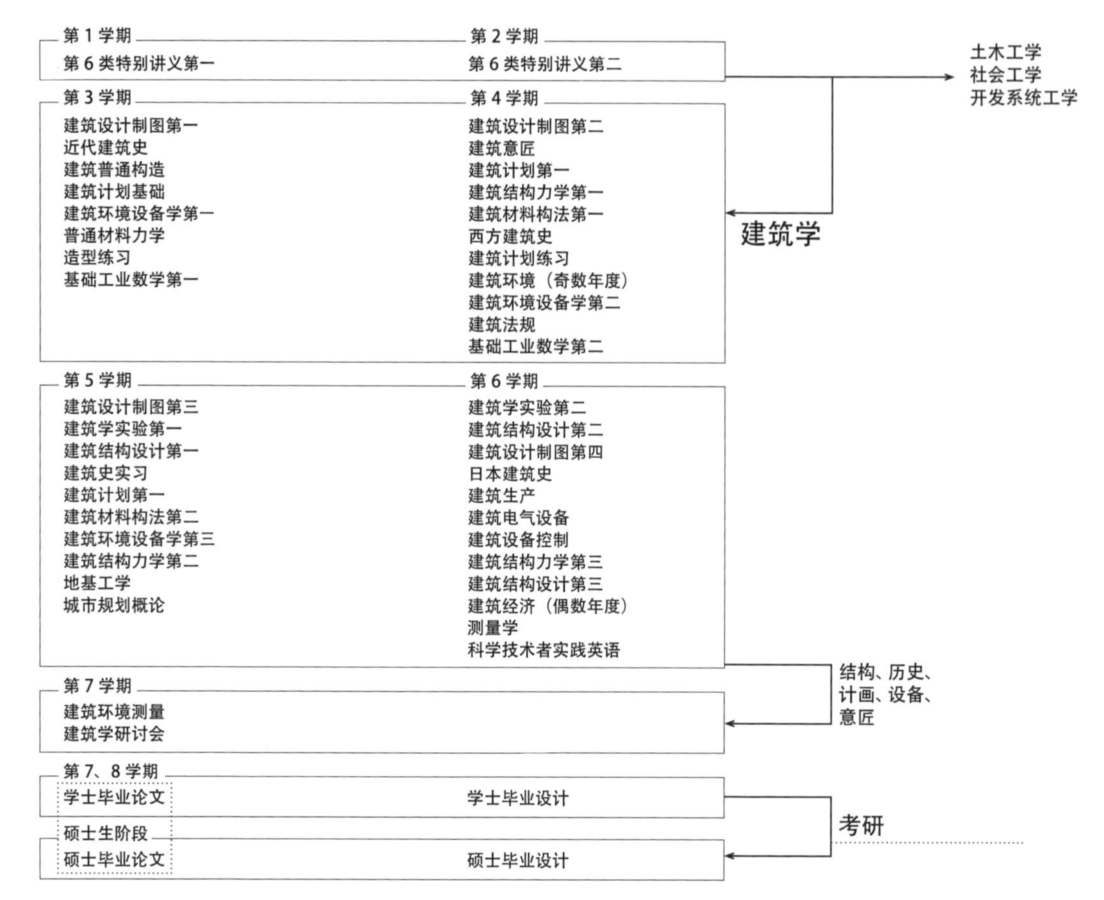

图 3.21 东京工业大学建筑学科课程设置

企业、建筑策划以及在校学生在内的、几乎所有与建筑活动相关的部门与人群。“日本建筑学会”不仅定期举办各种讲座和研讨活动，编辑出版各类建筑资料性图书，也负责对各类建筑类学术论文进行评审。其中“日本建筑学会奖”的评选活动每年举办一次，被认为是日本建筑界最具权威的奖项。它包括了终身对建筑学术事业作出杰出贡献的大奖；学术研究方面的论文奖；设计实践方面的作品奖；材料、建造方面的技术奖以及与城市规划、技术性能、遗产保护、评论著作出版、社会活动相关的业绩奖；建筑教育业绩和贡献奖等。由此可见，“日本建筑学会”是一个指导着建筑几乎所有活动的领导与组织，对日本建筑学界学术、业务、评价、规范各方面都有着极其重要的支持。正是“日本建筑学会”的存在，日本建筑才能在教育、实践、研究、出版、评价等各个方面保持整体建筑学的一致性。事实上，“日本建筑学会”的会长也是由意匠（设计）、规划、结构、设备等不同建筑领域的人士以每两年一轮换的竞选方式来确定的。这也保证了学会能够在最高层面上对建筑学整体性的控制与协调。

除此之外，另一个对于日本当代整体建筑学而言非常重要的是对建筑执业资格的认定。它关系到大量的建筑执业人员对建筑学认知的方式和从业方式，更涉及了整个建筑实践活动的根本制度，间接地影响到建筑学的教育体制。由“日本建筑学会”主导的“一级建筑士”制度是这一执业制度的核心。它作为整体建筑学教育的延续，将建筑的意匠（设计）、建筑结构、建筑计划、建筑设备、建筑法规、建筑材料与施工等各领域统合在一起。也就是说“一级建筑士”的执业范围涵盖了建筑设计、建筑结构、建筑计划、建筑设备、建筑施工等各个专业。“一证制”不仅要求从事建筑的专业人员需具有整体建筑学的知识与运用能力，也使社会体系与教育体制保持了衔接上的连贯性。从事建筑设计活动各个环节的不同专业人员之间有着更多的共通性得到了应有的保证。显然，这对于从根本上建立日本整体的建筑学是非常重要的。

正因为当代日本的建筑学在教育、社会组织、执业体系这些根本环节上保持着整体的一贯性，才使得日本当代的建筑也能够从这种整体建筑学意识中，在寻觅自身独特性方面获益匪浅。将这种整体的建筑学意识的延续，视作为“结构即意匠”的当代再现也并不为过。日本当代整体建筑学将观念与作为技术的结构整合在形态的表现中，意味着原本属于各自独立的观念所构成的“形”与结构生成的“态”的界限被打破，取而代之的是构成与生成在相互纠结的妥协中，以融合化的方式来共同建立出“形态”。

“构成”与“生成”的方法不再各自平行，而是在相互对峙与冲突的过程中发现彼此的共通。由此，“形态”不再是一个“观念”和“结构”相割裂的拼凑，而是获得了“你中有我，我中有你”那般的统合。“技术”与“设计”的邂逅是结构与观念握手的必然，这是作为整体建筑学“形态”呈现的前提。如果将这里的“设计”理解为一种形态操作的行为的话，那么“设计”无疑就是将观念与结构，或者说将建筑与技术统合在一起的途径。建筑与结构一体化的“大建筑学”意识、教育制度中的“大建筑学”体系以及职业组织的社会结构都必定是这种“设计”行为的具体表现。

3.4 日本近现代建筑与结构关系的发展

3.4.1 明治维新至战前（1945 年）的近代

1895 年，结构工程师真岛健三郎[52]设计建造的“秀英社印刷工场”（图 3.22）以工业厂房的身份登场。它不仅拉开了日本近代钢结构建筑的序幕，也从一个侧面标明了其与那些古典风格样式公共建筑之间的泾渭分明。钢结构建筑物的出现促使钢材研究的发展。1913 年佐野利器与内田祥三对钢筋腐蚀的研究揭开了日本近代钢材料研究的序幕。由于钢铁属于军工物资，其在建筑物上的运用受到了当时军国主义政府的严厉控制。这在很大程度上迟滞了对钢材料研究的深入与实践。随着战争的结束，从 1950 年代小仓弘一郎（Koichiro OGURA）对异型钢筋的引入及研究开始，钢材料研究进入了一个全新的发展阶段。不仅钢的强度越来越高，质量也随之越来越轻。作为连接方式，螺栓以及焊接技术解决了钢构件的组合问题。1951—1961 年，八幡制铁工字钢型材的量产标志着日本钢结构产业化的到来。之后，随着钢管柱、钢管梁、高强钢筋、不锈钢、耐火钢、耐候钢等新材料技术的层出不穷，日本的钢材技术进入了一个与世界同步的发展阶段。

图 3.22 秀英社印刷工场 外观

图 3.23 东京中央邮局 外观

图 3.24 日本齿科医专医院 外观

图 3.25 庆应大学日吉寄宿舍 外观

另一方面，尽管钢筋混凝土研究也是始于 1933 年谷口忠[53]从德国引入曲面板技术开始的壳体研究，以及 1939 年吉田宏彦[54]对预应力混凝土的研究，但是其发展也受限于当时民族主义高扬的样式表现。日本的“分离派建筑会”[55]以及“创宇社建筑会”[56]等当时的进步建筑团体出于对“帝冠样式”[57]倒退现状的不满与质疑，设计出了以钢筋混凝土结构来表现形态的一系列公共建筑作品。吉田铁郎[58]的“东京中央邮局”（图 3.23）、山口文象[59]的“日本齿科医专医院”（图 3.24）、土浦龟城[60]的“野野宫公寓”以及谷口吉郎[61]的“庆应大学日吉寄宿舍”（图 3.25）等都是这样的具有现代主义风格的代表作品。可以说，早期日本进步建筑团体运动以一种非技术的观念方式，从技术层面肯定了战前钢筋混凝土材料在建筑设计上的发展。诚然，钢筋混凝土结构的出现，或者说这些进步的建筑理念所促发的抽象结构形态表现，是受到了来自同一时期欧洲正在兴起的抽象运动和现代主义的影响。

尽管说日本的钢、钢筋混凝土技术的发展是普遍性影响之下自外而内的演变过程，但无论是钢还是混凝土材料的导入，特别是其在民用建筑上的运用，不仅是因为它们与近现代功能类型的建筑物相适应，还因为钢与钢筋混凝土结构所具备的抗震性能是当时其他传统结构材料所不具备的。从钢骨补强砌体到钢结构、钢筋混凝土结构，乃至到日本独有的钢骨混凝土结构（SRC）的转变，都为日本近现代结构技术的发展烙上了结构抵抗的印记。这既是一个地震多发国度不可回避的风土问题，也是使得近现代结构抗震技术以日本为中心发展起来的原因。

应该说，佐野利器们所主导的战前日本结构抗震体系的建立，是将日本从明治维新开始全盘西化的结构竖向抵抗意识重新又回归到固有的水平抵抗意识上来。从这一层意义上而言，佐野们是在基于对本土与海外的诸多调研与实践的试行错误之上，结合日本风土与意识的一种自觉的回归。但是，这种回归的前提及其基础是源自一直到明治末期为止的、西方传来的结构理论与计算方法。无论是钢结构还是钢筋混凝土结构，都是在19世纪由西方率先确立的结构体系。其在日本出现之际，就夹杂着浓厚的西方意识中强调刚度的痕迹。尽管佐野们也对这种西方传来的结构体系进行了本土化的改良，比如提出了日本独有的钢骨钢筋混凝土结构体系，但是由于本质上采用了刚度抵抗特性，因此它无法从根本上改变佐野们结构抗震理论被归于“刚性结构”的事实。为此，山本学治质疑道：

> 可是抗震结构的基本性格是结构体尽可能地刚性，而且还要变得沉重。结果是钢筋混凝土建筑每坪钢量的平均值由震前的0.17吨上升到震后的0.32吨；钢骨钢筋混凝土建筑每坪钢量从0.27吨激增到0.41吨。重钢的抗震结构设计果真是最有效率与合理的吗？这里埋下了一颗直到现在为止工学上都在争论的种子。[62]

随着一系列对框架结构的计算以及受力机制的解明，1925—1926年水原旭（Akira MIZUHARA）提出的高层建筑振动曲线弯曲振动及剪断振动组合研究，敲开了高层框架结构振动论的大门。接着，武藤清[63]、谷口忠、棚桥谅[64]提出了高层建筑振动曲线及衰减性能、建筑固有周期与地基之间关系等一系列理论。这些建筑结构振动理论的发展，或者说以弹性的“柔结构”为基础的结构理论，与震灾后确立的抗震结构的基本思路，以及“刚性结构”抗震结构理论之间产生了巨大的差异。“刚柔性结构”的争论焦点集中在了1930—1931年间真岛健三郎与武藤清之间的论战。“柔性结构”派认为高层建筑细长易于振动的结构更加有助于抑制破坏。但是，由于其在地基的性质、地震动的性质以及结构体终极破坏强度等问题上对未知的假设条件过多，“柔性结构”的抗震理论作为实际结构设计的方针依然未能被采纳。尽管如此，“柔性结构”的抗震理论还是触发了此后直到今天当代建筑结构具有划时代意义的结构隔震控震理论。随着1928年在结构体的基础与地基之间通过铰接进行连接的方式的提出，出现了避免基振动传递到结构体的隔震结构及1938年在“柔结构”内通过设置振动

图 3.26 丰多摩监狱 外观

图 3.27 赤坂离宫 外观

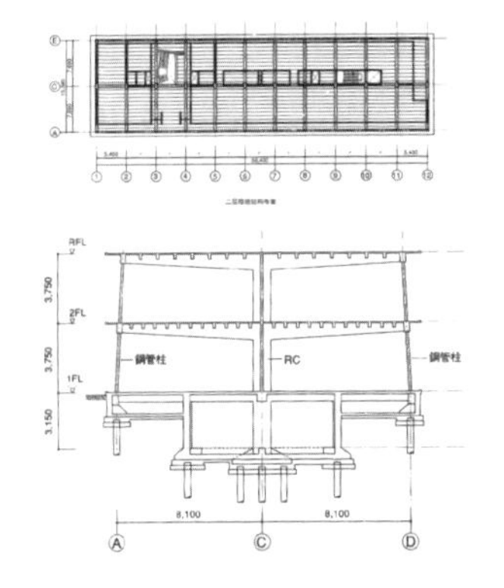

图 3.28 Leaders Digest 东京支社

减衰层来降低地震作用的控震结构方式。这些基于“柔性结构”抗震理论而涌现出的抗震结构方式，虽然在战前相对于由“刚性结构”主宰的状况而言无疑是几点星火，却为战后日本隔震结构、控震结构的燎原率先吹响了冲锋的号角。

尽管，新材料与新技术的出现此起彼伏地推动着日本结构技术不断的前行和本土化的演进，早逝的后藤庆二[65]以“丰多摩监狱”（图 3.26）乍现了观念与结构统合的“灵光”。但是这些非主流的成绩显然难掩战前“民族主义”的高涨以及“西洋化”遗风的大潮。样式占据形态主导地位的意识强硬地将结构阻隔于形态的大门之外。无论是被誉为战前西洋化古典风格巅峰的“赤坂离宫”[66]（图 3.27），还是一众被冠以“大屋顶”来象征民族形象的“帝冠样式”，以及林林总总洋风覆盖立面的财阀机关，它们都无一例外地显现出与结构和技术进步的绝缘。因此，尽管可以说日本在战前（1945）的结构技术积累为其后建筑形态的发展奠定了必要的基础，但其在整体上仍然表现为观念与结构相分离的状态。

3.4.2 战后（1945 年）至经济泡沫覆灭（1995 年）

日本战后开始的重建在文化、制度、意识等各方面都深受美国的影响，在建筑形态的观念和结构上也不例外。1951 年建成的“Leaders Digest 东京支社”（图 3.28）是其中具有代表性的建筑。它的混合、核心筒以及素混凝土这些设计的关键词、透明玻璃的表皮以及平面上的灵活性设计都展现出来自当时现代主义的强烈影响。同时，随着新技术的导入和大规模建筑物的出现，“日本相互银行”的全焊接钢结构建筑，“晴海高层公寓”（图 3.29）的巨型结构也都展现出前所未有的新鲜感和技术表现力。钢筋混凝土结构的大步前进得益于 1949 年 IWAKI 水泥的出现，而小仓弘一郎的异型钢筋研究也极大地促进了钢筋混凝土在实践中的可靠性与推广度。与此同时，对于混凝土施工技术的研究也大大地推动了它的普及。1950 年“东京新闻社扩建”中的深基础施工法; 1951 年“新丸之内大厦”的

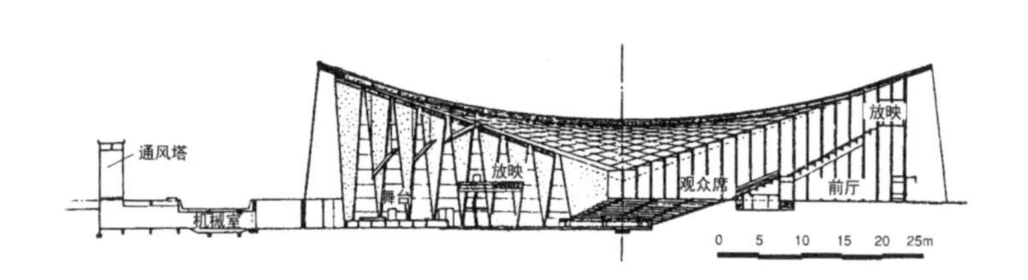

图 3.30 静冈骏府会馆 悬吊方向剖面

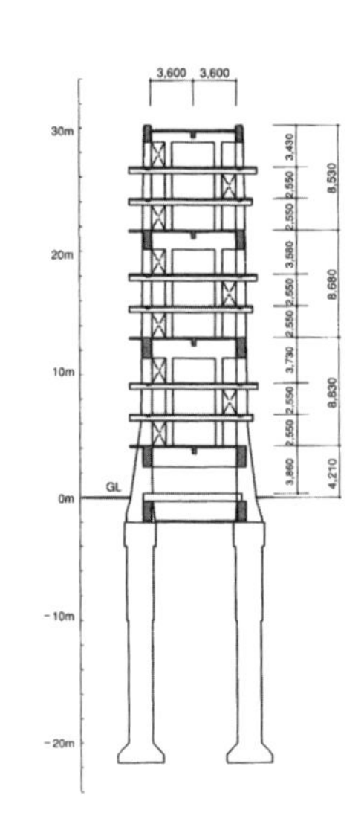

图 3.29 晴海高层公寓 结构剖面

现场搅拌作业；1953 年开始出现的搅拌车；1955—1957 年间对模板施工技术的研发，以及 1960 年代开始的预制混凝土技术等，直到现在各种混凝土材料与施工技术，可以说日本的钢筋混凝土技术是在实践与研究的结合中一步步走向当代的。随着钢筋混凝土大跨薄壳技术的发展，像“爱媛县民馆”“静冈骏府会馆”（图 3.30）等大空间建筑形态的出现，也预示着结构表现时代的到来。同时，钢筋混凝土柱 + 钢结构纺锤形网架混合结构的“图书印刷原町工厂”（图 3.31）、钢网架大跨结构的“东京国际贸易中心 2 号馆”（图 3.32）的出现，进一步展现了与混凝土表现所不同的钢结构空间形态。战后 10 年间日本建筑的开端可以说是战前技术积蓄的井喷期。它们集中地通过建筑形态的方式涌现出来。在物资匮乏和经济优先的大建设背景之下，观念与结构得以相互靠拢，孕育了随后的结构表现时代。

经过战后初期 10 多年时间的结构技术热身、工业化社会的逐渐成熟以及经济高速发展时期的来临，以 1964 年东京奥运会为契机的、一系列展现国家形象的体育设施也成为宣传日本国家实力的舞台。这其中，尤以钢筋混凝土薄壳、折板等薄板大跨结构技术为多，出现了一个表现结构技术实力的表现风潮。折板结构的“群马音乐中心”（图 3.33）、双曲抛物面（HP）薄壳的“东京圣玛利亚大教堂”（图 3.34）等作品都表现出强烈的结构与材料的塑形感。这一时期不仅是观念与结构的蜜月期，或许结

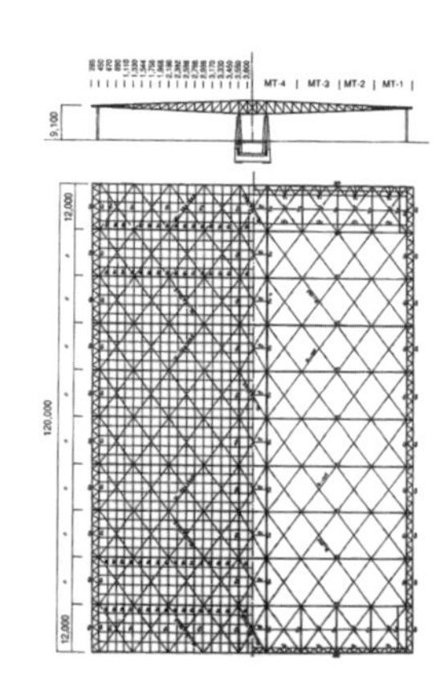

图 3.31 图书印刷原町工厂剖面与屋面结构

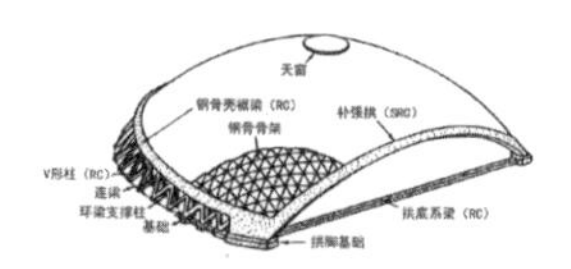

图 3.32 东京国际贸易中心 2 号馆结构轴测

构在建筑形态的表现上已然凌驾于观念之上了吧。

然而，随着经济的快速增长，需要投入大量人力作业和模板建材的钢筋混凝土薄壳逐渐遭遇到了成本上升所致的困境。在这一背景下，钢网架的空间特性也逐渐地被用来取代费时费力的钢筋混凝土湿作业建造。并且，在成本压力下出现的另一种以标准化、装配式为目标的部件生产型建造也开始得以迅速地发展。不仅是预制钢筋混凝土构件的 PC 和 PCa 在预应力张拉技术成熟之后获得极大的适用性，大跨结构的技术主题也从原先单纯的薄壳转变为以发挥钢材特性的悬索、张拉以及空间桁架、网架结构为主。丹下健三与坪井善胜采用工字钢半刚性悬吊结构组合而成的“国立代代木竞技场”（图 3.35）就是其中的代表。其他如“船桥市中央装卸市场”（图 3.36）以及“大阪世博会庆典广场”（图 3.37）则都是钢结构网架的实例，后者的构件标准化、装配式施工以及大跨的实现，甚至被认为是日本战后结构技术实力最集中表现的第一个顶峰。这些建筑作品都是以经济性、施工性为目标的新一代结构表现形态。与此同时，建筑工业化的急速发展也进一步推动了高层建筑的出现。在对地震发生机制逐步解明的基础上，相应的结构形式与技术措施确立了日本高层建筑的基本规范。以钢结构或钢骨混凝土为主要结构材料，抗震墙或抗震筒为主要抗震布置的高层建筑，在 1963 年《建筑基准法》废除了“限高 31m”的法令之后，以高度 147m 的“霞关大厦”为代表的超高层建筑成为日本建筑结构另一方表现舞台。

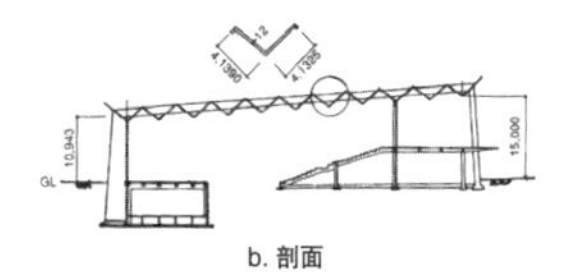

b. 剖面

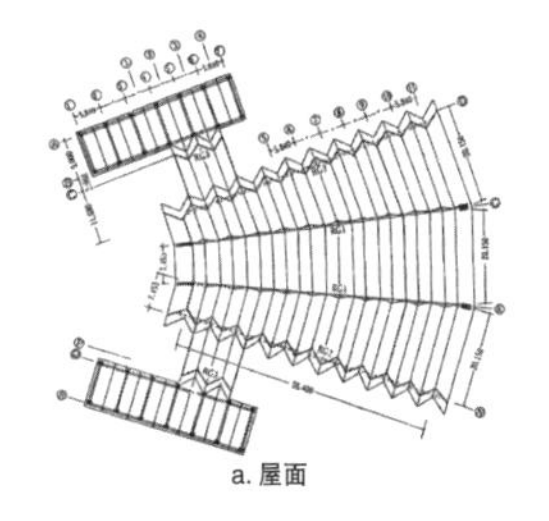
a. 屋面

图 3.33 群马音乐中心

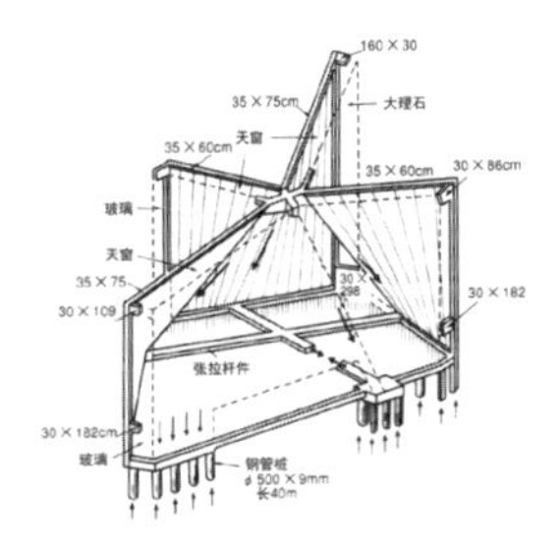

图 3.34 东京圣玛利亚大教堂结构轴测

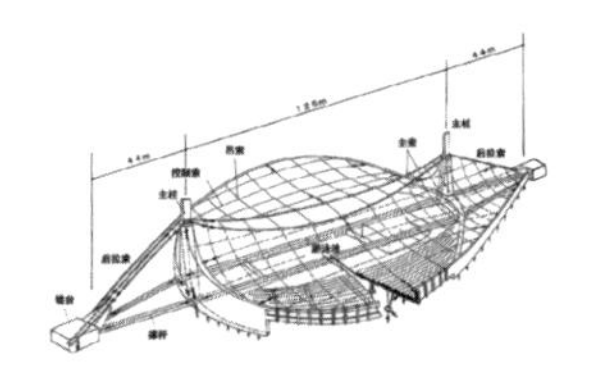
图 3.35 代代木国立竞技场结构

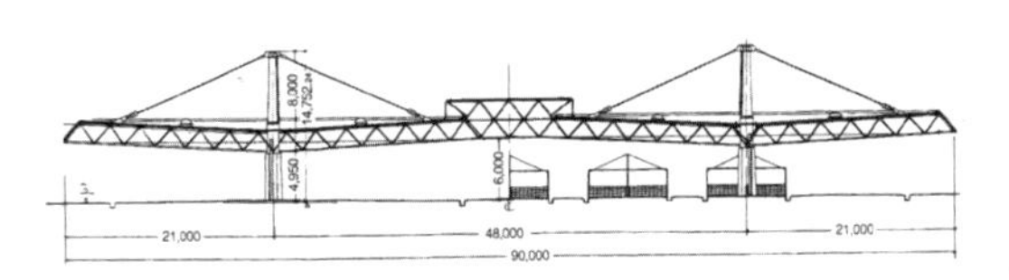

图 3.36 船桥市中央装卸市场 剖面

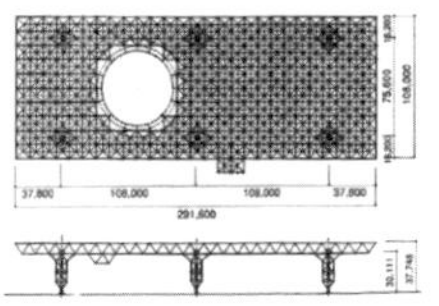

图 3.37 大阪世博会庆典广场结构平面与剖面

在这一波以“进步”“发展”为口号的结构表现高潮之后，随着 1970 年初期“公害”的流行、“罗马俱乐部”[67]对“成长极限”的警告以及 1973 年发生的石油危机等的影响，技术逐渐从对“进步”的渴望转变为审慎的“评价”。能源消耗型的规划理念最终也被可循环的节能意识所替代。在这一组举动中，建筑形态上的结构技术进步也不可避免地停滞下来。另一方面，在观念方面，对现代主义功能性提倡的质疑也导致其被后现代的表层趣味所取代。这一时期日本建筑结构技术的发展局限于对抗震结构的解析化研究上，结构被更多地从原先的设计转变为解析的操作。以后现代主义及高层建筑为主的这一时期，客观上造成了日本建筑在观念与技术上的疏远。少数以结构作为形态表现的作品也仅限于如车轮形张拉结构屋面的“法拉第会馆”和“大石寺正本堂”（图 3.38）等中小规模大跨建筑。

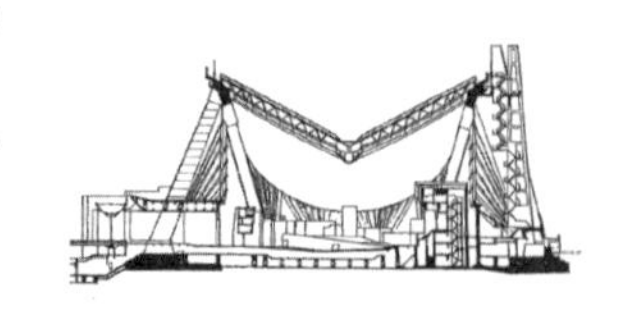

图 3.38 大石寺正本堂 剖面局部

这一状态一直持续到 1980 年代后半期。在人们对后现代主义的游戏已经感到厌倦和局限之际，自 70 年代末开始出现的，致力于精致表现结构的“高技派”（High-Tech）所带来的新鲜感开始广受关注。这股潮流当然也对当时的日本建筑界造成了不小的影响。而这其中最为关键的是，在“高技派”作品中呈现的技术表现，又重新唤起了包括日本建筑在内的、世界范围的对观念与技术关系重新审视的意识。当然“高技派”的结构修辞化表现语言并未在日本建筑界被大量地模仿是受制于日本文化中固有的对直接性的排斥。但不可否认的是，“高技派”是将日本建筑的观念与技术重归一体的重要催化剂。随着 1980 年后半期日本经济进入泡沫破灭之前的最后一次快速增长期，建筑结构领域的材料、施工、架构以及计算能力各方面的长足进步也进一步推动了观念与结构的再次结合。地方上的大城市在充沛资金的支持下，大规模的市民中心、文体设施等的需求也为这种结合创造了表现的舞台。“福冈 Yahoo DOME”（图 3.39）、“关西国际空港旅客站”（图 3.40）、“幕张 Messe 新展示场”（图 3.41）等的出现不仅展现了日本经济的实力，也通过更加精巧而细腻的结构表现展现

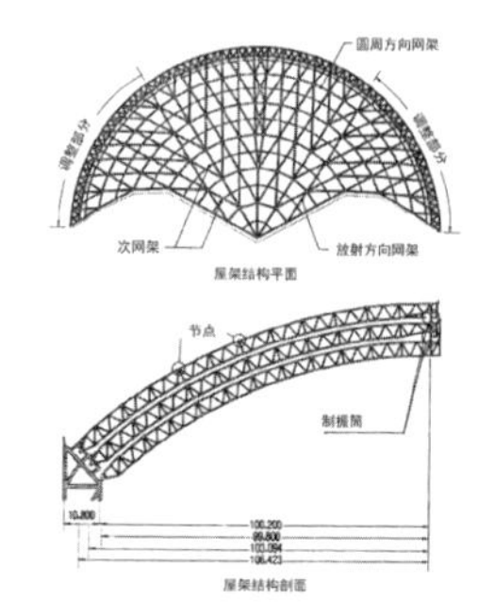

图 3.39 福冈 Yahoo DOME 屋面结构平面与剖面

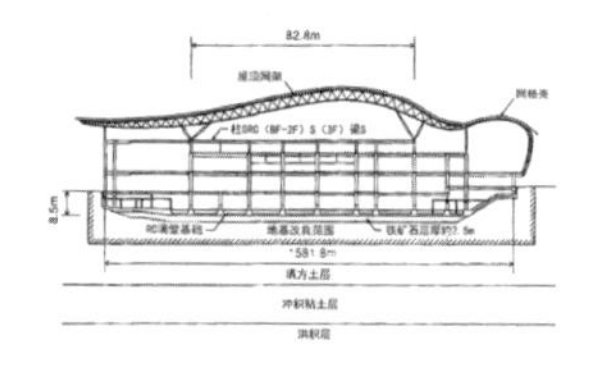

图 3.40 关西国际空港旅客站 结构剖面

出技术的进步。尽管从进入 1990 年代开始，经济泡沫的破裂给日本建筑的发展带来了不利的外部影响，但刚刚被重新建立起来的观念与技术的结合却没有因此而夭折，而是从大型化和技术表现的方式转变成中小型的多样化和非视觉的结构表现方式，从而呈现出前所未有的多元发展的态势。随着林木产业衰退的愈加明显，政府开始鼓励使用木材，对木构的回归也使得日本建筑开始注重经济、合理及个性的要求。1995 年开始的互联网络的普及及其所带来的虚拟时代全面介入人类生活方式的冲击，也一并将计算机技术带入建筑和结构的设计领域。它不仅正在以深刻的方式改变着传统建筑学的观念，并且也在从根本的方式上驱动着建筑与结构从既有的设计模式中蜕变。显然，危机与机遇共存！

纵观从明治至 1995 年期间日本的结构技术发展及其对建筑形态的影响可以发现，无论是在跨度上还是在高度上，建筑形态与结构技术的发展水准是息息相关的，尽管这并不都是结构技术转化的结果。“日本建筑结构技术者学会”对日本战后结构技术的发展规律进行了总结性研究。其中“建筑物规模变迁”的图示（图 3.42），用结构实现跨度与高度方面的变化概括了日本战后以来结构技术对建筑形态的促进作用。从中可知，无论是在跨度还是高度方向，战后日本结构技术的发展及其对建筑形态的影响基本都是与当时世界发展的水平同步的。另一方面，随着结构技术水准的不断提高，新的结构形式不仅触发了新的建筑形态的涌现，还改变了建筑的使用方式与效率。今川宪英以“空间开放率”和“杆件尺度”为坐标轴，对 20 世纪建筑形态的变迁与结构技术发展的关系进行了归纳（图 3.43）。从中也可以看出，新的结构形式总是偏向于更大的“空间开放率”或更小的“构件尺度”。从这些结构技术的发展对建筑形态的影响来看，近代到 1995 年期间日本建筑的现代化和当代化进程，其实在很大程度上是与结构技术的不断提升密切相关的。对于在战后迅速实现了与世界建筑同步发展的日本建筑而言，这一期间观念与技术的关系产生曲折分合的很大教训还在于从“文化发展”与“科技发展”孰强孰弱的态势中找到势均力

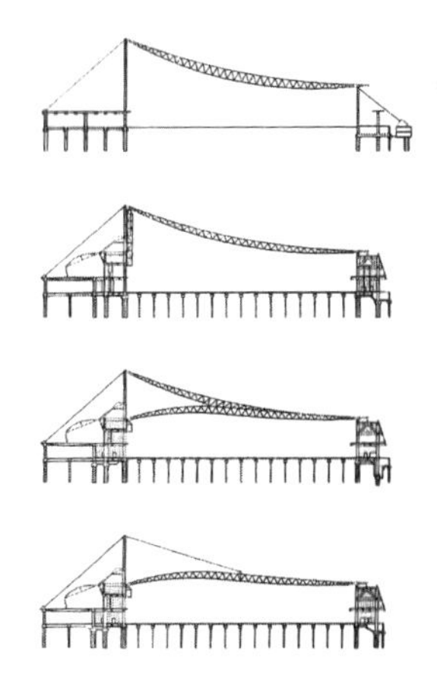

图 3.41 幕张 Messe 新展示场 结构剖面（4 种屋面结构）

敌的平衡。

综上所述，从近代到当代的日本建筑形态中，观念与技术之间的关系也并非是一直沐浴在结合的阳光之下的。从最初战前技术一枝独秀的独立发展及作为观念的样式徘徊不前，到战后承续战前技术红利而实现的观念与技术的融合，进而到后现代思潮以及经济、社会等各方面多重打击下在 1970 年代至 1980 年代中叶观念与技术的再度分裂以及 1980 年代末到 1990 年代观念与技术的再度靠近，这样的变迁也折射出日本近代到当代建筑前行的脚步（图 3.44）。

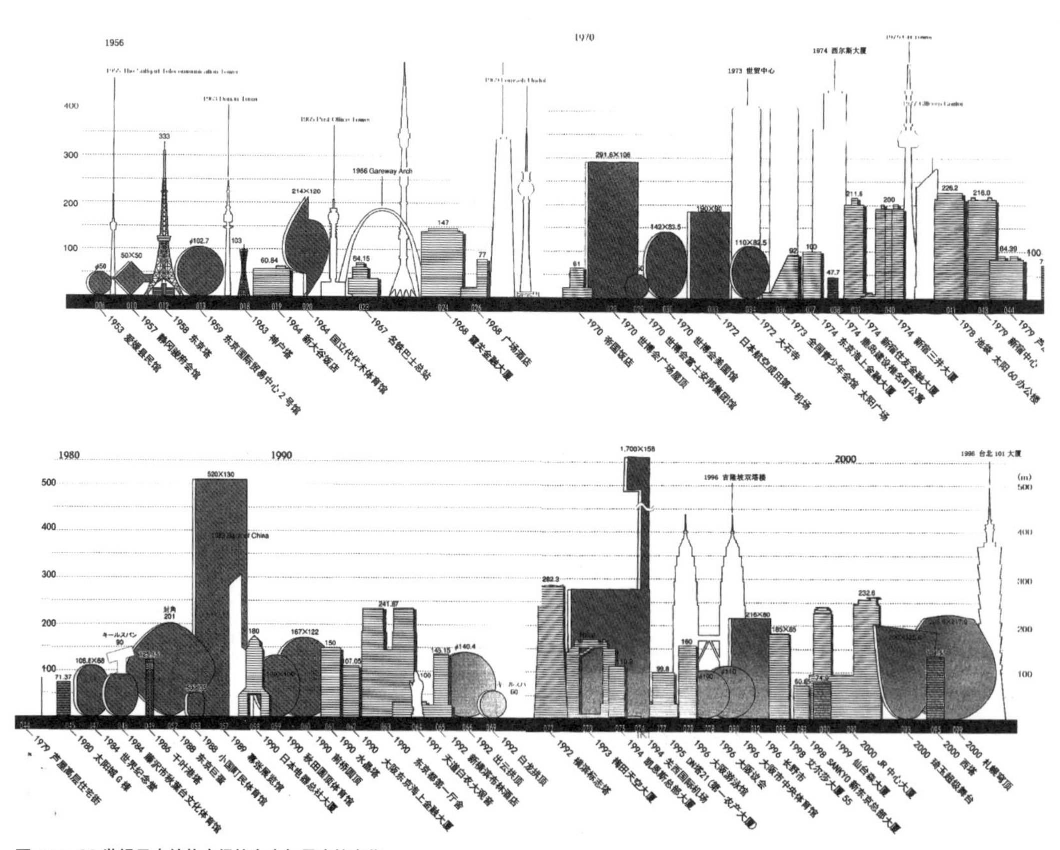

图 3.42 20 世纪日本结构空间的高度与尺度的变化

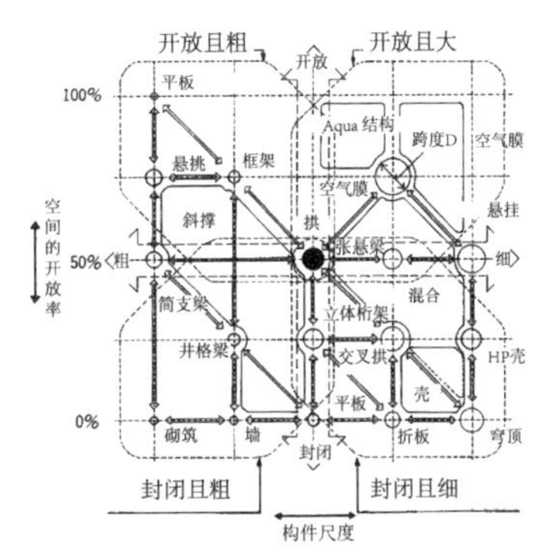

图 3.43 空间开放率与构件尺度变化（今川宪英）

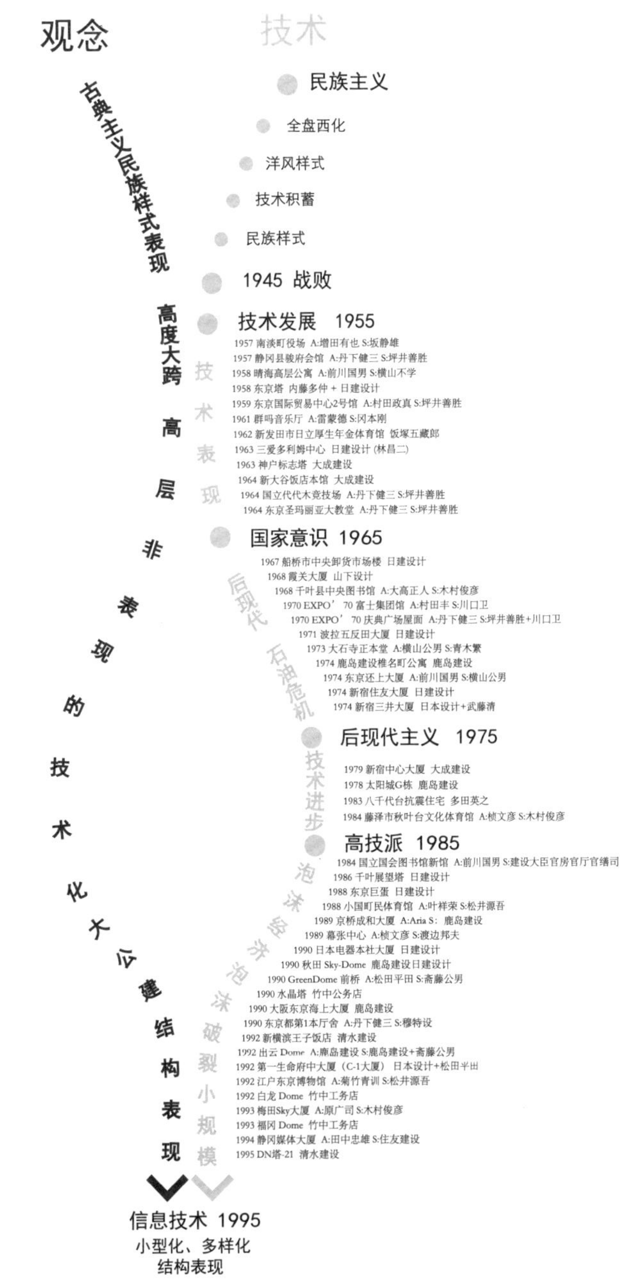

图 3.44 日本近现代（明治—1995 年）建筑与结构关系变化

注释

1 Yoshikatsu TUSBOI, 1907—1990, 东京大学名誉教授, 日本大学名誉教授, 建筑结构设计师。

2 Monzaemon CHIKAMATSU, 1653—1725, 日本江户时代前期的剧作家。

3 特集 構造者の格律. 建築雜誌 2010(10):13-14.

4 Ernst Hans Josef Gombrich, 1909—2001, 生于奥地利并于1947年加入英国籍的美学家和艺术史家。

5 [英]E.H. 贡布里希. 艺术与错觉——图画再现的心理学研究. 林夕等译. 长沙: 湖南科学技术出版社, 2007.

6 Chiang Yee, 1903—1977, 中国九江出生, 旅英画家、诗人、作家、书法家。

7 同5:59-61.

8 増田一眞. 建築構法の変革. 东京: 建築資料研究社, 1998:121-122.

9 Richard Weston, 1953—, 加迪夫大学威尔士学院教授, 建筑师及作家。

10 [英]理查德·韦斯顿. 材料、形式和建筑. 范肃宁, 陈佳良译. 北京: 中国水利水电出版社, 知识产权出版社, 2005:13.

11 一种围合的层叠木墙板井干式结构。

12 伊势神宫每隔20年要把建筑焚毁再重建, 叫做式年迁宫, 最近一次是在2013年。

13 指动作开始以前和完成动作过程中心理的准备状态和注意的指向性。

14 [英]肯尼斯·弗兰姆普敦. 建构文化研究——论19世纪和20世纪建筑中的建造诗学. 王骏阳译. 北京: 中国建筑工业出版社, 2007:114-116.

15 斎藤公男. これまでの構造形態, これからの構造形態. 建築技術 2005(12):98-99.

16 池田昌弘. 小住宅の構造. 东京:エーディーエー·エディタ·トーキョー, 2003:8.

17 Masahiro IKEDA, 1964—, 建筑结构设计师。

18 戴维·P. 比林顿. 塔和桥: 结构工程的新艺术. 钟吉秀译. 北京: 科学普及出版社, 1991:9.

19 斎藤公男. 構造デザインの潮流と課題.「挑戦する構造」建築画報 2001(8):8.

20 佐々木睦朗. 構造設計の詩法—住宅からスーパーシェッズまで. 东京 住まいの図書館出版局, 1997.6.

21 渡辺邦夫. 飛躍する構造デザイン. 东京: 学芸出版社, 2002:22.

22 構造設計への道. 建築文化 1961(10).

23 建築の構造デザイン. 建築文化 1991(10).

24 アーキニアリング·デザイン展実行委員会編. アーキニアリング·デザイン展 テクノロジーと建築デザインの融合·進化. 日本建築学会.2008.

25 竹内徹. 武器としての構造技術.「挑戦する構造」建築画報 2001(8):126-127.

26 Toru TAKEUCHI, 1960—, 东京工业大学教授, 结构设计师。

27 同25.

28 Toshihiko KIMURA, 1926—2009, 建筑结构设计家。

29 別冊新建築日本現代建築家シリーズ17 木村俊彦. 东京: 新建築社, 1996.

30 之前16册"别冊新建築日本現代建築家シリーズ"分别是宮脇檀、内井昭蔵、山下和正、東孝光、清家清、芦原義信、吉村順三、大江宏、村野藤吾、黒川紀章、竹中工務店設計部、伊東豊雄、出江寛、KAJIMA DESIGN FIRM、三菱地所、池原義郎。

31 Sachio OHTANI, 1924—, 东京大学名誉教授, 建筑师、城市规划师。

32 AkikoTAKAHASHI, 1958—, 武藏野美术大学教授, 建筑师。

33 Ryozo UMEZAWA, 1944—, 建筑结构设计师。

34 Masato ARAYA, 1943—, 早稻田大学名誉教授, 结构设计师。

35 un SATO, 1970—, 东京大学副教授, 建筑结构工程师。

36 Hugaku YOKOYAMA, 1902—1989, 建筑结构工程师。

37 Hirofumi OHNO, 1974—, 建筑结构设计师。

38「新世代建築家/クリエイター100人の仕事」.HOME 2010(2):82.

39 http://www.aij.or.jp/jpn/design/2006/prize.htm

40 Hiroshi NAITO, 1950—, 东京大学名誉教授, 建筑师。

41 Satoshi OKAMURA, 1964—, 建

筑结构设计师。

42 Katsuo NAKATA，1940—，建筑结构设计师。

43 Takaharu TEZUKA，1964—，东京都市大学教授，建筑师.Yui TEZUKA，1969—，1994 年与手塚由比设立手塚建筑研究所。

44 Norihide IMAGAWA，1947—，建筑结构设计师。

45 Shuhei ENDO，1960—，建筑师。

46 Shinichi KIYOSADA，1959—，建筑结构设计师。

47 Kazuhiro KOJIMA，1958—，横滨国立大学教授，建筑师。

48 五十嵐太郎．現代日本建築家列伝 社会といかに関わってきたか．东京：河出書房新社，2011.

49 Josiah Conder，1852—1920，英国建筑师，曾作为明治时期日本政府的外国顾问以及工部大学校（东京大学前身）建筑学科的教师培养了日本近代建筑史上的第一代建筑师，因此被认为是日本近代建筑教育的启蒙者。

50 Tamisuke YOKOGAWA，1864—1945，明治、大正、昭和时期的建筑师、实业家，横河集团（YOKOGAWAGroup）的创始人，TOTO 的创始人，日本钢结构的先驱。

51 川口衛，新谷真人，奥野親正．力と素材を見せる．建築画報 2011（3）：47.

52 Kensaburo MASHIMA，1873—1941，海军技官，日本钢筋混凝土结构的先驱以及"柔结构"的提倡者。

53 Tadashi TANIGUCHI，1900—1983，建筑结构学家，东京工业大学名誉教授。

54 Hirohiko YOSHIDA，1899—1986，建筑结构学家，京都大学名誉教授。

55 1920 年以当时的东京帝国大学建筑学科的毕业生为主开启的日本最早的近代建筑运动，他们将自己理想中的建筑通过百货店展览以及出版物来表达。

56 关东大地震 1923 年之后随即成立的日本早期近代建筑团体之一，以草根姿态与当时作为精英团体的"分离派建筑会"相对立的组织。

57 以古代社寺建筑的大屋顶作为民族主义表现的样式风格。

58 Tetsuro YOSHIDA，1894—1956，建筑师，庭院研究学者，创作了许多日本早期现代主义建筑作品。

59 Bunzo YAMAGUCHI，1902—1978，日本近代建筑运动的领袖之一，"创宇社建筑会"的创立者之一，其既是一位现代主义的建筑师，同时也是一位和风建筑的名手。

60 Kameki TSUCHIURA，1897—1996，昭和时期的建筑师，曾作为赖特的助手参与东京帝国饭店的设计。

61 Yoshiro TANIGUCHI，1904—1979，东京工业大学名誉教授，建筑师。

62 山口学治．SD 選書 244　造型と構造と．东京：鹿島出版会，2007：65.

63 Kiyoshi MUTO，1903—1989，建筑结构学家、结构家，千叶工业大学工学部建筑学科创始人。

64 Ryo TANABASHI，1907—1974，建筑结构学家，京都帝国大学教授。

65 Keiji GOTO，1883—1919，建筑家，自学结构，结构计算的图解解法的先驱。

66 正式名称为"迎宾馆"，是日本政府接待外国元首以及政府要员的迎宾馆．由近代日本第一代建筑师之一的片山东熊（Tokuma KATAYAMA）设计，1909 年建成，被认为是日本学习西方古典样式的代表之作。

67 一个全球性的智囊团，主要从事有关全球性问题的宣传、预测和研究活动。成立于 1968 年 4 月，总部设在意大利罗马。

第四章 结构制造

如果说建筑师是“呈现不可遇见的风景”的话，那么呈现风景之后的使用也是建筑师责无旁贷的内容。另一方面，结构设计师的职责就是（为了使建筑师能呈现不可见的风景）通过使用可见的物（材料）来构成不可视的内容（力流）。这一本质隐匿于自明性的背后。

这里所谓的“自明性”是指在极端意义上的建筑物的“建造”。建筑物一旦被实现，就不可避免地陷入于自明的环境，进而被划入自然的范畴之内。不过，或许是因为方便接纳，也或许是一种放弃或不自觉的缘故，新的建筑物往往容易陷于既存的自明性。“习以为常的风景”——受其支配已经变成为惰性。然而，一切自然的前行本来并非都是由惰性的驱使，而是一个不断呈现新貌的过程。如果，避开自明性的怠惰陷阱来呈现日常新貌的方式，使得这股“新的自明性”（=新的自然）的析出成为可能的话——也就是说，它将未曾显见的风景化变成为可见——即便仍然还是少数，那也将是对人类自由意识的贡献。并且，人类的身体在那一瞬间被感知，进而成为身体感知的风景。而在这获取“新的自明性”（=新的自然）的背后，我们不难发现“新的结构设计”那若隐若现的身影。[1]

4.1 日本建筑的“当代”

哲学家东浩纪与社会学家大泽真幸[2]根据战后日本的文化状况，将其区分成1945—1970年的“理想时代”、1970—1995年的“虚构时代”以及1995年之后的“动物时代”(表4.1)。而在各个时代，建筑的主题及建筑师的社会面目也不尽相同。1945—1970年的“理想时代”，建筑师关注于城市规划。他们试图通过理性主义的设计导则来实现理想主义的城市规划。那是一个属于“城市时代”的时期，建筑师试图获得城市的主导权。1970—1995年的“虚构时代”，伴随着社会公害、石油危机等一系列的城市问题，建筑开始从城市撤退。由此导致建筑师从原先的城市规划者的身份转变成为住宅设计师的角色。因此，那是一个属于“住宅的时代”。随着计算机时代的降临，终于从1995年开始，依靠血缘关系维系的家族形式——“住宅”宣告寿终正寝，先前的“虚构时代”终于被更加个体且虚拟的“身体时代”所取而代之。藤村龙至[3]指出在1995年之后的这个被称作为“动物时代”的当代有着最为显著的两个特征，那就是“信息化”与“郊外化”[4]。“信息化”标志着以计算机互联网和手机通讯为手段的“虚拟空间”的到来；“郊外化”则是随着城镇化的大量出现而产生的从集群向个体的分散。无论是“信息化”还是“郊外化”，它们都具有同先前时代完全不同的特征，并且都表现为一种突变的转折。它既是时代的必然，

表4.1 1945年以后社会状况的区分及向建筑、都市论的导入

时间	社会	建筑界的话题
1945—1970	理想的时代	都市的时代——都市计划 / 合理注意 / 设计方法来 / 新陈代谢
1970—1995	虚构的时代	住宅的时代——从都市隐退 / 住宅是艺术品 / 个人性 / 抵抗的堡垒
1995—	动物的时代	身体的时代——感觉 / 多边形 / 材料 / 微小差异

也是源自 1995 年出现的一系列偶然社会事件的叠加的效应。

图 4.1 沙林毒气事件

众所周知，日本的经济在经历了 1980 年代的高速增长及其泡沫化之后，随着遭遇到 1990 年代开始的泡沫破灭，日本也进入到被称为“失去的 10 年”的萎靡不振时期。经济的低增长率以及消费的萎缩助推了城市向郊区的扩散。这种情况也在很大程度上改变了建筑的规模及其类型。从大规模到小型化，从公共设施到个体住宅，日本的建筑随着经济的衰退，也呈现出扁平化的趋势。应该说 1995 年 3 月 20 日上午 7 点 50 分“奥姆真理教”在东京市中心地铁的 5 节车厢中策划的“沙林投毒恐怖袭击事件”彻底揭掉了“城市安全”的标签（图 4.1）。它成为将人群推向郊外的催化剂。此外，更加迅捷通信技术的涌现，着实地疏远了现实中人群的集聚。1995 年 8 月 24 日，微软（Microsoft）发布了其混合了 16 位 /32 位的新视窗（Windows）操作系统“视窗 95”（Windows 95，图 4.2）。这其中包含了附带默认网址浏览器的“Windows Internet Exploer”（IE），并使之成为时至今日应用最广泛的互联网浏览平台之一。因此，“视窗 95”的出现也使得 1995 年被视为“互联网元年”。它更重要的意义在于，虚拟的互联网空间成为人们现实生活之外的另一个不可或缺的交互平台。同年 7 月，适合城市使用的无线 PHS（Personal Handy-Phone System，俗称“小灵通”）通信服务开始。同样是在 1995 年 9 月，使用手机人数达到了 650 万。至 1995 年底，手机的使用人数更是突破了 1000 万。

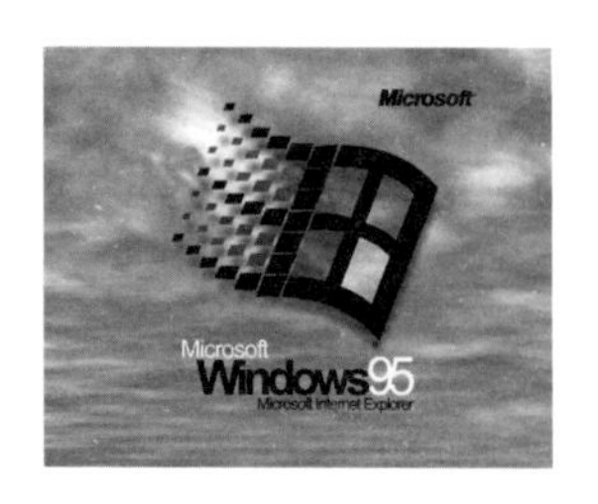

图 4.2 Windows 95

如果说来自于经济、恐怖袭击、互联网和通信方式等这些社会事件与技术发展尚且是从外围对当时的日本建筑与结构产生着潜移默化作用的话，那么 1995 年 1 月 17 日上午 5 时 46 分 52 秒，发生在日本关西地区淡路岛明石海域的“阪神大地震”（图 4.3），对之后日本的建筑及其结构的影响是更加直接而深刻的。地震引发日本关西地区包括大阪、神户等人员密集城市在内的大规模地震灾害。这一地震被认为是自 1923 年关东大地震以来日本所遭受的最为严重的地震灾害。它引起了人们对于地震科学、城市建筑以及交通系统方面的重新认识与关注。这一“城市直下型地

图 4.3 阪神大地震

震”的破坏也突破了此前人们以横波位移为主的防震抵御。在这一影响下，1995 年《建筑物改修促进法》获得了公布施行； 同年新结构体系开发也开始推进；1997 年《建筑基准法》被再次进行了修正，追加颁布了《钢结构极限状态设计指南》等。除了对建筑抗震方面的法案和法规进行修正和完善外，日本对新建以及既有建筑抗震对策上的态度与方法同“阪神大地震”之前也发生了重大的变化。从 1996 年开始，用于改善既有建筑抗震性能的“改建隔震”（Retrofit Seismic Isolation）开始出现激增； 新建建筑采用隔震技术的现象得到普及；1999 年超高层建筑的隔震应用开始推广；2000 年对隔震结构部件的认定制度也被正式确立。建筑结构的隔震方式基本取代抗震方式。由此可以在大量缩减结构部件尺寸的同时，使大量实用的产业化降低隔震技术投入的成本和使用门槛。得益于此，隔震技术被广泛地使用在了个人住宅等小规模建筑中。可以说无论是今天已经日趋成熟的建筑结构抗震损伤修复技术，还是隔震技术的多样化和普及化，它们都离不开“阪神大地震”所招致的影响。

社会的、技术的因素以及自然灾害更为直接地对日本的建筑与结构产生影响，使其在规模、类型、技术等各个方面产生了与之前的明显变化。意识和技术对建筑形态上的影响无疑是一个漫长的过程。因此，日本的建筑形态及其结构技术立刻出现同 1995 年之前泾渭分明的改变。但是，日本建筑的 1990 年代并没有像其所经历的任何一个时期那样，在 1995 年集中爆发了如此多的、改变了人们固有观念与意识的事件。尤其值得注意的是计算机技术的出现以及虚拟时空的繁荣，对于如今日本建筑的形态而言都是具有深刻影响的。而这正是东纪浩、大泽真幸、藤村龙至等将 1995 年视作为日本建筑发展中一个重要时代节点的原因所在吧！

图 4.4 3.11 东日本大地震

2011 年 3 月 11 日的“东日本大震灾”（图 4.4），是继“阪神大地震”余音未了之际的，再一次对日本当代社会产生了深远影响的自然灾难。与前次“阪神大地震”对于防震技术上的警示作用相比，“东日本大震灾”更是在心理上为整个社会覆上了危机的阴影。与技术缺陷相比，人类在自然灾难巨大破坏力面前的无能为力，彻底击碎了人类依托于技术的信心。而核反应堆事故的辐射的阴影，更是陡增了人们对技术失控的恐惧以及所谓“绝对安全”的依赖。无疑，技术是一把双刃剑，从 1995 年“信息化”“郊外化”的“身体时代”开始，技术曾经将日本带入一个似乎是无所不能的时代。但仅仅十数年之后，无法驾驭技术的危机便露出了对技术盲目自信背后的深渊。

4.2 装饰的结构

1995 年，历经 6 年的设计与建造，一座地上 11 层，地下 3 层，建筑面积 143 000m^2，拥有 7 个报告厅、33 间会议室，另外包括展厅、餐厅、美术馆等各类功能的公共文化综合设施在东京站旁矗立而起。这就是被称为“泡沫经济遗产”“税金浪费机器”的“东京国际论坛大厦”（Tokyo Forum Building）。建筑师维诺利（Rafael Vinoly）和结构设计集团（SDG）一同完成了这个所谓的泡沫时代日本建筑技术与施工的最高作品。在建筑师最初赢得设计权的竞赛方案中，中央部梭形大厅的结构是由两侧沿着弧线平面均布的列柱与列柱进深方向的支撑梁构成的钢框架式形式。结构设计集团作为结构设计方加入后，考虑到抗震上的要求，在获得建筑师的认可之后，依据日本对抗震结构的要求，大胆地对原先建筑设计中的结构进行了调整。代之以原先方案结构上平淡的表现，更加大胆地将位于顶部的梭形鱼腹混合梁及其位于两端的两根梭形巨柱展现出强烈的技术表情。进而，结构取消了两侧沿弧线列柱，使整个梭形玻璃大厅变得敞亮通透。梭形大厅长宽比在地震时产生的扭转，由设置于弧面玻璃幕墙位置的“张紧钢缆”加强短边向的刚度来抵抗。尽管，这一巧妙的想法最后由于预算的严重超支未能实现，但是这仍然让我们感受到了结构设计对于建筑形态的重要性（图 4.5）。整个建筑不含土地价格就已经高达惊人的 1647

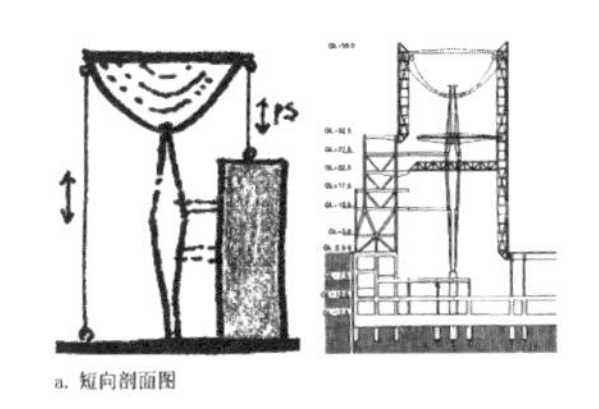

a. 短向剖面图

b. 抗震要素平面布置图

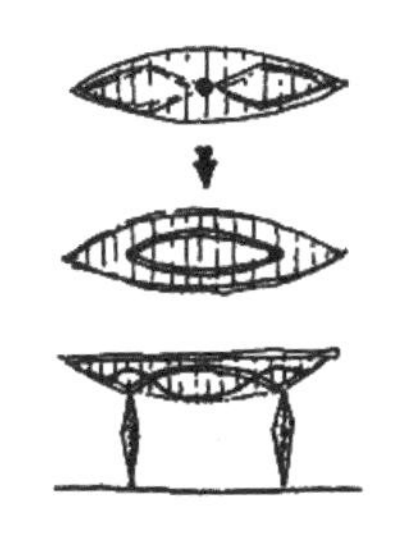

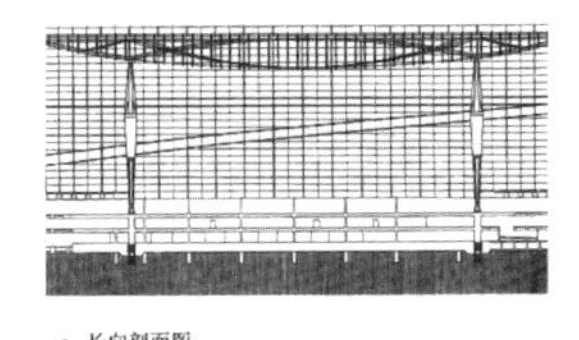

c. 长向剖面图

图 4.5 东京国际会议大厦结构剖面草图

亿日元。在其建造施工过程中，日本经济业已遭受泡沫破灭的影响而急速下滑，雪上加霜的困境以致于“东京国际论坛大厦”的施工也几经起伏，前后花费六年才最终得以完工。无疑，这个将技术演绎得精致华美的建筑，承载了日本泡沫时代的理想。它是彼时日本经济、技术、材料、空间之力集中展示的舞台，是一个通过物质之美来展现经济、消费实力的载体，更是结构巴洛克表现的最好注解。

> ……日本的装饰存在着两条途径。一是增加（plus），二是减少（minus）。所谓装饰原先都是通过增加要素来变得更为强烈。但在日本，却是通过减少来体现同等的增加效果，以此来凸显装饰的价值。
>
> “生成”和“反复”都意味着减少。事实上，不仅是“生成”，在其之上所添加的色彩及点缀都能提升附加价值。总之，“生成”是不含有任何附加价值的，最为原真的“素材之美”。
>
> 在我看来，即便是减少也能体验到美感的这一点，是缘于日本人的自然观，也是他们对自然的表露。正因为如此，他们的美学意识便成为自然的写照。[5]

装饰形态对于日本人而言，无疑是他们表达自然美学意识的重要途径。它意味着日本建筑形态中的装饰是以对自然美的表现作为目标的。正如铃木博之（Hiroyuki SUZUKI）所言，当代装饰的观念在于“等价”：

> ……在所有的东西都被当作等价要素并置起来时，建筑中所谓的细部，所谓的母题都成为与建筑整体一样重要的内容。它们影响着建筑师们的信念。建筑整体存在的最初意象，已不再是以整齐的细部来作为奉献于整体的局部构想。[6]

这一“等价”的观念使得当代的装饰得以与结构联系在一起。结构的装饰化或装饰的结构化都成为可能表现的形式。而媒体的介入无疑为装饰与结构的联姻起到了推波助澜的作用，它把装饰通过结构的形态推向了迎合“科技”与“消费”的前线。事实上，日本传统木构本身就是一种装饰的形态，只不过融入当代结构技术的装饰形态化身为了“结构即意匠”的当代形而已。

4.2.1 架构细分

当代的技术及解析能力使从架构到构件具有了前所未有的精致化和精密化的可能，结构也具有了充分地展现细腻之美的可能。另一方面，架构细分意味着对“结构类型”的僵化型式进行错动与变革，由此来拓展既有型式的可能性。架构细分既包括由整体“型”的变化产生的新形态，也包括通过局部构件组合上的混合与变化来产生的新的架构。

显然，“变型”，都必须兼顾“形式”的受力合理性，同时又能够在与功能、环境等的外部条件的对应中获得具有创造力的“形”。可以说，“变型”基于整体“型式”上的更新，不仅获得了空间上的视觉表现力，同时更是有助于改进既有“结构类型”受力合理性。

混合是将数种“型”相叠合来获得新的复杂形态的方法。金箱温春将这种型式的混合称作“混合结构”(Hybrid Structure，图 4.6)。

> 在一栋建筑物上使用数种结构类型，在法规上称作为“结构的并用”，而在其他时候也称作为“混合结构”。建筑物结构的单纯明快被认为是好的，但是对于复杂且多功能的当代建筑来说，相比于单纯的结构，基于适材适所想法而更加合理的结构情形并不鲜见。“混合结构”通过材料与架构的组合充分发挥了各自的长处，使其在整体上能够成为性能优良的系统。[7]

“混合结构”将组成架构的结构构件进行混合的方式可以视为“构件混合”。它可以通过不同杆件的材料、形态、连接等方面的变化，来实现构件小型化和架构复杂化的表现。其次是局部“架构叠合”，它是将既有的结构“类型”以叠合的方式来实现更加复杂的架构形态。“杆件混合”中作为混合对象的局部杆件是无法实现整体结构稳定的，而“架构叠合”中作为叠

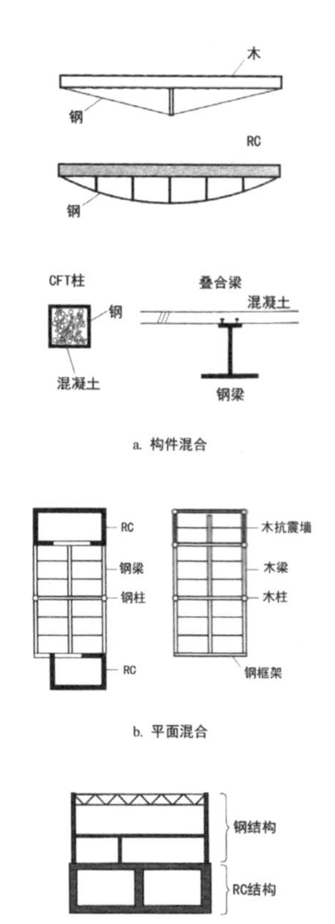

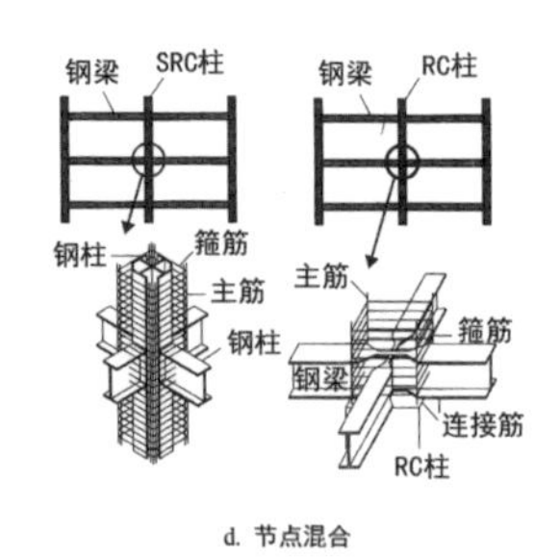

图 4.6 结构系统中不同的混合方式

合对象的架构原本就是作为整体支撑的结构型式。因此，尽管两者之间的混合方式不尽相同，但其目的都是优化结构受力的合理性，从而达到“适材适所”的目的。无论是“构件混合”还是“架构叠合”，都不可避免地会将架构形态推向复杂化。这当然是与当代构件标准化和施工机械化的背景相适应的结果。

01 屋架 – 01
球丽温 · 坂本温泉中心

建筑：梅野秀一 / 自由工房
结构：结构空间设计室
木结构　1996.03

两根直径 150mm 平行间隔式的原木，与中间交错着另一根角度不同的 180mm 斜撑原木杆构成的两坡顶屋面结构。下部墙体采用了抗风的钢筋混凝土结构。简洁明了的结构形态既避免了繁复的结构构件对空间使用上的影响，同时也还原了木结构原本开放与简洁的特征。

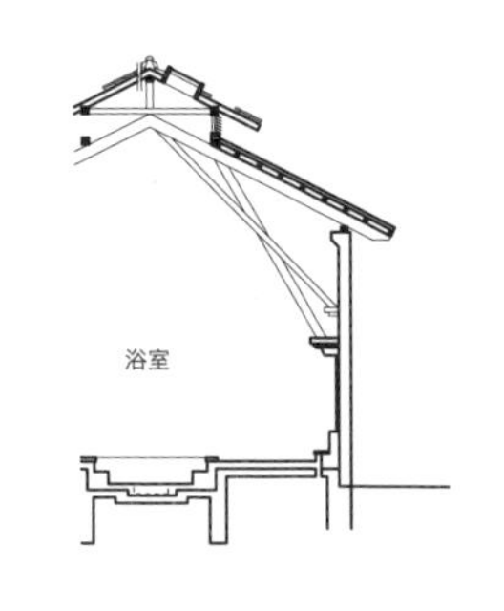

剖面图 1/300

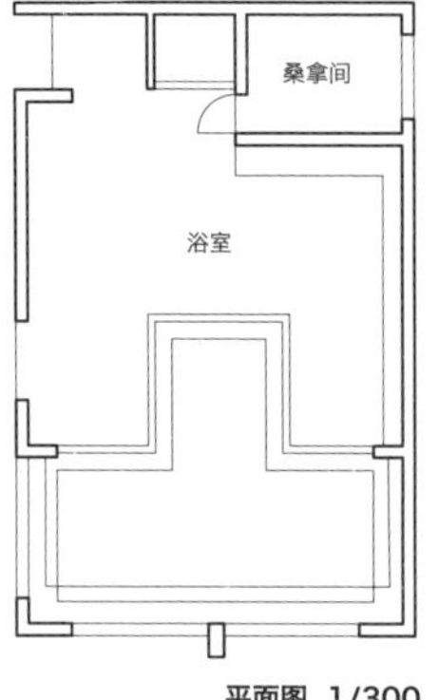

平面图 1/300

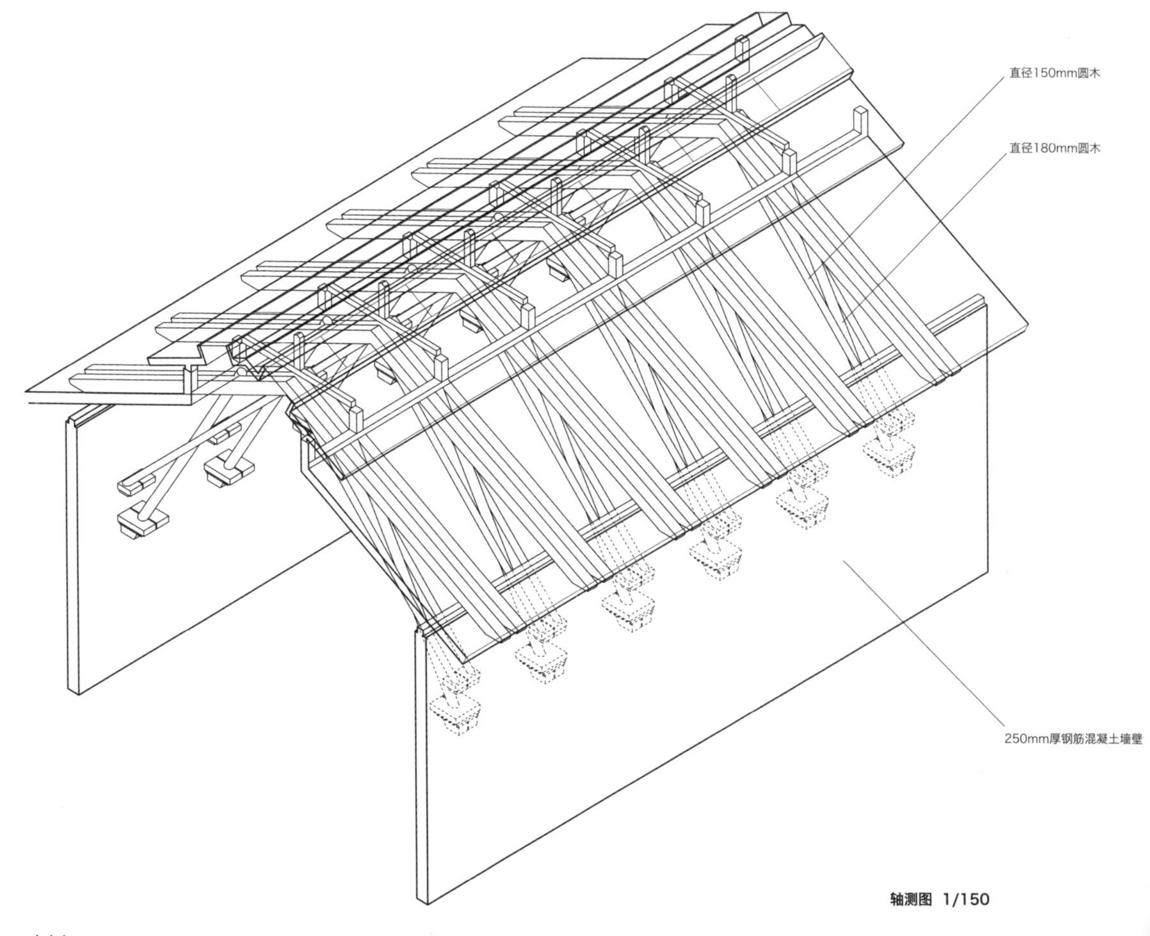

轴测图 1/150

02 屋架 – 02
盐原温泉浴步之里歌仙堂

建筑：杉本洋文 + 计画 · 环境建筑
结构：中田捷夫研究室
木结构　2006.06

最高 11m，跨度 7m 的中庭空间中，结构采用了 125×175mm、75×90mm、75×200mm 三种小直径木材，以三角形铰接的方式形成了具有足够强度的结构形式，并由此在空间表现上再现传统木构的氛围。柱脚部分采用 ϕ70 钢索绑扎后与工字钢基础连接。

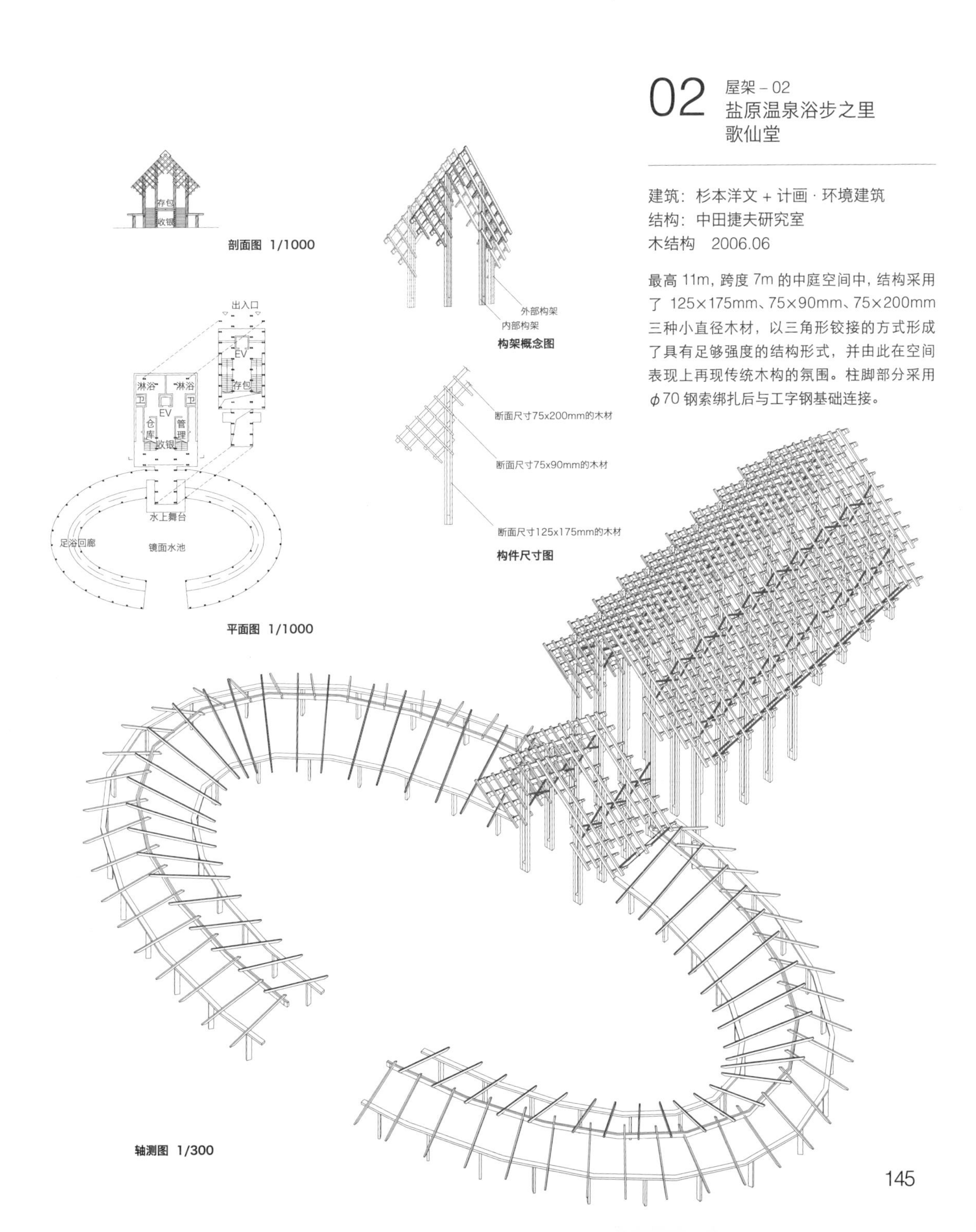

剖面图 1/1000

构架概念图

构件尺寸图

平面图 1/1000

轴测图 1/300

03 屋架－03 女性学研究中心七十周年纪念会堂

建筑：I · F 建筑设计研究所
结构：ASCOR 结构研究所
钢结构　1996.03

以钢筋混凝土结构作为支撑的会堂屋面采用了钢网架结构。为了突出网架形式在空间中的表现力，结构中的竖向支撑被细分为四根等间隔型的细钢棒，并在下端伸出结构端部设置照明。纤细的杆件组合的结构不仅满足了跨度上的要求，同时也成为空间表现的重要组成。

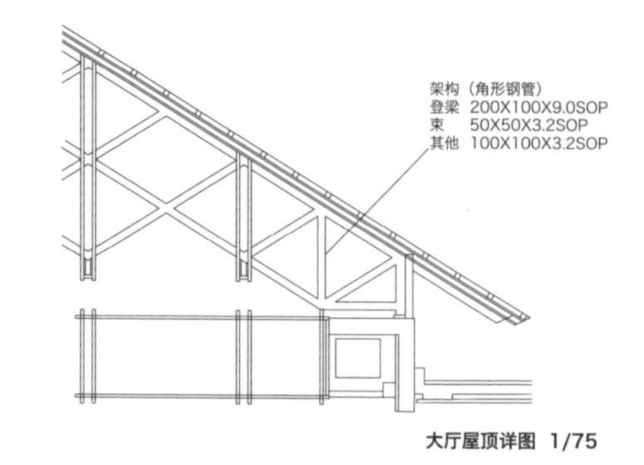

大厅屋顶详图 1/75

剖面图 1/500

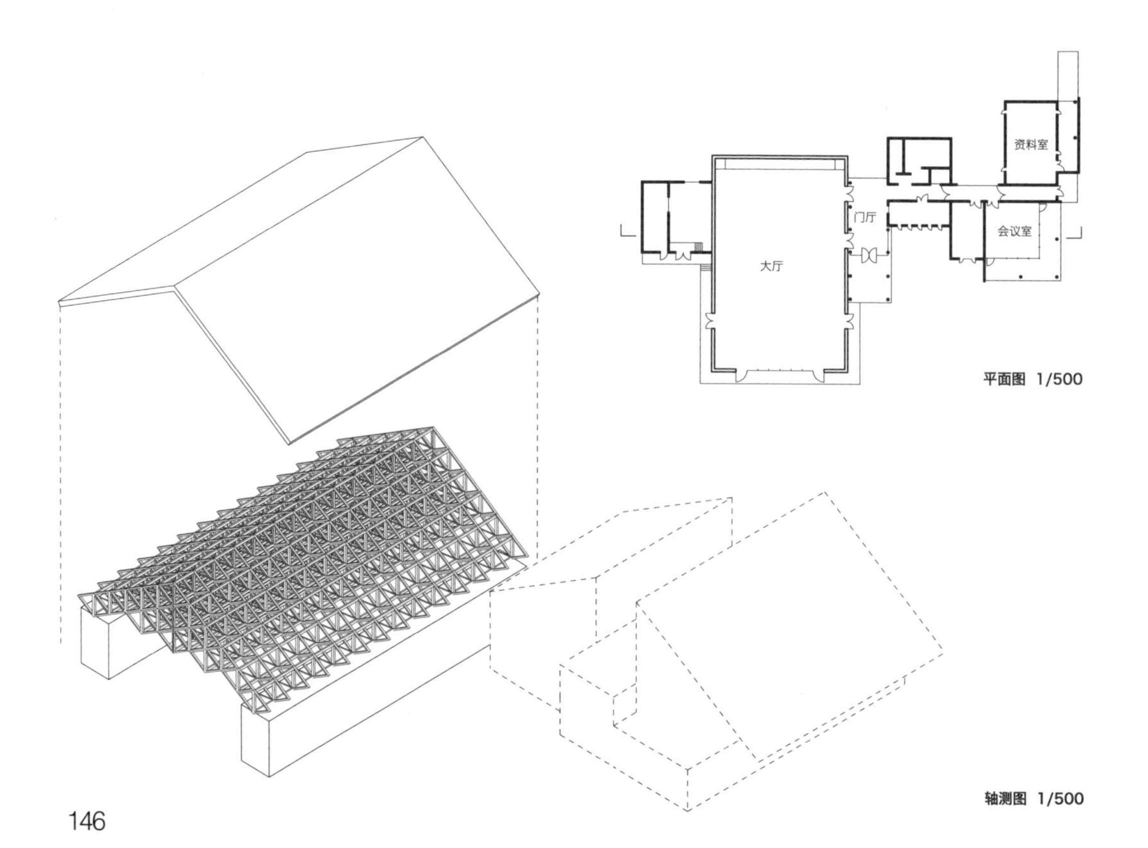

平面图 1/500

轴测图 1/500

04 屋架－04
工学院大学
弓道场 · 拳击场

建筑：福岛加津也＋富永祥子建筑设计事务所
结构：多田脩二结构设计事务所
木结构　2013.05

在大学校区内新设的弓道场和拳击场中，或许是一种偶然，弓道场的射场与拳击场的拳台所需无柱空间的面积几近相同。两处场地均采用了 10 920×7 280mm 大小的木构方案。所不同的是，弓道场的射场采用了家具尺度的小断面木材以正交格构的形式形成均质的架构，来与下部功能进行对应。12×50mm 和 24×50mm 的贯（水平贯通构件）与 36mm 方立柱形成的线性穿斗相交错，展现出传统意味上的精致。拳击台的木构采用了两侧抬梁出挑的架构，来形成中间高两侧低的轴向，烘托出中部作为视觉焦点的拳台。抬梁由 120mm 方木构件相错形成出挑构成了两坡架构。

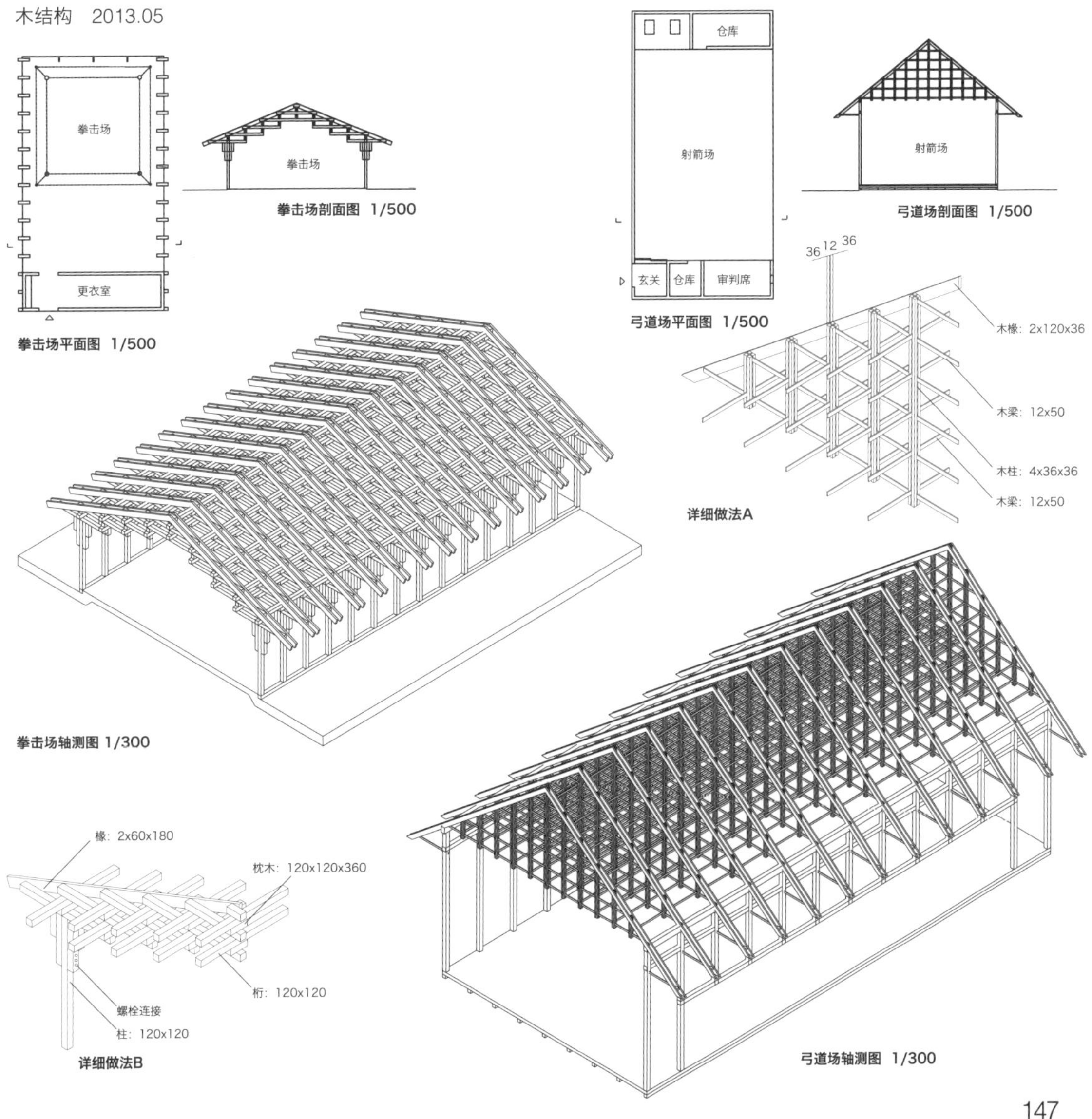

拳击场平面图 1/500

拳击场剖面图 1/500

弓道场平面图 1/500

弓道场剖面图 1/500

详细做法A

拳击场轴测图 1/300

详细做法B

弓道场轴测图 1/300

05 屋架－05 梼原町松原体育馆

建筑：上田建筑事务所
结构：山本幸延结构设计事务所
木＋钢结构　1997.08

体育馆屋面跨度为 15m。通过典型的混合结构方式，将当地产的小断面松木和钢索组合来实现结构。200×270mm 的双层杉木组合成两坡屋面，在靠近两侧端柱部分采用了双层 200×135mm 短杉木层叠后与柱顶斜向钢柱连接。屋面结构下部以平直的 ϕ24 钢索形成张拉抵抗。整个屋面结构简洁轻盈。

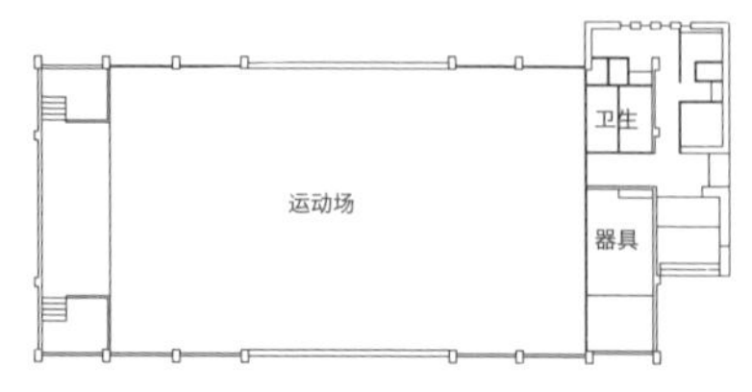

平面图 1/300

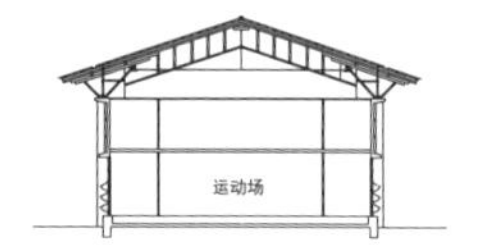

剖面图 1/300

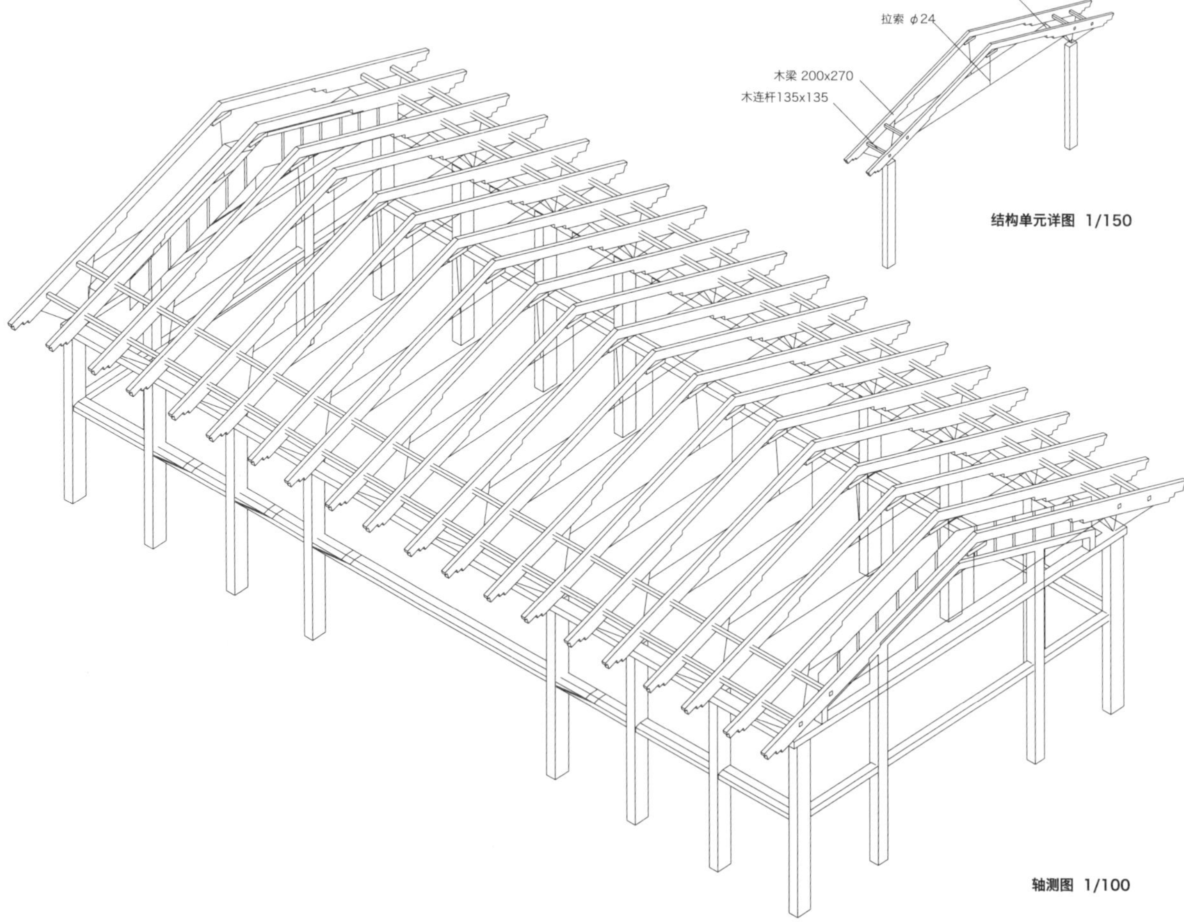

结构单元详图 1/150

轴测图 1/100

06 屋架 – 06 久松 PAO

建筑：石井和紘建筑研究所
结构：新谷真人 / Ohku 结构设计
木 + 钢结构　1999.08

通常被认为压缩性能强的木材，其受拉性能在平行于纤维的方向甚至超过了普通钢材。特别是当木材在没有被加工过而保持原木状态时更是如此。在这个位于森林中的茶室设计中，结构在此将原木作为下弦的受拉横材，与上部支撑膜屋面的钢架、两侧内倾的原木柱及外侧的钢拉索形成一整套稳定的结构体系。连接原木的是在伐木时用的固定铁锚。它与原木的原生性一起，将外部的自然直接引入茶室内部。

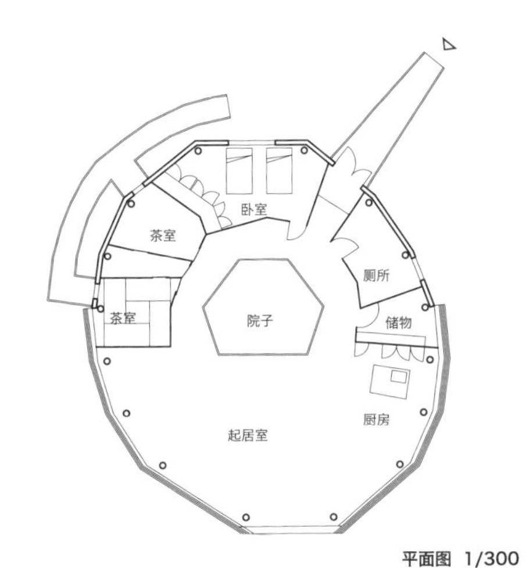

平面图 1/300

立面图 1/300

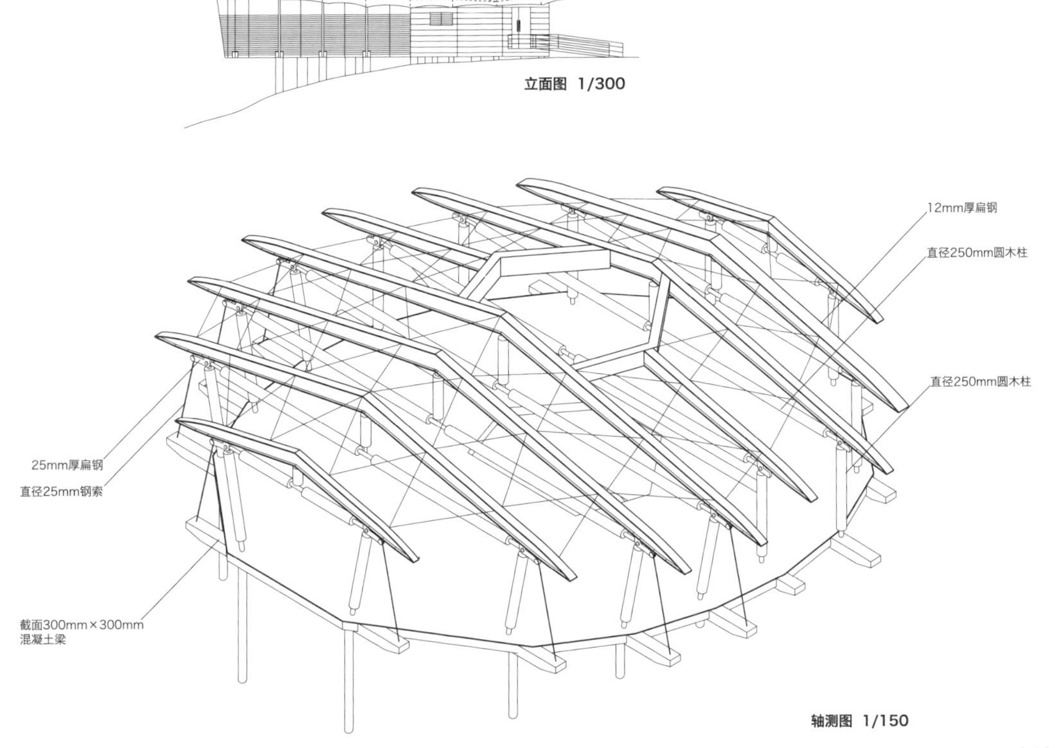

轴测图 1/150

07 屋架 – 07
佐渡海洋深层水 NISACO 工场

建筑 - 团纪彦建筑设计事务所
结构 - 稻山建筑设计事务所
木结构 2005.04

结构材料选用了市面上流通的住宅柏木集成材。其断面直径小于 120×390mm，长度 6m 以下。小直径集成材实现了 17m 跨度的屋面结构，集成材以沿跨度方向中部 5 段、左右两侧各半段的折边三角形桁架形成折边拱形屋面。每组桁架上下弦相互平行、交叉支撑，并在垂直于跨度方向上每隔 4 列构成一组，从而形成了近似于板片状的混合桁架结构。

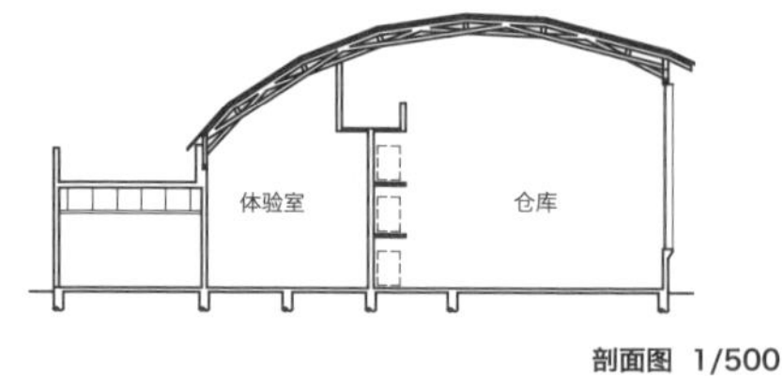

剖面图 1/500

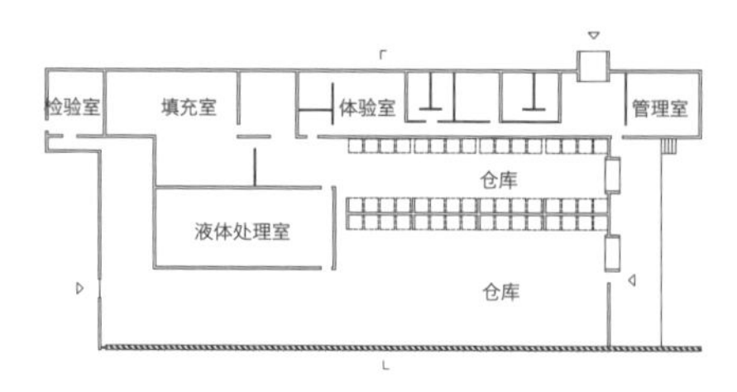

平面图 1/1000

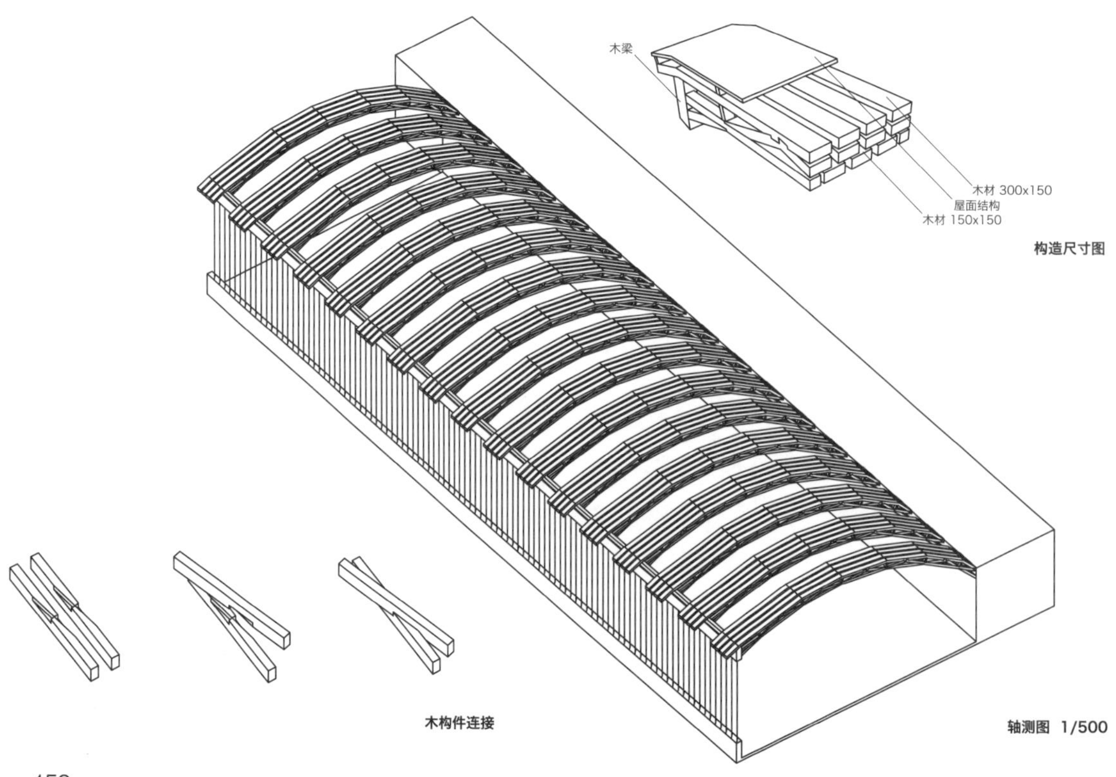

构造尺寸图

木构件连接

轴测图 1/500

08 屋架 – 08 大馆树海穹顶公园

建筑：伊东丰雄建筑设计事务所
结构：竹中工务店
木 + 钢 + RC 结构　1997.06

室内棒球场的屋面纵向跨度 178m，横向跨度 157m，并且还需满足 2 倍于屋面自重的雪荷载要求。结构上采用了当地产的秋田杉大断面集成材。其纵向板为 2-210×420~810mm 断面集成材， 横向板为 2-285×630~1020mm 断面集成材。网架压杆为 300×200×9mm 方钢管，拉杆为 ϕ25~ϕ48 圆钢管。集成材为中空格构式。其两向交叉形成的网格长度作为集成材长度，在交叉节点处通过支撑钢杆和钢拉索连接成为整体。木拱在高度方向上沿每一网格上升，并在外侧形成折边，来作为穹顶屋面的形态表现。曲面网架的压力传递至底部边缘，通过沿底部封闭的环形钢筋混凝土支座梁来将屋面受力传递至基础。

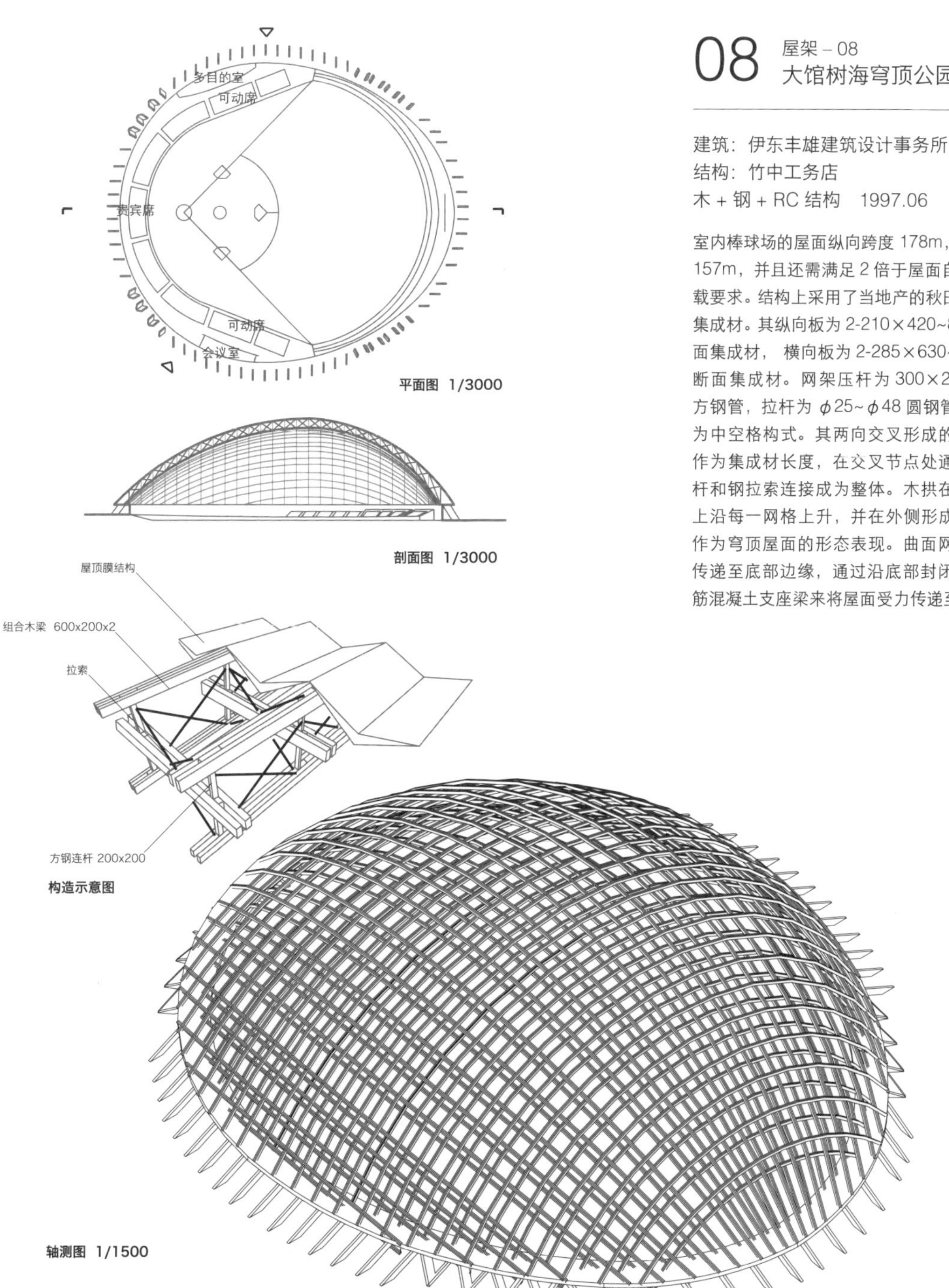

平面图 1/3000

剖面图 1/3000

构造示意图

轴测图 1/1500

09 屋架－09 下关市地方卸货市场 唐户市场

建筑：池原义郎·建筑设计事务所
结构：斋藤公男＋结构空间设计室
RC+ 钢结构　2001.03

屋面结构由 22 套钢筋混凝土 PC 板面和钢拉索组合而成。单套单元组合屋面板分为张弦梁 A、B 部分和斜拉索处的 C、D 四部分拼接而成。张拉索被预先导入了约 220 吨张拉力，并在确保了构件连接以及屋面防水、保温各种构造措施的基础上完成现场组装。钢索承担拉力，其一部分位于 PC 面板之下，另一部分伸出屋面之上。受拉的钢索与受压混凝土所构成的的形态是基于结构受力原理的分析确定的。由于屋面具有足够的强度，因此在张弦梁上部还形成了可供上人活动的屋面广场。

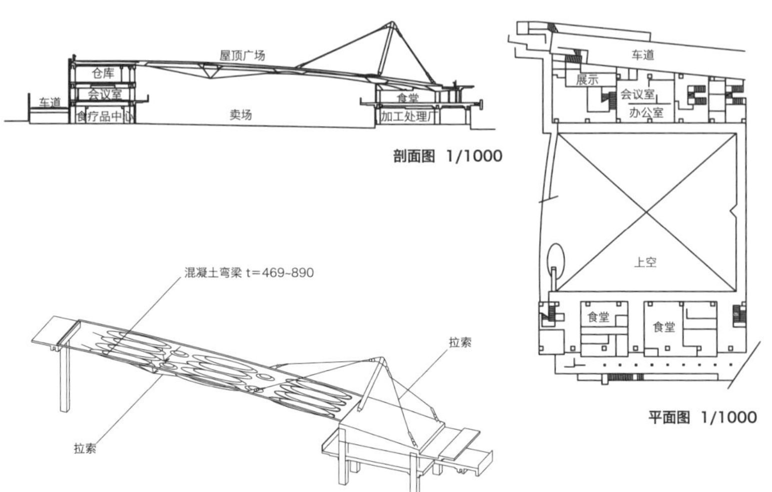

剖面图 1/1000

平面图 1/1000

结构受力轴测示意图 1/1000

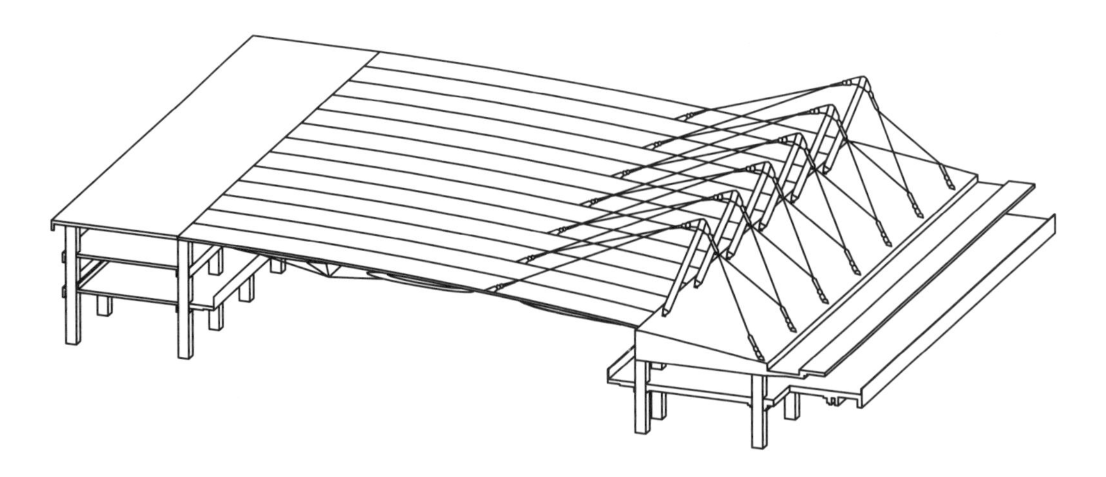
轴测图 1/500

10 屋架 – 10
岛田市儿童发展援助中心

建筑：I & I 综合设计
结构：泷一级结构研究室
木结构　2008.02

在被群山环抱的基地内设计的儿童发展援助中心。结构用木胶合板与三夹板组成空腹梁，由此延伸形成连续箱体的屋面。其不仅在建筑内部的空间意象上再现了场地与环境的关系，也借此获得了一种全新的空间形态。折叠的屋面在结构上获得了有效高度的同时，还可以有效地减少柱子的数量。甚至在面向运动场的一侧平台上方还形成了无柱的屋面结构出挑。连续起伏的屋面与下部的使用功能相对应，成功地在室内与外部的场地之间形成了前所未有的连续感。

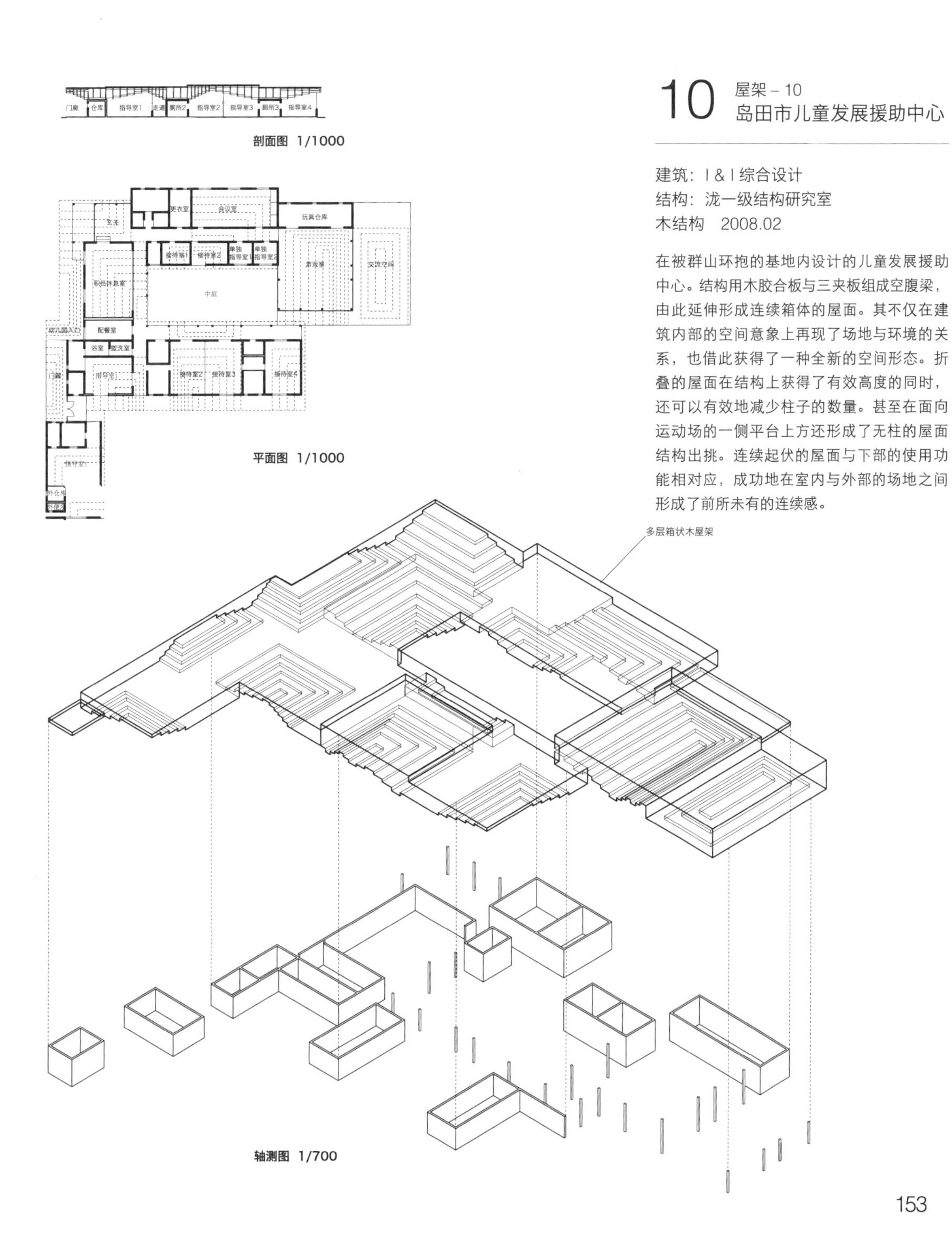

剖面图 1/1000

平面图 1/1000

轴测图 1/700

11 墙 + 柱 方之家

建筑：武井诚 + 锅岛千惠 / TNA
结构：铃木启 / ASA
钢结构　2009.09

一处有着 9m 见方的底边、12m 见方的四坡屋面、位于斜坡地茂密林地中的别墅。悬挑出坡地上方的建筑周围遍布着枝干纤细的林木。从一侧与道路标高相平的建筑物内部向外部眺望可看到满是树木的枝干。为了在建筑内部与周围环境之间形成视觉上的连续，从而呈现出与自然相融合的开放感，建筑内部结构柱均采用了 75×75×4.5mm 的细方钢管柱。通过结构构件对周围自然要素的拟态，来将环境的意象融入建筑之中。钢管柱通过密集的直线排布在功能上取代了原本墙面具有的抗侧作用。与使用功能相适应，柱间距考虑了将来的建筑的使用者——主人夫妇以及两条爱犬随意出入的可能。

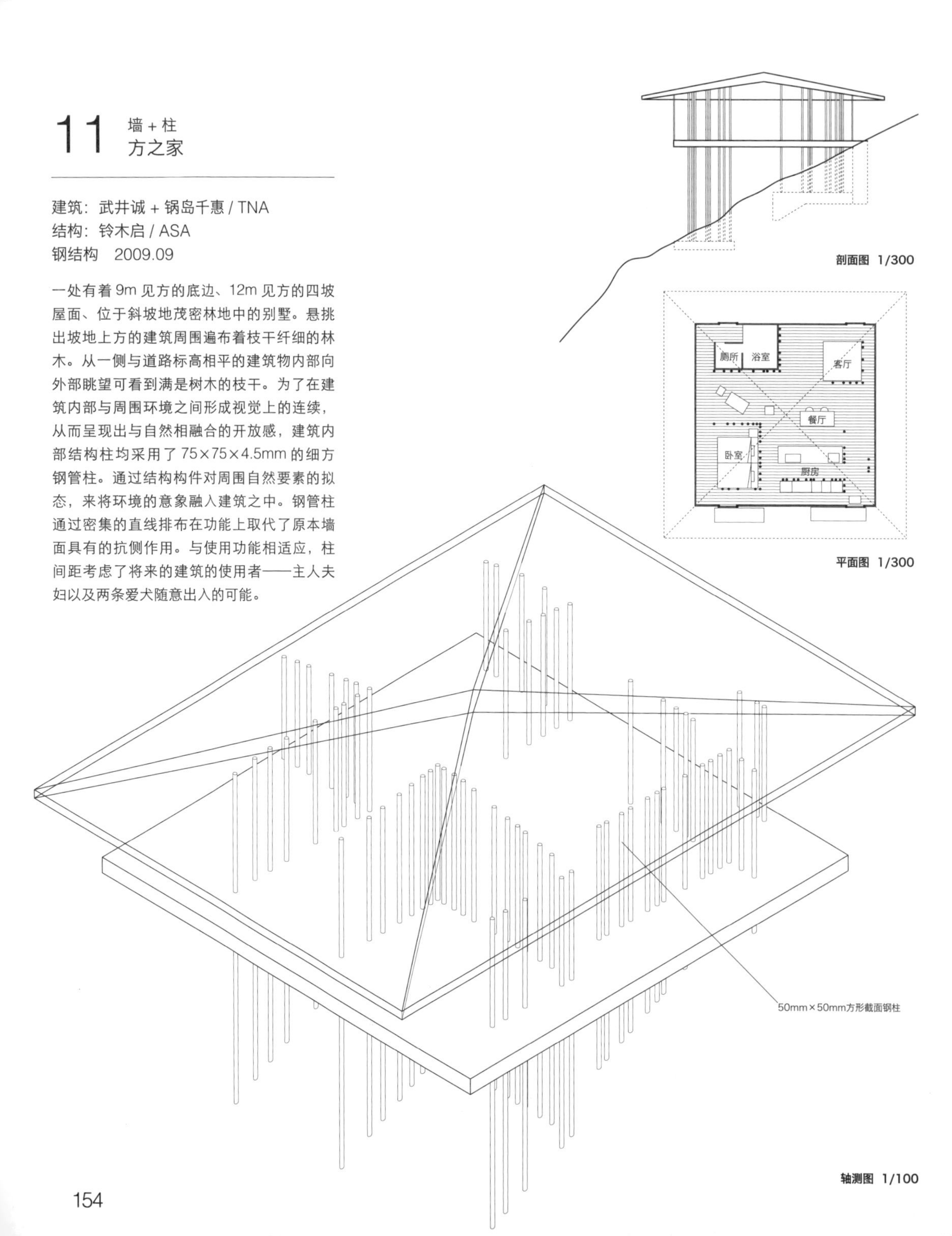

剖面图 1/300

平面图 1/300

轴测图 1/100

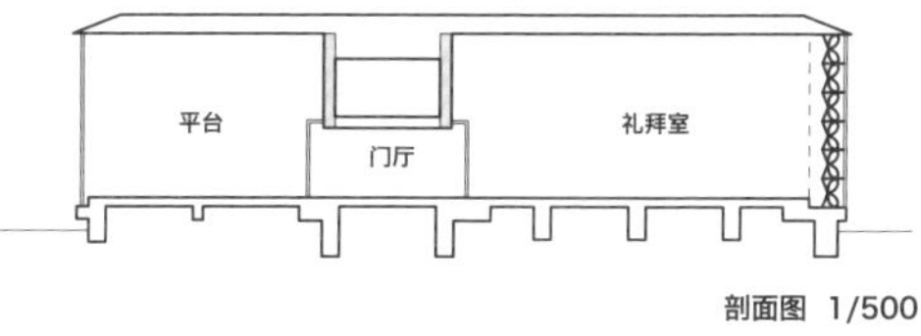

剖面图 1/500

平面图 1/500

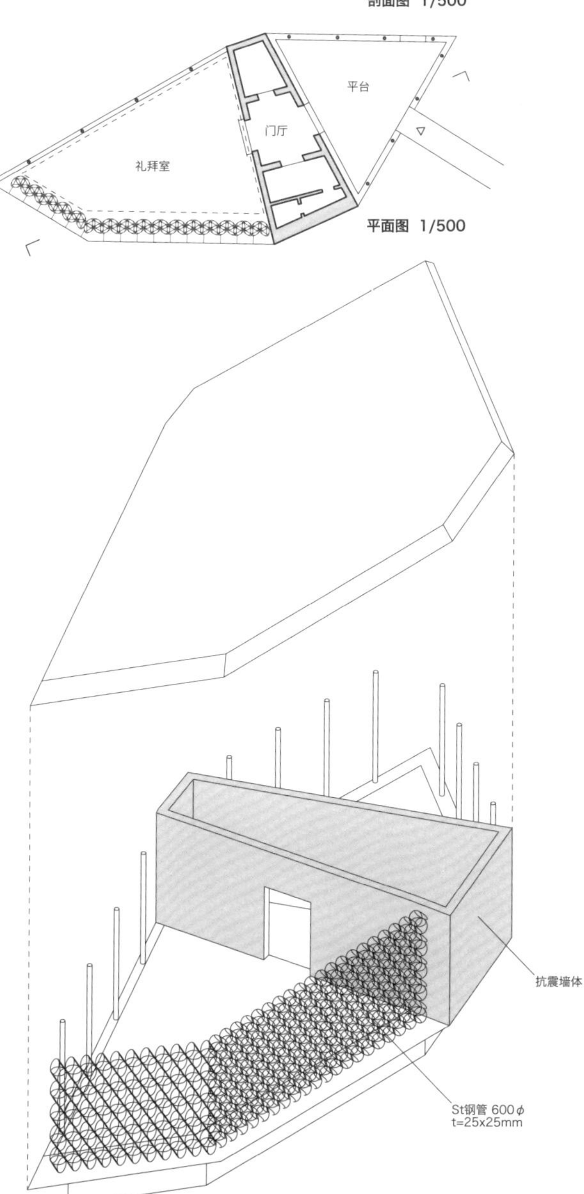

轴测图 1/300

12 墙 白教堂

建筑：青木淳建筑计画事务所
结构：空间工学研究所
钢 + RC 结构　2006.04

以 ϕ600，截面 25×25mm 的钢管弯成的圆环，以四个一组形成类似正四面锥体的结构构件单元。原先直线性的正四面锥作为空间结构构件单元，是用来作为承受轴力的构件形态。当线性的杆件被置换成圆环之后，圆环半径距离与线杆轴力的乘积将会转化为圆环构件所承受的弯矩。因此，在这里结构的合理性为形态的视觉性做出了某些程度的牺牲。类似于空间网架四面锥体的排布方式，圆环锥体沿横向及竖向并排并列地布置，形成了极富感染力的装饰之“墙面”。

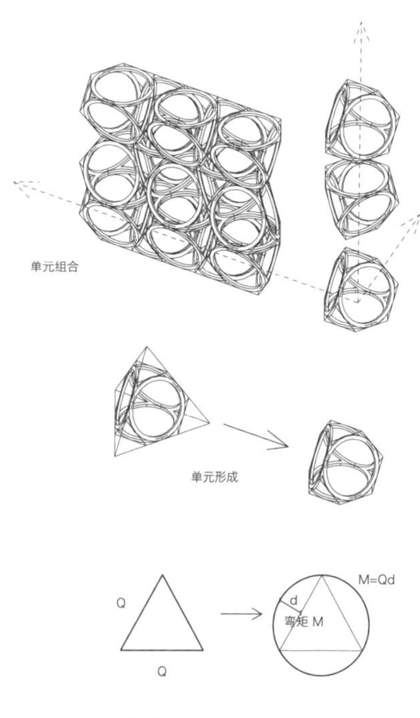

受力分析示意图

13 圈梁 Peanuts

建筑：前田圭介 / UID
结构：小西泰孝建筑结构设计
木结构　2012.03

沿着花生形的扩建托儿所外周法线方向每隔约 900mm 等距布置的 20 个倒梯形扁柱承担竖向和水平荷载，使得结构设计上避免了木结构所通常会产生的墙壁，以及由此所导致的空间的封闭感。沿着外周柱间布置的是自下而上等距间隔的 50mm 厚环形结构胶合板圈梁。它在确保外周柱的整体稳定性之上，也将外部环境以及光线和通风带入室内。

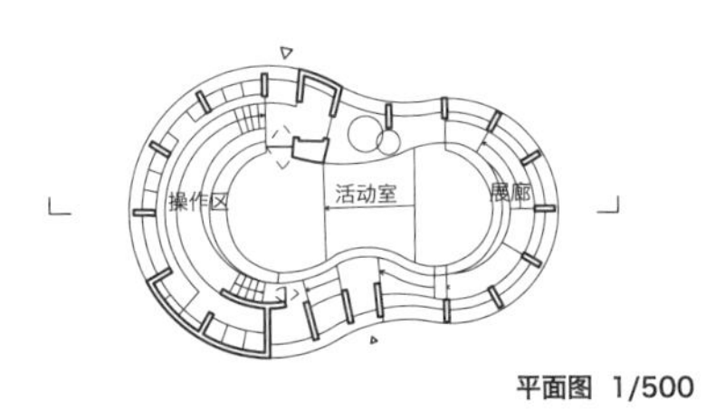

平面图 1/500

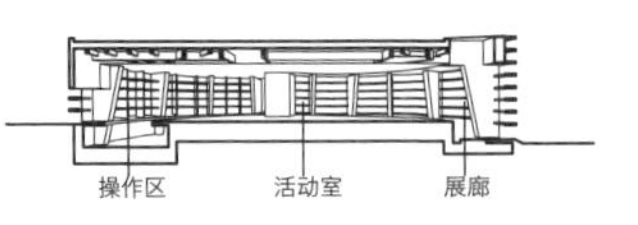

剖面图 1/500

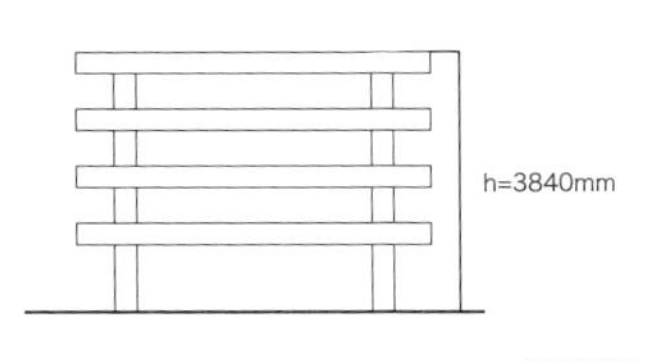

层叠圈梁

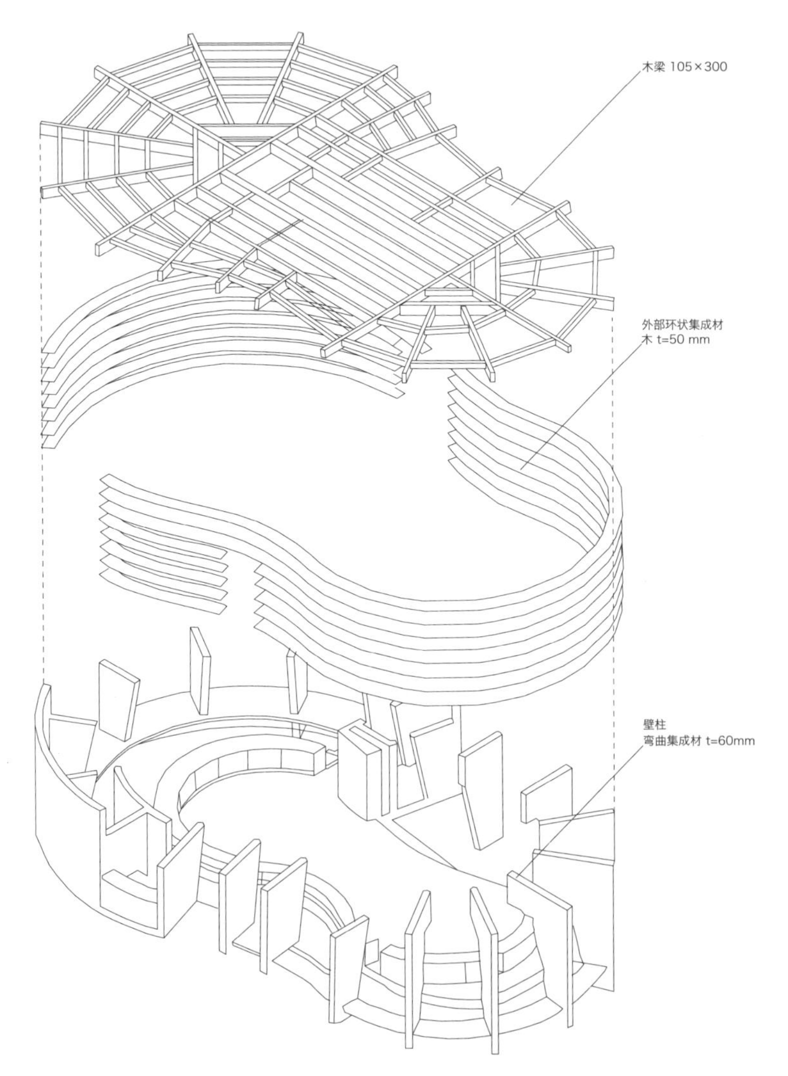

轴测图 1/200

14 墙 + 顶 - 01 FLAMME-IGA COMPLEX

建筑：木津润平 + 小崛哲夫 / φ·Flamme
结构：Rythem Design
木 + 钢结构　2006.06

在这个煤气公司的地区展示中心中，6 个高低错落的门式框架组合成 L 形平面。每个门式框架都是由 120×360mm 的松木集成材，通过 φ70 的钢筋被平行地拉结成一体。门式框架的转角刚性节点处由于应力集中，故在平行于框架方向做了补强处理。在框架的每一处角部都加入 2×FB×16×125mm 的木质斜撑，由此形成钢木混合型的架构形态。

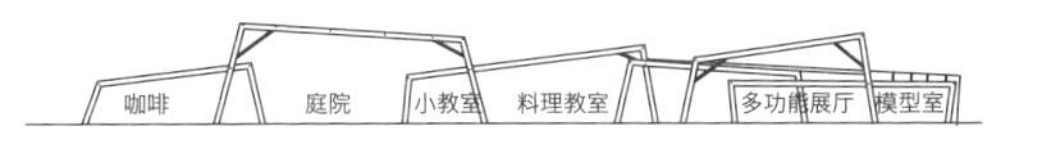

剖面图 1/1000

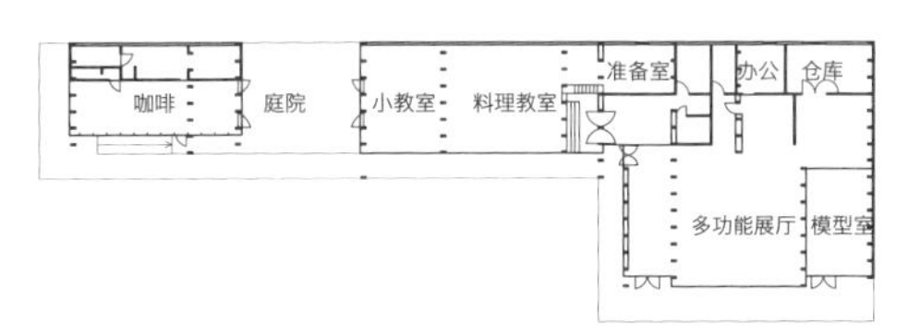

平面图 1/1000

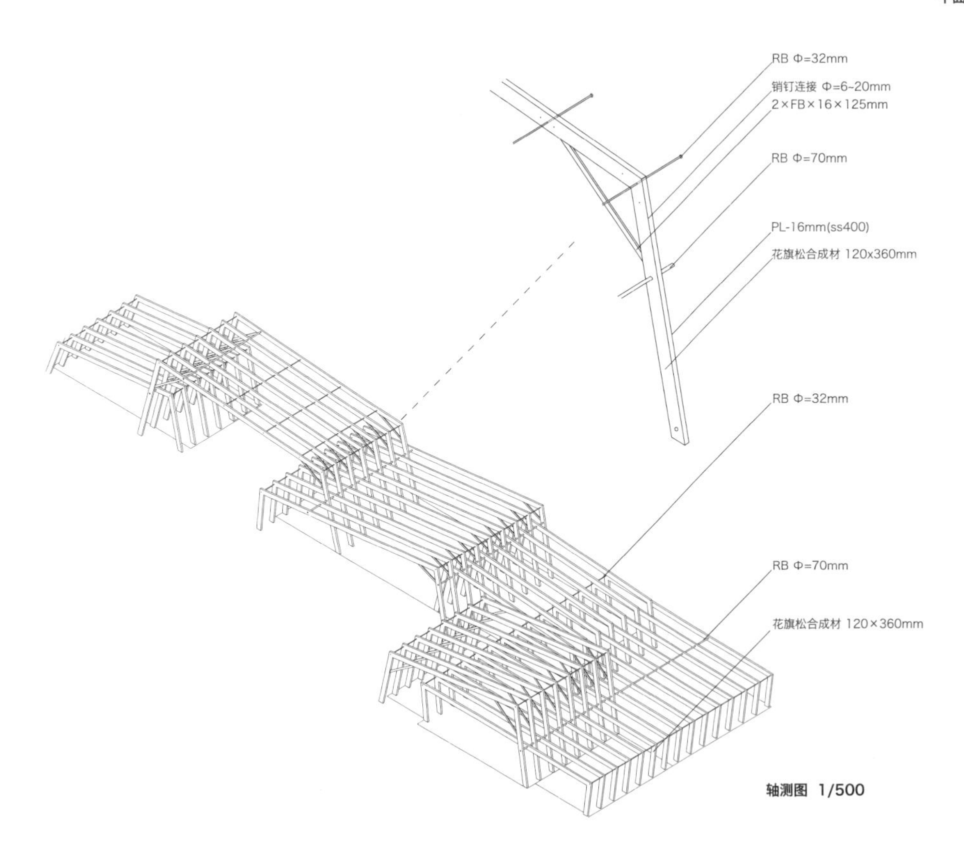

轴测图 1/500

15 墙 + 顶 - 02
砥用町林业综合中心

建筑：西沢大良建筑设计事务所
结构：Arup Japan
木 + 钢结构　2004.07

集会用小型排球场的外观透明方正。建筑内部则是由木结构与外周等间隔 1m 的，顶面对角线方向等间隔 2m 的钢梁柱形成的混合空间网架构成的。当地产的杉木构件交错成菱形方格，支撑起上部高低起伏的屋架。与排球比赛净高要求相适应变化的屋架，在净高较大时采用大截面木杆件，压缩结构高度；在净高要求不高处，则通过换用小截面木构件来增加结构高度，并由此形成高低连续起伏的屋架，增强了无柱空间结构的整体稳定性。

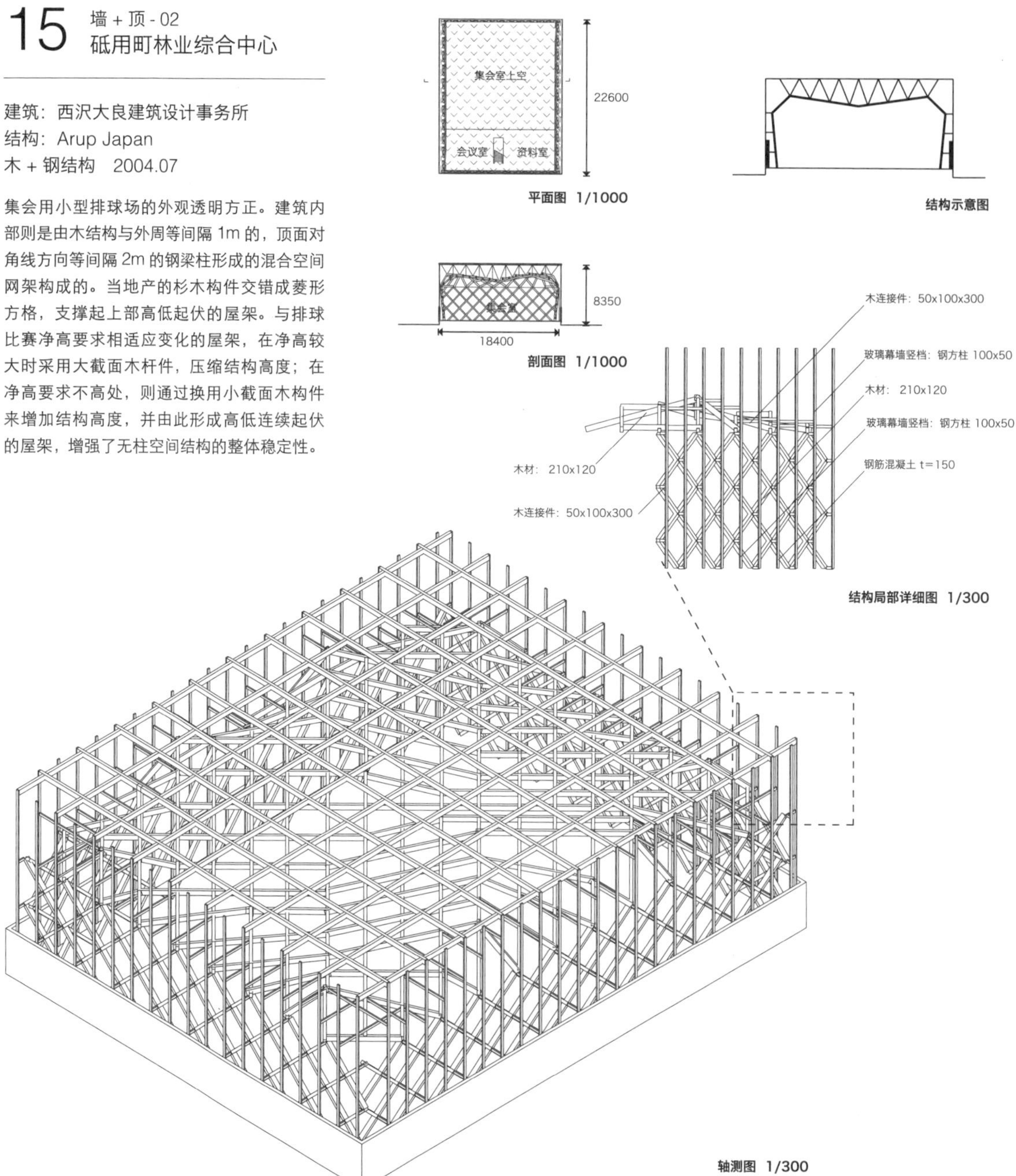

平面图 1/1000

结构示意图

剖面图 1/1000

结构局部详细图 1/300

轴测图 1/300

16 墙 + 顶 - 03
骏府教堂

建筑：西沢大良建筑设计事务所
结构：金箱温春 / 金箱结构设计事务所
木结构　2008.05

10m 见方，9m 高的，具有立方体量的教堂。以木构网架结构沿竖向四壁及屋架围合内部。四壁的竖向网架结构厚度为 760mm。其在内侧自下而上，由实变虚地层叠渐变至间隔平行的细长木条，以此来作为稳定网架的横向连接。顶部网架的结构厚度为 1 360mm，以对角线方向平行间隔的细长木条作为稳定网架屋面的下弦水平支撑，以此用来调节天光和教堂内部的音效。

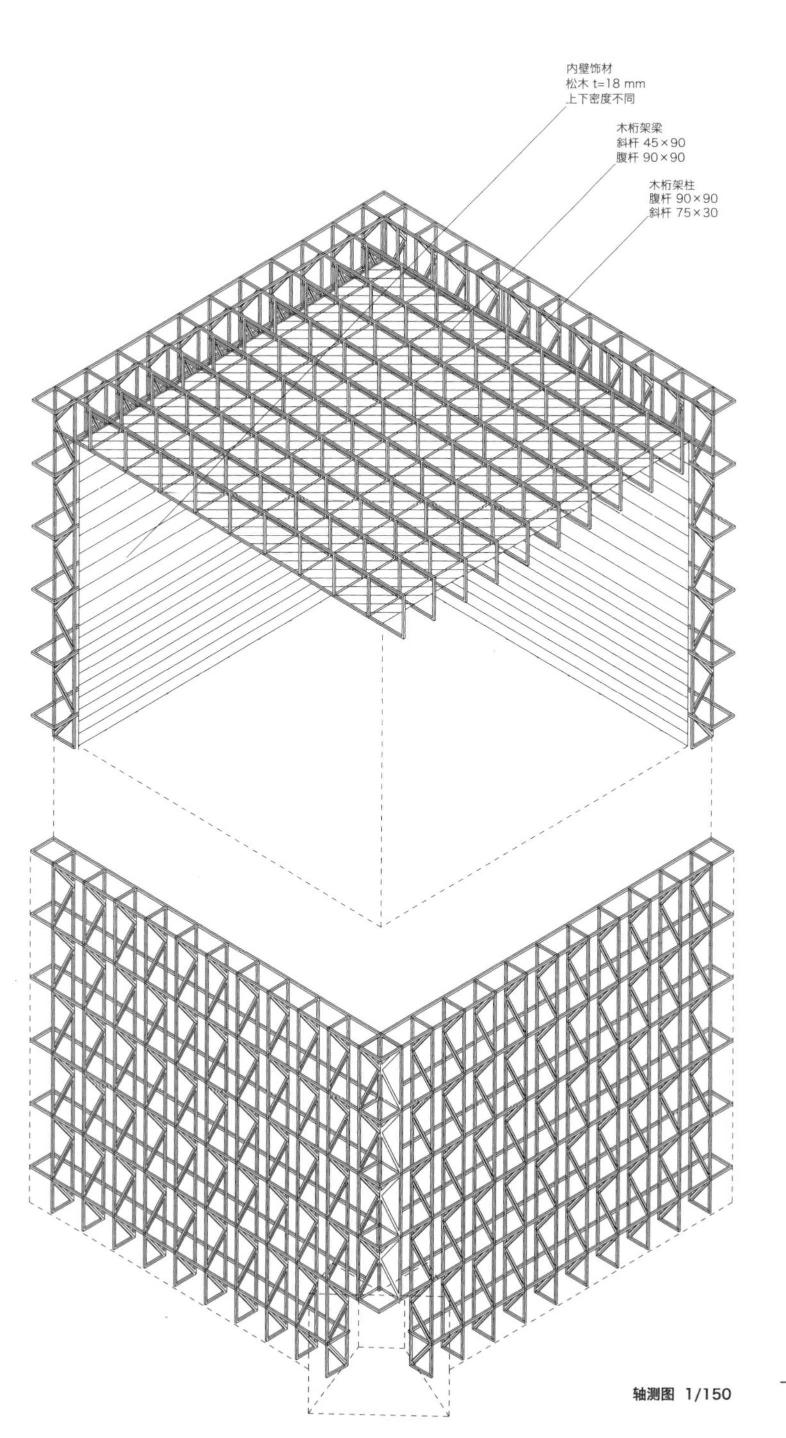

轴测图 1/150

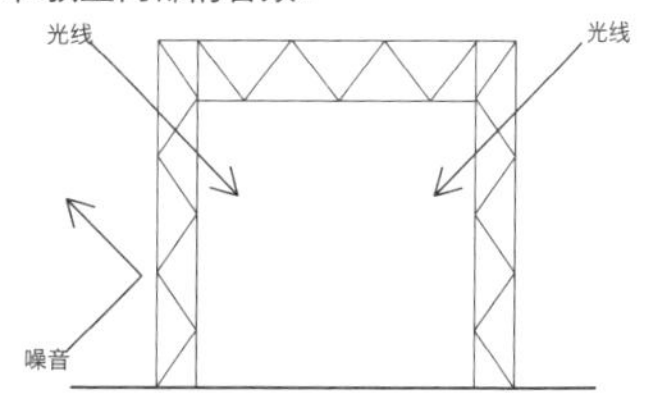

结构示意图

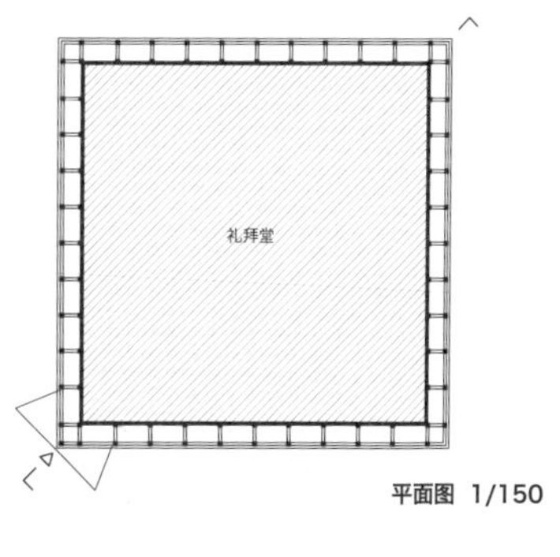

平面图 1/150

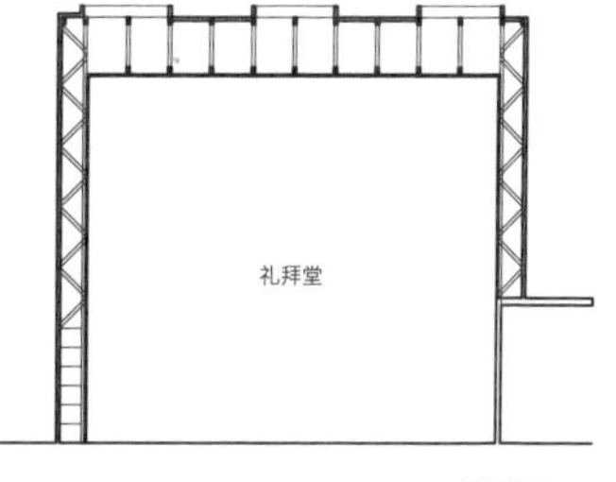

剖面图 1/150

17 空间
积层的家

建筑：大谷弘明
结构：陶器浩一 + 北条建筑结构研究所
木 + 钢结构　2003

这是在开口不足3m，进深约11m的、极其狭窄的用地内设计的独栋住宅。因此，建造材料必须满足人力搬运与安装的要求，才有可能满足施工的要求。设计上采用50×180×3600mm预制木板片以将近200级的方式层叠在一起，来实现整个住宅的建筑使用与结构支撑。各预制木板片为了防止在施工过程中开裂和损坏，相互之间以50mm的间隔，通过 ϕ23 预制钢管纵向连接，由此形成了细密而精巧的空间效果。

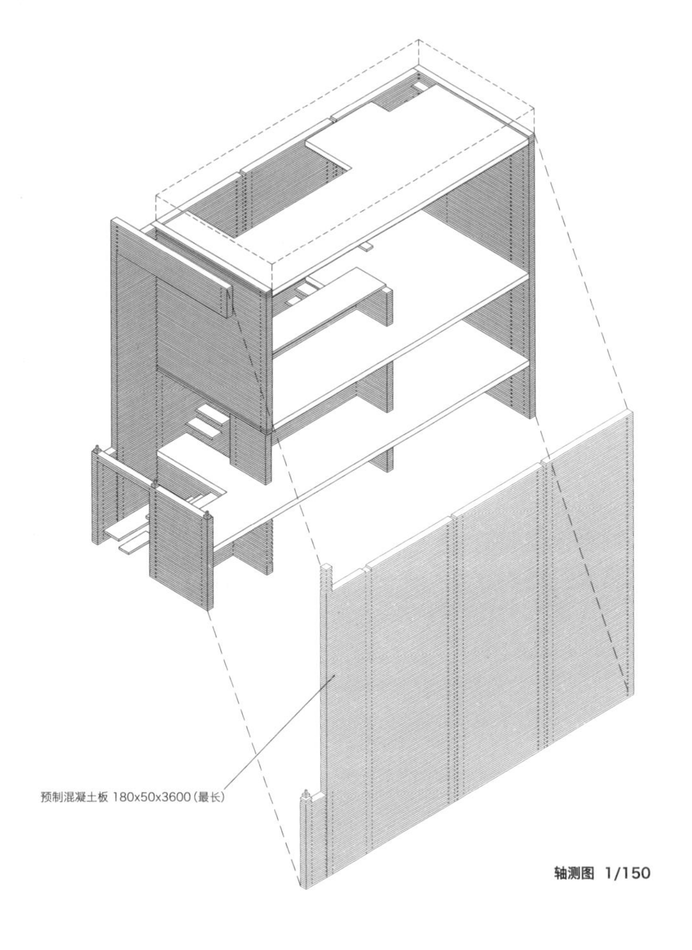

轴测图 1/150

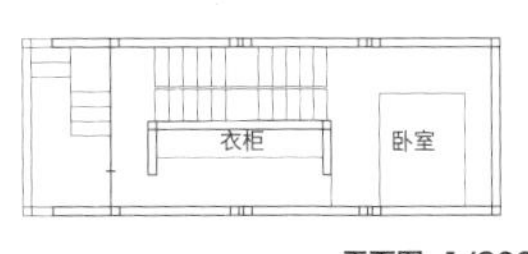

平面图 1/300

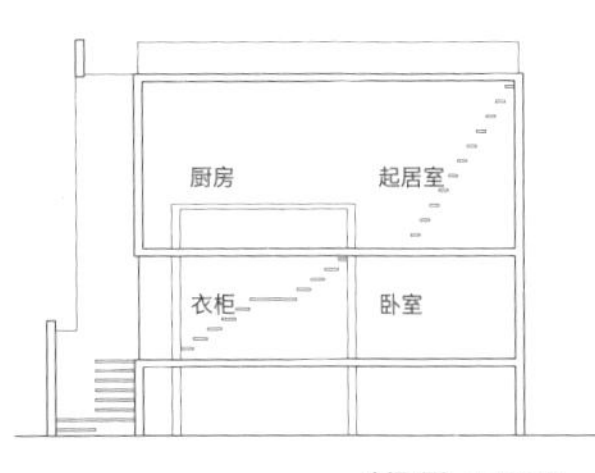

剖面图 1/300

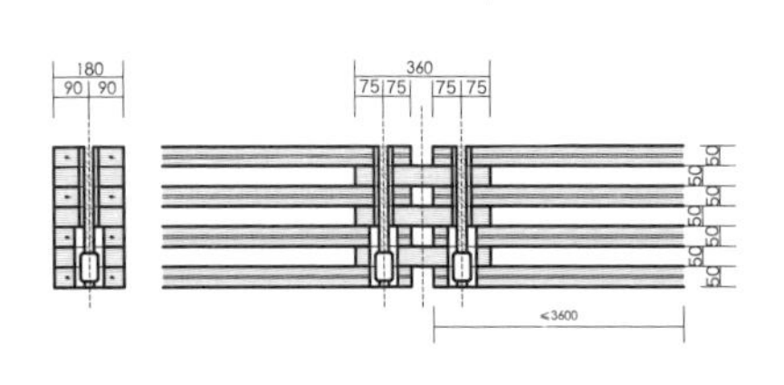

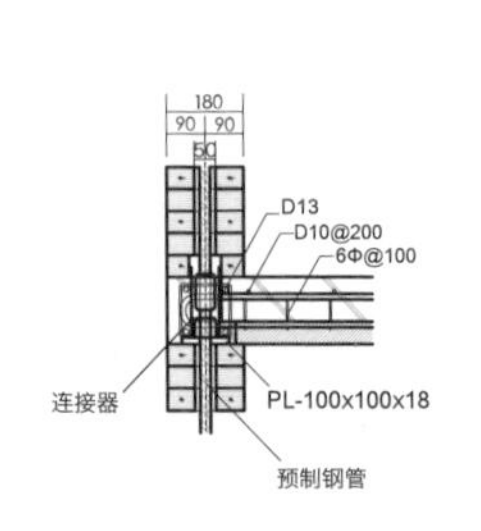

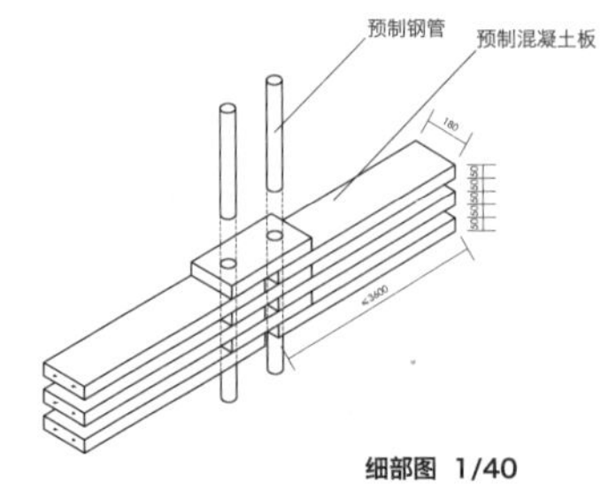

细部图 1/40

4.2.2 抗震形态

抗震形态既是与日本风土密切相关的特有技术表现方式，同时它的兴起也与建筑物地震损伤修复研究及技术在近些年的逐步兴起与成熟有关。仅就近代到当代这一时期而言，日本但凡抗震技术上的飞跃都与遭受了较大地震灾害有着密切的关联。1990 年代频发的地震以及震后的重建在随着地震灾害的加剧而呈现出成倍增长的趋势。得益于这样的背景，有关建筑物地震损伤修复的研究及其技术研发也越来越受到重视。其对建筑物诊断与修复的原则是：首先对遭受地震损害的建筑物进行强度探测，在证明其结构没有受到根本性破坏的前提下，通过损伤修复技术的结构加固和局部修复，来恢复其原先的结构稳定性及强度。对于在地震中受损但不甚严重的建筑物而言，这一技术的出现无疑大大减少了震后拆除和重建的工作量，不仅大大加快了震后重建的速度，也极大地减少重复建设的资金和人力，展现出在可持续再循环的环保层面上的积极的意义。在建筑物地震损伤修复研究和技术的不断推进下，近年来随着抗震法规标准的提升，一些历史保护建筑以及因年代久远已无法符合现今抗震标准的建筑物，通过这样的抗震修复技术来加强结构性能的数量正在不断地增加，不断的技术实践反过来也进一步促进了抗震损伤修复研究水平的提高。良性的循环促使抗震形态能够以更加多样化的方式展现出来。

抗震形态的方法在结构与形态特征上的这些特点是因为抗震作为水平荷载的抵抗，其构件多设置在与抗震基础、隔震机构相邻的部位。因为只有这样才能迅速将地震的外荷传递至地面及耗能装置处，释放水平荷载对建筑主体结构造成的损害。所以，抗震构件的分布主要集中在墙、柱、梁等位置。由于屋架结构主要承担自重及屋面荷载，很少参与建筑整体的水平荷载抵抗作用，因此屋架结构罕有作为抗震构件表现于形态上的。从抗震构件的布置上来看，有在建筑物中央集中布置的，有在两端布置的，也有在单侧端部位置布置的。但即便是在建筑物的中央集中布置抗震构件，其抗震薄弱的楼板边缘如果没有相应的抗侧补强，建筑物整体的抗震效率也会大大地降低（图 4.7）。因此，近些年来建筑结构的抗震构件沿外周布置逐渐成为一种趋势。由此，抗震构件也必须承担起作为建筑立面表情演出的责任。另一方面，相对集中设置的抗震墙体由于应力集中，因而无法充分地发挥材料的最大效能（图 4.8）。因此，化整为零的分散化也就成为弥补集中抗震墙体效能低下的改进方式。近年来将整面的抗震墙体格构化的方式也逐渐成为主流。上述两种抗震构件在建筑物中的位置及自身形态的变化趋势中，抗震构件与建筑装饰的邂逅成为抗震形态表现的重要机遇。

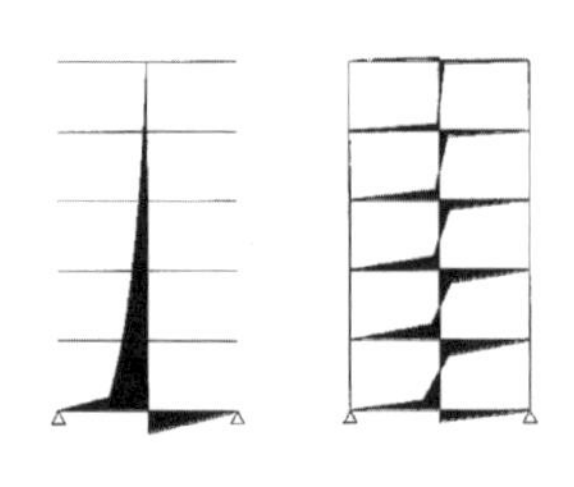

图 4.7 端部有无支柱的地震力抵抗比较

还需指出的是，建筑“抗震”在此是泛指建筑物“抵抗地震荷载”，其中涵盖了各种可以用于水平荷载抵抗，特别是地震力作用下减轻建筑物损害的技术手段。它包括材料构件抵抗，也包括各类隔震、控震技术的运用。建筑抗震形态的结构形式，可以分为线型、面型及空间型三种类型。

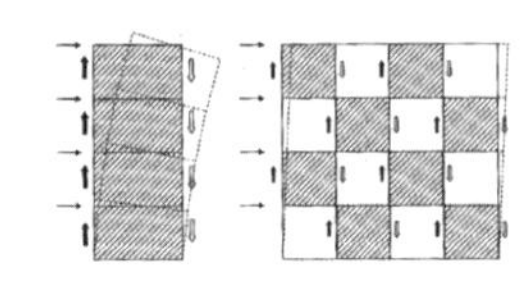

图 4.8 抗震墙分散布置效应

18 线型 - 01 TOWERED FLATS

建筑：内海智行 + milligram
结构：Structure Envelopment
RC 结构　2004.06

在这座位于街道转角处的六层小办公楼中，楼电梯及背面的墙体承担了大部分的竖向荷载。远端的沿街一侧的水平荷载是通过二层以上的、沿外周立面布置的钢筋混凝土斜杆来承担的。它们在每层楼板处相交形成的三角形格构来作为稳定的结构系统。不规则平面导致的沿建筑边缘受力上的不规则变化，也通过这些斜柱被视觉化地呈现出来。

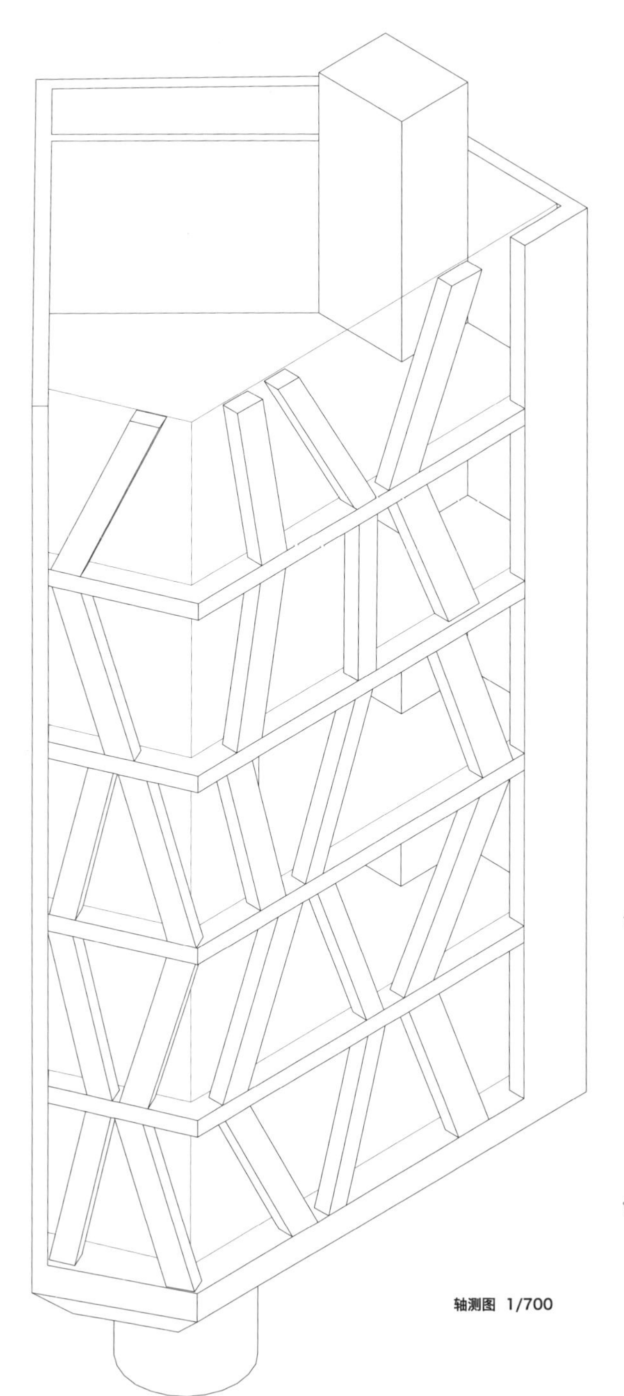

轴测图 1/700

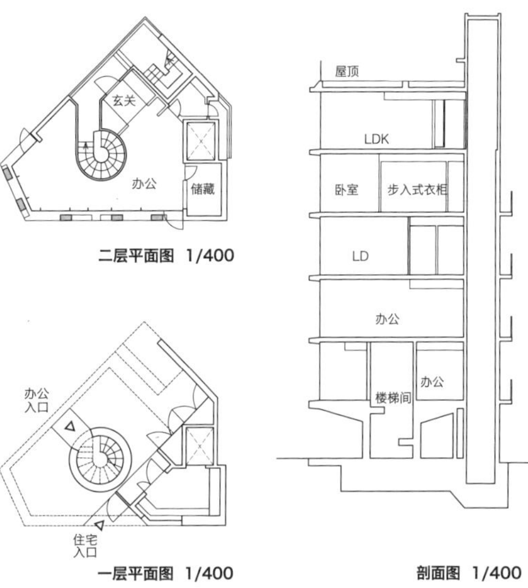

二层平面图 1/400

一层平面图 1/400

剖面图 1/400

19 线型 - 02
TOD'S 表参道大楼

建筑：伊东丰雄建筑设计事务所
结构：新谷真人 / Ohku 结构设计
RC 结构　2004.11

这座钢筋混凝土结构建筑的所有外立面都采用了树形拟态的结构形态。设计灵感来自建筑前面的表参道商业街连绵的榉树。考虑到钢筋混凝土多层框架结构与抗震斜撑对建筑立面的负面性表现，设计上遂将横竖相间的框架与斜撑进行了集约化变形处理。将与外部榉树间的连续性通过立面上抽象的形态媒介，来表达建筑内部结构与外部表象之间的统一性。于是形成了介于竖向与斜向的在立面交叉的树形结构，内部则是多层无柱的 L 形大空间。

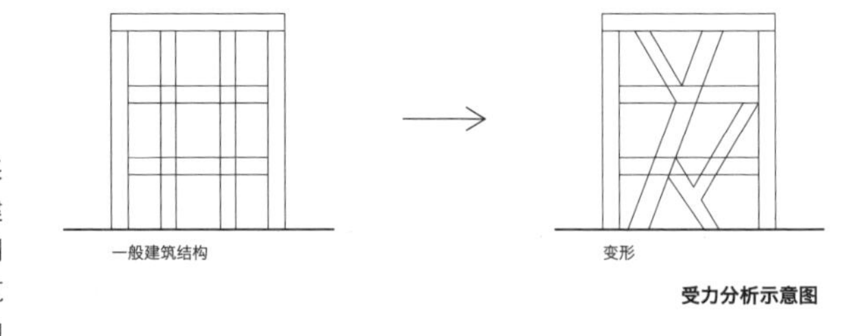

受力分析示意图

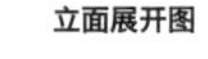

立面展开图

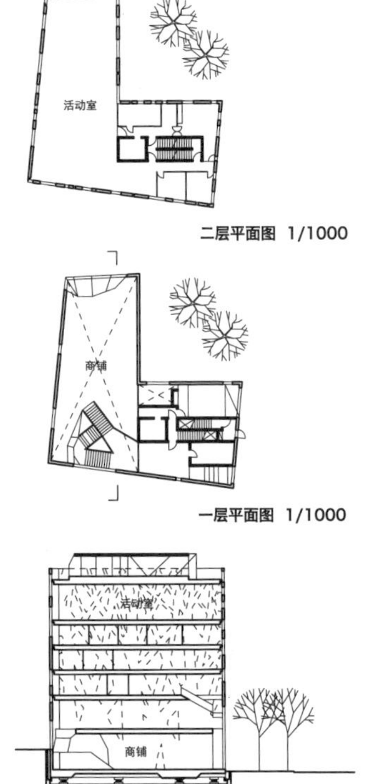

二层平面图 1/1000

一层平面图 1/1000

剖面图 1/1000

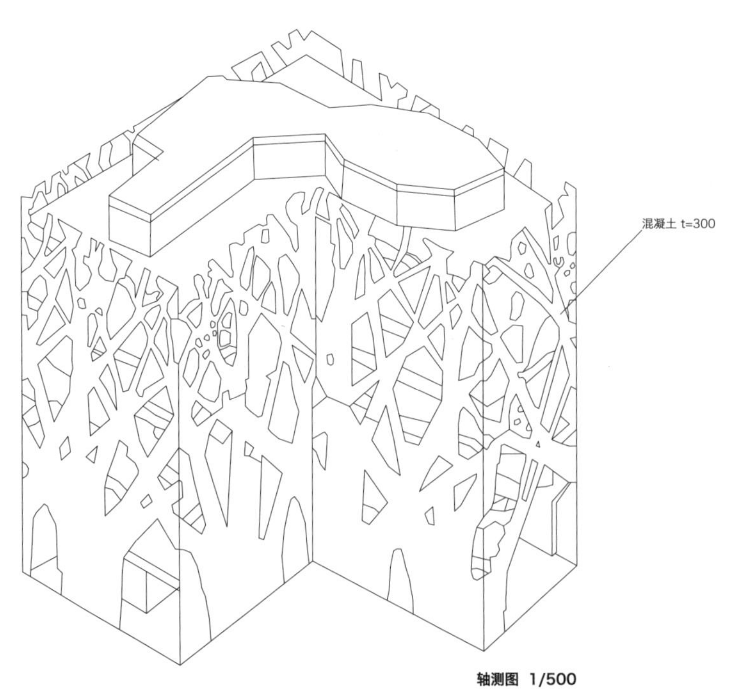

轴测图 1/500

20 线型 - 03 Prada 青山店

建筑：Herzog & de Meuron
结构：竹中工务店
钢结构　2003.05

地下二层、地上七层的建筑，是由平面上两处电梯井筒与设备间筒支撑的。二层、四层及五层楼板是由巨型桁架梁组成的。井筒与桁架梁构成了竖向支撑。水平荷载是通过布置在建筑物四周的菱形格构钢网架，通过与每层的楼板、桁架梁与竖向的支撑相连接来形成抵抗的。菱形钢网架的变形由格构间填充的双层特制凸面玻璃抑制，从而将外表面形成为稳定的整体。表皮上的菱形格构不仅是抗震构件的形态表现，同时也传递着商业作为价值体现的符号。进而实现了结构、空间和表皮的"三位一体"。

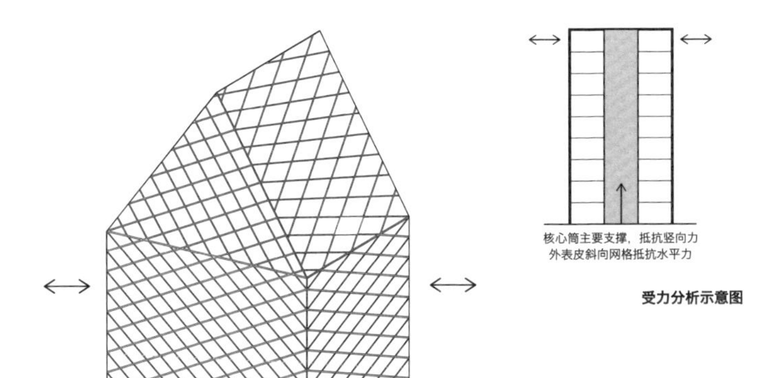

受力分析示意图

核心筒

横向加强筒体

地下室

免震柔性支座

轴测图 1/700

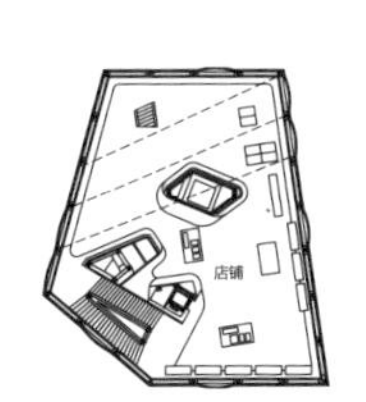

二层平面图 1/1000

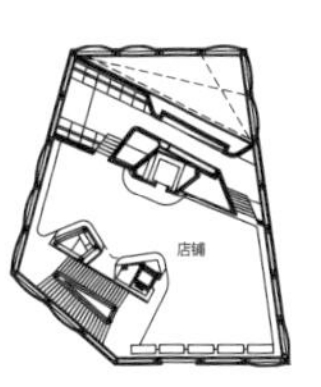

一层平面图 1/1000

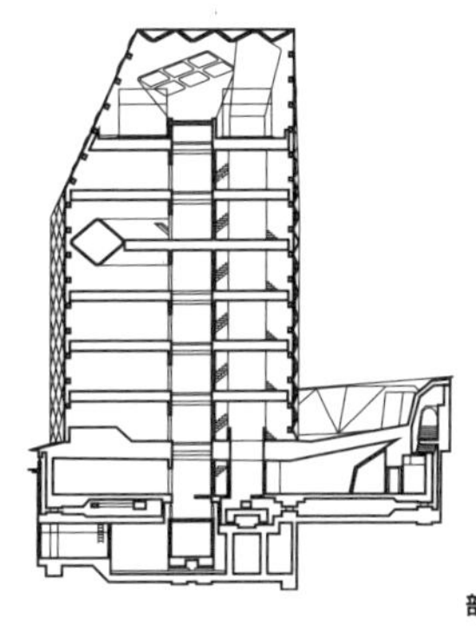

剖面图 1/1000

21 线型 - 04 日本工业大学百年纪念馆

建筑：日本工业大学小川研究室
结构：金箱温春 / 金箱结构设计事务所
钢结构　2007.10

建筑整体根据体量与配置的要求，依据抗震缝被分为四个部分。其中 9 层高的主楼部分以钢结构框架作为竖向荷载构件，柱间的抗屈曲斜撑作为水平荷载抵抗构件。高层塔楼部分的中部布置有通高中庭，因此结构上的抗侧斜撑构件呈周边布置。同时由于中庭以及高层建筑物体量并不规整，以“适材适所”原则布置的斜撑也并不均质，通过半透明的幕墙将结构构件转化为形式的表现。

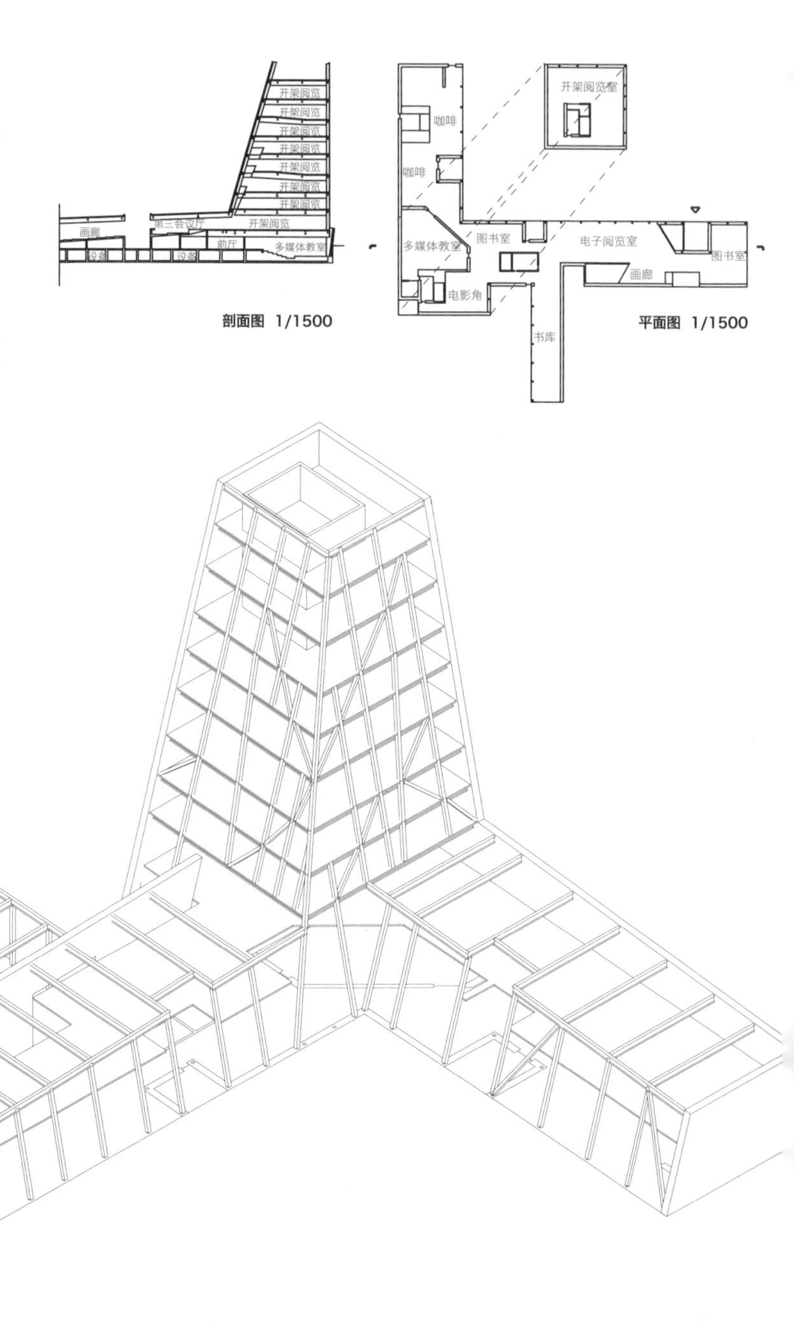

剖面图 1/1500

平面图 1/1500

轴测图 1/1500

22 线型 - 05
乃村工艺社本社大厦

建筑 + 结构：日建设计
钢结构　2007.12

在建筑内部核心筒承担竖向荷载的基础上，外周部分以隔层悬挑的方式，通过大胆而不规则的白色斜向支撑分担主要的水平荷载。非线性的解析保证了貌似随意的斜向构件在结构上的合理性，同时也满足对“记忆”与“文化”“人”与“社会”以及“活力”与“都市”在建筑中“邂逅”的“陈列”（display）意图。

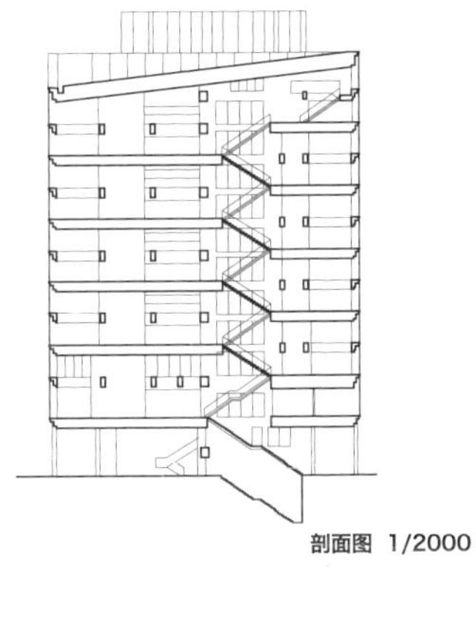

剖面图 1/2000

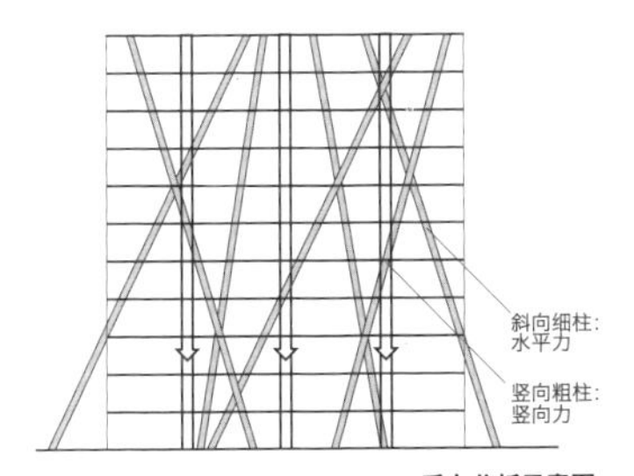

受力分析示意图

会议空间
办公空间
储藏
单间
单间
电梯厅

标准层平面图 1/2000

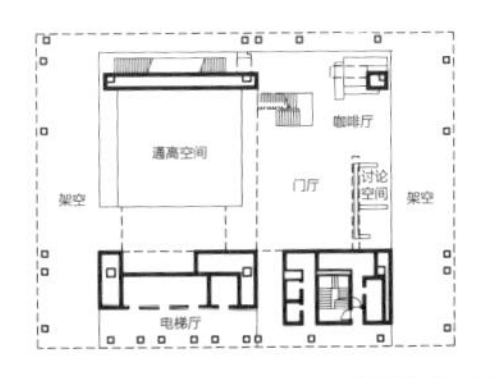

二层平面图 1/2000

一层平面图 1/2000

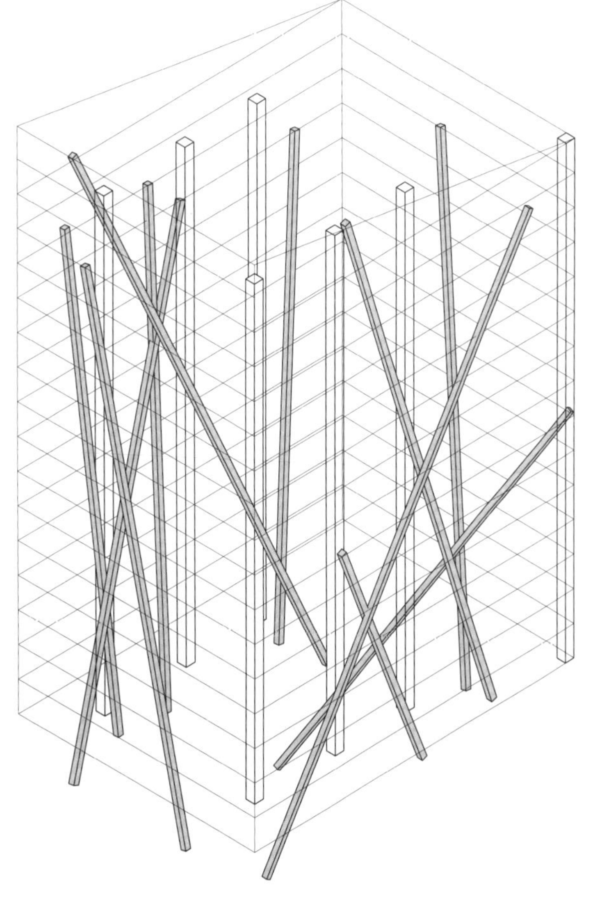

轴测图 1/700

23 线型 - 06 浜松 SALA

建筑：青木茂建筑工房
结构：金箱温春 / 金箱结构设计事务所
钢结构　2010.07

建成已有 28 年的办公楼因无法满足现今抗震标准而进行的改造中，通常使用的斜撑或斜向构件被螺旋形缠绕于建筑物四周的抗震桁架所取代。桁架的位置以及高度方向上的尺寸是根据原来建筑框架结构承受的水平荷载量布置的。同时，螺旋形的抗震桁架犹如一根系带，绑扎在方形建筑体量外侧，从而可以有效地防止建筑在水平荷载作用时的倾覆。改建后增加的抗震桁架通过透明玻璃完全裸露，与原来的实墙在形成鲜明对比的同时，凸显出技术的存在感。

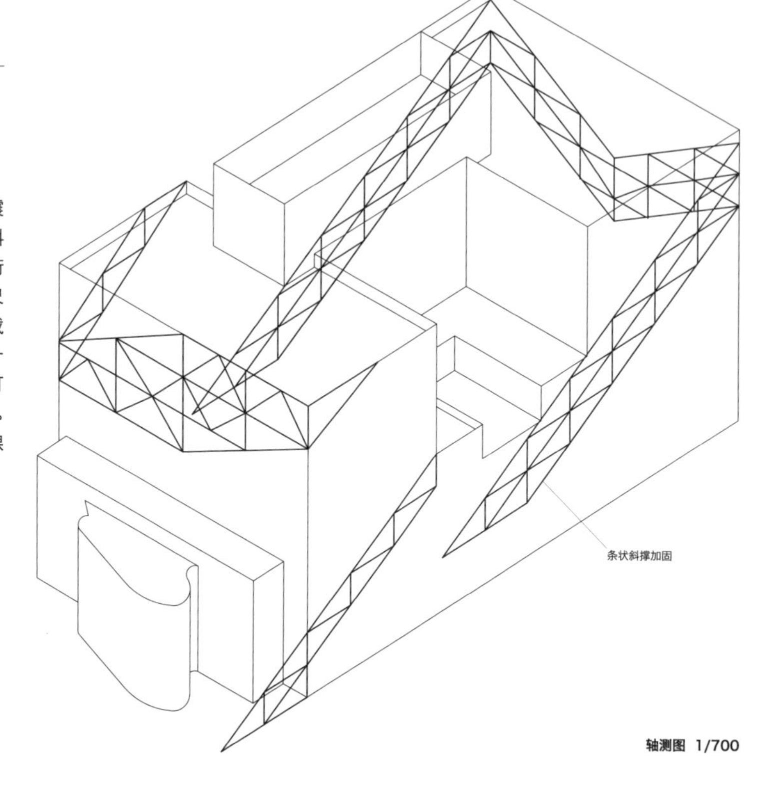

轴测图 1/700

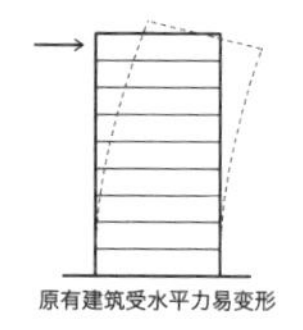

原有建筑受水平力易变形

表皮包裹条状斜撑抵抗水平力

受力分析示意图

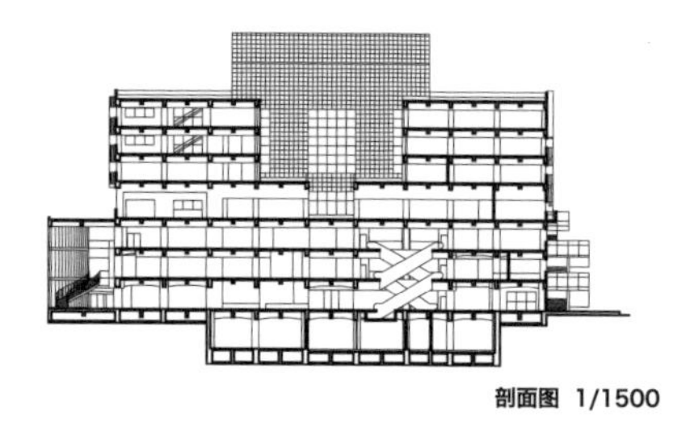

剖面图 1/1500

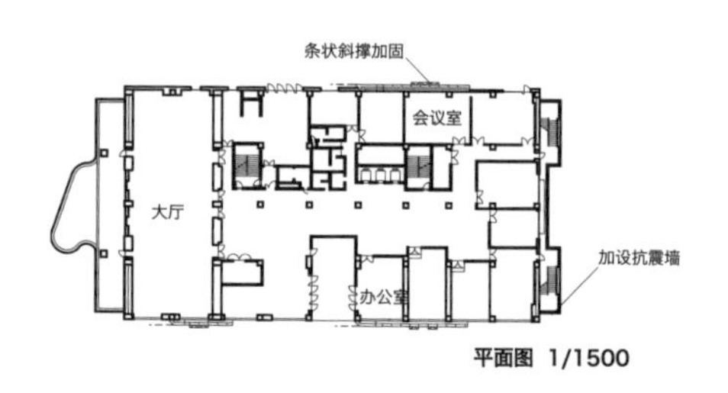

平面图 1/1500

24 线面型 SUMIKA 馆

建筑：伊东丰雄建筑设计事务所
结构：新谷真人 / Ohku 结构设计
木 + 钢结构　2008.11

一座 3m 高，9m 见方的单层建筑。建筑的四周外立面模拟了化学分子的形态，以表现作为化工企业的“东京煤气”公司形象。以平面内部的四根柱子作为外周几何架构的起点，沿着建筑四个立面以及顶面包裹整个内部空间的都是多边形的木集成材构件框架。集成材断面大小为 60×100~240mm，相交部位采用金属及环氧树脂胶连接。在受水平荷载较大的框架部分则采用了 12mm 厚结构用胶合板。其余四周及屋面部分的透明玻璃以木集成材几何框架作为固定安装。

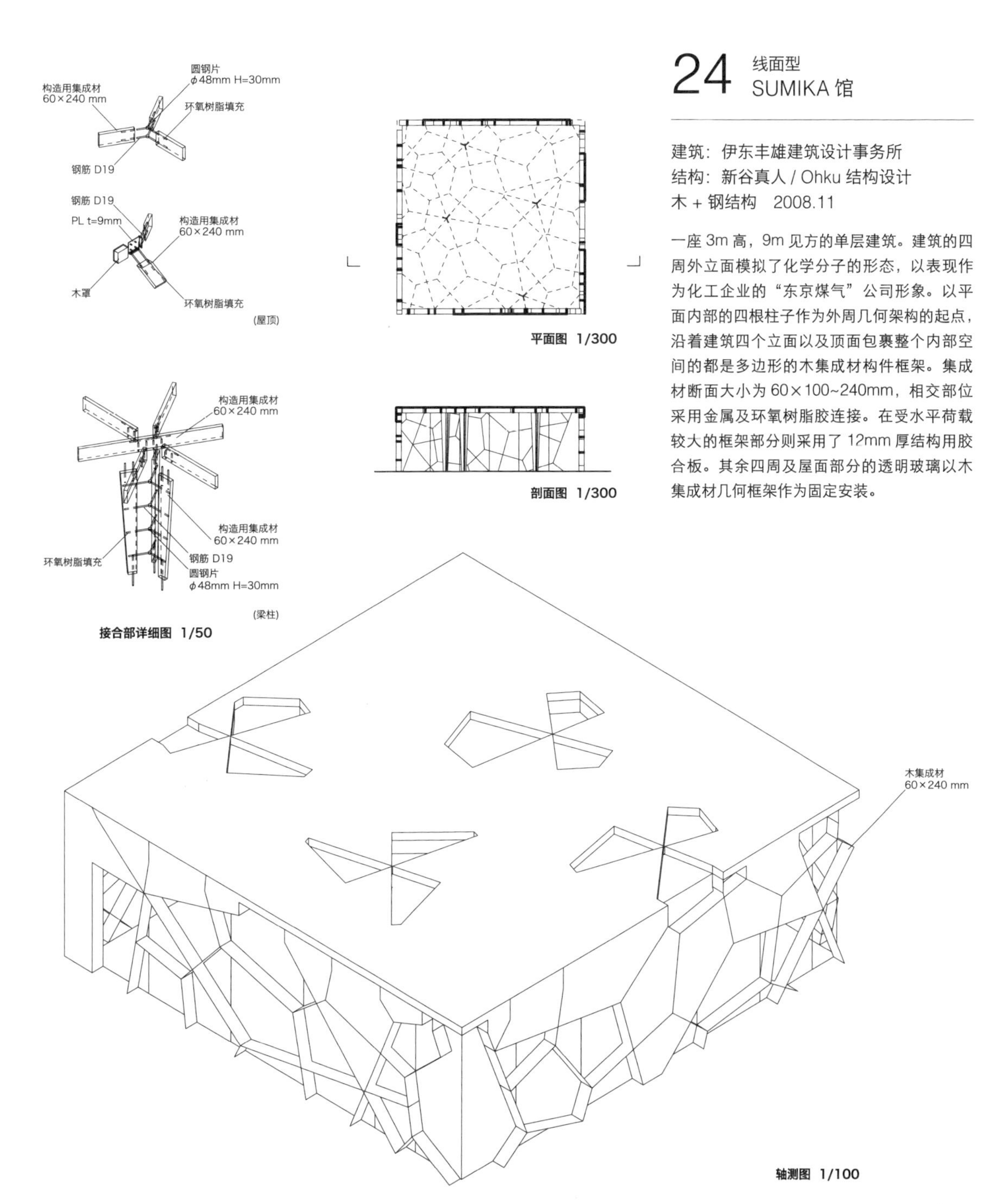

接合部详细图 1/50

平面图 1/300

剖面图 1/300

轴测图 1/100

25 直面型 - 01 东京工业大学铃悬台校区 G3 栋改造

建筑：东京工业大学奥山信一研究室
结构：东京工业大学和田章研究室 + 元结正次郎研究室 + 坂田宏安研究室
RC 结构　2012.02

在对这座建成于 1979 年的老建筑进行结构抗震补强的设计中，一改通常抗震改造以抗震构件包裹架构的方式，而是通过在既有建筑端部和中部垂直交通区域加入纵向通长的被称作为“芯棒”的钢筋混凝土板。一般建筑师在抵抗水平荷载时，会由于框架结构构件的限制，很难将能量有效地传递至相邻楼层，从而造成自下而上在承担荷载上的不均。在一些楼层尚未达到强度极限时，另一些楼层的构件却已经临近极限或破坏。“芯棒”将建筑物在高度方向的各楼层的水平抵抗形成一体化的连续机制。其作用就是在平行于水平荷载作用方向的截面高度，将原先不均匀的各层受力重新分配，来充分挖掘和发挥原有结构的抗震能力。“芯棒”的下部通过 V 形支撑与钢筋混凝土支座铰接，同时其两侧也通过耗能钢片与原来的框架柱连接，在水平荷载作用时，铰接支撑与耗能钢片会先将能量减衰之后传递至“芯棒”，再由“芯棒”将荷载能量均布到整个建筑高度上。

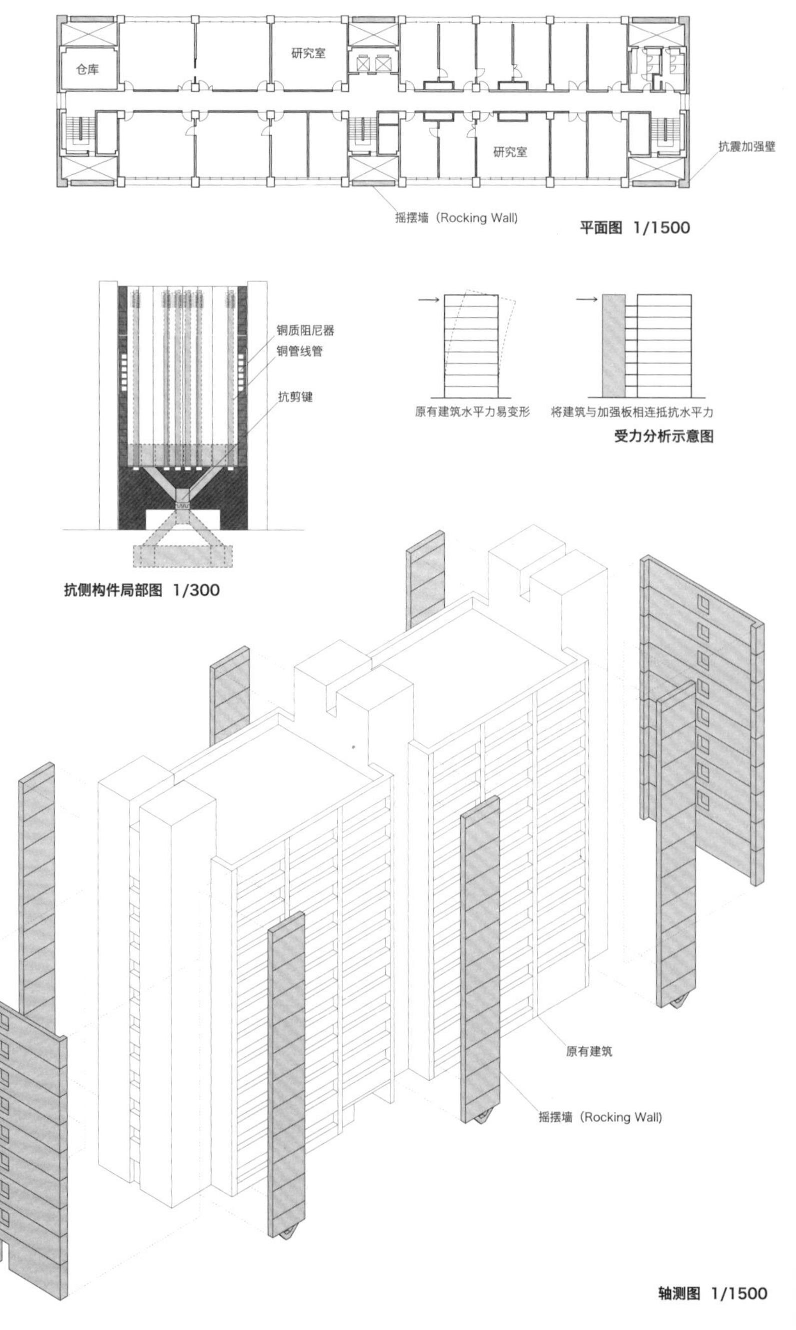

平面图 1/1500

抗侧构件局部图 1/300

受力分析示意图

轴测图 1/1500

26 直面型 - 02
公立函馆未来大学研究栋

建筑：山本理显设计工场
结构：佐藤淳结构设计事务所
钢结构　2005.09

建筑内外所有结构构件都是由竖向与斜向构件组合成的钢构三角形格构及填充格构墙，它们既是结构的竖向支撑，同时也承担水平荷载的抵抗。两层高的格构墙体通过楼板以及二层高度处的连梁联系，形成空间上虚实变化而又内外连续的动态均质感。用作抗震的格构墙面通过 25×90mm 的钢框架细分成 430mm 等边三角形单元，依据水平荷载作用强度通过分别置入 1mm 钢板背衬玻璃棉或玻璃来给予虚实的配置，从而实现了结构力学的视觉表现。

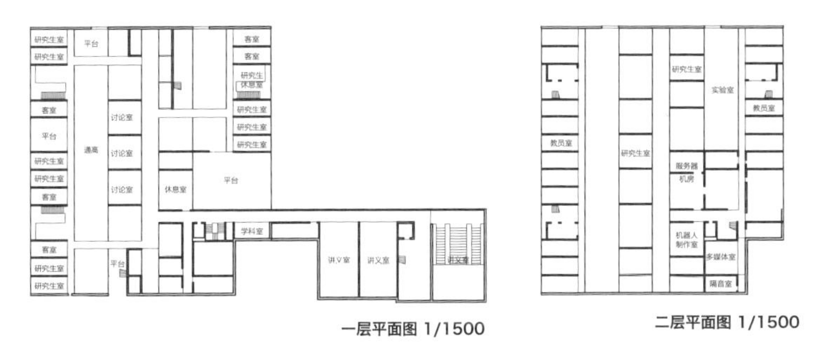

一层平面图 1/1500

二层平面图 1/1500

剖面图 1/1500

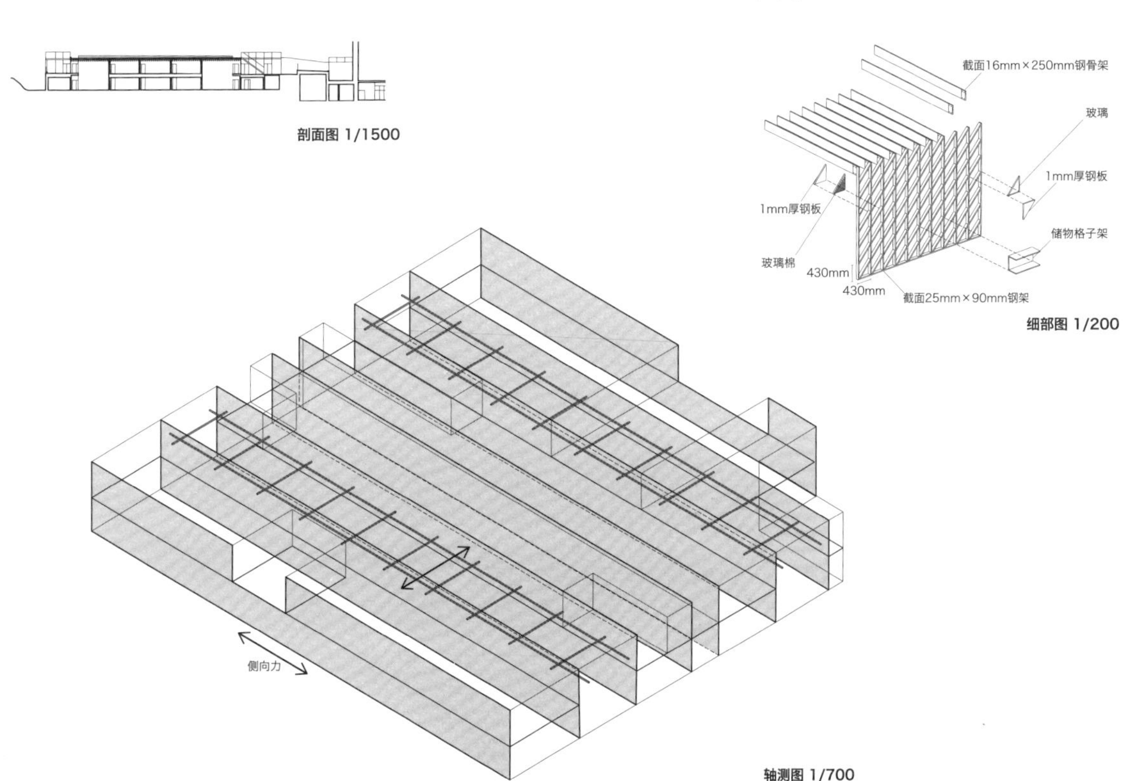

细部图 1/200

轴测图 1/700

27 直面型 - 03
龙井种苗本馆·别馆抗震改建

建筑：设计网 Artsession
结构：今川宪英 / TIS & Partners
钢 +RC 结构　2006.05

抗震改建主要是在原有建筑物的平面内外通过布置抗震墙来加强抗震性能。与通常的抗震墙不同的是，内外一样的抗震墙既要能够满足采光通风的要求，也必须满足强度上的性能要求。因此，根据抵抗水平荷载受力分布，在钢构单元式格构支撑内布置钢板中空型框材（角部加强型）与钢板实体面材的虚实变化的抗震结构成为可靠的选择。中空透明部分置入的是高强度 ISGW（Interior Shear Glass Wall）材料，满足了荷载与透光兼顾的要求。

平面图 1/1000

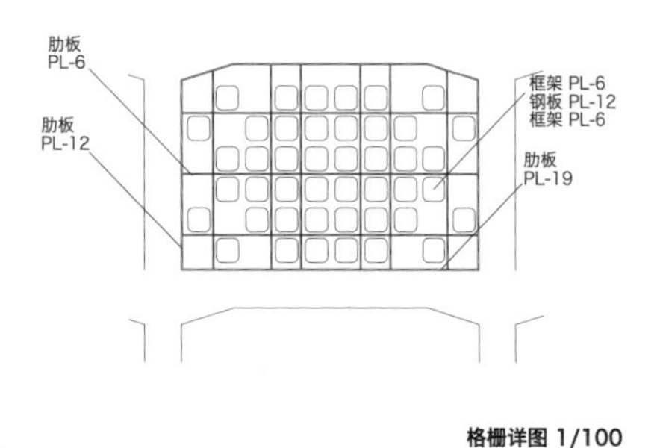

格栅详图 1/100

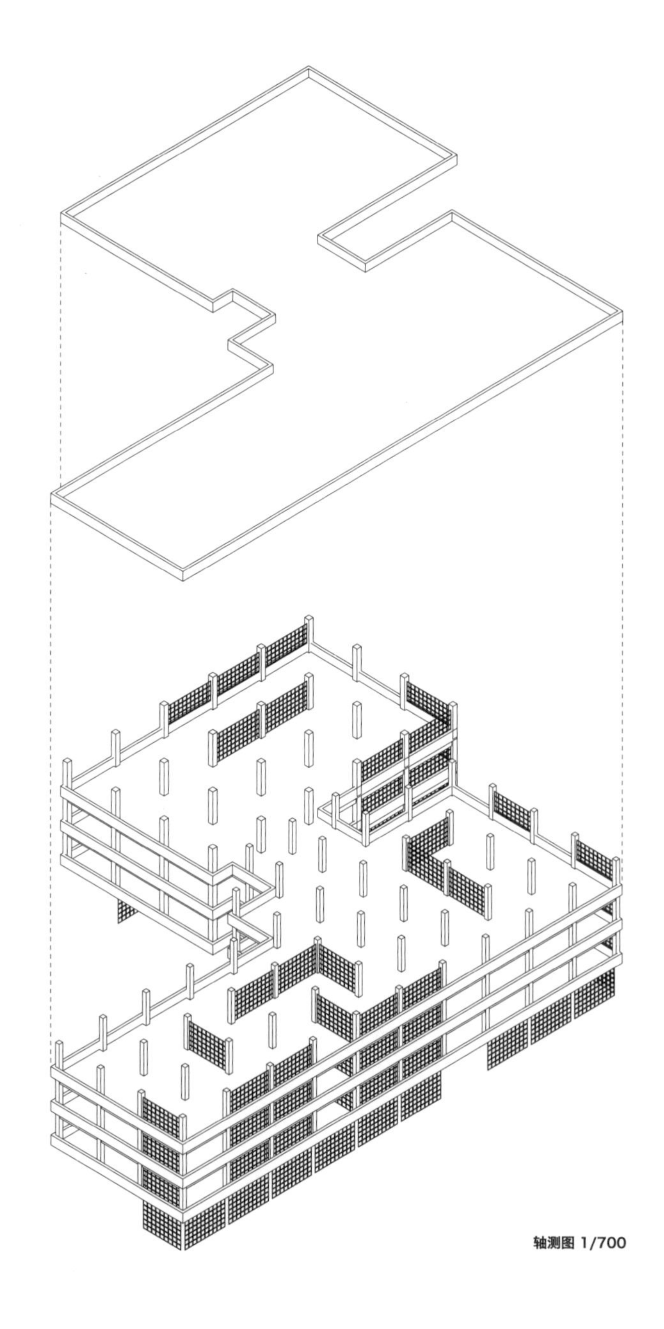
轴测图 1/700

28 曲面型 MODE 学园 SPRIRAL TOWERS

建筑 + 结构：日建设计
钢结构　2008.02

在约 40 层，170m 高的高层建筑的平面中部设置了由 26 根 CFT 柱组合成的最为经济的竖向网筒作为核心支撑，承担竖向的荷载。水平向的荷载通过基础部分的隔震橡胶基础、布置于塔楼顶部的 TMD 控振装置以及沿塔楼平面外周通过阻尼支撑连接布置的三片曲面框架玻璃幕墙来抵抗。曲面框架幕墙每层向内缩进 1% 且转动 3°，高度分别在 26 层、31 层、36 层，由此形成螺旋而上的形态。框架玻璃迷墙为了保证曲面的效果，框架被分割成 2 310 个角度都不相同的三角形单元。

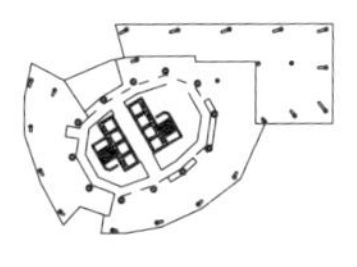

底层部分平面图 1/3000

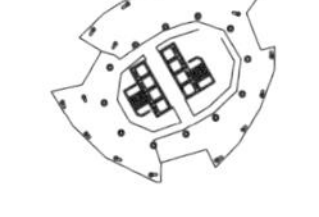

中层部分平面图 1/3000

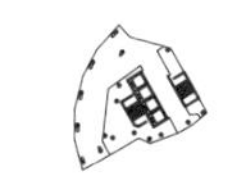

高层部分平面图 1/3000

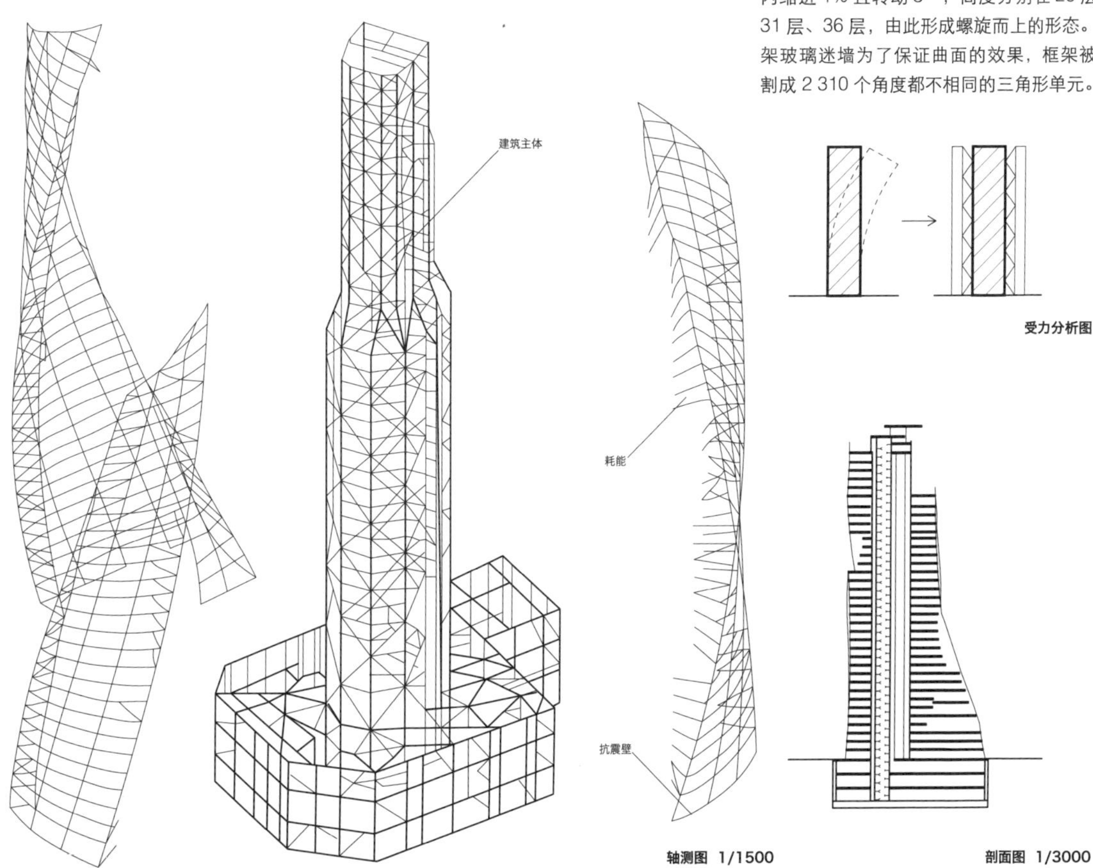

轴测图 1/1500

受力分析图

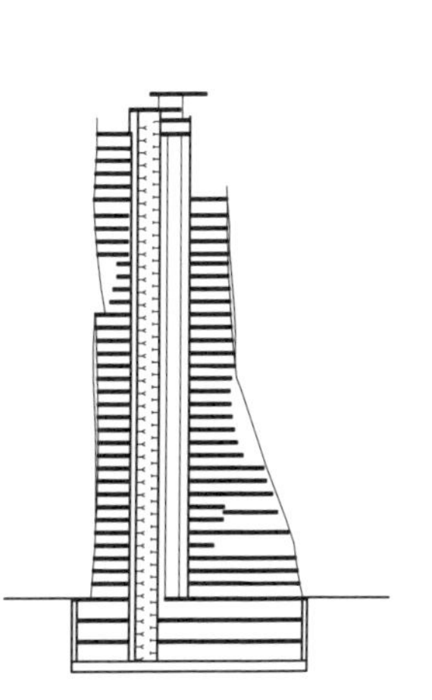

剖面图 1/3000

29 空间型 太田市立休泊小学

建筑：日本建筑都市诊断协会（SCOA）
结构：ACT 结构设计社
钢 + RC 结构　1999.02

抗震改建通过将原来三层钢筋混凝土校舍外廊的悬挑结构改成框架形式，以加强建筑纵向刚度。在靠近建筑物中部北侧的外廊加设卫生间的竖向体量，并将原来的卫生间位置改成上下通高的钢结构螺旋楼梯等，这种设置增强建筑物楼层间整体性的竖向抗震体量的做法即所谓的“不接触型框架法”（Untouched Frame），在有效改善建筑结构抗震性能的同时，也重新梳理和改良了校舍的功能组织。

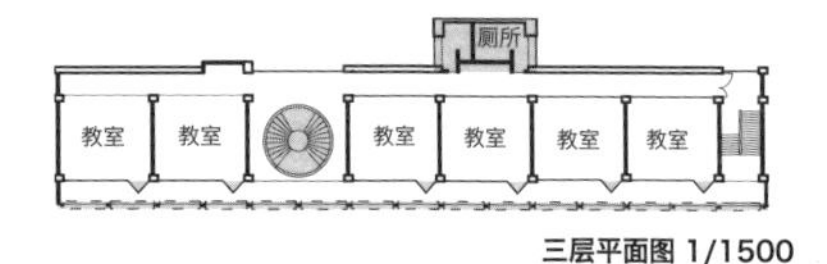

三层平面图 1/1500

二层平面图 1/1500

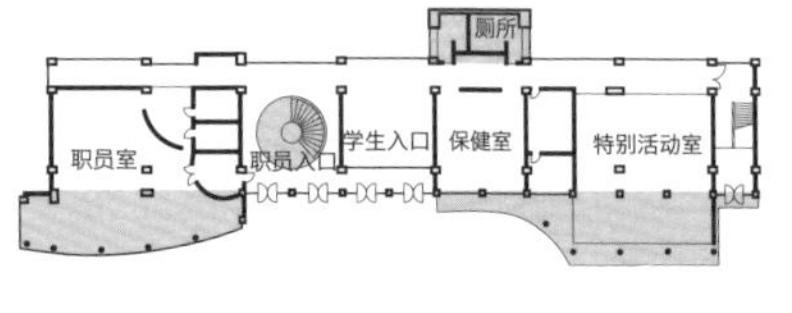

一层平面图 1/1500

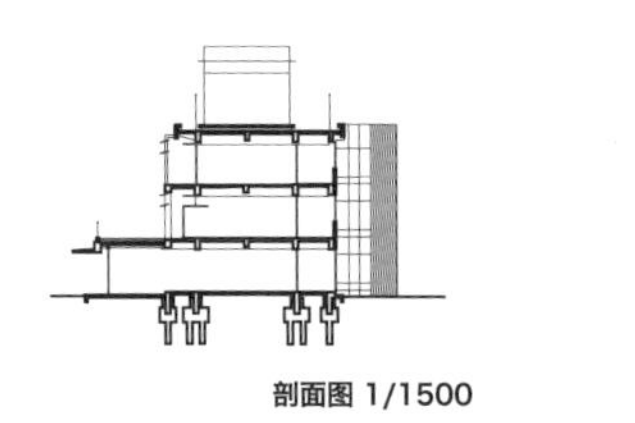
剖面图 1/1500

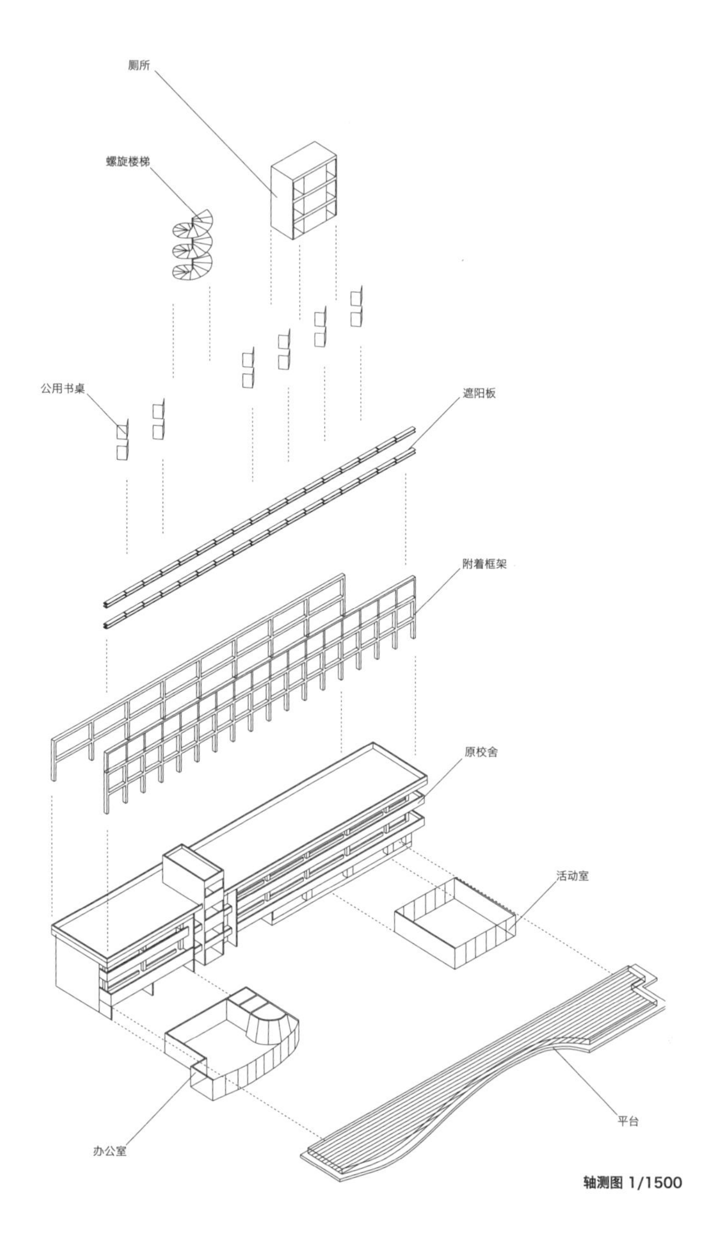

轴测图 1/1500

4.3 抽象的结构

1995 年，由建筑师谷口吉生[8]和结构设计师新谷真人设计的“葛西临海公园展望广场休憩馆”被认为是之后日本当代轻薄建筑形态的先驱之作。这是位于公园最临海位置的一座高 11m，长 76m，进深 6.6m 的长方体玻璃体量。观海平台由内部的钢筋混凝土走廊、楼梯和坡道以及外周玻璃构成。其中，内部的钢筋混凝土部分承担了水平荷载，同时为了能够尽可能地将海景收入其间，建筑师与结构设计师将建筑外周的玻璃幕墙限制在只需承受竖向荷载的前提下，确保了建筑最大可能的透明性。原本只作为自承重支撑的玻璃幕墙框架被作为承受竖向荷载的结构柱。截面 50×120mm 的耐候钢板（FR 钢板）形成 11m 高，6.6m 跨的框架结构，长边方向每隔 825mm 一品框架在高度方向沿着每隔 2.2m 处通过的横框被连接在一起。为了保持外周框架的稳定性，在易发生框架构件屈曲的部位，还设置与内侧钢筋混凝土相连接的横向系杆支撑。并且，支撑的位置也充分考虑到内部行走以及观海视线的要求，反复斟酌后才得以确定。轻盈透明的建筑形态得益于结构与围护这两种不同加工精度部件的集约化。外周框架的钢管焊接所导致的收缩变形控制是确保精度的关键所在（图 4.9）。所谓的透明与轻薄是无法离开高技术的保证的前提的。但是，当代

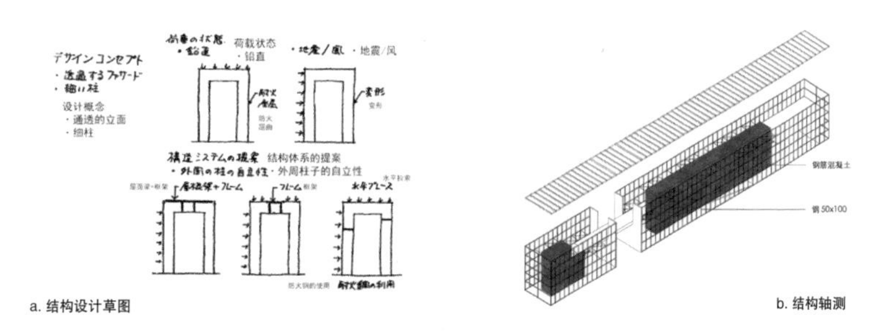

a. 结构设计草图

b. 结构轴测

图 4.9 葛西临海公园展望广场休憩馆

的高度技术能力已然不再是先前炫技般的“高技派”，而是呈现为更加隐匿的“半透明”。这或许正是当代技术表现不同于过往之处。新谷真人在谈到这个建筑的结构设计时说道：

> 包裹休憩馆的“玻璃盒子”实现了“结构与建筑的融合”，成为当代“透明建筑”的先驱。为了使简洁明快的建筑表现成为可能，就必须将部件或结合部的形状无一例外地集成化，这依赖于高精度的建造。也为此需要在设计中不断地对结构力学进行研究。结构系统的创新以及钢骨制作技术被集约在一起。这是我自身作品中最重要也是最喜欢的建筑。[9]

当结构被细分，被装饰化时，另一种截然相反的，试图将结构从视觉中消去的结构抽象化的出现，放眼于当代这个充满多元的，甚至是充斥抽象的时代之中，显然就不足为怪了。如果说，装饰的结构所具有的透明性代表着曾经的机器文明向当代复杂化与精密化的蜕变的话，那么抽象的结构无疑就是信息技术隔绝现实的、不可视的代言了。不可视意味着必须将作为技术的表现从可视的视觉中移除。对于建筑而言，支撑形态的结构存在就属于这一类被排除的对象。材料、连接以及暗示力流传递的“结构类型”都将成为抽象不可视的“战利品”。剩下的是几近于“场所”状态的那一层暧昧的边界。内外趋同的均质性正在使得确立建筑存在的最后的堡垒都变得遥遥欲坠。在 20 世纪后半叶，一方面在等级化社会迅速崩塌而被压缩至平坦之际，另一方面由技术主导的形态也亦步亦趋地向着扁平化发展。观念在抽象与具象，制度与实体两个截然不同的次元之中发生着同样的效应。当象征着重力的体量被平面所消解时，作为技术化身的结构也必须对平面做出妥协。其结果就是，非视觉的技术成为当代的技术规范。它不是工业哥特化的“高技派”骨骼外露式的透明性，而是抽象外表之下所积聚的技术力。

正因为抽象对具象体量的消解，导致了结构无法继续通过既有的“结构类型”的导入，来介入建筑的形态表现。因此，抽象的结构必须通过回避体积、材料以及“结构类型”而另辟蹊径。在事实上无可回避重力作用的前提下，用消解重力作用的形式来表现结构，其本身就已经是超越了既有的结构表现范畴的。它除了必须倚重的当代高科技之外，必然也需要在看似穷尽的结构技术中找到新的可能性。正如新谷真人所言：

> 我们翻译时的工具，除了工学的原理和结构的技术之外别无他法。[10]

不同时代的人们尽管对结构表现的方式千差万别，但是其背后的本质是不可能有根本上的区别的。因此，摈除材料的抽象的结构，其根本的原理在于利用了构件“形变”上的抵抗效应，其方法包括几何位置和预变形两种。

4.3.1 几何位置

结构构件为了满足抽象表现的要求，在被线或面地变形成细或薄之后，显然已经无法按照通常的“结构类型”来满足对荷载的抵抗要求了。事实上，物质对于重力的抵抗除了依靠自身在极限破坏强度范围内的材料应力之外，还可以依靠的是在空间上的以几何形状的变化来提升自身刚度与支承能力。对于前者而言，越多的材料可以抵抗更大的外加荷载，同时也意味着构件自身质量的变化，比如需要在长度和宽度以及体积上、重量上的增加。而几何形状的变化则是在保持材料物质质量（尺寸）不变的前提下，通过空间上的变形来提升荷载抵抗能力。材料或形态变化的抵抗是不改变受力性质的材料抵抗；几何变化的抵抗是改变受力性质的位置抵抗（图 4.10）。

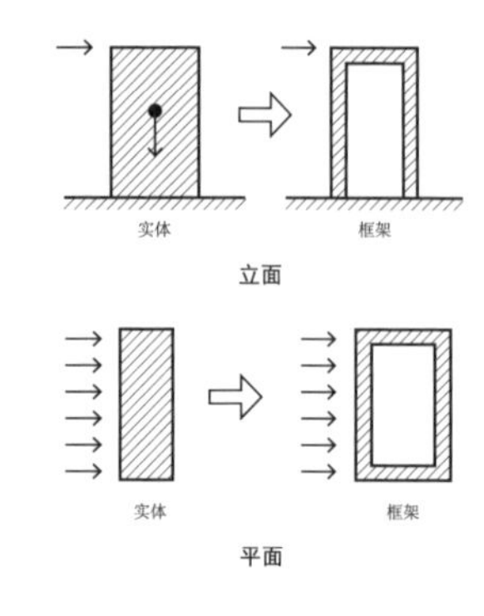

图 4.10 材料抵抗与几何抵抗

其实，这两种抵抗荷载的结构方式都是我们所熟知的。材料抵抗的案例包括通过增加梁的截面高度可以获得更大的跨度；增加柱的截面积可以抵抗更大的竖向荷载等。位置抵抗通过改变直线梁成为三角形、多边形以及拱形，将弯矩转化为轴力的受力性质的改变，通过空间几何的特性可以发挥材料更大的抵抗荷载的能力；同样地在面材上，平板的受力性能在变成为折板、筒拱、穹隆甚至曲壳之后，在板的截面厚度没有显著变化的情况下通过将弯矩转化为面内应力，可以获得完全不同的覆盖范围。不过，位置抵抗的种种几何特性仍然局限于通过架构来选择“结构的类型”，它们多与跨度相关。事实上，从力学原理上而言，位置抵抗并非只有跨度上弯矩与轴力之间的转换。从单纯的荷载抵抗上来说，受压杆件的屈曲是导致承重构件不得不改变截面来维持长细比的主要原因。位置抵抗通过几何形状的特征，也同样可以获得不改变构件截面来提高荷载强度的效果。例如独立柱在长细比无法满足受压荷载条件时，可以通过增加柱子的数量，并通过柱子相互之间的空间分布来形成几何效应增加受压能力。又如，平面上的直线墙体可以通过几何线性的变化成为折墙、弧墙，来提高承载能力。这些都表明了位置抵抗在提升结构抵抗上的作用。依据形态在空间表现位置上的不同，我们可以将位置抵抗分为线、面、体三种类型。

对于柱子而言，限制其材料抵抗能力之一的是屈曲影响下的长细比。在空间高度一定的情况下，不考虑水平向的作用时，对柱子截面尺寸作用的就是基于屈曲的长细比。另一方面，在水平荷载作用下，柱子会因为承受水平方面的荷载而产生弯矩，这时柱子也不得不通过增加截面尺寸来满足要求。试想，假如这些限制柱子材料抵抗能力的长细比与水平荷载一旦能够从柱子的结构承载功能中被排除的话，那么是否也就意味着柱子的截面就有可能变得更加自由了呢？

SANNA[11] 与佐佐木睦朗一系列极端抽象作品的建筑形态，其中纤细的柱子都是基于将这些长细比和水平荷载从柱子的结构功能中排除来获得实现的。首先是长细比，其对柱子产生的屈曲与所施加的压缩荷载大小相关。即柱子在受到较大的竖向荷载时，屈曲会导致柱子先于极限强度遭受破坏。因此只要控制施加于柱子的竖向荷载大小，就有可能使柱子从屈曲的长细比限制中解脱出来。控制竖向荷载的方法显然就是尽量减小柱子所负担的楼屋面荷载，并通过增加柱子数量，依据竖向荷载的分布来合理地配置柱子的位置。其次是水平荷载，通过设置具有较强抗侧作用的构件，可以有效地降低柱子所受的水平荷载作用（表 4.2）。除此之外，得益于造船技术的当代高科技的引入和运用，更加轻薄的楼板及屋面加工建造技术，高强钢管加工以及抑收缩型无缝焊接和计算机复杂结构解析技术等的应用，也是更加纤细的柱子得以实现的重要基础（表 4.3）。

几何位置方法中“线”“面”“体”在空间构成及结构生成上的差异是由其荷载抵抗类型上的差别造成的。作为“线”的柱子其本身只以竖向荷载抵抗为目的，且轻量化是其实现抽象表现的前提。相对而言，“面”和“体”不仅需要具有竖向支撑的能力，同时它们还必须具有承受水平荷载的能力。因此，“面”和“体”的墙面、空间与“线”的柱子在抽象的结构表现上以及分布位置上呈现出不同也就是理所当然的了。

表 4.2 增加柱长细比的方法

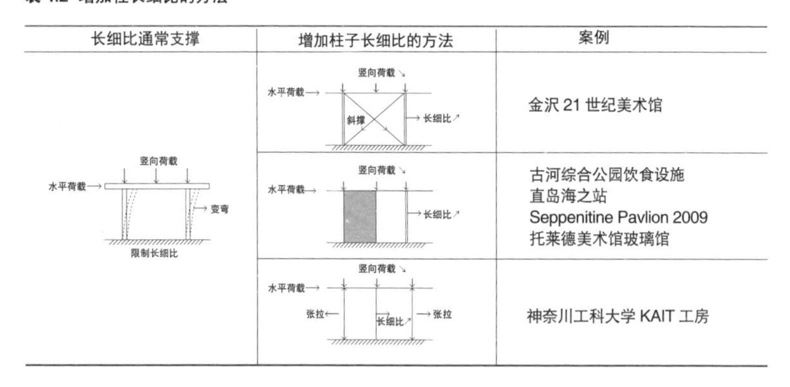

长细比通常支撑	增加柱子长细比的方法	案例
		金沢 21 世纪美术馆
		古河综合公园饮食设施 直岛海之站 Seppenitine Pavlion 2009 托莱德美术馆玻璃馆
		神奈川工科大学 KAIT 工房

表 4.3 妹岛和世与 SANAA 作品中结构柱及其长细比比较

	层高（米）	钢柱径（φ）	长细比	屋面厚（mm）	抗震构件
金泽 21 世纪美术馆	4.3	110，95，85	1/39，1/45，1/50	200	柱间斜撑
古河综合公园饮食设施	2.7	60.5	1/45	30	4.5mm 夹芯钢板墙
直岛海之站	4.6	85	1/54	154.5	20.5mm 夹芯钢板墙
Seppentine Pavlion 2009	3.5	40，60	1/87，1/58	19（铝）	
托莱德美术馆玻璃馆	4.05	87.5	1/46	60	12mm 钢板墙
丰田市生涯学习中心逢妻交流馆	3.05	100	1/30	175	9mm 钢板弧墙 + 筒体

30 墙 + 柱 - 01
海之站 直岛

建筑：妹岛和世 + 西泽立卫 / SANAA
结构：佐佐木睦朗结构计画研究所
钢结构　2006.09

建筑面积约 600m^2 的渡轮站四面开放，只在中部有一处玻璃围合的室内服务所。屋面结构的钢板叠合梁厚度只有 154.5mm。双面镜面不锈钢饰面的抗震墙数量有 8 块，每片均是由 20.5mm 钢板三明治组合的 150mm 厚夹芯板，其间 ϕ85 钢柱也是根据荷载布置的。镜面抗震墙承担了侧向荷载的抵抗，从而使竖向的支撑柱变得纤细。镜面反射的周边景色将内部的开放性一直延伸至外部的环境之间。

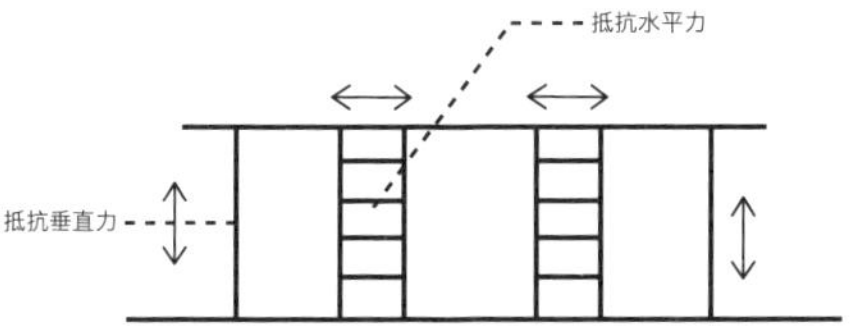

抵抗水平力
抵抗垂直力

结构示意图

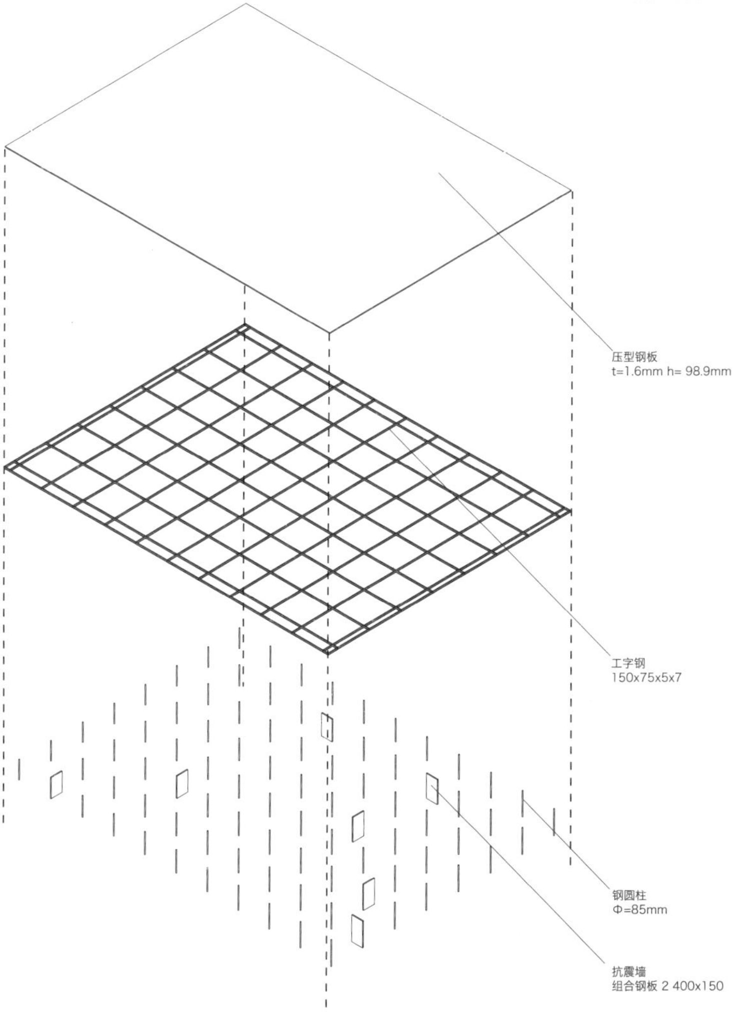

压型钢板
t=1.6mm h= 98.9mm

工字钢
150x75x5x7

钢圆柱
Φ=85mm

抗震墙
组合钢板 2 400x150

轴测图 1/700

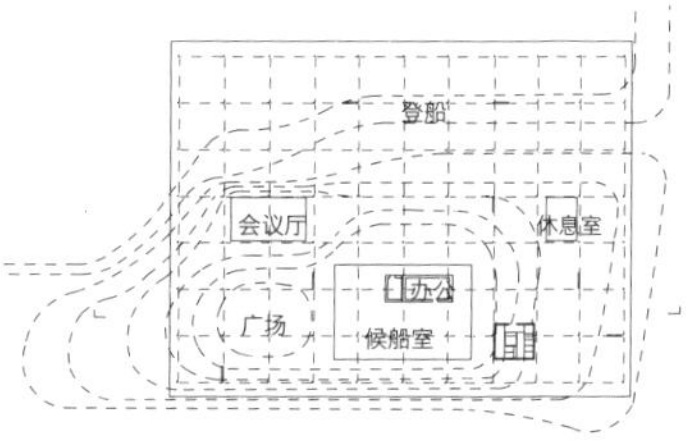

登船
会议厅
休息室
办公
广场
候船室

平面图 1/1000

广场　候船室　休息室

剖面图 1/1000

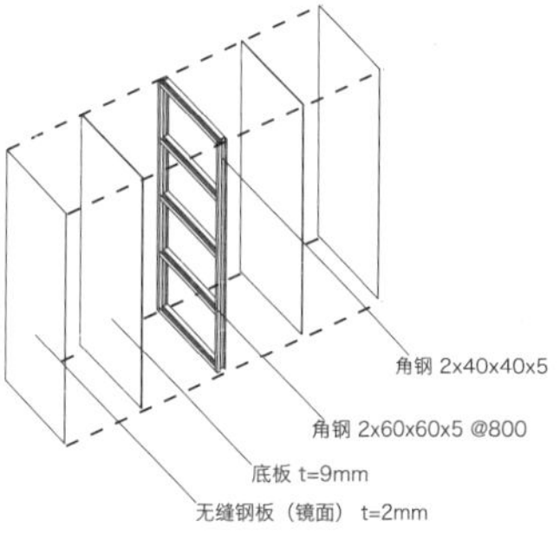

角钢 2x40x40x5
角钢 2x60x60x5 @800
底板 t=9mm
无缝钢板（镜面） t=2mm

抗震墙做法详细图 1/150

31 墙 + 柱 - 02 古河综合公园饮食设施

建筑：妹岛和世 + 西泽立卫 / SANAA
结构：佐佐木睦朗结构计画研究所
钢结构　1998.03

在半开放的这座建筑中，承担水平荷载作用的抗震墙是由 4 片 4.5mm 中间钢架支撑，两侧双面钢板三明治组合成的 60mm 厚夹芯板，并纵横双向各 2 片交错布置。由此，平面尺寸为 25.2×10.4m，厚度仅为 30mm 的矩形屋面通过 ϕ60.5 细钢柱，依据竖向荷载大小相应在平面上布置。钢柱与屋面间以高强螺栓形成铰接。

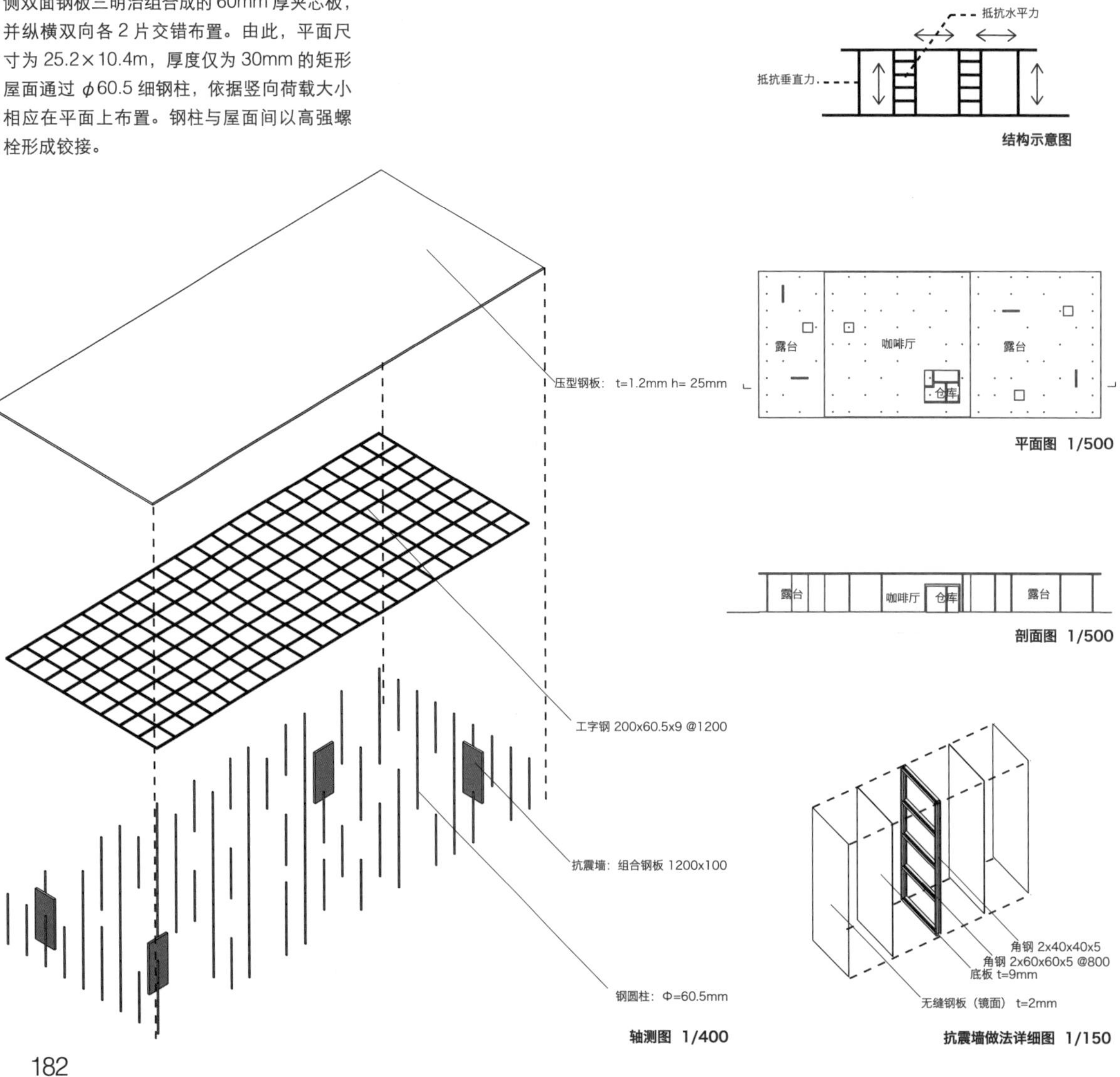

结构示意图

平面图 1/500

剖面图 1/500

轴测图 1/400

抗震墙做法详细图 1/150

32 墙 + 柱 - 03 轻井沢千住博美术馆

建筑：西泽立卫建筑设计事务所
结构：佐佐木睦朗结构计画研究所
钢结构　2001.01

建于高差约为 3.5m 的，被树林环抱的斜坡上的这座建筑有着约 70×40m 的不规则平面。它是用来作为艺术家千住博的作品展示、教育及学术活动的场所。设计根据展品及各种活动使用的需要，沿着斜坡设置了由 2m 间隔，350mm 厚钢梁组合而成的屋面，其与地面之间的高度变化为 2.2~4.75m。建筑内部的三处圆形，以及一处花生形内院的导入，形成了空间内外境界上的模糊，呈现出场地环境与艺术作品之间的叠合现象。结构上水平荷载通过 10 块长度不一的钢板墙形成抵抗，竖向荷载由散布的 ϕ80~100 立柱支撑。

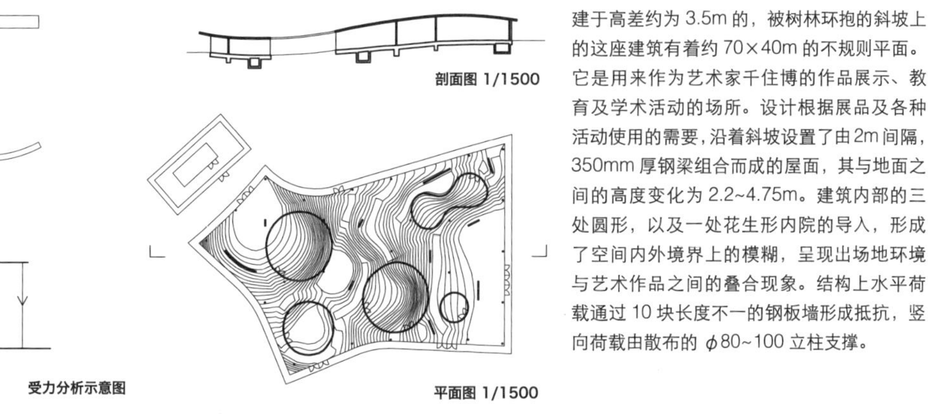

受力分析示意图

剖面图 1/1500

平面图 1/1500

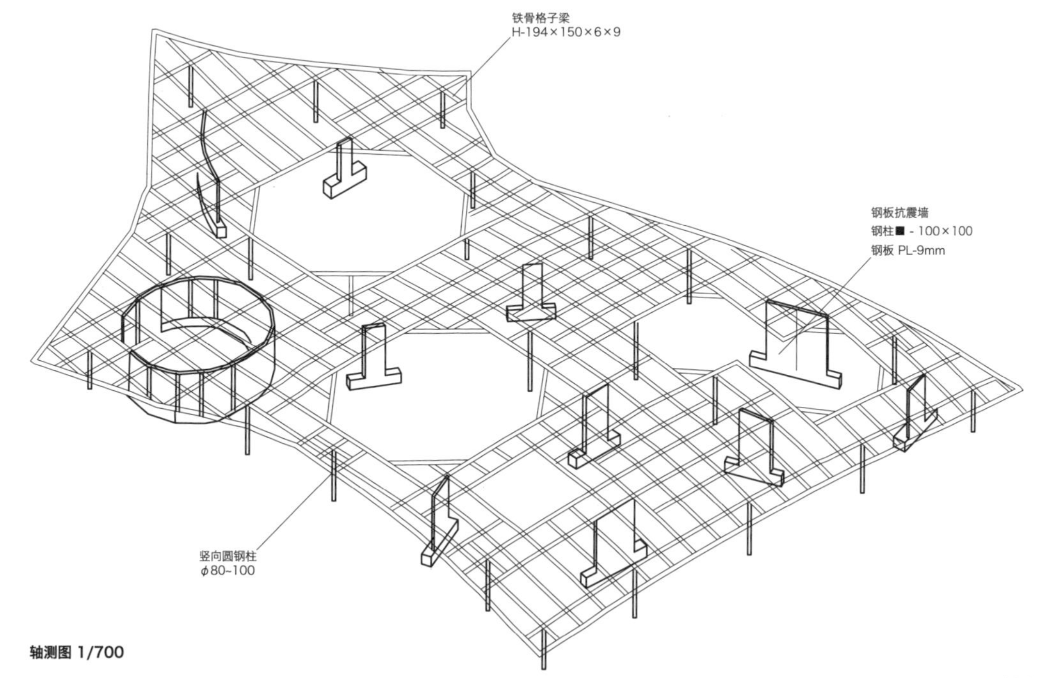

轴测图 1/700

33 墙＋柱 - 04 爱知产业大学 言语情报共育中心

建筑：栗原健太郎＋岩月美穗
结构：藤尾建筑结构设计事务所
钢结构 2013.01

作为学校建校 20 周年纪念的设施，这座面积仅有 500m² 的建筑被设置在高差近 4m 的校园坡形绿地之中。建筑师将建筑设计为由连廊与各种不同使用功能的小体量空间相互穿插的分散式配置。连廊的出现从视觉上形成的内外连续要求结构柱能够尽可能地不成为阻碍。经过结构设计上的反复比较，通过在必要的墙面书架、仓库和厕所部分设置双向斜撑作为水平荷载的抵抗构件之外，其余的部分都是由仅 ϕ60 的钢柱支撑，高度为 1 982~3 039mm 的高刚度的水平钢板屋面。

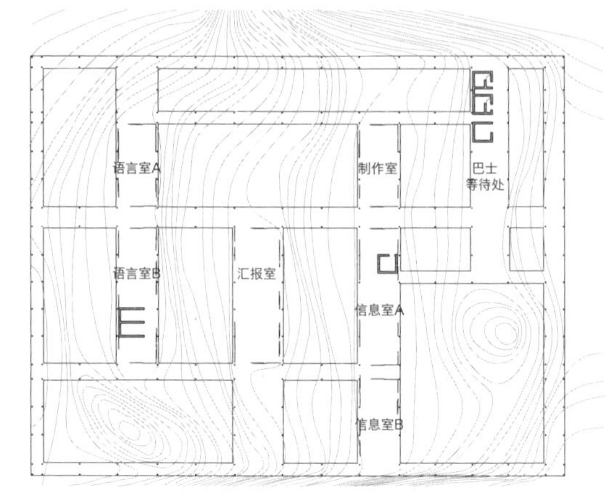

平面图 1/1000

剖面图 1/1000

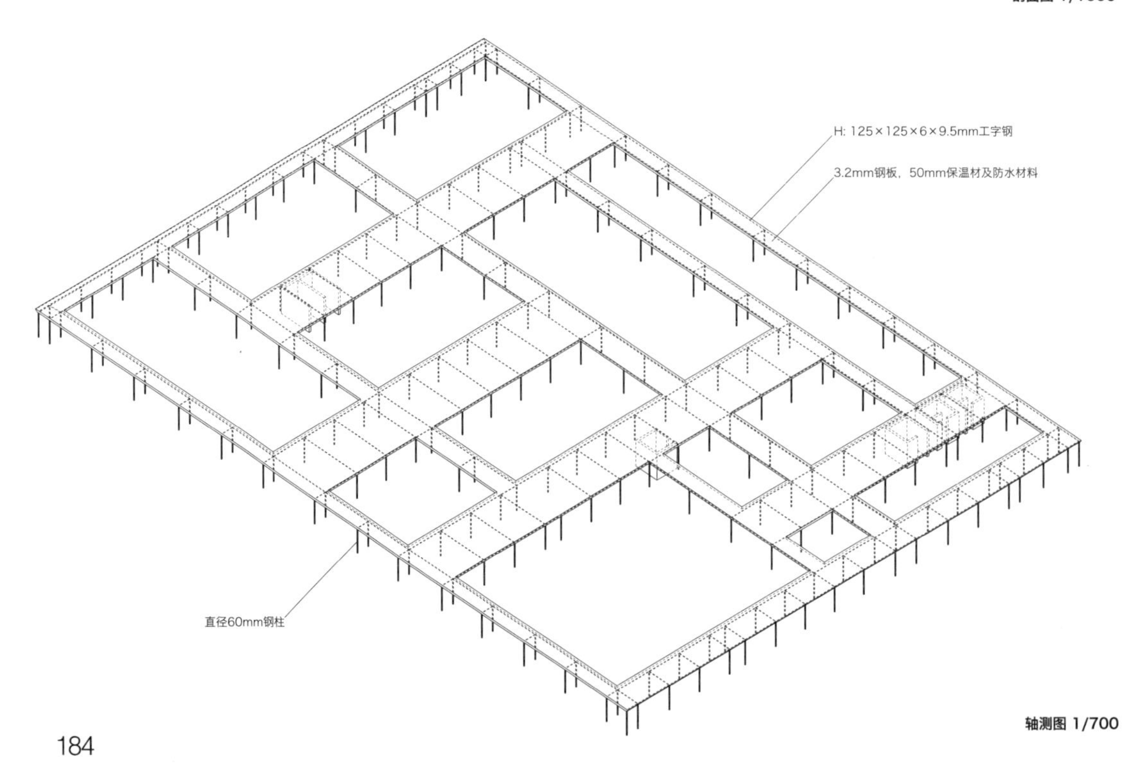

轴测图 1/700

34 斜撑 + 柱 临宁寺永代供养设施“无忧树林”

建筑：妹岛和世建筑设计事务所
结构：佐佐木睦朗结构计画研究所
铝合金结构　2014.05

在寺庙内设计的一处给永久供养人的墓地以及通向寺庙建筑的通道。设施的功能包括供奉堂、休憩入口和平台等。结构采用了铝合金材料，水平荷载由围绕着供奉堂以及零星分布于休憩与平台处的、ϕ20 铝合金斜拉索形成的斜撑外包铝合金面板的结构部件抵抗。竖向荷载则由无规则散布的 ϕ16 和 ϕ17 的铝合金柱支撑。轻薄的 12mm 厚铝合金顺应了排水坡度，有机形态的屋面与地面形态保持了一致。

平面图 1/ 300

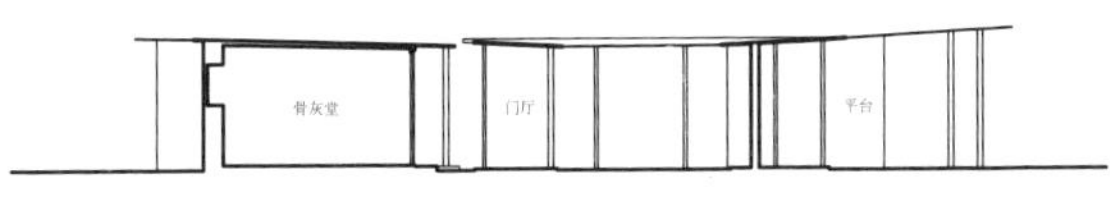

剖面图 1/ 300

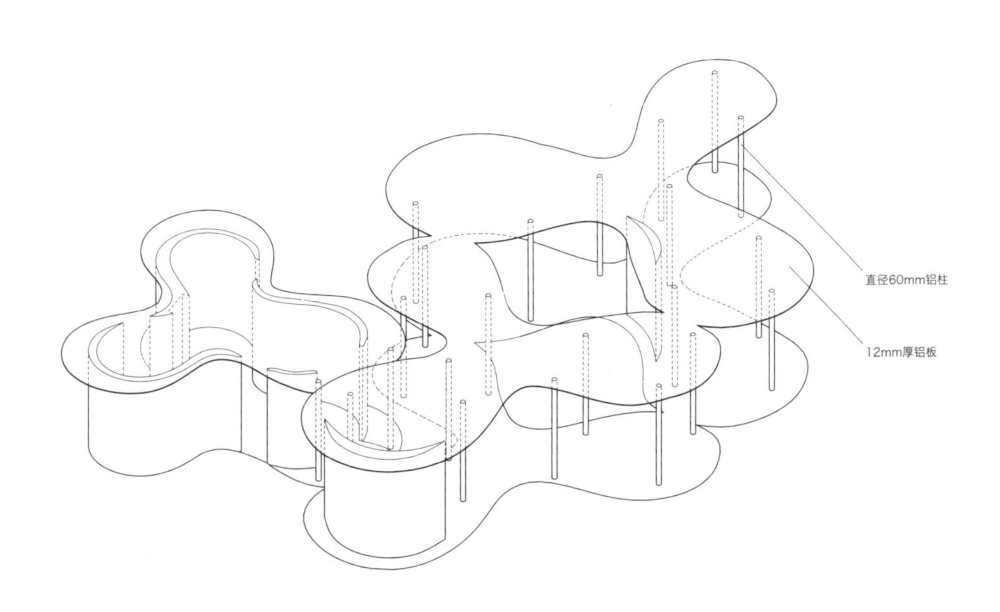

轴测图 1/ 100

35 拉杆 + 柱
神奈川工科大学
KAIT 工房

建筑：石上纯也建筑设计事务所
结构：小西泰孝建筑结构设计
钢结构　2008.01

约 2 000m²，层高为 4.0~4.5m 的单层空间建筑，通过 305 根厚度为 16~55mm、角度与截面尺寸各不相同的扁钢柱形成内部空间的几乎全部物质形式。其中数量约占 2/3 的、厚度在 16~26mm 的扁钢柱为抵抗水平荷载的拉杆，其余 28~55mm 厚度的扁钢柱为竖向支撑的柱子。拉杆通过在屋面施工时预先施加应力后与地面基础锚固，来形成足够的刚度侧向抵抗。并由此使得柱子变得纤细。随着扁钢柱的分布以及角度的不同，各部分的区域在模糊的界定中成形。均质而有着微妙差异的纤细竖向构件是这里唯一的结构物。除此之外，空间内外的植物穿越透明的玻璃边界形成视觉上内外间的模糊。犹如天上繁星般的不规则与合理性的矛盾混合，是这里的结构与建筑的共同目标。

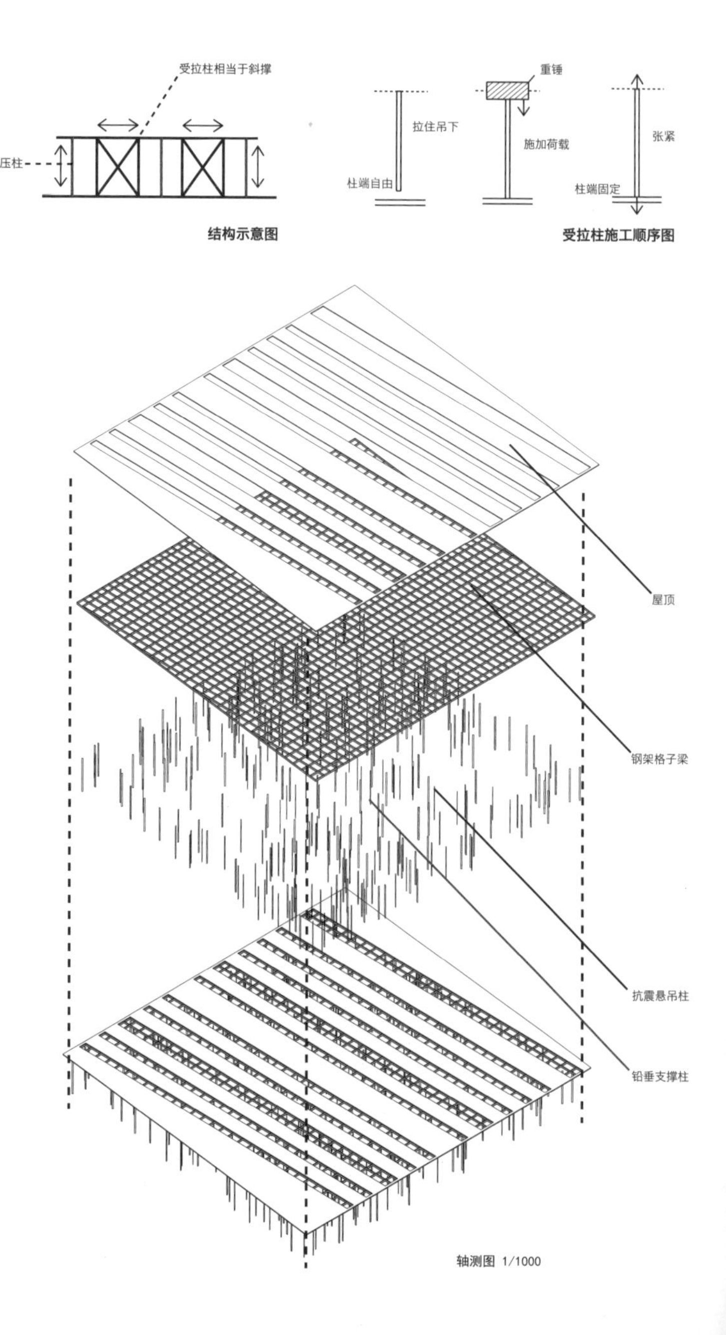

轴测图 1/1000

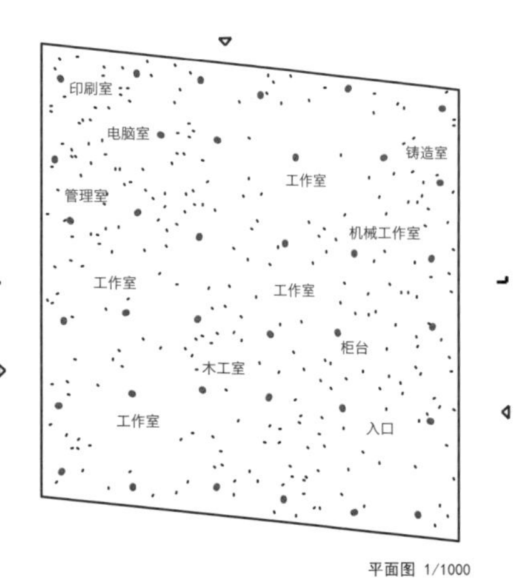

平面图 1/1000

剖面图 1/1000

36 直墙 - 01 House K

建筑：宫晶子 / Studio 2A
结构：名和研二
木结构　2008.03

位于茂密树林中的这座住宅力求最大化地将周围的自然环境纳入到内侧居住的视野之内。结构上通过相互连续的四组放射状木板与木柱组合成叠合木板墙，来形成可靠的侧向抵抗。三层的住宅由厚 99mm、长 1 600mm 的统一尺寸的木板墙在内部成组支撑。沿住宅四周全部设置了通高的玻璃，固定玻璃的竖向钢框架同时也是外周竖向支撑的结构构件。

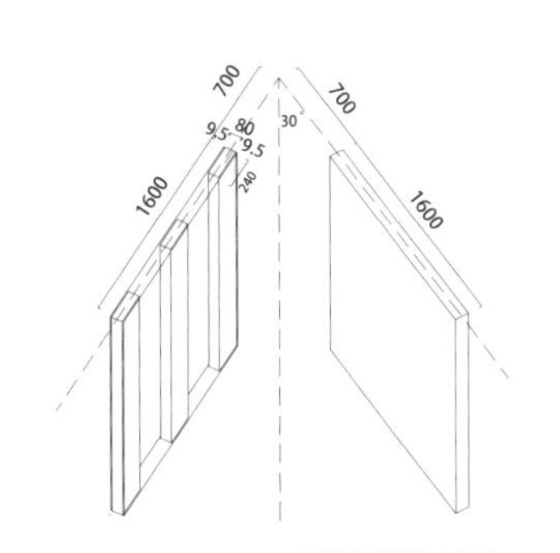

木壁柱详细图 1/40

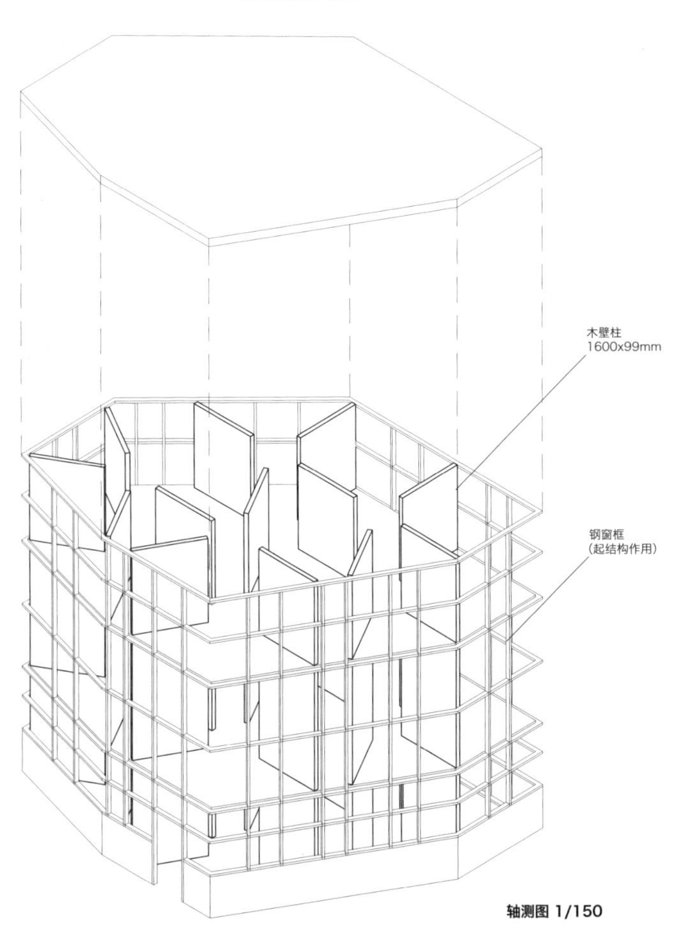

轴测图 1/150

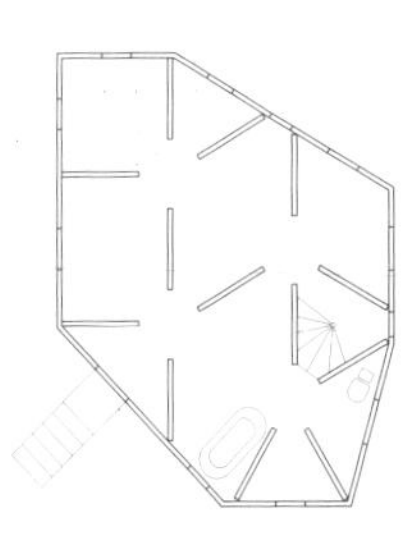
平面图 1/300

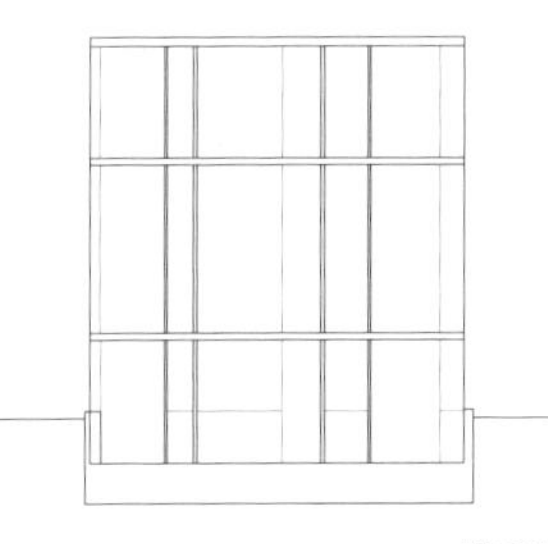
剖面图 1/300

37 直墙 - 02 花匠工作室

建筑 + 结构：小川晋一都市建筑设计事务所 + 池田昌弘
钢 + RC 结构　2014.05

建筑面朝斜坡树林的三个面都形成无柱玻璃的全开敞。近 5m 的悬挑屋面通过钢结构来减轻结构自重。沿建筑背侧布置的连续墙体形成了对钢结构悬挑屋面的拉结。地上建筑的楼板也形成了 3m 左右的悬挑，为此，箱形地下室可以有效地防止建筑物受悬挑而出现倾覆。

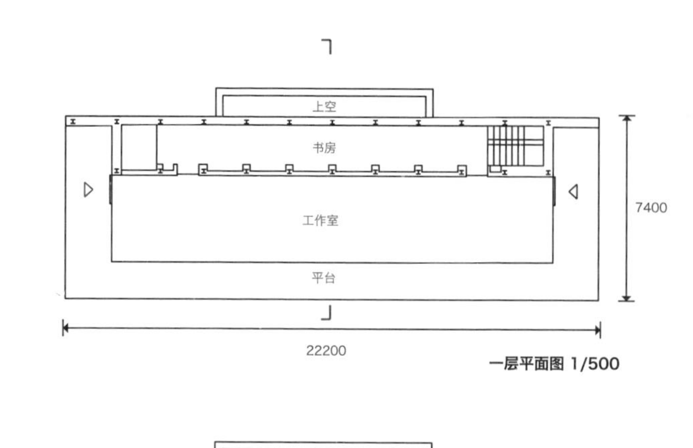

一层平面图 1/500

地下层平面图 1/500

剖面图 1/500

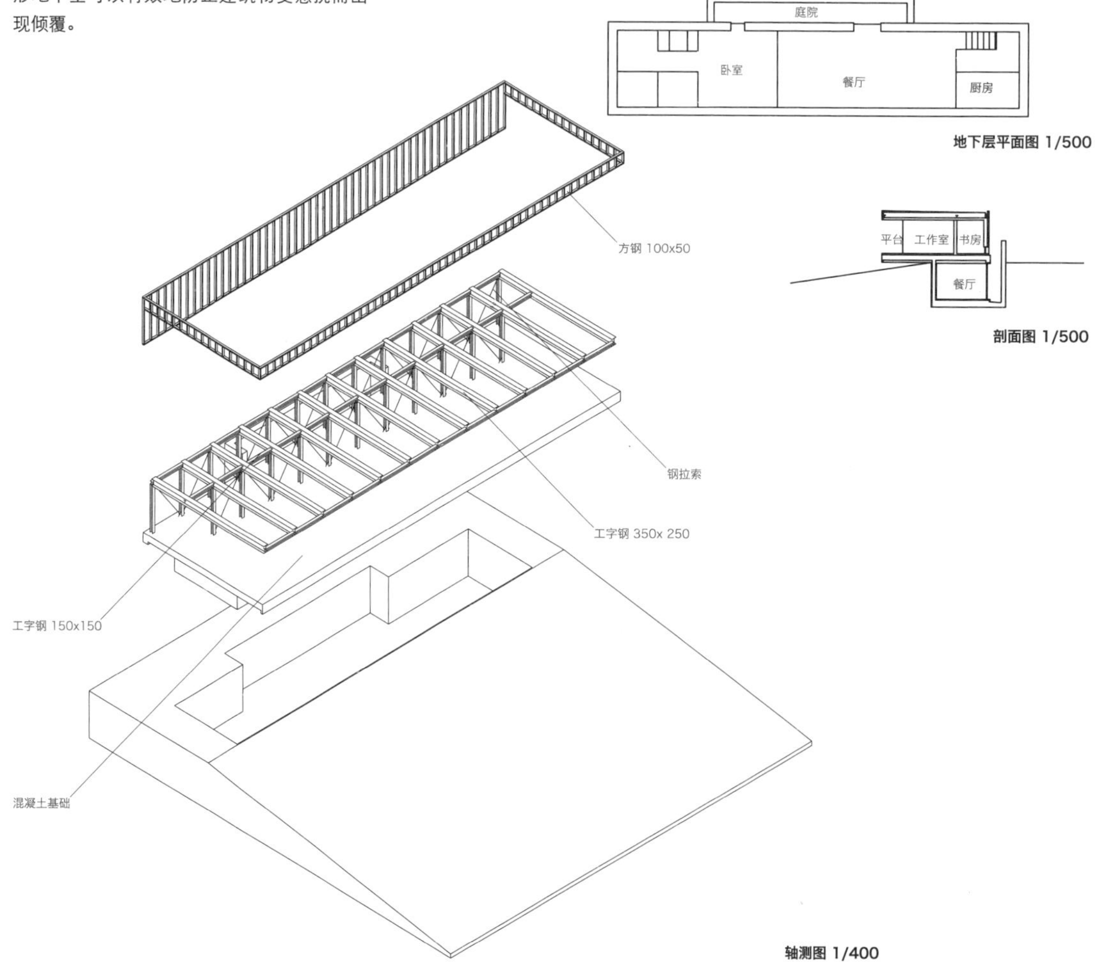

轴测图 1/400

38 直墙 - 03 梅林之家

建筑：妹岛和世建筑设计事务所
结构：佐佐木睦朗结构计画研究所
钢结构　2004.03

为了对应建筑与功能上的要求——内外之间的同质化与连续性，以及五口之家的生活需求，位于东京近郊的这座立方形体量的住宅，其内外都采用了开有大小不同洞口的薄片钢板墙形成结构。内外均质化的墙面呈正交方向连接在一起。墙面被直接作为竖向与水平向的支撑结构。为了消解构筑性来获得更加抽象的空间，墙体采用了仅 12mm 厚的钢板。由于钢板墙体需要在现场按照三层分别焊接成型，为了确保施工精度，原先 12mm 钢板改为 16mm 厚度，以减小焊接之后的收缩造成的二次应力的产生。

一层平面图 1/300

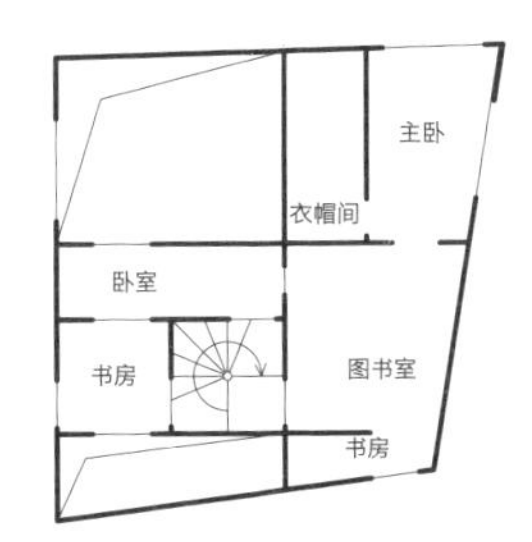

二层平面图 1/300

三层平面图 1/300

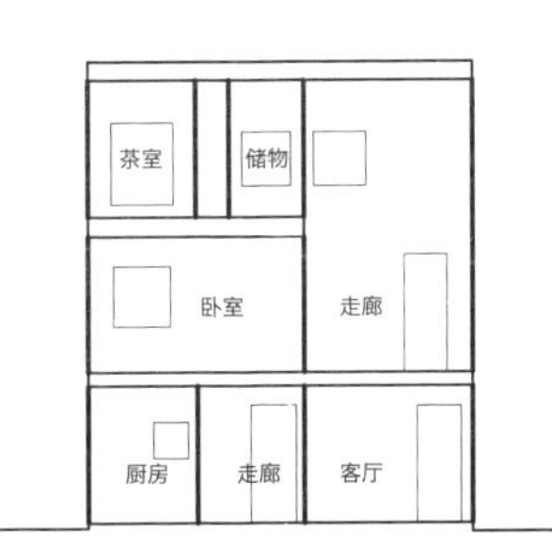

剖面图 1/300

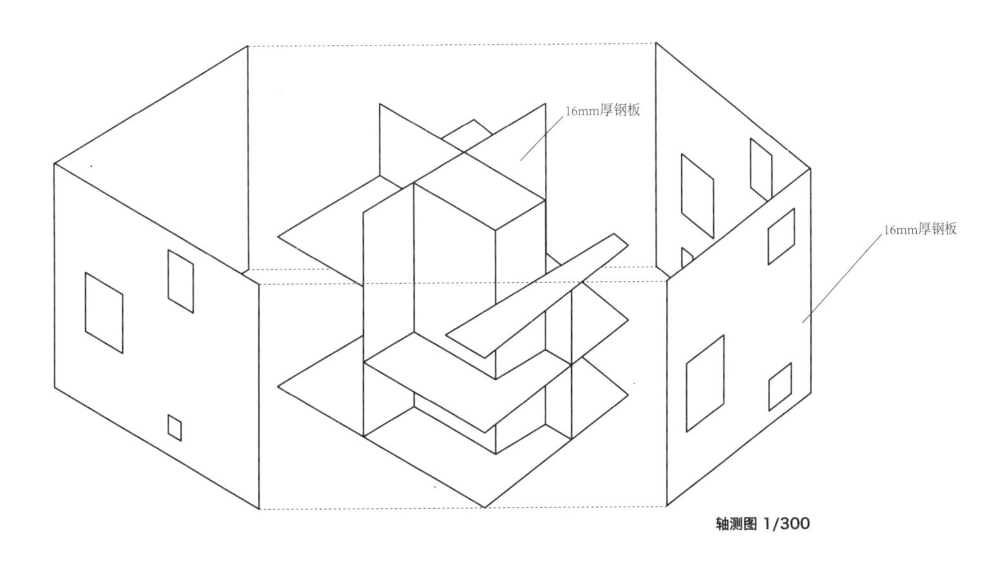

轴测图 1/300

39 曲墙 - 01 犬岛“S 邸”

建筑：妹岛和世建筑设计事务所
结构：佐佐木睦朗结构计画研究所
有机玻璃结构　2010.06

这是一处建在海岛村落间坡道一侧的艺术画廊。村落错落的精致化以及轻量化的尺度感，使得这个透明建筑纯粹的弧形体量，由原先的单片弧墙细分成由 1m 直径连续圆弧相接而成的有机玻璃结构。原来薄壁的有机玻璃通过圆弧曲率的方式，既可以使有机玻璃作为支撑的结构材料，同时也可以减小结构墙的壁厚，从而降低结构的自重。

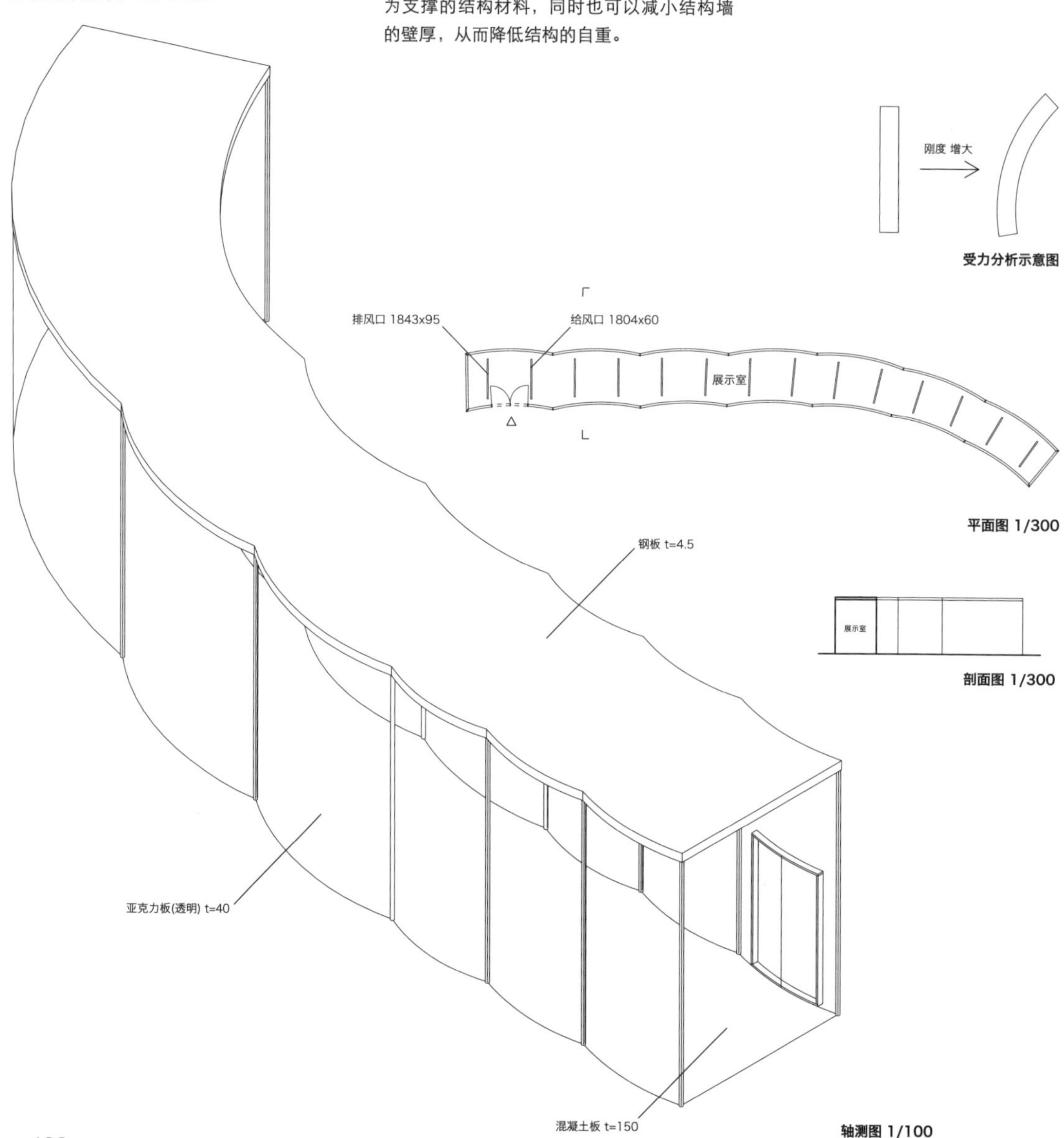

40 曲墙 - 02
Dragon · 利利的家

建筑：山本理显设计工场
结构：佐藤淳结构设计事务所
木结构　2008.08

为了营造富有童趣的家庭氛围，沿着街角两边道路分别平行设置的楔形平面中，建筑的圆弧墙分别从平面边界中切分出茶室、餐厨房、车库、寝室与书房以及儿童室区域、浴室与卫生间的用水区域，剩余的中间部分是起居部分。弧形墙面由纤细的钢框龙骨作为支架，内外面用结构木板覆面形成厚度仅60mm的复合弧墙支撑顶部的钢梁和屋面，并同时作为水平方向的抵抗构件。房间的入口由弧墙部分切出拱形门洞，既保证了弧墙面上受力的连续分布不受影响，也使室内的空间形态更加亲切和丰富。

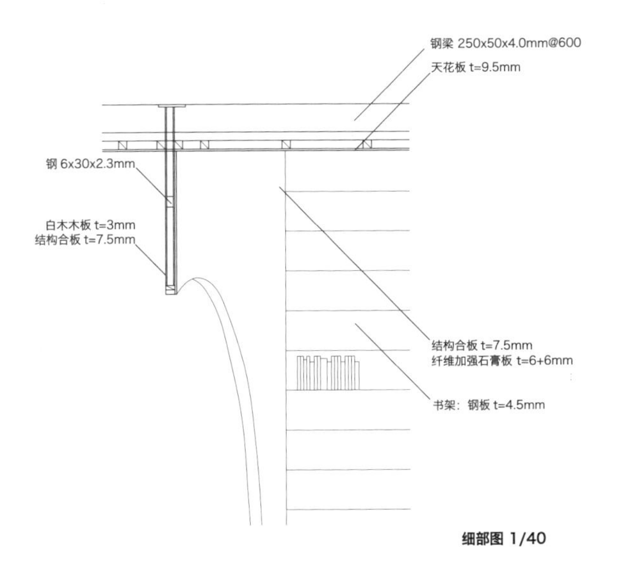

细部图 1/40

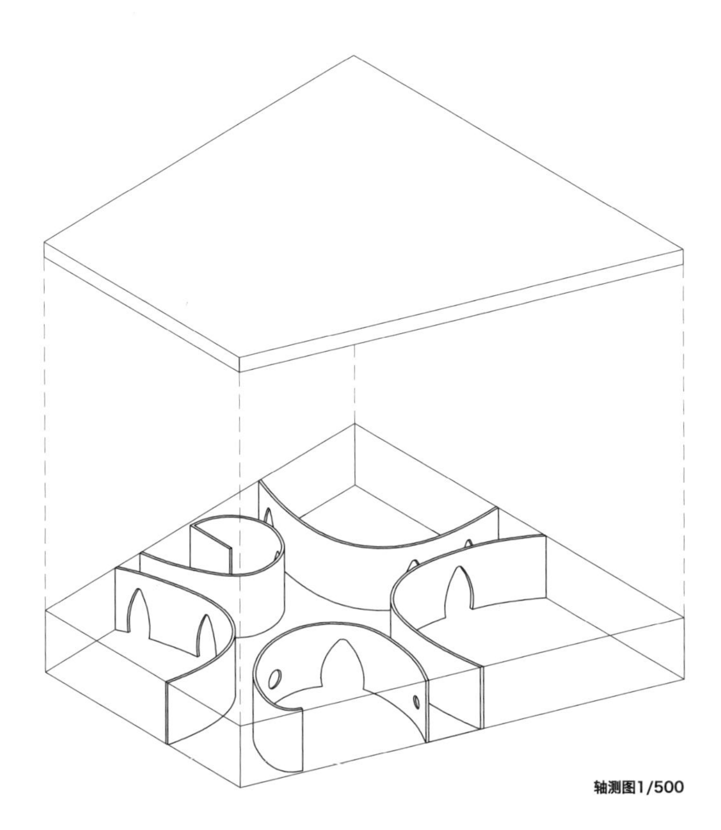

轴测图1/500

平面图 1/500

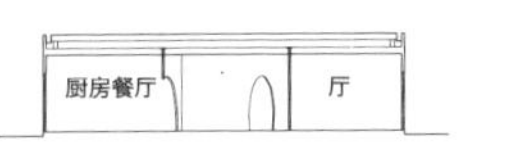

剖面图 1/500

41 曲墙 - 03 多摩美术大学附属图书馆

建筑：伊东丰雄建筑设计事务所
结构：佐佐木睦朗结构计画研究所
SRC 结构　2007.02

这座两层的钢筋混凝土结构建筑，如果采用通常的钢筋混凝土框架结构与抗震斜撑组合的话，显然会造成与周围绵延的草坪以及树冠绿茵下惬意的读书场所的格格不入。因此，钢筋混凝土框架结构与斜撑的组合被统合成为肋拱形的梁柱一体式结构。遍布内侧的，跨度在 1.8~14.5m 的各种拱券在分割与连续之中呈现出空间的多样性、透明性及柔软性。其得益于双向弧度各异的连续墙面的布置增强了建筑整体上的抗侧性能，也在某种程度上实现了仅 200mm 厚的 SRC 墙体结构。混凝土不仅确保了钢骨结构的耐火要求，还满足了结构抗屈曲的性能。

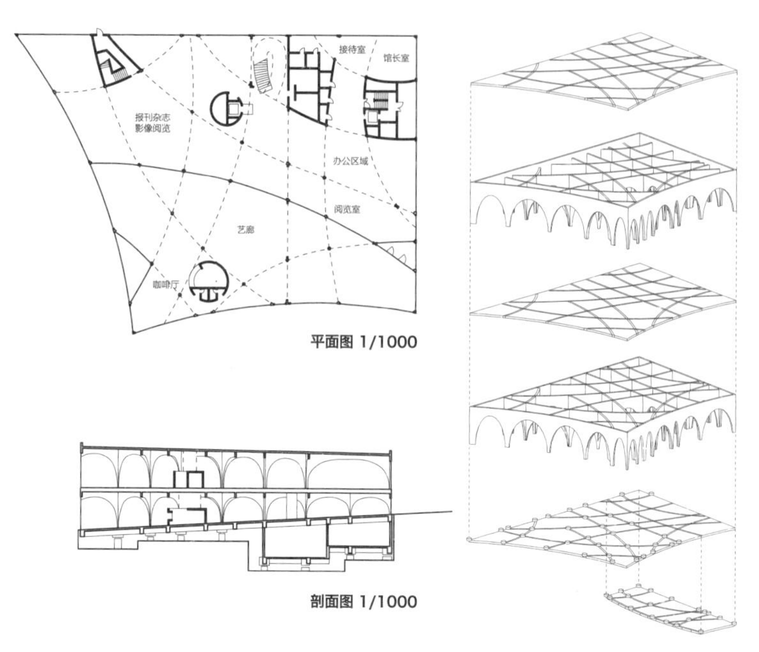

平面图 1/1000

剖面图 1/1000

分层架构示意图

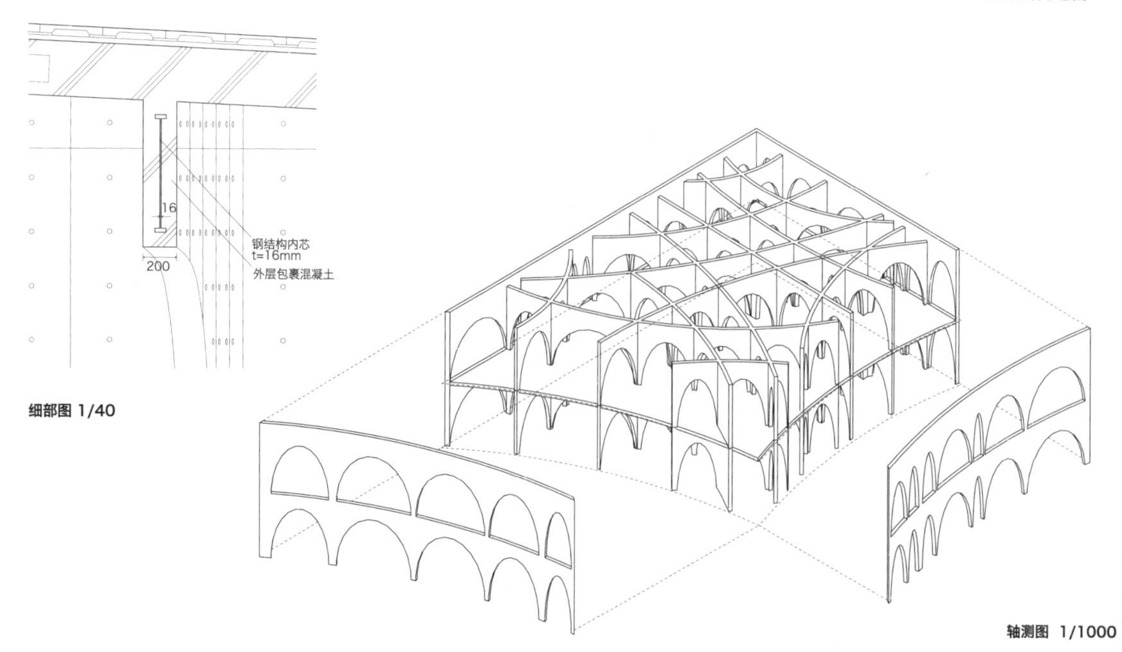

细部图 1/40

轴测图 1/1000

42 曲墙 - 04 有元牙科医院

建筑：妹岛和世建筑设计事务所
结构：佐佐木睦朗结构计画研究所
钢 + 木结构 2006.08

有机的弧形平面形状使这座建筑与周围的住宅在性格上被明显地区分开来。这栋占地仅 450m^2 的单层建筑，其结构由 12mm 厚钢板圆弧片墙组成。圆弧钢板墙既可以抵抗竖向荷载，又可以形成在各个方向上的有效水平抵抗。12mm 的墙身厚度是根据焊接精度控制的最小要求确定的。限于造价方面的原因，在满足结构要求的用量下，划分内部房间的曲面弧墙是由 9mm 厚双片胶合板形成的。钢板与胶合板弧墙均施以白色涂料，使得内部的空间呈现出抽象与均质的流动性。

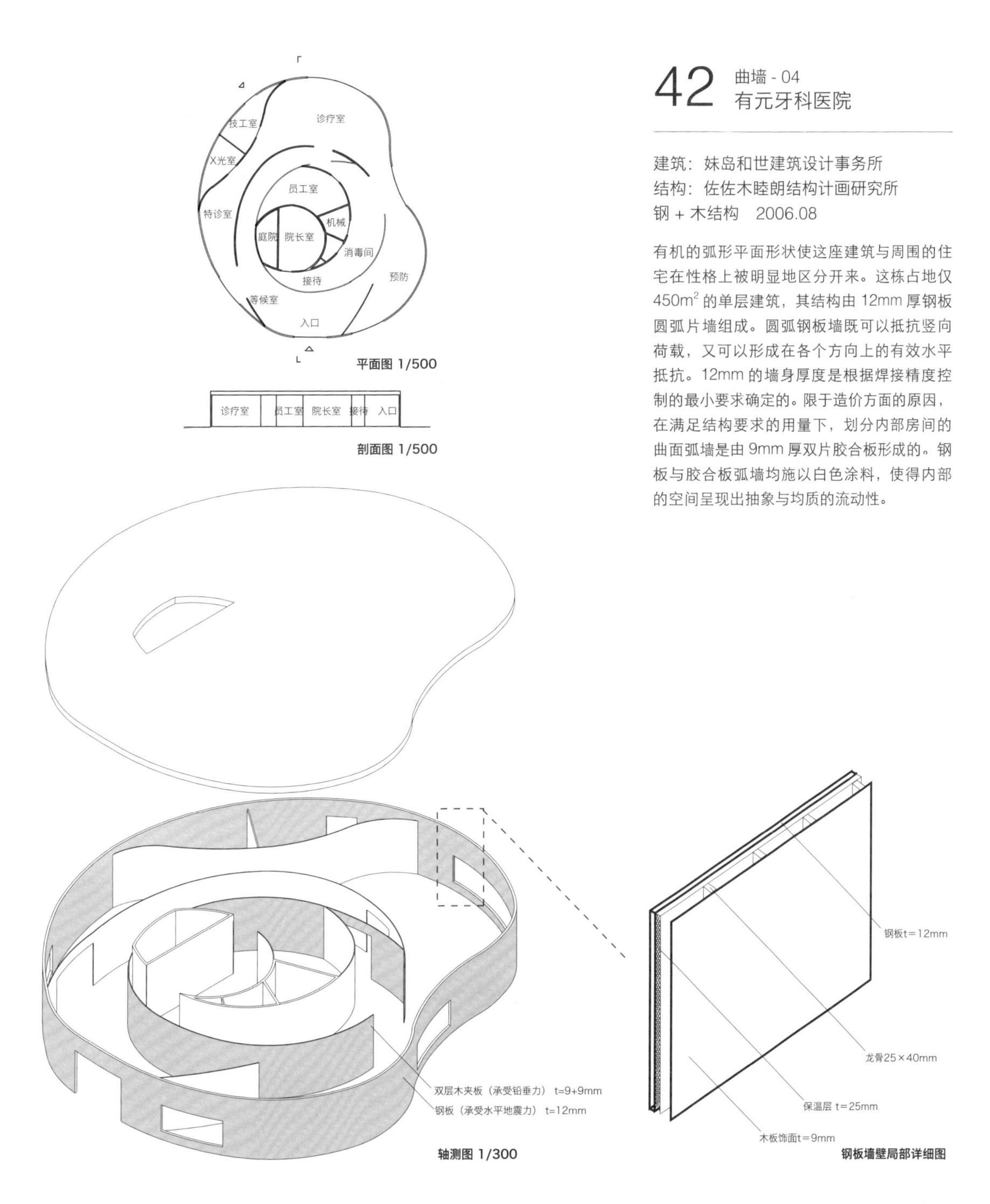

43 曲墙 - 05 NYH

建筑：aat + YOKOMIZOMAKOTO
建筑设计事务所
结构：佐藤淳结构设计事务所
钢结构　2006.04

矩形平面建筑从地下一层至地上四层，是由两片或三片弧形的钢板墙，以形态各异的方式支撑的。并且不同的钢板墙在相交叉的部位形成开口。12mm 厚钢板是焊接精度允许的最薄厚度。弧形的曲率不仅使钢板在高度方向的屈曲得到控制，并且可以在纵横两个方向上形成对水平荷载的抵抗。两侧端部的开口部分，通过设置竖向的钢骨柱以及防屈曲支撑来确保荷载与刚度上的要求。

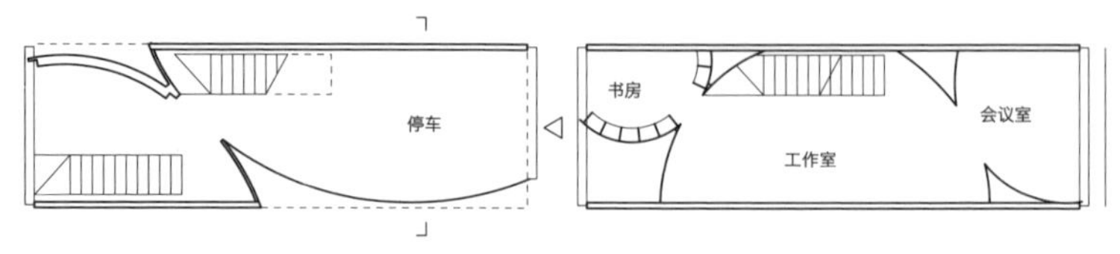

一层平面图 1/200

二层平面图 1/200

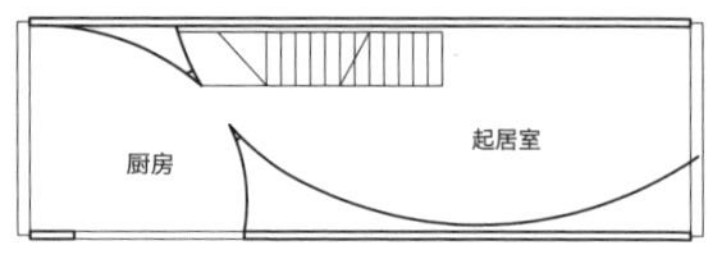

三层平面图 1/200

卧室

浴室

四层平面图 1/200

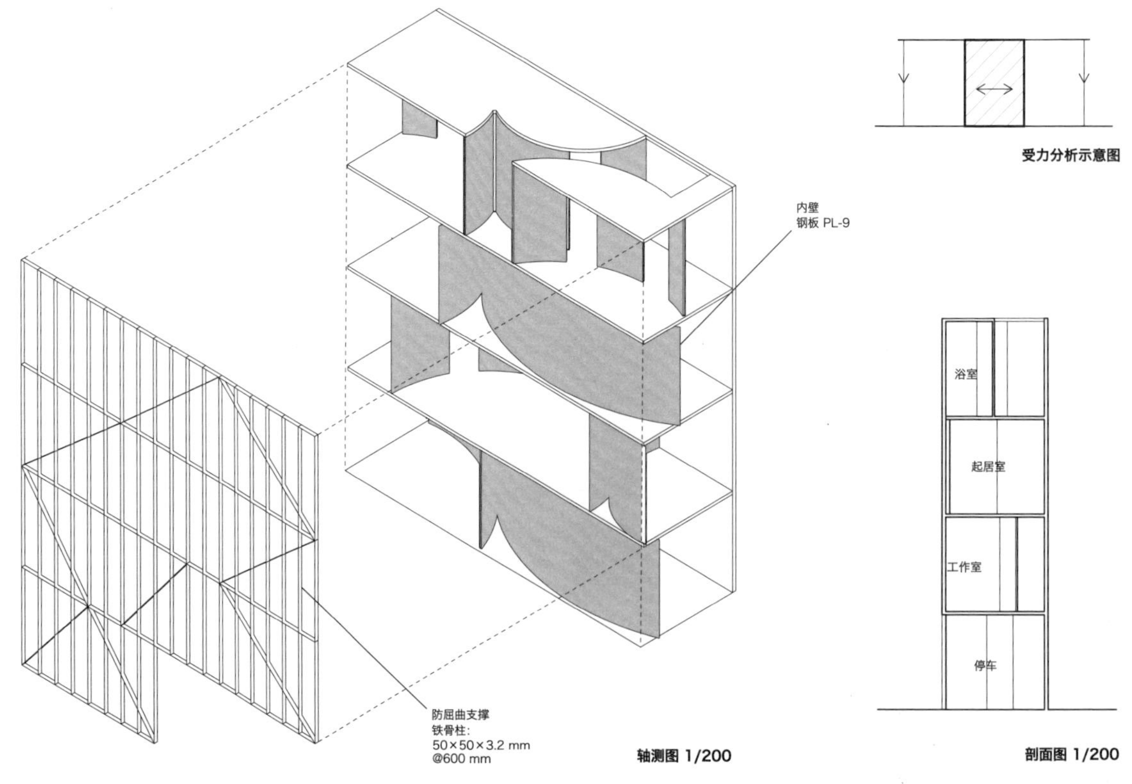

受力分析示意图

轴测图 1/200

剖面图 1/200

44 曲墙 - 06 清里艺术展廊

建筑：冈田哲史建筑设计事务所
结构：陶器浩一
木结构　2004.05

在约宽 17m，长 63m，高差 4m 左右，周边被 30 多米高的树林所环抱的纵长形基地内，这座画廊的设计构思从 4 片弧线墙开始。船形的弧线具有较直线更强的面外抵抗刚度。木结构的瘦长弧线墙封闭为 4 个集约了厕所等辅助功能的筒体，来作为建筑的主要结构。通过在各个筒体之间架设屋面，形成了画廊主要的展示空间。垂直而锐利高耸的筒体端部抽象地表达了对周边既有环境的另一种再现。

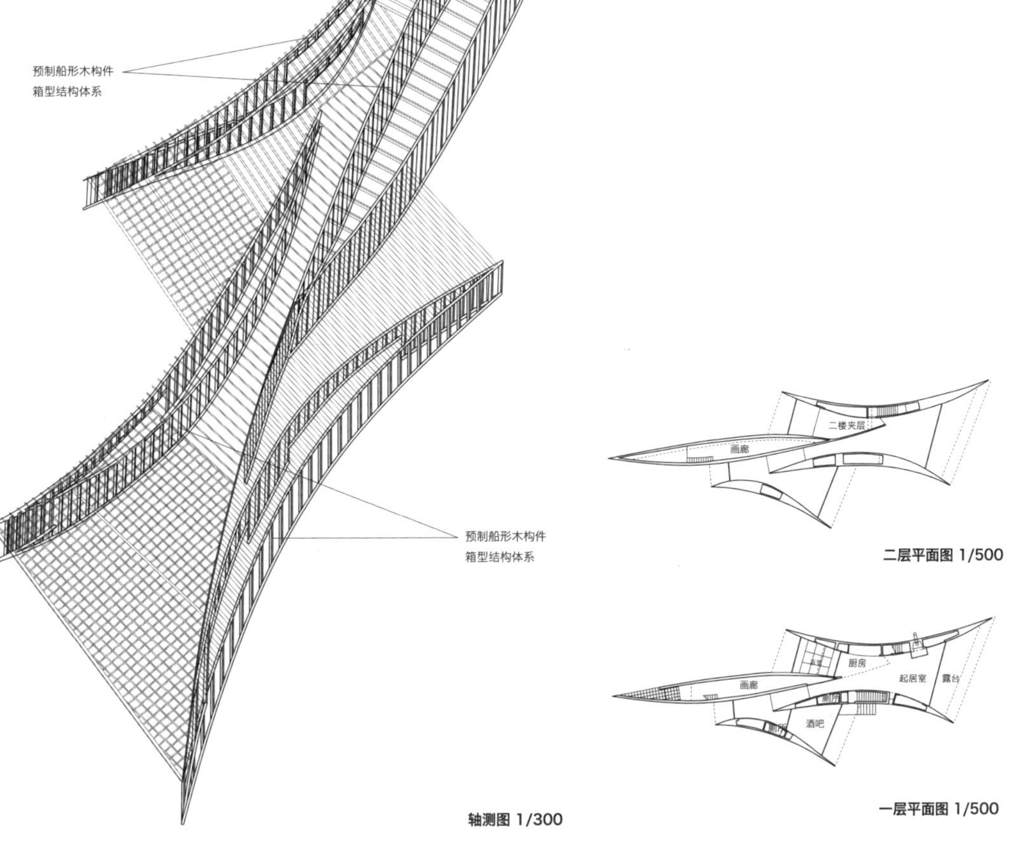

轴测图 1/300

二层平面图 1/500

一层平面图 1/500

45 曲墙 - 07 富弘美术馆

建筑：aat + YOKOMIZOMAKOTO
建筑设计事务所
结构：Arup Japan
钢结构　2005.03

建筑在 52m 见方的平面内，由 33 个半径不同的正圆相切形成内部空间上的分隔。除了其中 3 处钢筋混凝土墙的正圆空间之外，其余空间的围合均采用了钢板弧墙。即便是直径最大 16m 的正圆空间，其钢板墙体的厚度也仅为 112mm。所有钢板弧墙都是由双面 12mm 厚的钢板弧面焊接拼接后中间浇灌混凝土形成的三明治式叠合墙面。不同弧墙相交部分形成的开口组成不同展室之间的参观流线。正圆形的内部分隔与正方形的外部形态以及由此形成的屋面上平面化的方的抽象与圆的重复，都无不在诠释着“富弘”（星野富弘）的美学。

结构原理图

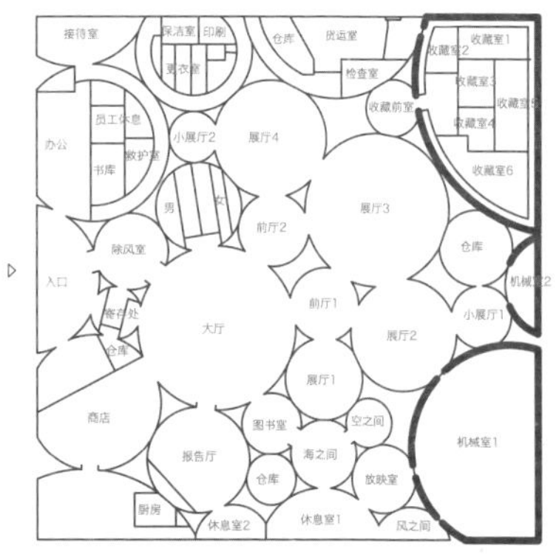

平面图 1/1000

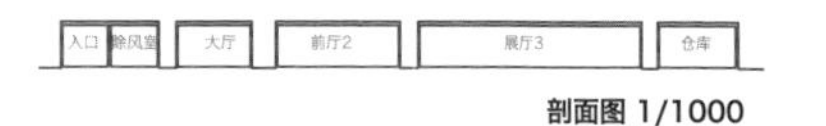

剖面图 1/1000

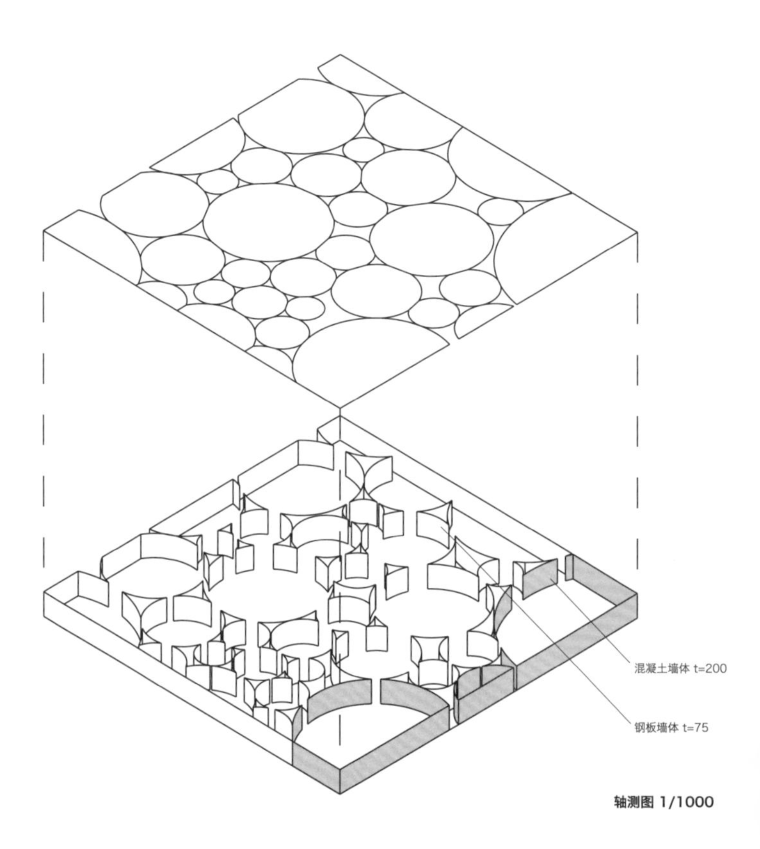

轴测图 1/1000

46 曲面屋架 宫户岛月浜 大家的家

建筑：SANNA
结构：佐佐木睦朗结构计画研究所
木 + 钢结构　2014.07

这是“311 大地震”灾后重建的一处海滨浴场的休憩设施。设计上为了尽量避免斜撑或承重隔墙等结构构件对车辆和人员进出休憩造成影响，结构上采用了下部钢框架与上部木梁形成的单向连续波浪形屋面。波浪形的木结构起伏屋面与下部水平的钢梁在横向上起到了类似斜撑的抗侧效应，连续的屋面又确保了屋面结构的刚度要求。

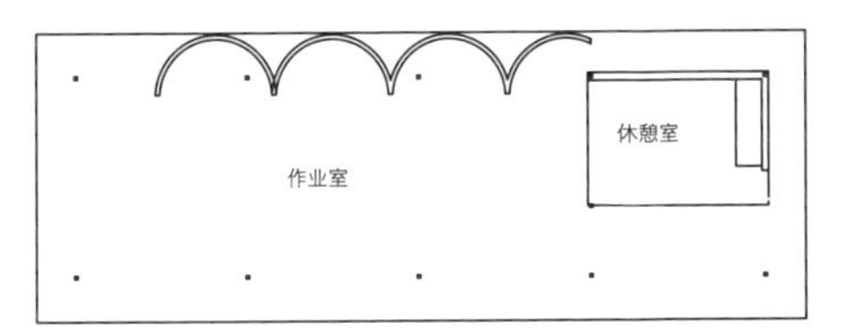

平面图 1/300

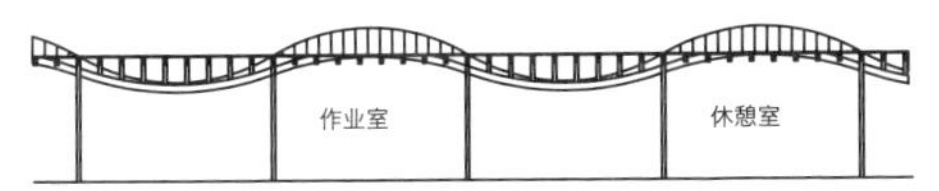

剖面图 1/300

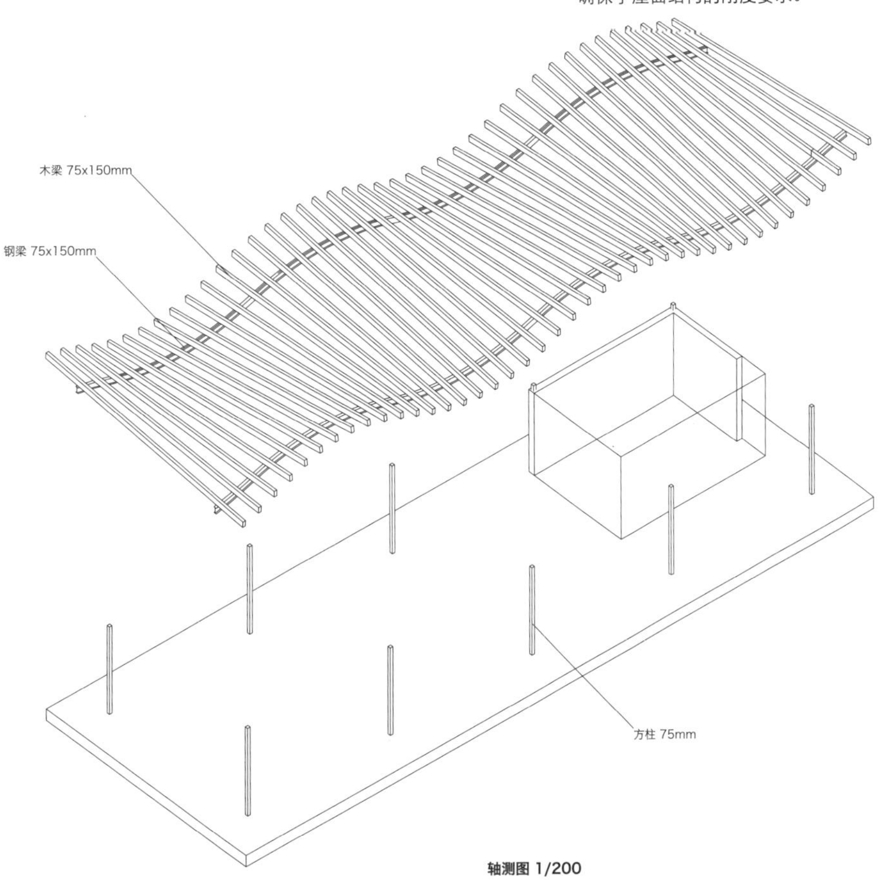

轴测图 1/200

47 曲线支撑 丝带教堂

建筑：中村拓志
结构：Arup
钢结构 2013.12

位于濑户内海度假酒店的这座教堂主要是用来举行结婚仪式的酒店设施。设计采用了象征 DNA 结构的双螺旋形式，不仅意喻新人经历种种分合最终走到一起，也使得教堂形态具有了强烈的标志性。外周的双螺旋结构由两个螺旋楼梯盘旋而上，在顶尖交汇而成。在最高 15.3m 的顶部还可以眺望周边的海景。双螺旋下方则是 80 座的仪式大厅。在东、西、南、北 4 处螺旋楼梯相交的部分，结构上进行了连接，使得双螺旋形成类似立体的斜撑，来形成对水平荷载的抵抗。在螺旋楼梯中间，沿着教堂外周环状地布置了承担竖向荷载的 ϕ100 钢柱。

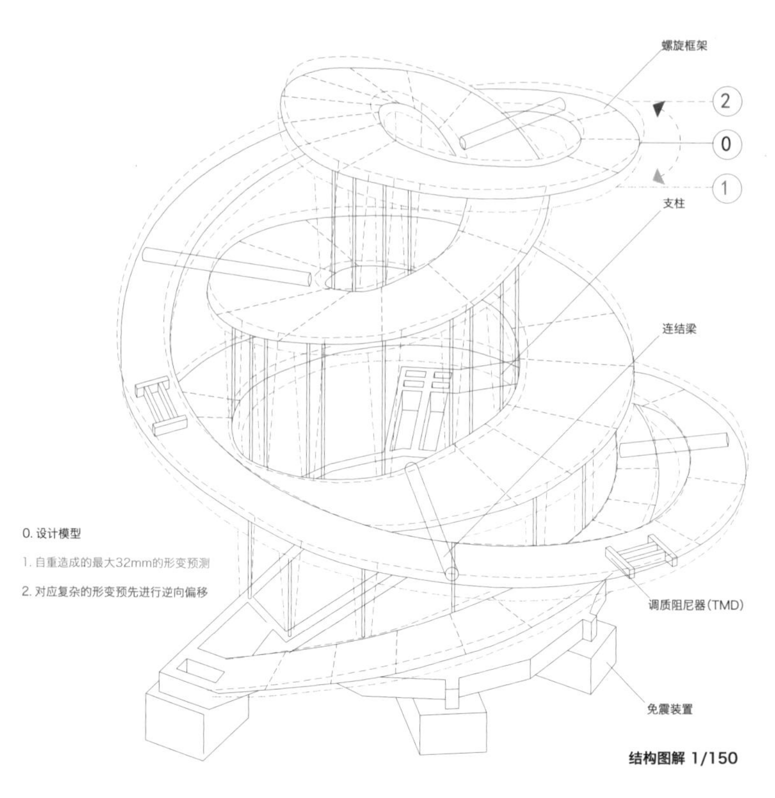

结构图解 1/150

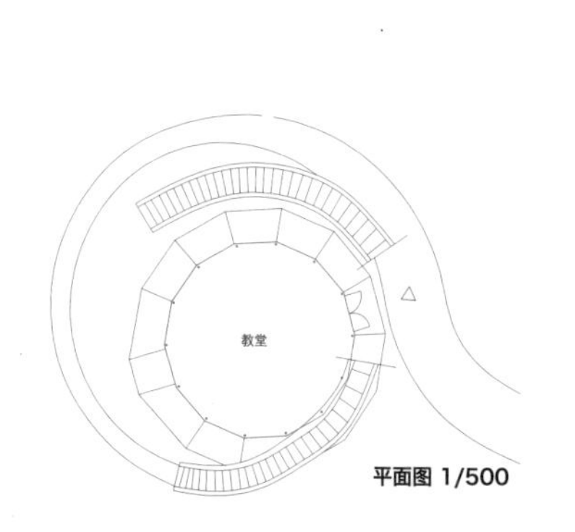

平面图 1/500

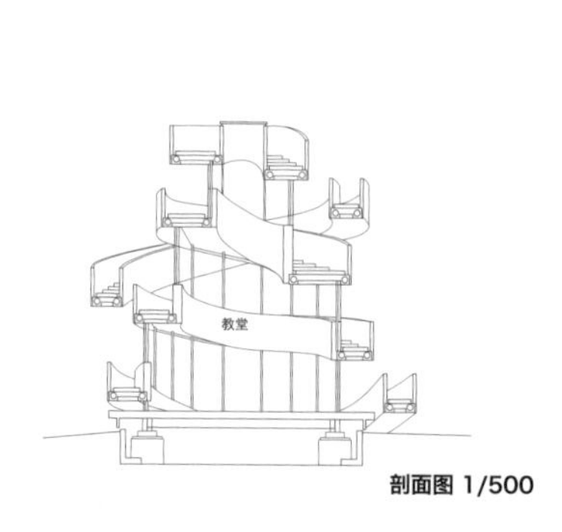

剖面图 1/500

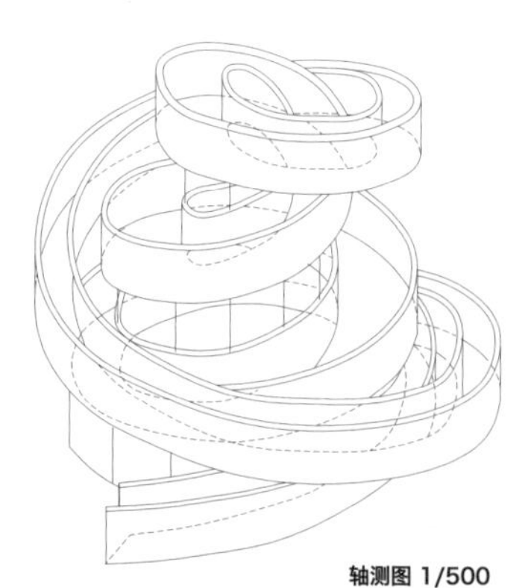
轴测图 1/500

48 悬挑 - 01 HOKI 美术馆

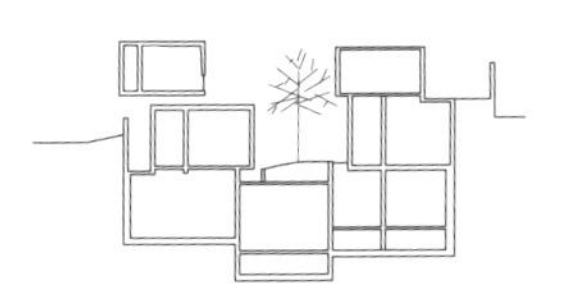

剖面图 1/2000

建筑 + 结构：日建设计
钢结构　2010.08

美术馆外观最为引人瞩目的肯定是那个长度将近 32m 的深远出挑。而在其一侧开设的长条窗更加深了人们对这一浮游的管状结构的好奇。为了实现这一前所未有的结构挑战，设计师充分运用了结构力学的特性，并结合美术馆内部的综合使用功能，通过设置内部的回游参观流线，并在其间设置长条形筒状设备房间来承担出挑结构的集中应力，从而使得被长条窗打断的，并没有封闭的外部矩形箱体在减轻自重的基础上获取足够的刚度，从而实现令人惊异的结构形态。

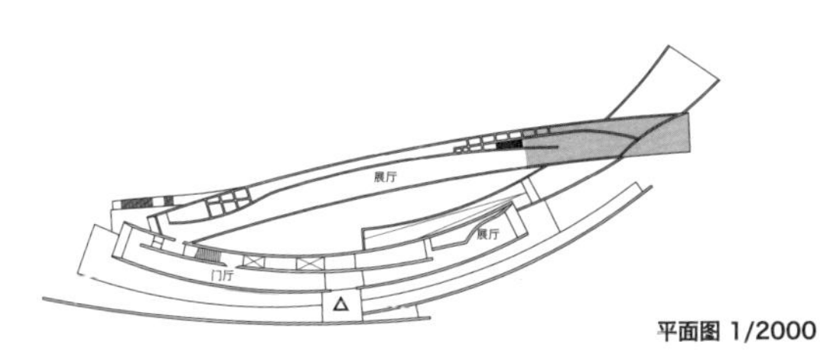

平面图 1/2000

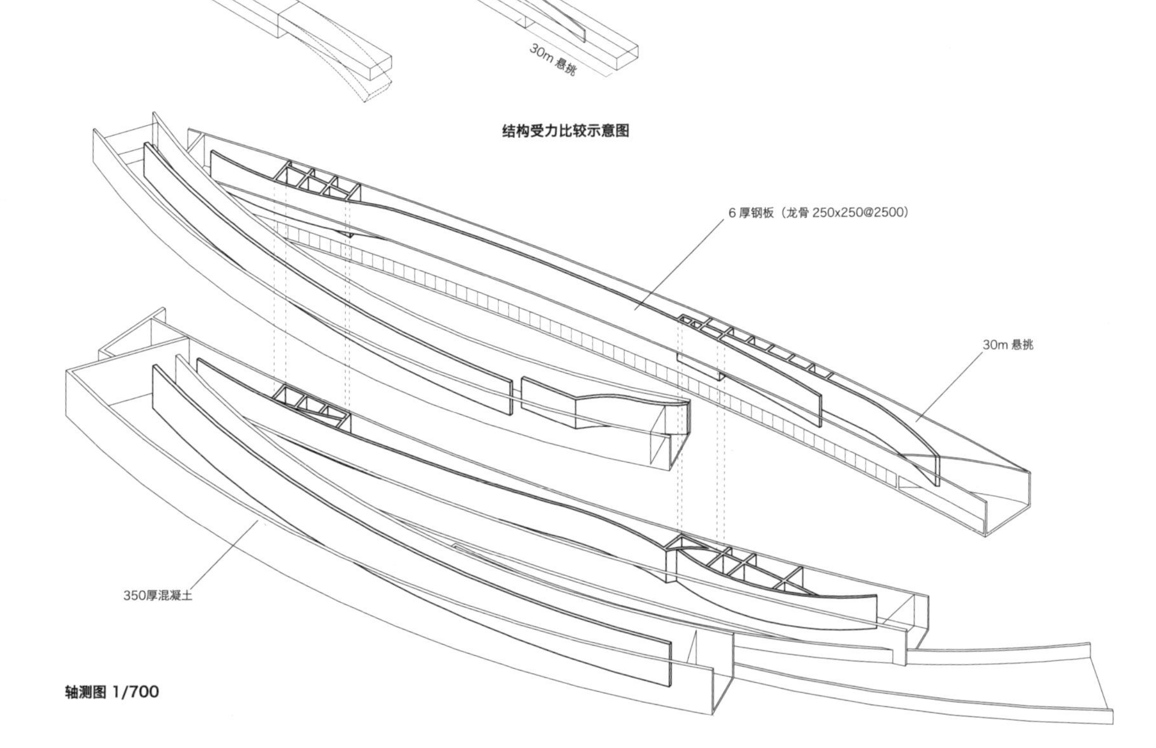

结构受力比较示意图

轴测图 1/700

49 悬挑 - 02 坡顶之家

建筑：手塚贵晴 + 手塚由比　手塚建筑研究所
结构：大野博史 / Ohno Japan
钢 + 木 + 混凝土结构　2009.05

一处业主希望将周边绿化环境与室内空间形成一体的别墅。28×9m 的纵长平面内，结构构件只有沿着纵向布置的两道用于抵抗水平荷载的 350mm 厚钢筋混凝土短墙，以及三列间隔 7.2m、6.3m、6.4m 的 6 根 100mm 方钢柱。平缓的双坡屋面在采用钢屋架来降低自重的基础上，还利用坡顶形式的刚度，进而实现了 5.9m 的悬挑。纤细的方钢柱在巨大的木板吊顶的覆盖下几近消失，进而形成了仿佛漂浮于空中一般的覆盖。

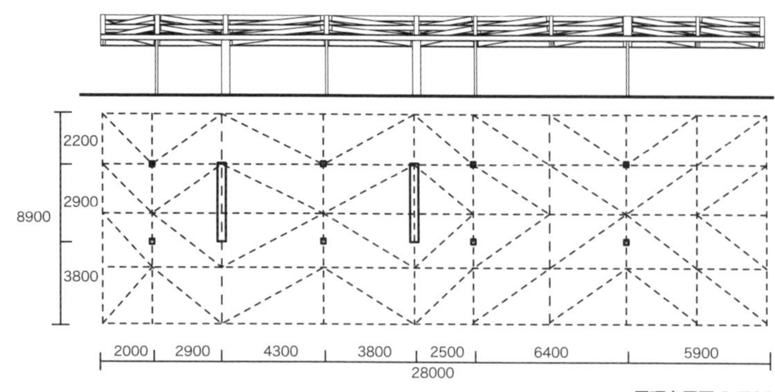

屋顶布置图 1/500

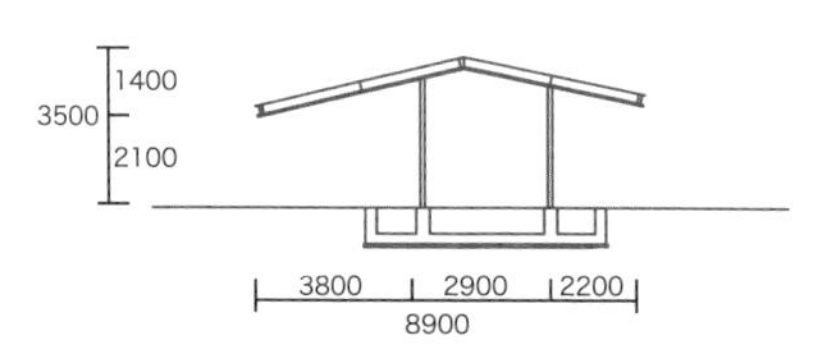

剖面图 1/500

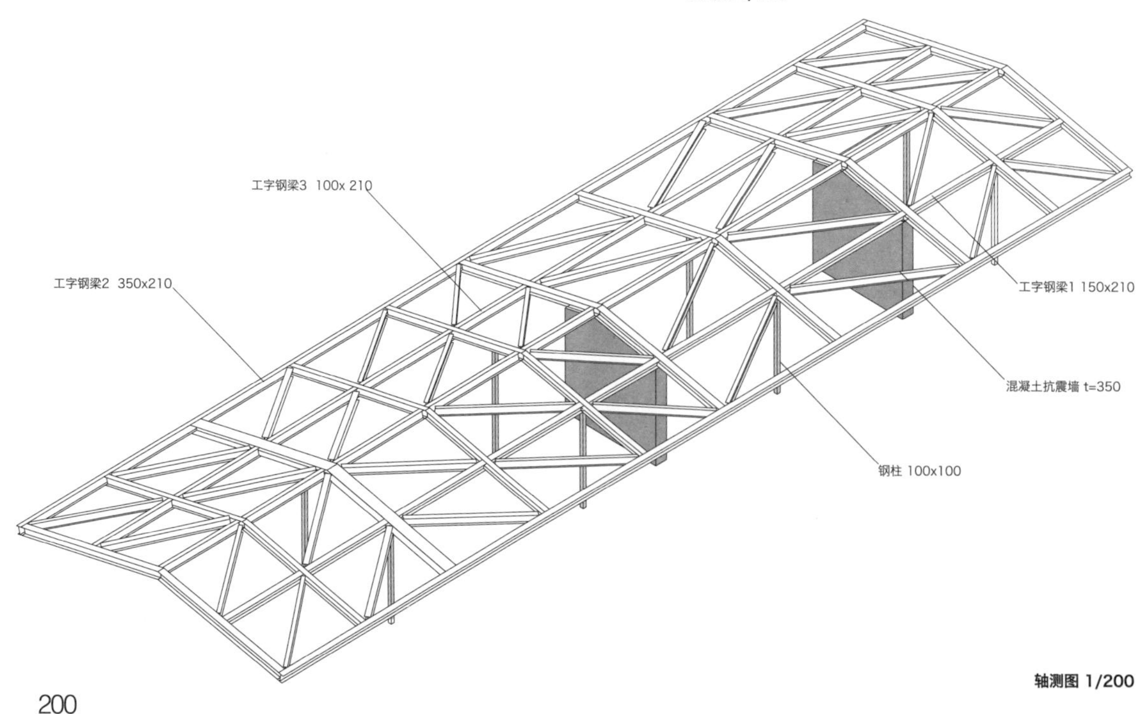

轴测图 1/200

50 悬挑 - 03 Atelier Bisque Doll

建筑：前田圭介 / UID 一级建筑士事务所
结构：小西泰孝建筑结构设计
钢结构　2009.01

为了保证这座被周围独栋住宅包围的工作室兼展室的私密性和开放性，结构采用了三种要素：作为竖向荷载的书架；屋面的钢网架以及三处由 60mm 厚夹心钢板悬挑而出的“回”字形悬浮外墙。悬挑的要点在于结构构件的刚度与自重的关系，加高悬浮墙面的高度以及减轻自重的夹心钢板使得外墙的悬浮显得不可思议，但其本质却如同用三本不同方向叠放的书本即可实现的简单原理。

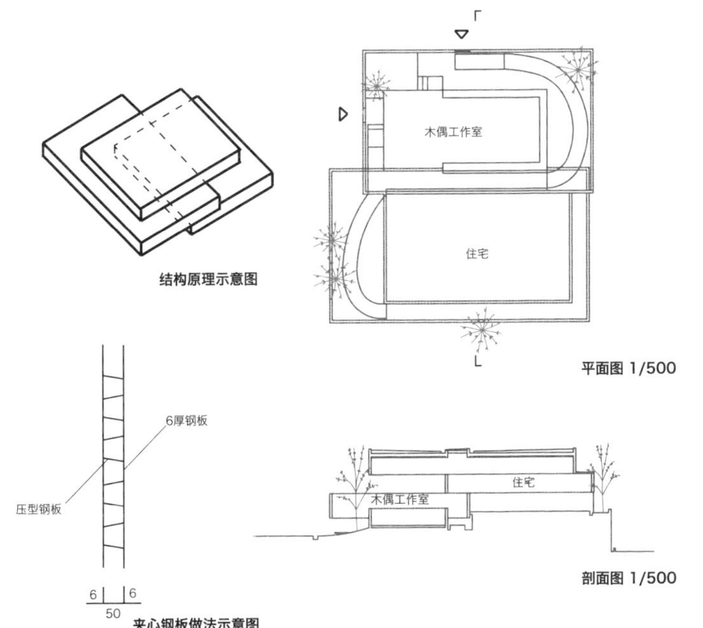

结构原理示意图

平面图 1/500

剖面图 1/500

夹心钢板做法示意图

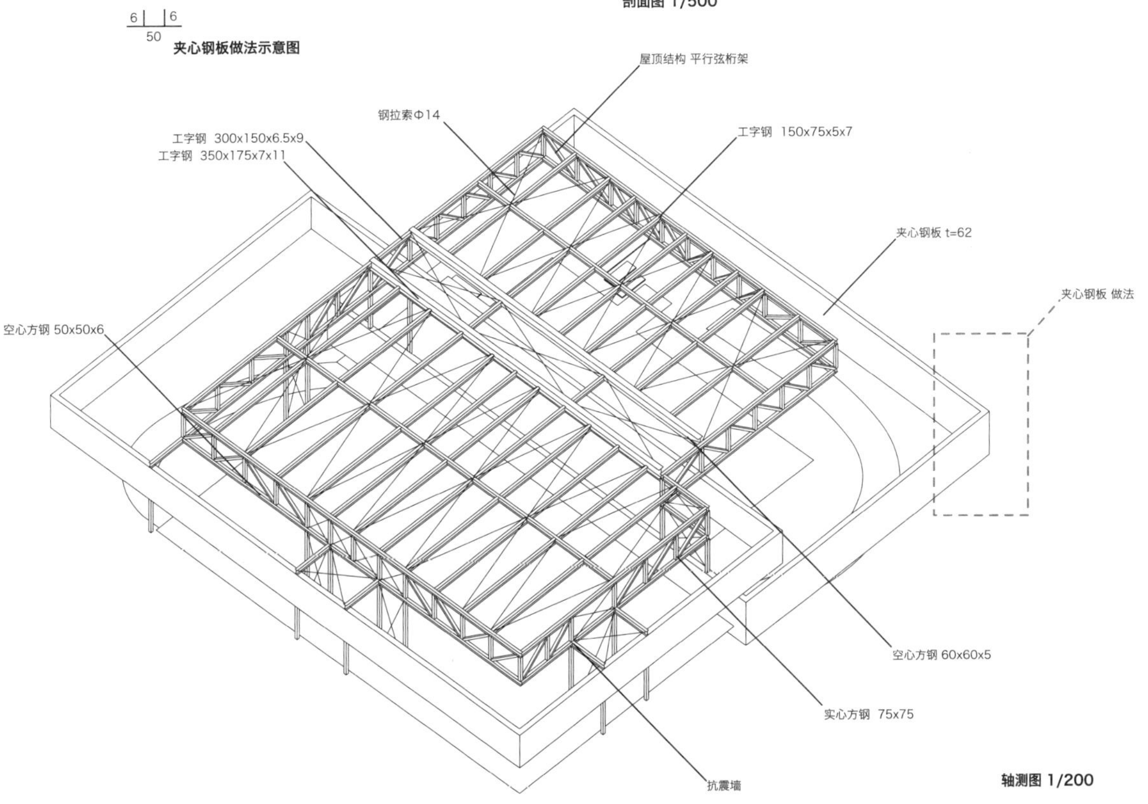

轴测图 1/200

51 悬挑 - 04 濑户内海国立公园 宫岛弥山展望休憩所

建筑 + 结构：三分之一博志
木结构　2013.11

位于紧邻严岛神社，经神道通达山顶处的一处展望所。居高临下可以环视周边景色，因此在设计上考虑尽可能地消除将影响展望视线的结构构件。方形平面以位于中央围合楼梯的竖向筒体作为屋面支撑及水平方向的抵抗。由细木格栅和工字钢梁组合而成的 1.1m 厚的四坡台形屋面向平面四周形成深远的出挑。结构只在平面四个角部设置了 4 根细柱。

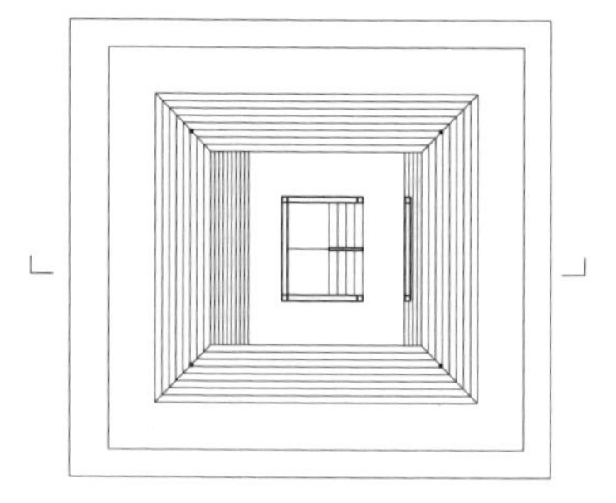

平面图 1/300

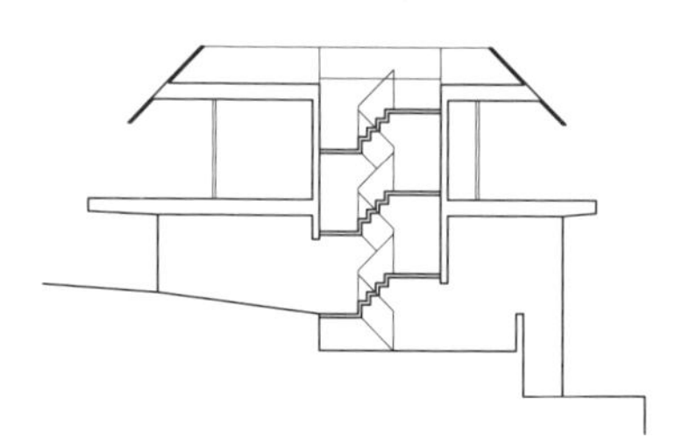

剖面图 1/300

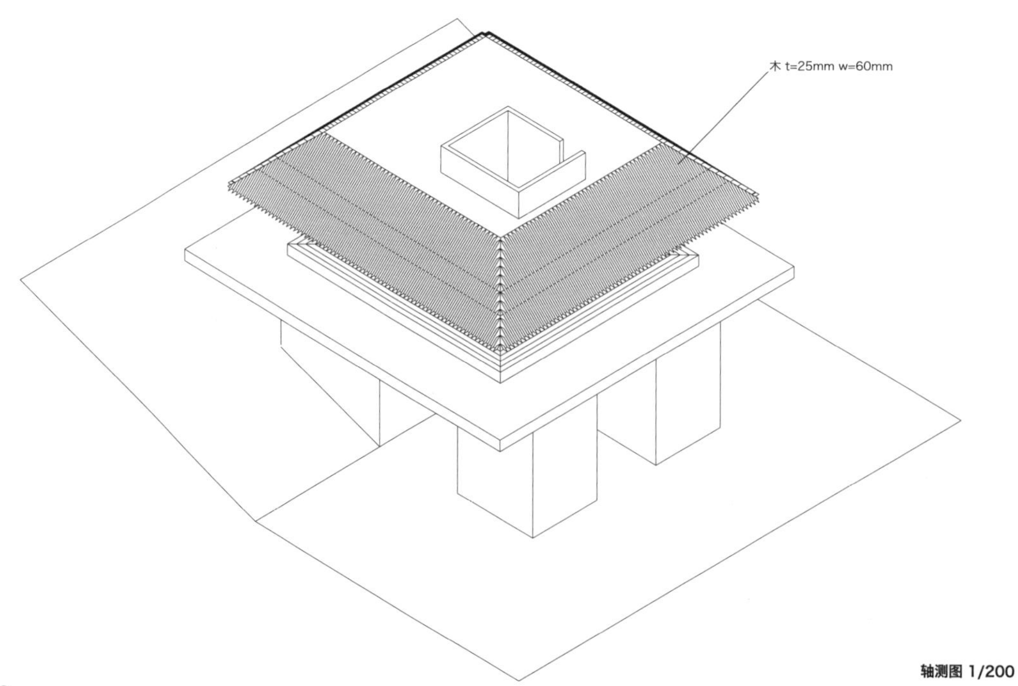

轴测图 1/200

52 大跨 - 01 OG 技研九州支店

建筑：手塚贵晴 + 手塚由比
手塚建筑研究所
结构：大野博史 / Ohno Japan 钢结构
钢结构　2012.06

沿周边 4m 间距布置的 100mm 方柱所形成的 28×28m，高 10m 的内部无柱大空间建筑，提供医疗康复产品的研究、开发、展示与储藏等功能。为了实现 28m 的大跨度，又不致于使繁复的结构构件影响空间的通透感，设计上通过增加结构高度的方式，实现了仅有跨度 1/280 的小断面大跨度结构。水平荷载由布置在外周的柱间拉索形成抵抗，并兼顾了防止紧邻道路一侧物流卡车意外撞击的破坏。同时为了将结构形式从视觉上弱化，设计上还对节点连接进行了精心的设计，以确保结构不会对使用与视觉产生过多的影响。

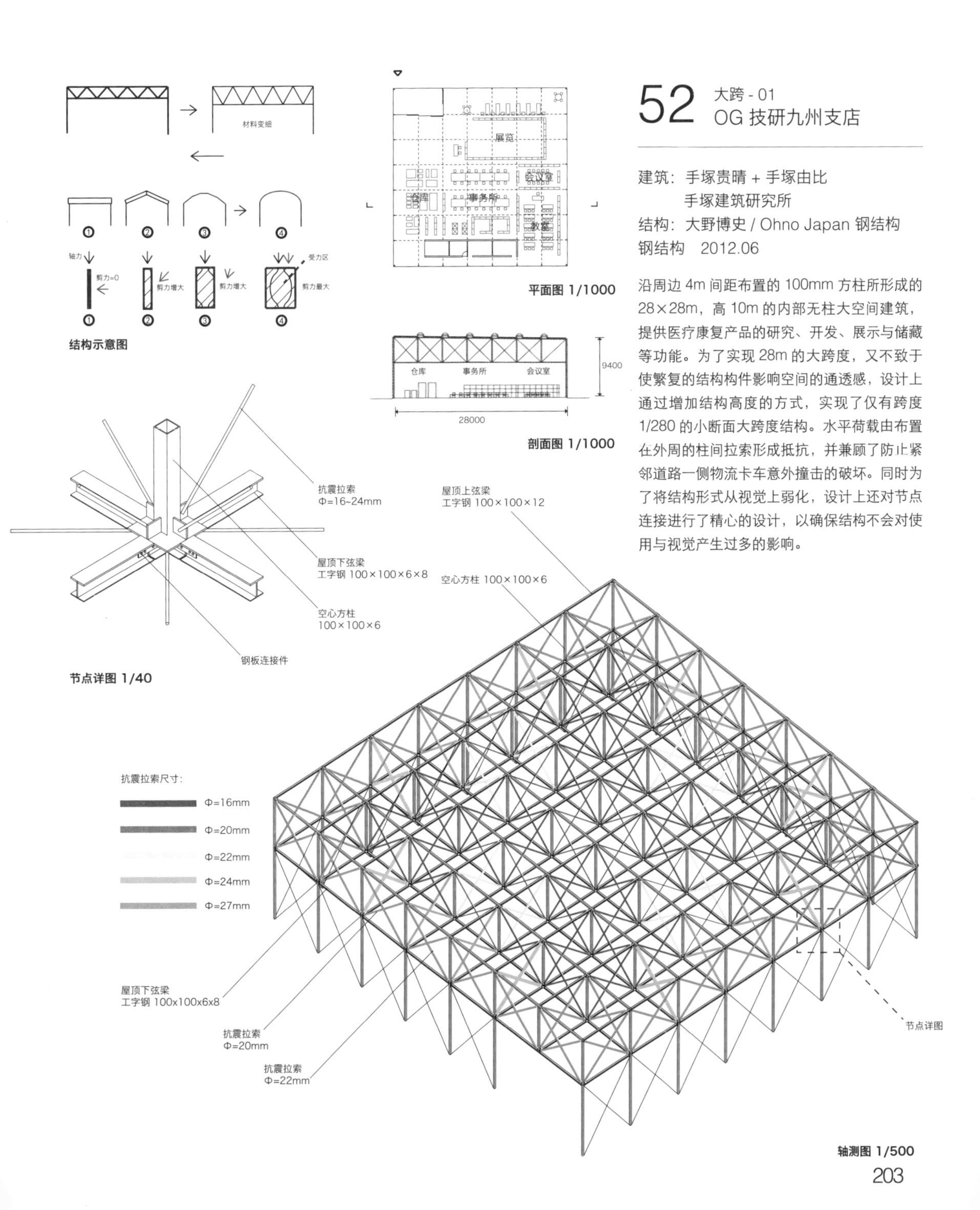

结构示意图

平面图 1/1000

剖面图 1/1000

节点详图 1/40

轴测图 1/500

53 大跨 - 02 九州文艺馆别馆 1

建筑：末光弘和 + 末光阳子 / SUEP+
日本设计
结构：坪井弘嗣结构设计事务所 +
日本设计
RC+ 钢结构　2012.12

建筑用地周边被树木所环绕。设计在树木的间隙布置了 180mm 厚钢筋混凝土板柱，用以支撑由内侧两处核心筒延展的屋面板。核心筒用于抵抗水平荷载。而钢板混凝土屋面中部下凹，随着伸展向周边的板柱逐渐升高，形成不规则的壳板。因屋面板下部钢板受拉，上部混凝土受压，形成符合材料性能的合理布置，由此使得屋面板能够仅以 150mm 的厚度实现最大 23m 的跨度。

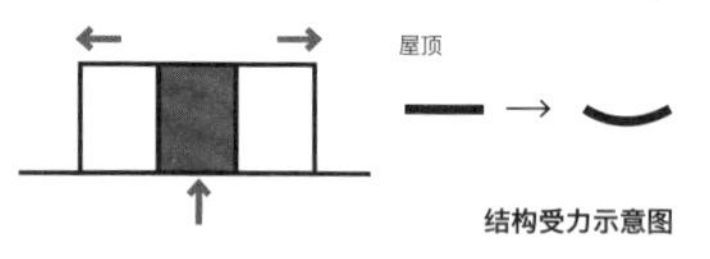

结构受力示意图

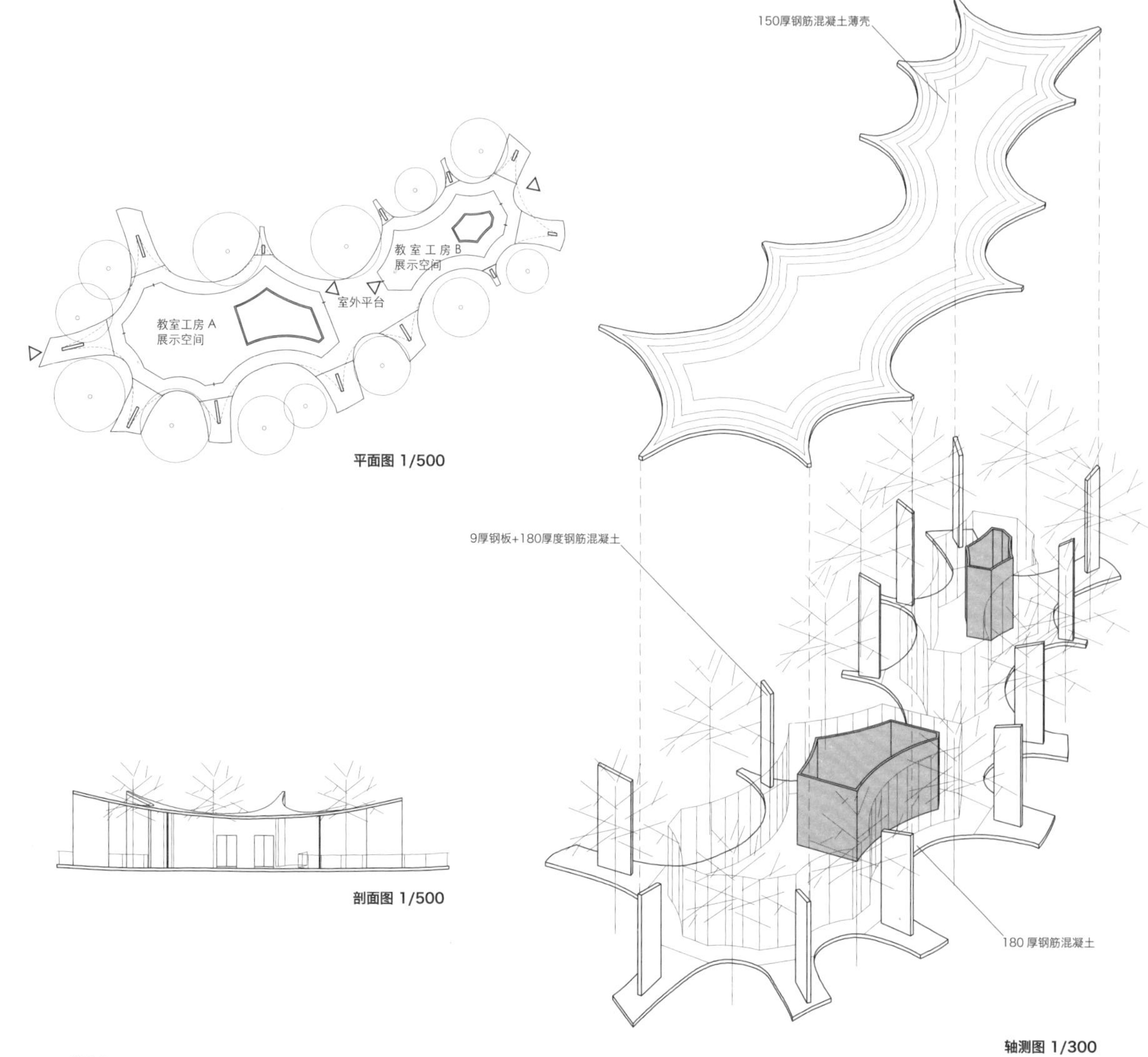

平面图 1/500

剖面图 1/500

轴测图 1/300

平面图 1/500

剖面图 1/500

54 墙 + 顶 - 01
群峰之森

建筑：前田圭介 / UID
结构：小西泰孝建筑结构设计
钢结构 2014.05

这座住宅位于宽阔的山丘上。业主希望既能够将周边的景致与自然融入到住宅中，又能够考虑将来继续扩建的可能。设计采用了高低、跨度不同的门式框架单向错落排布的方式，形成室内统一而富有变化的层次。为了减小门式框架的钢杆件截面尺寸，结构设计上将不同高度和跨度的框架从原来的独立单跨改为两品相互连接在一起的组合。这一变化将单品门式框架变成为单跨与悬臂多跨的形式，有效地减小了框架的跨中弯矩，进而实现了钢构件截面尺寸的减小。依据不同高度和跨度，组成门式框架的钢梁有H-100×100、H-125×125、H-175×175三种规格，它们按照间隔500mm排布。其中，最大跨度25m的钢梁与双面钢板组成的三明治结构厚度为235mm。

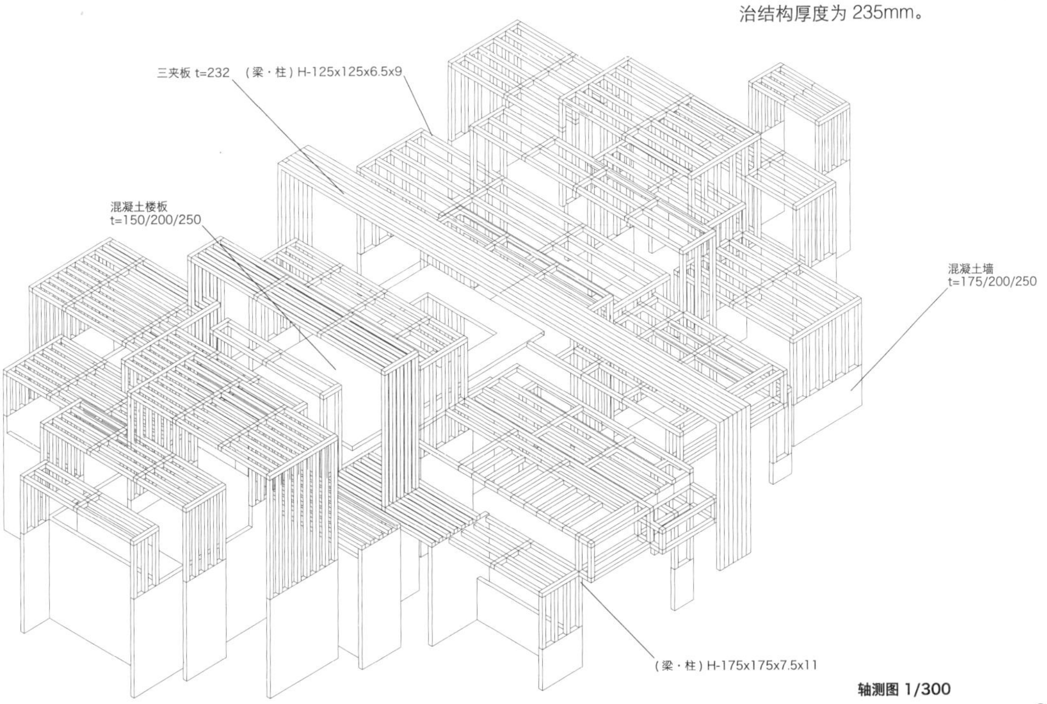

轴测图 1/300

55 墙 + 顶 - 02 烧津的陶艺小屋

建筑 + 结构：原田真宏 + 原田麻鱼 / Mt.Fuji Architects Studio

木结构　2003.09

考虑到对便宜材料的使用、不浪费使用、尽可能少的部件、尽可能少的工种、普通人可以参与施工以及纯粹功能空间等要求，作为设计的结果是：采用最为普遍的 1800×900×12mm 结构胶合板作为主材料；将胶合板 4~5 张层叠成片状，将片状层叠胶合板作为结构材，同时作为保温隔热材以及墙地面的围护材来使用；片状胶合板的大小和重量可以满足人力搬运。最终形成的由三个木梁垫起的，宽 2.5m，高 2.3m，进深 1.8m 的木板框架单元呈连续 8 个管状排布。每个单元的边墙板以 2 100mm 和 2 350mm 高度向内或外交叉地通过板中部由 ϕ12 不锈钢插销形成的贯通连接，最终组合为侧墙边呈 X 形的板式桁架支撑。通过缝隙，交叉的板墙不仅能够将室外的自然光线和空气导入室内，同时还能避免外部视线对室内的陶艺作业的干扰。

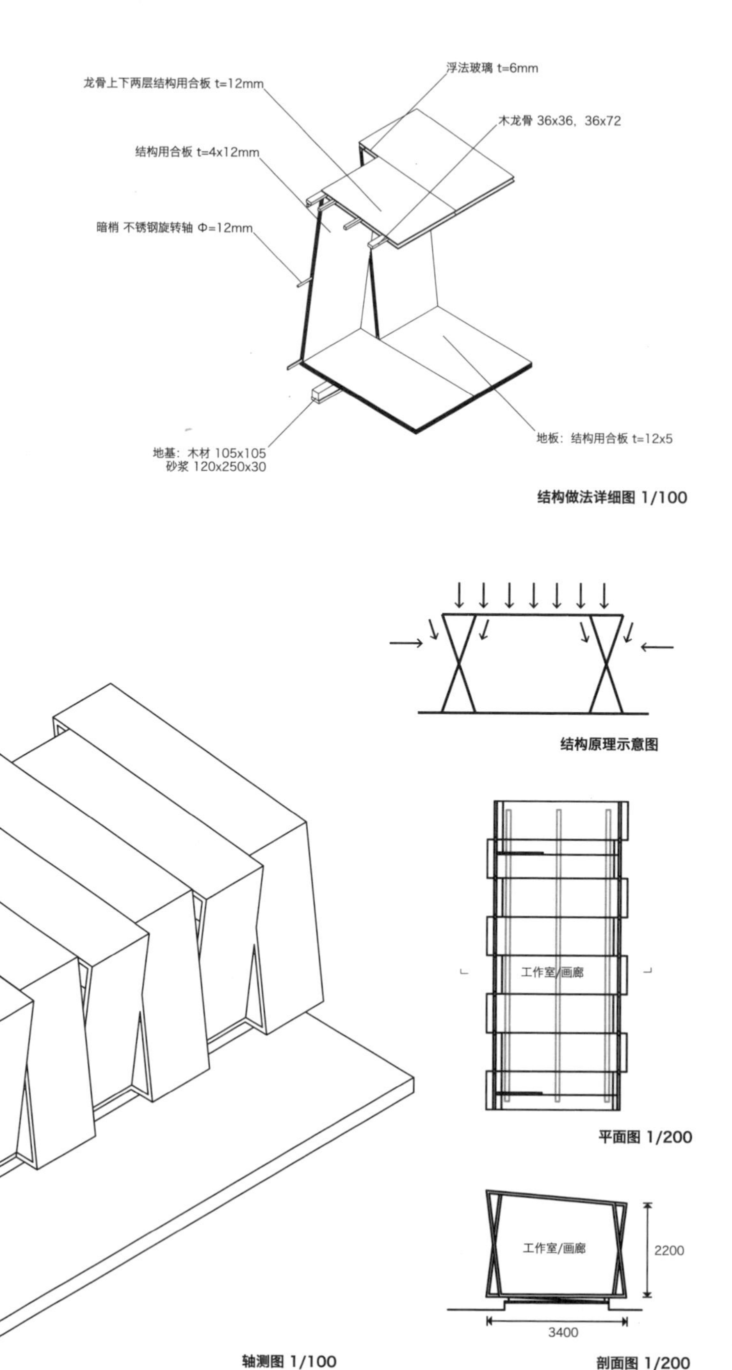

结构做法详细图 1/100

结构原理示意图

平面图 1/200

轴测图 1/100

剖面图 1/200

56 筒体 - 01 四十间山墅

建筑：藤本壮介建筑设计事务所
结构：佐藤淳结构设计事务所
木结构　2002.11

这座两层的建筑是以 120mm 厚的木板墙围合成 1820mm 的等边三角筒作为结构的。这些三角筒也被作为收纳的空间。三角板墙筒体同时还在多边形平面中划分出内部疏密相间的连续空间，并将室外景致和室内空间在移动中不断地形成各种丰富却又不同的连续体验。

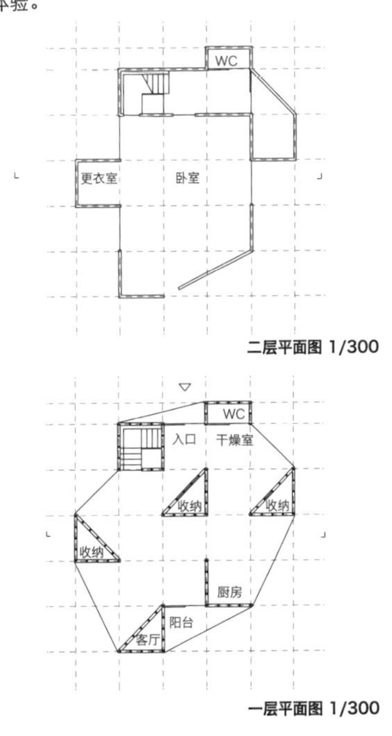

二层平面图 1/300

一层平面图 1/300

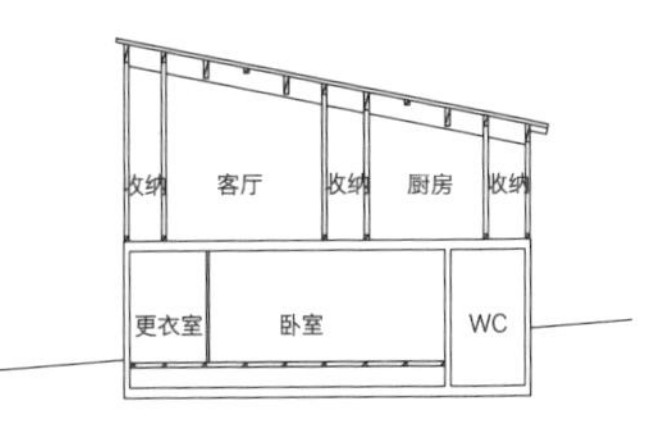

剖面图 1/300

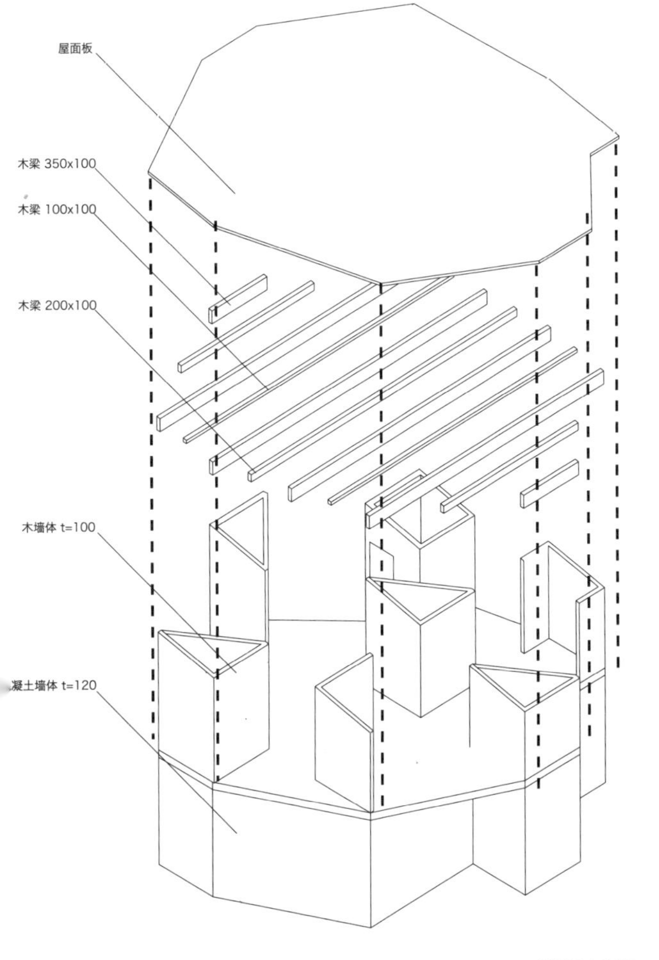

轴测图 1/200

57 筒体 - 02 T - HOUSE

建筑：长谷川逸子 · 建筑计画工房
结构：佐藤淳结构设计事务所
钢结构　2004.09

这座住宅为了适应更多不同的内外对应要求，以单边 2m、3m、4m、5m、6m 五种规格的边长，分别与高度为 2.5m、3m、3.5m、4m、4.5m、5m 五种层高组合成不同的空间，并形成了由钢筋混凝土与钢结构两种不透明与透明箱体，依据功能所组合而成的建筑。结构上钢筋混凝土箱体承担着水平荷载，钢结构箱体的钢框架承担建筑屋面的竖向荷载。5~6m 的箱体钢架梁双向设置，3~4m 的小箱体钢梁单向设置。60mm 见方的钢框架柱间距 1m，其间嵌入透明玻璃使钢柱同时也作为玻璃框之用。不同箱体之间在柱网上形成错位，加上透明与不透明的对比以及尺度上的区别，由此形成丰富的体验。

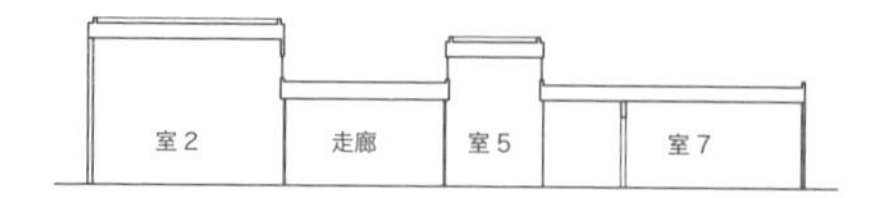

剖面图 1/300

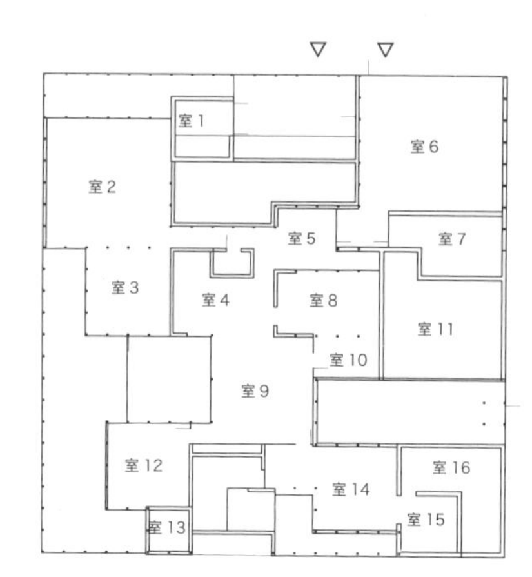

平面图 1/300

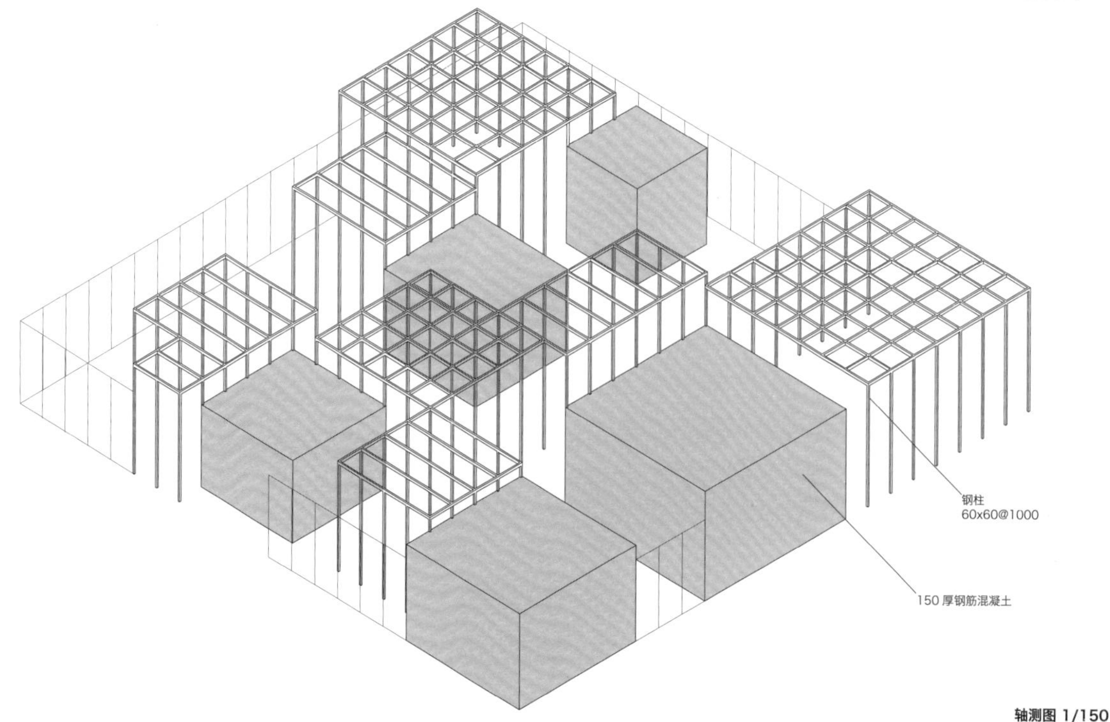

轴测图 1/150

58 筒体 - 03
宇土市立网津小学

建筑：Atelier And I 坂本一成研究室
结构：金箱温春 / 金箱结构设计事务所
RC 结构　2011.03

由中央二层，南北两侧各一层的钢筋混凝土框架及拱壳形屋面作为结构的小学。为了解决中部教室用房的采光和通风问题，建筑平面通过柱网的错位，形成了拱壳在前后两列之间的错位。上部由于相错位而形成的高窗成为各间教室采光与通风的重要部位。设置在教室之间的 8 处作为内院和半内院的抗震筒体抵抗水平作用，从而使得 8×12m 间隔拱壳仅承担竖向荷载作用，壳的截面大大减小。拱壳拱脚侧推力也由拱桥两端的短框架来负担，由此实现了有别于一般拱壳的轻盈。拱壳的拱脚处厚度为 200mm，中央最薄处的厚度仅为 90mm，矢高与跨度之比仅为 1/20。

保健室　外庭　家庭科教室　生活科教室　外庭　理科室
资料室　美工室　中庭　图书馆　计算机教室　中庭　音乐教室
办公室　外庭　教室 1　教室 2　外庭　教室 3　教室 4

平面图 1/1000

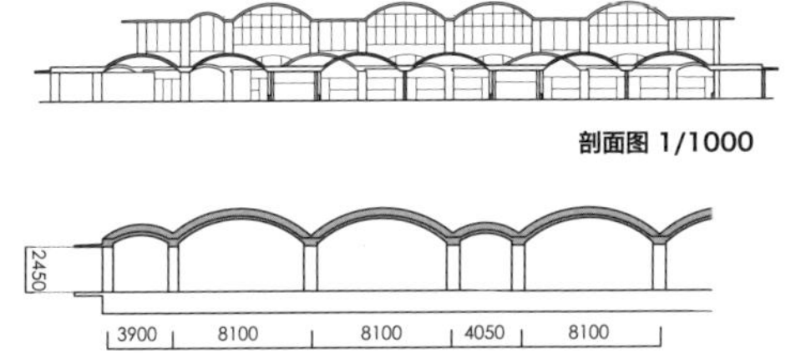

剖面图 1/1000

普通筒拱受力图

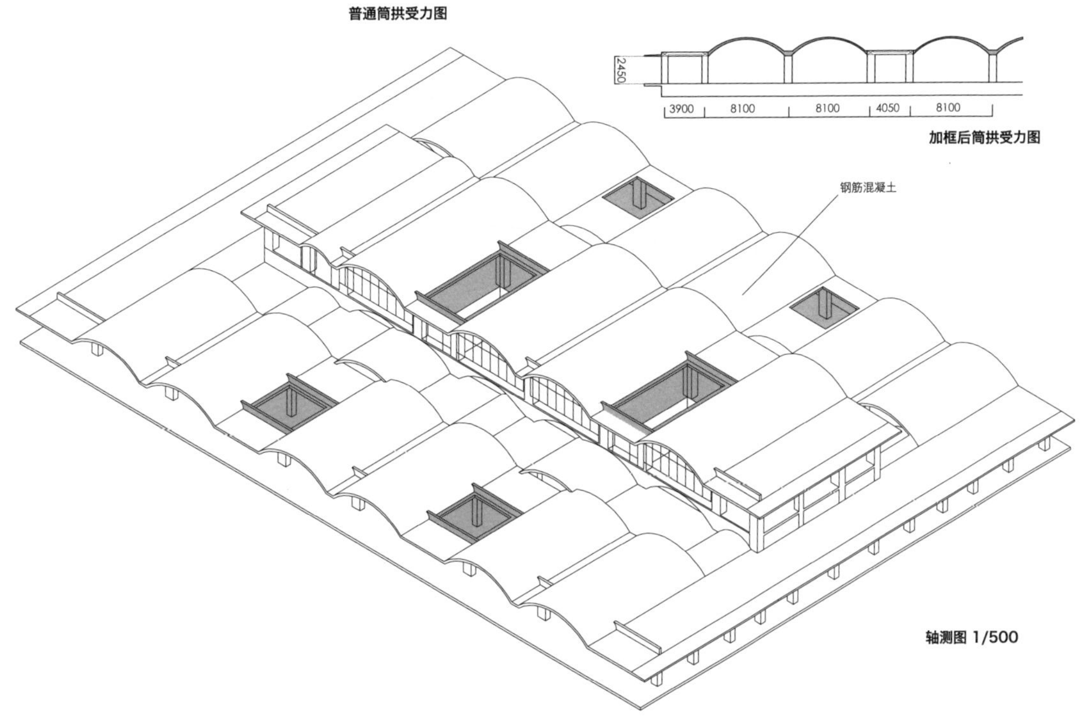

加框后筒拱受力图

轴测图 1/500

59 曲面体 - 01 盐海加油站

建筑：大西麻贵 + 百田有希 / o + h
结构：陶器浩一
钢结构　2013.10

这是一座位于“311 大地震”受灾地区重建的加油站设施。在尽可能短的工期下，设计采用了工厂成品钢板在现场弯曲成拱的、非常简洁而明快的方案。6mm 钢板在现场焊接成中间两个大的全拱及两侧各半个半拱。全拱的跨度接近 9m，高度约 5m，拱顶内侧张拉钢绞线，形成类似张弦的结构来加强稳定性。中间大拱的下部是主要的维护及办公房间。

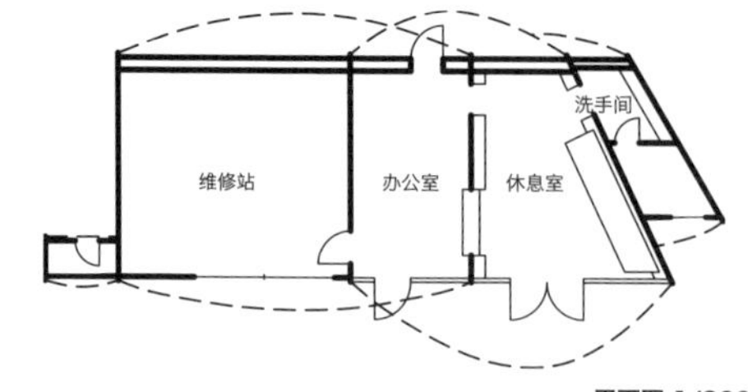

平面图 1/300

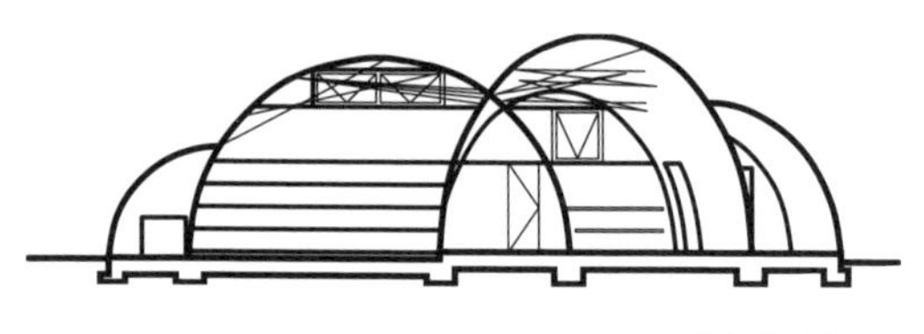

剖面图 1/300

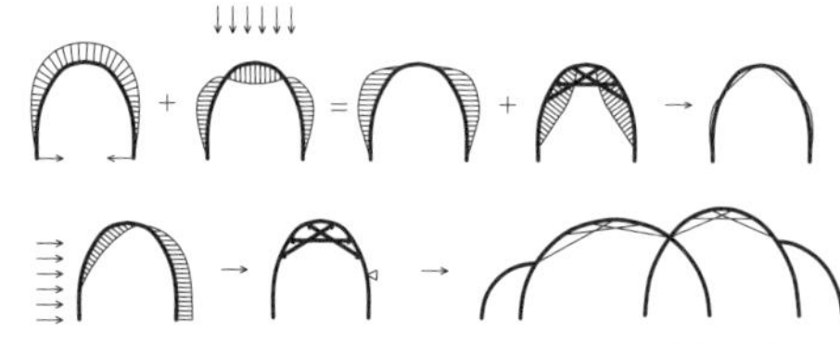

受力分析示意图

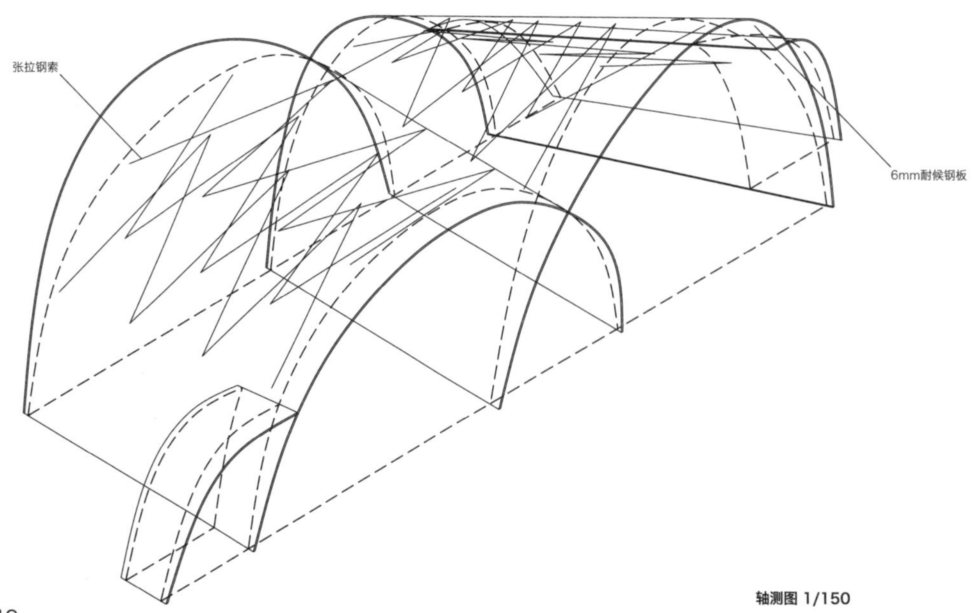

轴测图 1/150

60 曲面体 - 02
森的 10 居 R 栋

建筑：远藤秀平建筑研究所
结构：清贞建筑结构事务所
钢结构　2007.06

以用最小的面积来获取最大容积为设计目标的、供大学生以及单身人群居住的 6 栋二层独户住宅。除了二层的楼板以及侧墙支撑为钢结构外，建筑物沿街道一侧均是由 2.7mm 厚的波纹钢板，从入口玄关开始以椭圆弧面的形状绕过屋面包裹住建筑的整个侧面。由波纹钢板构成的二层墙面与屋面连续的部分的形态都是由波纹板自身强度所确定的。

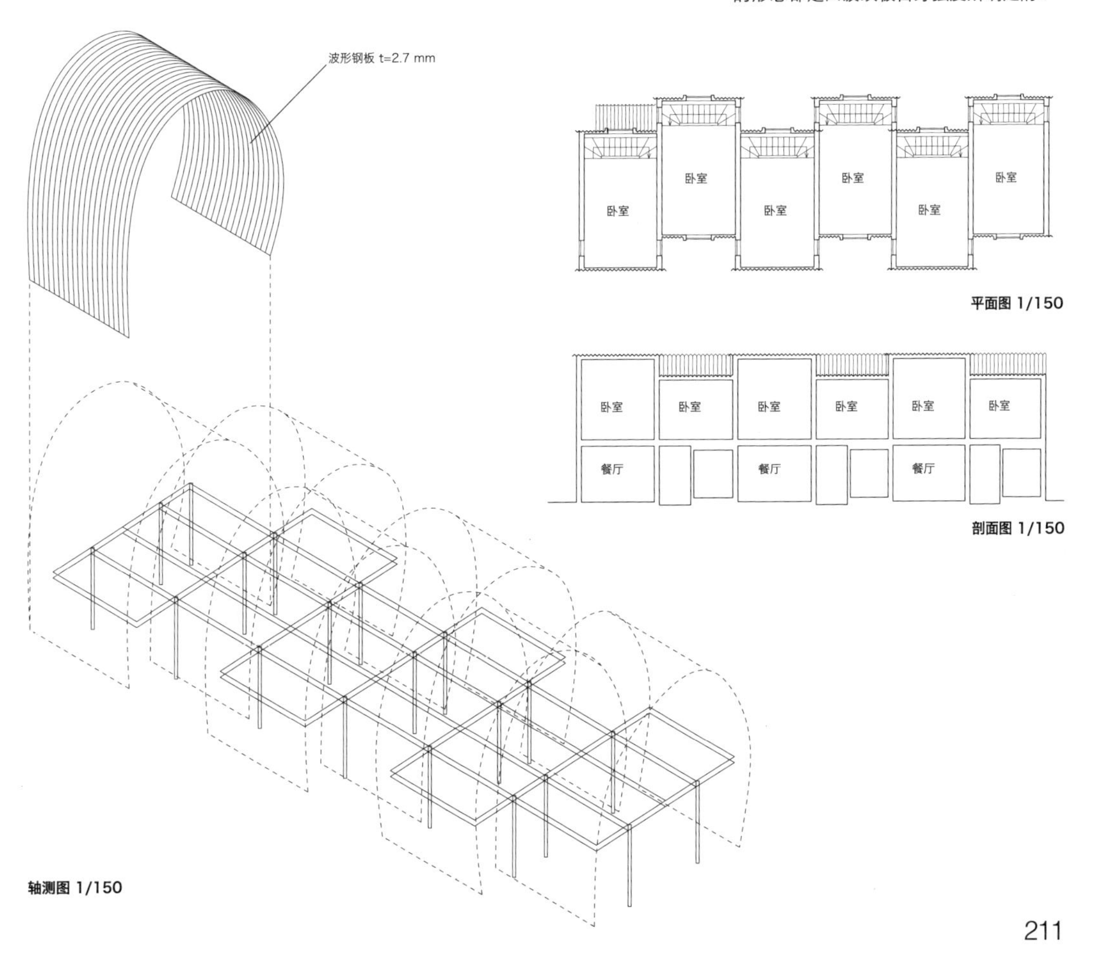

平面图 1/150

剖面图 1/150

轴测图 1/150

61 折面体 越后松之山“森之学校”

建筑：手塚建筑研究所
结构：池田昌弘
钢结构　2003.05

这是一座位于冬季积雪厚度多达 3m 的丛林深处的自然地带的、以环境体验为主要功能的文化设施。冬季时厚厚的积雪会将建筑完全淹没，因此建筑的屋面要能够承受多达 2 000 吨积雪荷载的能力。与此同时，建筑的侧墙也会面临由积雪而来的侧向压力。因此，结构上采用工字钢骨架和 6mm 厚耐候钢板的钢板墙结构现场焊接，将建筑的侧墙与屋面全部包裹来抵抗巨大的积雪外荷载。建筑物总长约 160m，冬季与夏季之间巨大温差将会导致的建筑物伸缩有将近 2m 之多。通常需要设置温度变形缝来解决结构变形问题，此处则是由钢板墙各面的角度变化形成的外形互动变化来吸收的。同时，建筑形态在内部与体验的停留与通过相关联，开窗部位也与室外观察的景色相关，并且钢板屋面的形状还考虑了冬季积雪分布的情况。巨大的开窗部位采用透明度高达 98% 的有机玻璃，使得冬季可以抵抗外部巨大的侧向积雪压力，夏季用来观赏周围优美的自然景致。

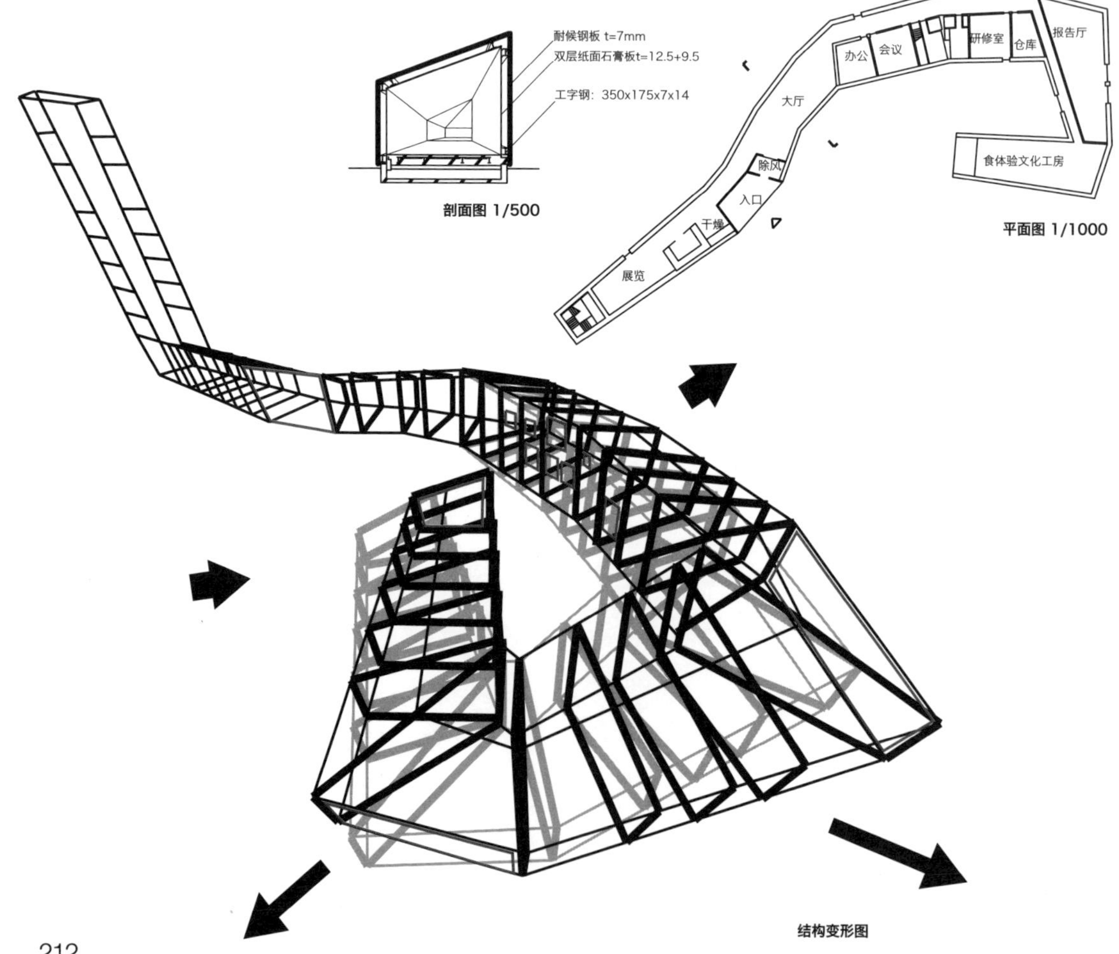

剖面图 1/500

平面图 1/1000

结构变形图

4.3.2 预变形

一般而言，作为设计目标的形态是一种理想形。而作为设计的形态与实际的使用形态之间并不是完全一致的。这是因为使用形态会受到各种活荷载与静荷载的作用而产生变形。例如水平构件的梁和楼板以及屋面架构等在垂直荷载的作用下会产生下凹的弯曲变形。墙柱等竖向构件也会在水平荷载作用下受弯变形。设计形态与使用形态之间的这种差异性，显然是与抽象性相违背的。抽象的结构对于使用变形也更加地敏感，这是预变形方法在抽象的结构中出现的契机。如何克服实际使用中由于荷载造成的变形是抽象的结构所面临的一个问题。另一方面，设计的形态与实际形态之间的区别在于前者是对象，即通常认为的结构类型是不考虑荷载作用的，而只在涉及强度、稳定性等数值解析上纳入荷载的作用。这种型式上与解析上荷载有无的区别正是导致设计形态与实际形态之间不相一致的原因。预变形就是将形态在视觉上与解析上同步纳入荷载作用后，使设计形态达到使用形态的方法。它包括给设计形态加入荷载后产生变形的预先变化来获得结构稳定的正预变形方法，以及为了使荷载加入后的 形态成为绝对抽象性的表现，而将形态预先以相反的方向变形的反预变形方法。前者是基于重力的抽象表现，而后者是消解重力的抽象表现(图4.11)。

所谓正预变形方法就是将结构形态受荷之后产生的变形以预先施加的方式施于形态，从而使形态在获得变形的稳定状态之后，将重力的变形直接以形态的视觉化给予表现。重力表现莫过于在跨度方向上水平构件的下凹，此时悬垂线在重力作用下的下凹将跨中的弯矩转化为张拉力，在这种形态呈现为稳定的转台之后，结构的稳定性也将随之确立。

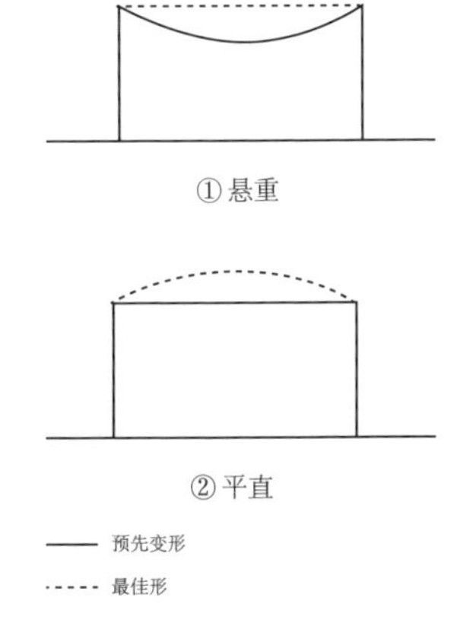

图4.11 正预变形与反预变形

如果说正预变形方法是将结构在被使用后将要发生的变形预先施加给形态而使重力视觉化的话，那么反预变形方法则正好与之相反。后者是为了获得理想的抽象结构形态，而将使用后的变形量预先反向施加给形态，从而使形态在受荷载变形后产生与预变形量的相抵消，来获得理想的预设的抽象结构形态。因此，反预变形方法必须事先对各种实际荷载的施加方式进行全面的预判与计算。它与作为对象形态的正预变形方法不同，是加入使用者状态之后的关系形态。

62 悬垂 - 01
TRANSTATION 大关

建筑：远藤秀平建筑研究所
结构：清贞建筑结构事务所
钢结构　1996.12

一处京福地铁车站的雨篷。沿着站台两边出挑的波纹钢板在钢管横梁的支撑下，沿垂直于波纹方向上钢板弯曲产生的不同强度，形成了不同曲率的弧面。由于波纹钢板的长度以及钢管梁支撑部位的不同，交错地沿着站台纵向排列的 17 段悬挑雨篷形成形态各异的曲面变化。

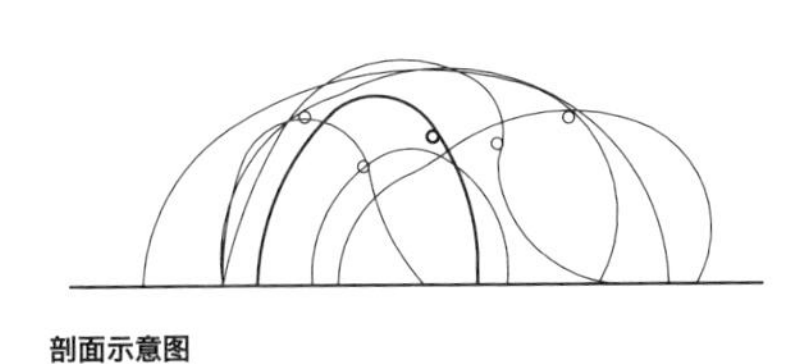
剖面示意图

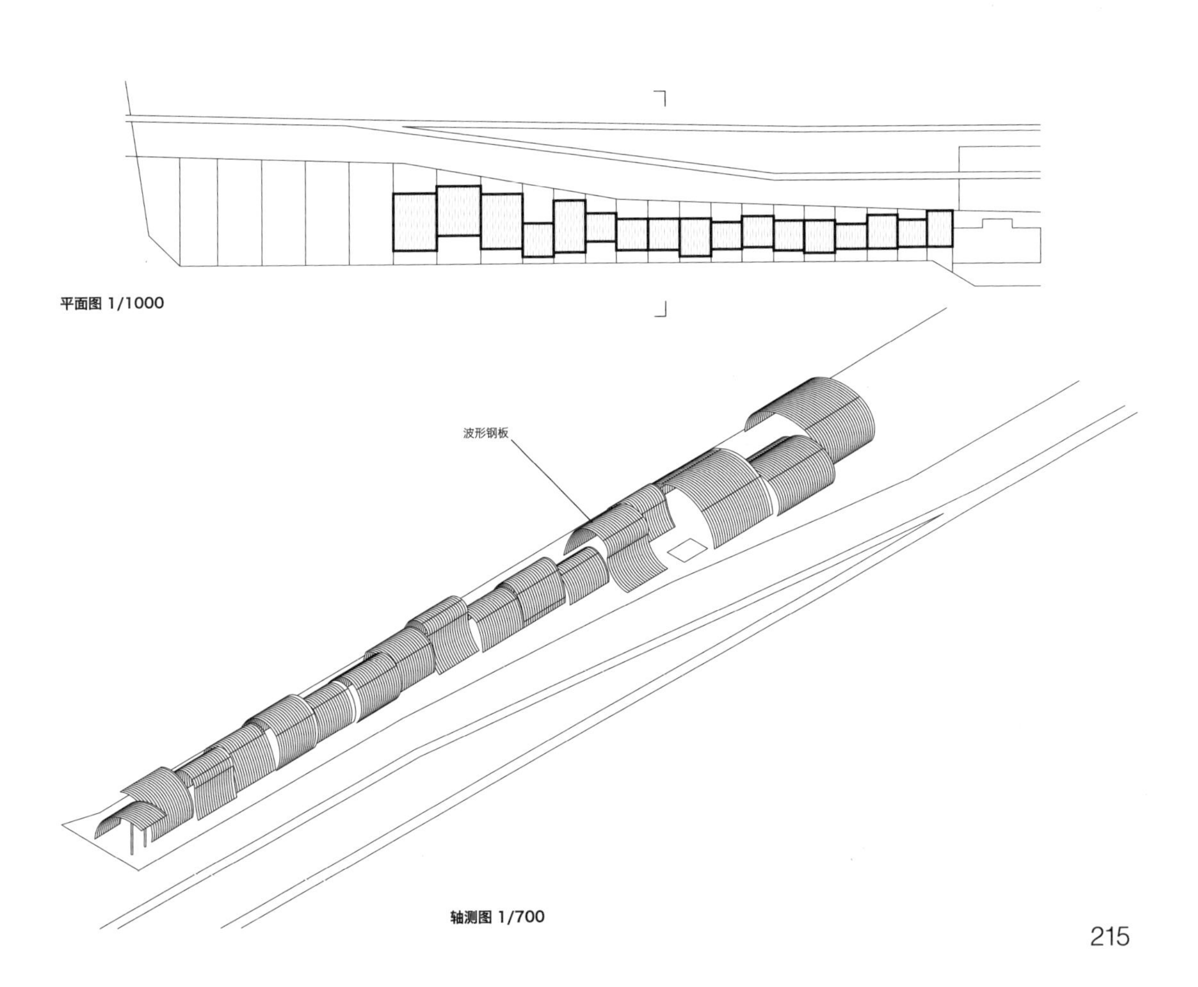

平面图 1/1000

轴测图 1/700

63 悬垂 - 02 S // B SPRINGTECTURE 播磨

建筑：远藤秀平建筑研究所
结构：今川宪英 / TIS & Partners
钢结构　2002.05

卷曲沿着波纹板具有抗弯强度的平行波纹方向展开。错缝交接将单块波纹板在横向与纵向铆接成为整体。波纹板的弯曲形态也是由内部横梁的位置及波纹板长度这两个要素来进行控制的。为了加强波纹板结构面外结构的稳定，钢管横梁与内部的钢柱形成内部的支撑钢架。由于波纹钢板整体螺旋结构的几何特征，其所形成的房间布置都呈交错式的两端分布。

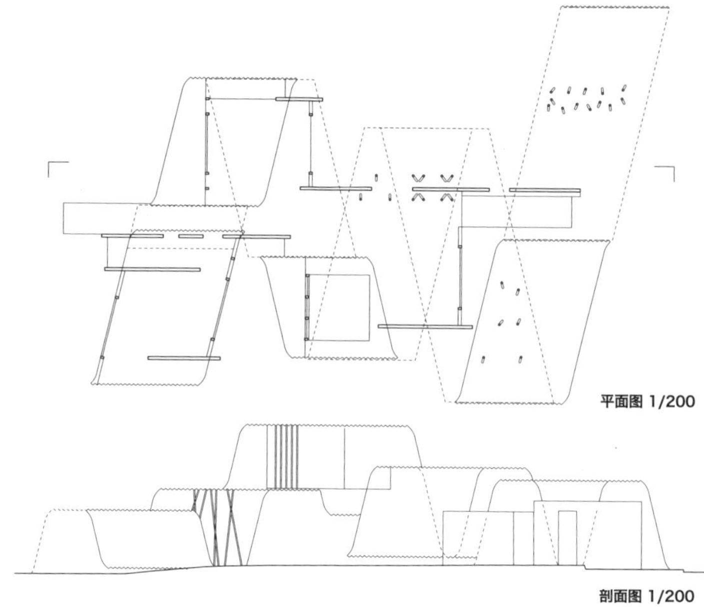

平面图 1/200

剖面图 1/200

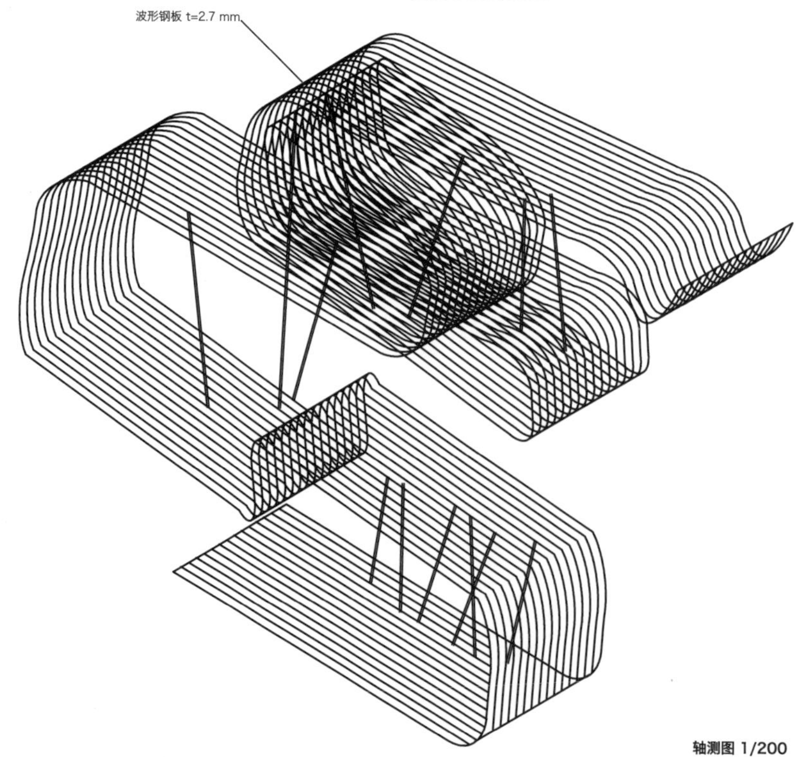

轴测图 1/200

64 悬垂 - 03 小豆岛的茸田馆

建筑：西沢立卫建筑设计事务所
结构：Arup Japan
钢结构　2013.07

一个位于紧邻小学的神社空地上的休憩所。近似四边形的两块钢板通过自重垂下后，通过各自的四个角部被焊接在一起。其中上部的顶板为 6mm 钢板，下部的底板为 9mm 钢板，顶板受拉而底板受压，由此形成了一处长宽约 12×15m，最高 2m 的，自平衡式结构空间。休息所中部保留了既有的树木，因此在上下板开设了圆形洞口。

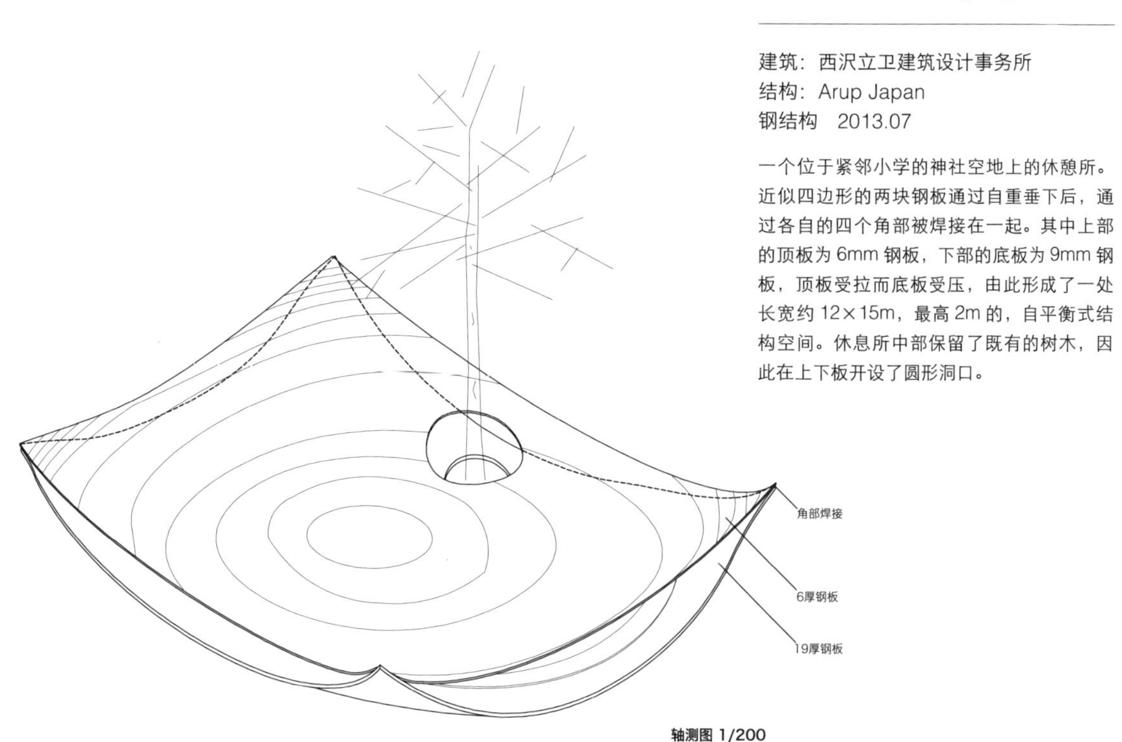

轴测图 1/200

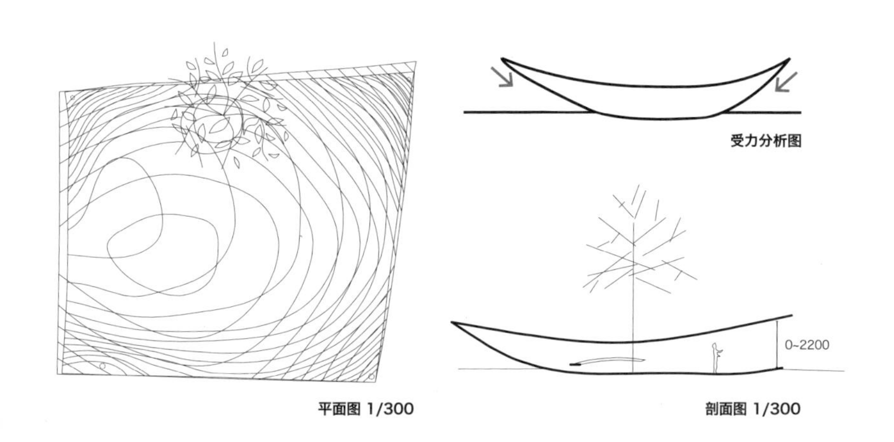

受力分析图

平面图 1/300

剖面图 1/300

65 悬垂 - 04 Halftecture 大阪城大手前

建筑：远藤秀平建筑研究所
结构：清贞建筑结构事务所
钢结构　2005.11

这座建筑依靠屋面板自重以及两端支撑高度的变化形成空间曲壳，以此作为稳定形态。两端三角形的 25mm 厚钢板支墙作为 16mm 厚屋面钢板的支撑。屋面板在被架上支墙并由自重产生下凹弯曲后才与支墙焊接成形。钢板通过自身重力作用下的平衡减小了弯矩，并以视觉形态的方式展现了单跨板的重力形态。

自然下垂耐候钢板屋顶
厚度25mm

耐候钢板墙壁
厚度25mm

卫生间不作为支撑屋顶的结构

耐候钢板三角形支座

轴测图 1/200

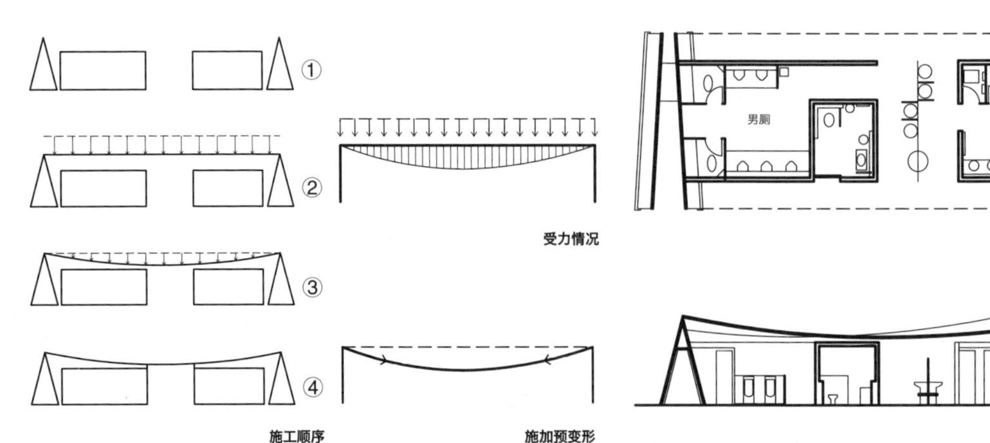

受力情况

平面图 1/300

施工顺序

施加预变形

剖面图 1/300

66 悬垂 - 05 中国木材名古屋事业所

建筑：福岛加津也 + 富永祥子建筑设计事务所
结构：多田侑二结构设计事务所
木 + 钢结构　2003.12

以住宅木材为主营的中国木材希望通过这个营业所展现企业优异的木材加工能力。因此，如何采用 120×150mm 断面，3m 长的住宅用小尺寸松木材来形成横跨 16m 营业所的大跨屋面成为设计的要点。3m 间隔的钢索与纤维方向直交的木板材被组合拼接在一起。通过 20 吨张拉力后再将压紧的拼接木板材大面垂下，成自然下凹曲壳面。由此，小断面集结的木板材在钢索的张拉作用下，形成面内受拉而木材受压的轻薄但稳定的屋面形态。钢索两端的张拉力由固定端锚固形成稳定。平滑连续的小断面住宅用木板所形成的无柱大空间木屋面所具有的自然感与技术感，正是对企业产品最好的诠释。

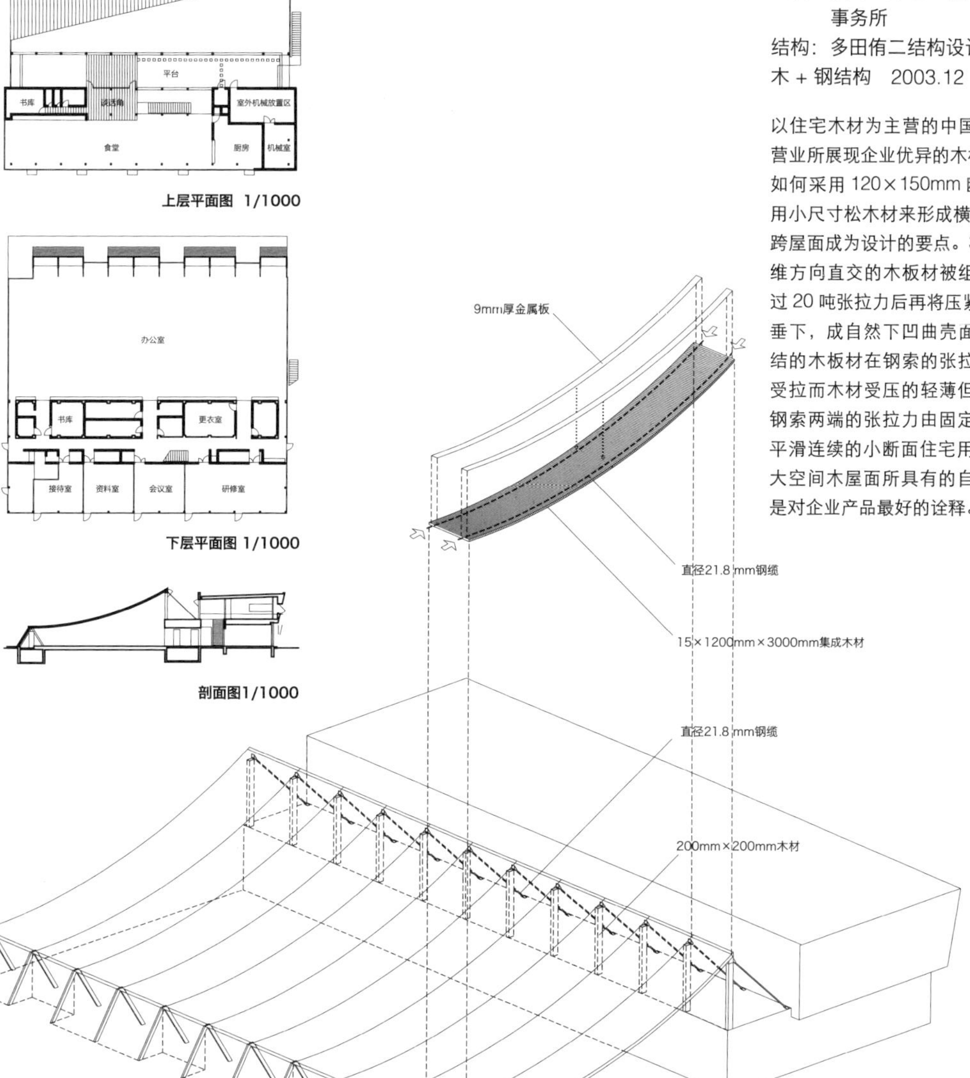

上层平面图 1/1000

下层平面图 1/1000

剖面图1/1000

轴测图 1/500

67 悬垂 - 06 Halftecture 大阪城休息所

建筑：远藤秀平建筑研究所
结构：清贞建筑结构事务所
钢结构　2005.11

建筑的圆形 19mm 厚耐候钢板屋面由下部的三根 ϕ70 钢管为一组的组合柱支撑。随圆形平面呈放射形布置的组合柱之间，上部的屋面板在自重的作用下形成不均匀的下陷被直接表现为空间的形态。它们是在屋面形成稳定后，才与下部柱子焊接成整体的。通常被建筑形态所刻意排除的重力在这里以视觉形态的方式被融入空间，展现了多跨连续梁的重力作用表现。

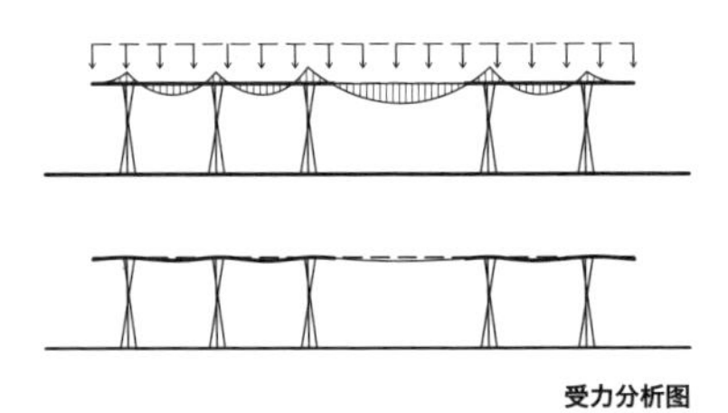

受力分析图

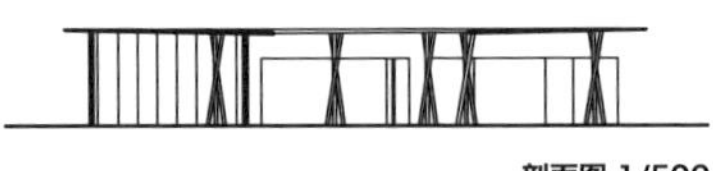

剖面图 1/500

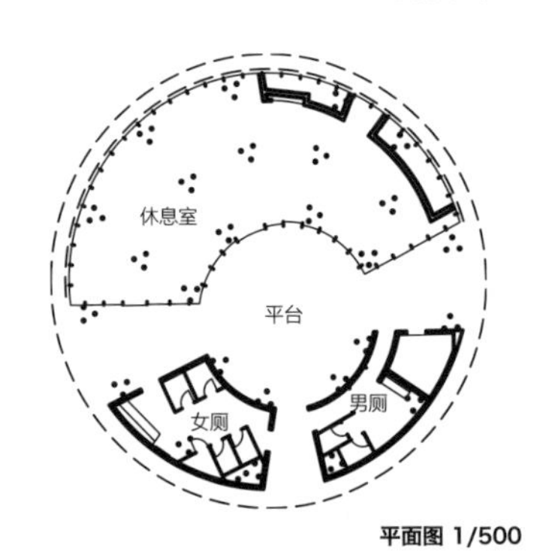

平面图 1/500

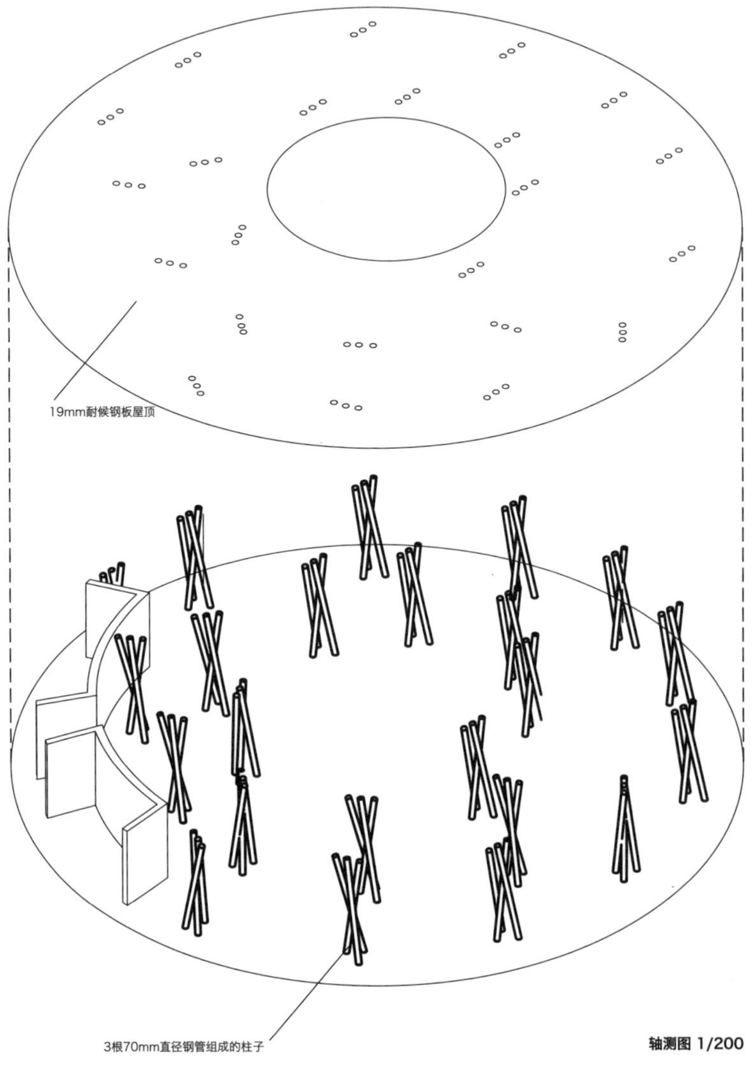

轴测图 1/200

68 平直 第 11 届威尼斯双年展建筑展日本馆

建筑：石上纯也建筑设计事务所
结构：佐藤淳结构设计事务所
钢结构　2008.09

纤细的钢架和透明的玻璃以及置放的植物是这个日本馆形式的全部。建筑在这里想要表达的是对仿佛消失在自然中的当代日本建筑理想形的诉求。高强度的 WEL-HARD500 钢材作为钢架梁柱的材料，35mm 的方钢管最高达 6m 的惊人长细比是通过反预变形的方法得以实现的。首先在没有玻璃荷载作用的情况下将钢柱与钢梁焊接，然后根据测定的玻璃荷载及变形量通过相应的重力预先施加到梁端和中部使钢梁以及钢柱产生预设的形态变形量。在钢梁变形的情况下，将钢梁和钢柱反向变形至平直状态，然后卸去预设荷载后钢梁梁端和中部以及钢柱产生反向变形。而此时安装玻璃使钢柱与钢梁也恢复至预设的平直状态。

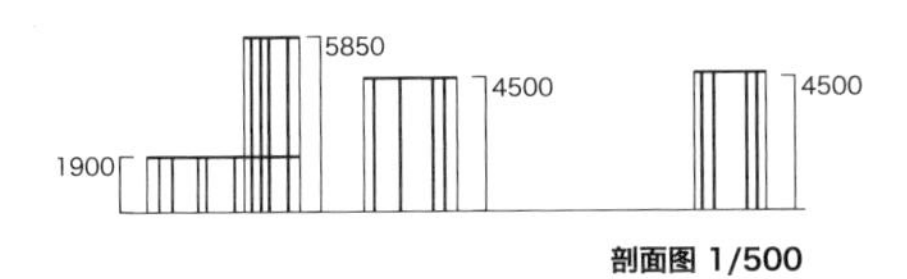

剖面图 1/500

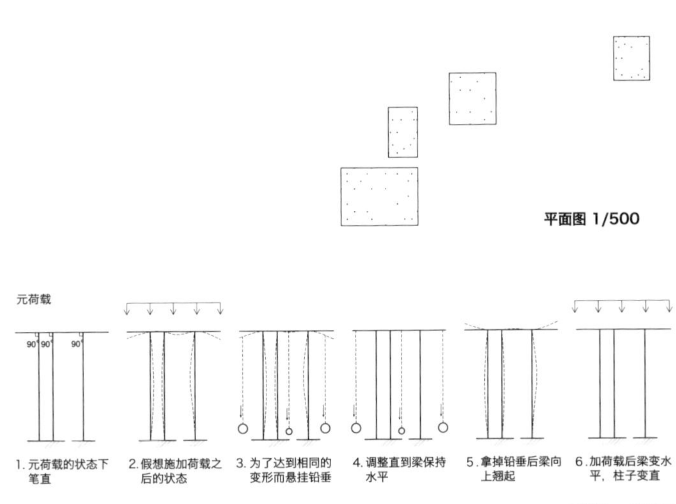

平面图 1/500

梁柱施工顺序图

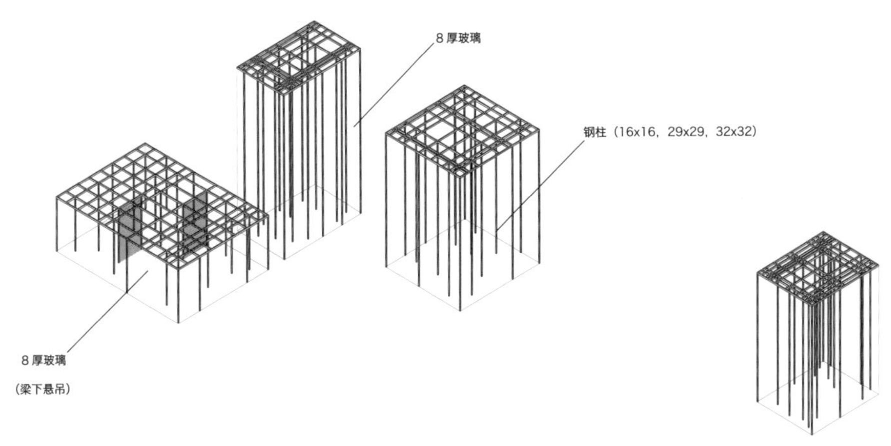

轴测图 1/200

4.4 流动的结构

在 1995 年 2 月举行的“横滨港大栈桥国际客船站”国际竞赛中，F.O.A 事务所的竞赛方案赢得了最终胜利，它向人们展现了一个不同于以往的建筑与城市两分的状态。候船大厅仿佛从街道上直接延伸而出，由一系列缓坡流动的曲面楼板形成“地景”。这当中没有传统意义上的楼梯，也没有可以清晰辨认的楼板，没有内外之别，没有整齐排列的房间和走廊，甚至没有清晰的楼层。有机、曲面、连续是这个建筑设计方案带给人们的全部印象。与其说它是一个建筑，倒更不如说是一处从街道中生长出来的自然平台。F.O.A 的竞赛方案颠覆了对建筑固有的定义，模糊了建筑、景观、城市之间原本清晰的边界。更为重要的是，它向我们展现了一个“计算机建筑设计时代”的到来，以及一个“无所不能的建筑时代”的到来。

然而，就是这样一个未来一般的建筑，使得人们对于其如何实现，以及将要付出的代价产生了诸多疑问。正如这个项目的结构设计师渡边邦夫所言，“大项目（Big Project）诞生时需要的是运气”[12]。当时正值横滨市被确定为“2002 年韩日世界杯”冠军赛的主办地，横滨市政府在一片质疑声中，毅然决定实施这个方案。然而，现实中的技术难度远远超过了人们的想象，正像 F.O.A 在建筑竣工后所言“这个项目如果没有结构设计集团是不可能实现的”[13]那样，初出茅庐的年轻建筑师在面对如何实现这座建筑的结构问题上，显得茫然而不知所措。竞赛方案时提交的结构设想是试图将楼板一边进行翻折，一边形成有机的曲面，以此来取代通常的梁板柱。并且楼板需要采用蜂窝板的形式，上下表面的钢板之间充填“夹心材”。对于竞赛方案的结构设想，结构设计集团将结构必要的厚度计算后提交给建筑师进行形态修正。如此由建筑方修正楼板上表面的步行空间边界，结构方确定楼板底面下层空间顶部的轮廓，中间的“夹心材”则由双方共同商量确定。然而结构验算表明，当初建筑师提出的结构方案仅涉

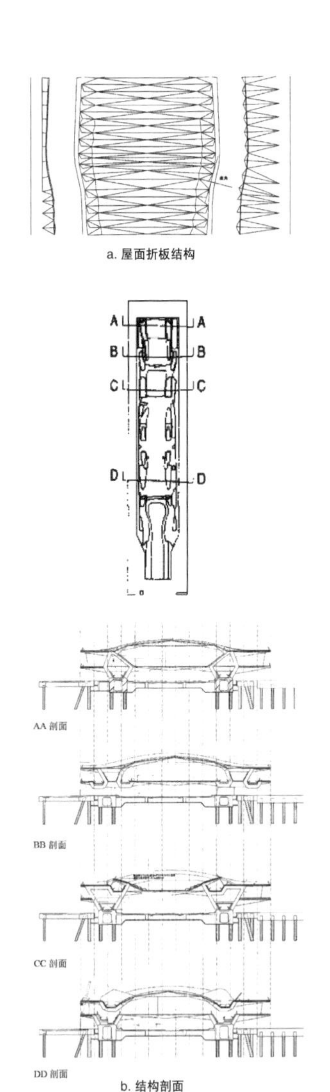

a. 屋面折板结构

b. 结构剖面

图 4.12 横滨港大栈桥国际客船站

及了形态上的考虑，而没有考虑楼板结构的面外受力和应力集中等问题。因此，原先建筑师所设想的楼板折面结构是不成立的。为此，结构设计集团提出在楼板底面采用折板结构来增加楼板刚度，历经两年反复的调整与修改，建筑与结构终于确定了建筑形态的轮廓：楼板底面呈折板形，而上部本身由于结构要求也呈凹凸不平状，通过在楼板上部架设木板层的方式解决。其最终设计结果已然同竞赛方案大相径庭了。然而这样非同寻常的形态仍然使得结构难以找到可以确立的几何形态。为了全面地了解建筑形态的整体架构，结构设计集团以人体 CT 扫描的方式在沿建筑长边方向每隔 15m 切取剖面，将整个建筑切成 10 段，然后再分别对每部分单独进行结构模型解析。当渡边邦夫在最后施工图设计全部完成的时候，望着被堆放到一起的 10 段局部模型时，终于意味深长地反省道：“我现在终于感受到计算机的恐怖了……这里没有一处剖面是相同的，这难道不是混沌吗？到底应该如何施工啊！”的确，尽管异常艰难地完成了设计，但是计算机图形设计的随意所带来的困难远远没有结束。施工的难度超过了预想，即便是最优秀的工程师，也很难将一个没有明确几何的设计变为现实。于是，最糟糕的局面出现了，施工人员无奈只能将设计图纸 1/1 原尺寸打印出来后，在现场切割和焊接钢板。这是一幅极具讽刺意味的画面：一个凭借着最先进的计算机所描绘的设计最终竟然是依靠最原始的手工作业完成的。这不能不说是计算机可视化设计历史上黑暗的一幕！但问题还没结束，钢材总重量达 15 200 吨，折板需要通过杆件焊接来固定。但是，焊接产生的收缩变形将会导致巨大的变形应力，如何抑制变形应力成为难题。幸亏渡边邦夫四处寻找，最终在列支敦士敦觅得“喜力得（Hilti）锚栓”[14]，才使得问题最终获得解决。正是这种能够在钢板焊接时和钢板融合在一起的、直径仅 4.5mm 却可以承受高达 1.5 吨剪切应力的特殊锚栓成功地克服了钢板构件连接时的应力变形，最终将计算机的画面变为物质的形态（图 4.12）。诚然计算机的形态操作可以无所不能，但是显然作为形态的建造的生产系统却并非如此。渡边邦夫由衷地说道，“如果无法找到合理的结构与合理的生产性之间整合的方式的话，那么对于设计主体的计算机而言那只能是‘No Sense’”[15]。

无论如何，1995 年的“横滨港大栈桥国际客船站”竞赛案开启了一个“计算机可视化”的形态设计大门，它将当代计算机可视化技术与微分化的流动性通过建筑的形态展现出来。但是其中曲折的过程不禁令人深思信息时代的虚拟技术究竟无法纵横于现实世界。计算机纵然可以无拘无束地进行形态探索，但如果仅仅是将此停留于无重力、无尺度、无建造的“三无”视屏之内的话，那结果必将是其与现实之间巨大裂缝的显现。

4.4.1 结构演算

“横滨港大栈桥国际客船站”的尴尬显然并非无解，得益于当代计算机技术的飞速发展，基于“演算”（algorithm）的形态生成显然是达成流动的结构的一种途径。

“演算”一词源于古代波斯的数学家、天文学家和地理学家花剌子密的拉丁文译名[16]。作为代数的创造者，花剌子密的拉丁文谐音被当作为“演算”。纳什[17]将“演算”的特征归纳为：①输入；②输出；③明确性；④有限性；⑤有效性。前两项特征分别是目的和结果，后三项特征则是对中间程序运行特征的限定。一般而言，计算机的演算过程保证了后三项的特征，目的与结果则是两个对外的窗口。显然，在纯粹数理解析的年代，抽象数值将演算的过程“黑箱化”，只有输入的自我定义和输出的判明。当代的可视化解析改变了这种不透明的“黑箱化”，数值演算的过程通过图形演示的方式时刻保持了与外部身体的关联。就好比是“DOS 系统”与“视窗系统”间的差异一般，“演算”不仅改变了过程的透明性，也必然导致最终形态的改变。可以说，可视化的过程是当代视觉形态呈现的根本要因。

渡边诚[18]将“演算”定义为“为了达到某种目的而被记录的程序”[19]。基于“演算”的“演算设计”（Algorithmic Design）就是“实现目的的设计行为”[20]。他将“演算设计”分为四个具有先后顺序的组成步骤：目的→演算→程序(program)→成果。这其中的“演算”是组合增殖的过程,“程序”可以理解为“规则”。当代的“演算设计”在计算机技术介入“演算”和“程序”之后,大量性的、复杂性的、反复性的自动生成则将“痕迹”完全排斥在外。高效、快速的特点使得“演算设计”成为获取“最适解”的利器。“最适解”是数学上的用语,指的是目的函数在制约条件下的最大化或最小化,满足这个条件的数值解被称为“最适解”。简而言之就是在“设定要求”与“环境条件”的相互整合中最优化解答。这需要在设计的全过程中对所有的有效解答进行筛选和比较。这对人类而言显然是无能为力的,但在当代计算机技术面前却是轻而易举的。

显然,排斥观念的“最适解”技术为当代设计的诸多领域大大地拓展了可能。特别是近二十年间将“演算设计”的“最适解”导入航空及汽车领域后在空气动力学和材料轻量化方面的成就备受瞩目。此外在交通、金融、智能化等各个涉及复杂系统的领域中,“最适解”的出现无疑使各行各业都能够分享到在社会性、经济性和使用性方面最完善的产品。那么,是否在建筑形态中存在着这样仅需判断就可以作为设计的“最适解”呢?或者说建筑设计的行为是否可以被程序化所取代呢?现阶段在建筑设计领域依然只是缓步前行的“演算设计”显然并不是一种消积的回应。这是因为建筑物不同于机械产品,首先,在单品建造与大量标准化生产上的不同,使建筑除了在坚固性和轻量化的量化指标之外,还与施工性、经济性、社会性、舒适性、审美要求等相关,而这其中并非每一项都是量化的指标。其次,建筑还与特定的风土、文化、物理环境相关,仅仅是几个单项上的“最适解”显然无法应对量化困难以及变量过多的建筑设计的特征,这就使得“演算设计”中的“最适解”无法通过建筑设计来获取,进而也意味着程序无法取代思考。尽管如此,并非“演算设计”在当代的建筑形态设计中毫无用武之地。事实上,“演算设计”可以分为两类,一类是以正解应该存在为前提进行搜索的组合,另一类是以搜索大致上正确为目的的组合,后者也被称为“启发式设计”(Heuristic Design)。与没有正解就被完全排除的两分法不同的是，以“大致正确”为目标，不断靠近前行的“启发式设计”对于设计行为而言正是这个世界的本来面貌。设计中不存在绝对的唯一解，却也并非随机，“大致正确”的解的意义在于它为计算机与身体之间意志的介入留下了余地。模糊与暧昧、境界的混合与交换，这些都是当代性关系的显现。不得不承认，当代的计算机技术正在改变我们的思考方式，这一点对于建筑设计而言也是一样的。“演算设计”的改良化筛选可以使建筑设计在某些量化的指标上进行改良范围的圈定，比如经济性和轻量化的优化。这些解答虽然对于整个建筑设计而言并不是独一无二的“最适解”，但却是改良建筑整体性能的“优化解”。“优化解”的选取依靠的是人类根据经验、能力和具体条件作出的附加判断。这就如同是“大分县立大分图书馆”设计中身体介入瞬间的“切断”。“切断”意味着“决定”，甚至被等同于“设计”，身体的主体性显然让渡给了计算机，价值存在于判断的那一瞬间。

佐佐木睦朗将结构通过计算确定形状的方式称为“顺解析”，那么结构演算形态则将“顺解析”的过程倒置为“逆解析”——形态设计的过程（图4.13）。他将原来的结构设计方式称为“经验的手法”，结构的演算设计称为“数理的手法”，两者“设计形态”的统合方式显然是不同的，“经验的手法”是依靠经验，即主观的观念来统合（型式的选择）的，而“数理的手法”则是通过计算机的设计解析（演算的逆解析）来获得结果的。结构在设计形态被观念确定后的调整自由度与从一开始就参与形态建构的自由度是无法相提并论的。因此，结构演算的形态设计显然极大地提高了计算机

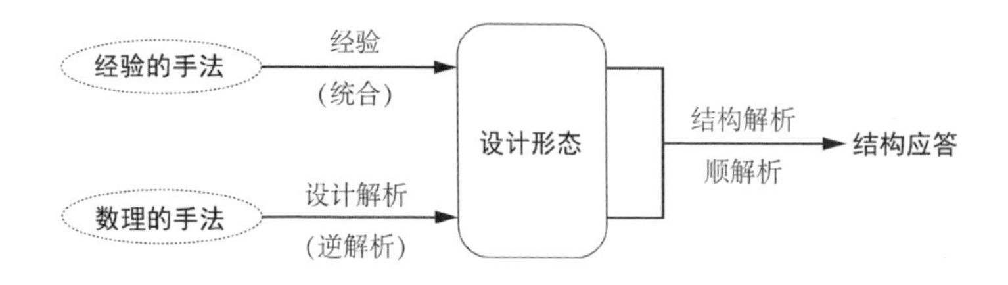

图 4.13 形态设计的过程与应答过程

技术在形态生成中的参与度。

4.4.2 感度解析法

在当代的结构设计中，具有自由、复杂、不定形、流动、有机特征的新三维建筑结构的创造，使建筑挣脱了近代以来的束缚，在不断扩大建筑的领域之际，也正在成为国际化的当代主题。不过，要将此当真以合理的方式实现，替代原来经验式的结构设计手法，统合力学（理性）与美学（感性）的数理形态设计手法就成为必要。[21]

我所提倡的形态设计手法中包括了感度解析手法和进化论的结构最适手法。这是将生物的进化及自我组织化等原理以工学的视点加以捕捉，然后通过计算机来对合理的结构形态进行创造。现在，为了使这些手法能够更加适用，我们正在对上述的这些新建筑结构进行不断的尝试。其应用的实例之一是自由曲面结构，另一个例子是流体结构。

与之前传统的顺解析相比，佐佐木睦朗将计算机的图形演示能力引入到结构的解析之中，形成了具有当代性的可视化解析过程（表 4.4）。以原始茅屋线性的木架构形成的支撑体系与以洞穴为代表的连续面覆盖体系这两类结构起源在当代的结构演算形态中依然被佐佐木分成为相对的两种类型：作为支撑体系的流体结构和作为覆盖体系的自由曲面结构——感度解析法，并且这两种类型也基本涵盖了日本当代建筑中的计算机结构演算的所有形态。

表 4.4 感度解析法结构形态比较

案例名称	建筑师	层数	最大跨度	结构厚度	竣工时间
北方町生涯学习中心	矶崎新	1	25m	15cm	2005.01
中之岛中央公园中核设施 Green-Green	伊东丰雄	1	70m	40cm	2005.04
瞑想之森·市营斋场	伊东丰雄	1	20m	20cm	2006.05
Vivo City	伊东丰雄	2-3	8.4m	250cm	2006.10
丰岛美术馆	西泽立卫	1	43m	25cm	2010.07
Rolex 体验中心	SANNA	2	40~80m	80cm	2009.11

通过计算机可视化解析的自由曲面结构来对覆盖基进行表现的最初尝试是 1998 年佐佐木睦朗与矶崎新合作的“中国国家大剧院竞赛设计方案”。150mm×225m 的自由曲面混合薄壳屋面由下部建筑内部的剧场、各种多功能厅、光庭以及外周的列柱支撑。曲面结构屋面分别由结构和下部功能空间对高度的要求两部分共同控制。为了更好地控制曲面结构的变化，首先需要对曲面形状进行坐标化。一般的有限元法就是通过对不同的坐标点的结构应变值进行数值解析，反复调整各坐标点的空间相位位置以及与解析演算的结合来对形态进行收束，逐渐使各坐标点的应变强度与使用要求符合力学与空间的双重要求（图 4.14）。不过，像这样反复试错的调整与解析过程是需要付出极为大量的时间和人力的。其原因归根结底还是因为这种曲面坐标的调整与结构验算的设计行为还是停留在从设计到解析的顺解析阶段。随着计算机技术的飞速发展，在 2000 年之后，以力学数理解析为基础的计算机结构演算设计的应用开始变为可能。这就是被称为“感度解析法”的计算机结构演算下的自由曲面形态生成方法。其基本的演算规则是基于对于形态抵抗型的空间薄壳结构而言，应力与变形越小，结构物的应变也越小，相应的力学性能也越好。反过来说就是通过使结构物的应变最小化而获得的曲面形态是力学上最适化的薄壳形态。其基本方程式如下：

图 4.14 中国国家大剧院竞赛设计方案

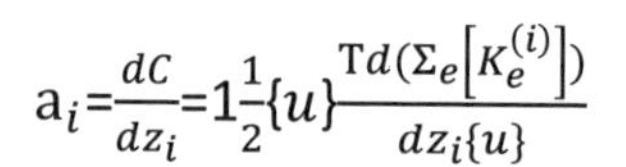

$$a_i=\frac{dC}{dz_i}=1\frac{1}{2}\{u\}\frac{\mathrm{T}d(\Sigma_e\left[K_e^{(i)}\right])}{dz_i\{u\}}$$

$\Sigma_e\left[K_e^{(i)}\right]$：i 个节点关联的刚性矩阵之和

$\{u\}$：节点变位向量

在这一方程式中，基准应变值被微分为设计变量。比如在将某个节点稍许变化时，其对整个结构物所产生的影响可以通过应变量 C 的变化察知。表示这种变化程度的微分系数在力学上称为“感度系数”，这是“感度解析法”得名的由来。对所有节点处的感度系数进行求解，就可以获得应变量变化的趋势，从而对由应变变大或减小所带来的的影响作出判断，以最适化的方针对控制应变值的设计变量 Z 值给予修正。此时，当某节点处的感度系数为正的话，则可以将 Z 值减小，反之为负的话，则可以增加 Z 值的大小。由此通过计算机对这样的参数值的控制，以有限元法的反复计算来逐渐实现应变量趋小化的曲面形态。形态收束的判定依据是以应变演化不再发展为准。这样的曲面形态演化过程可以通过计算机"即视化"的图形演示方式分步呈现给判定者。它将数理方程式的"暗箱化"解析变为可视化的透明过程。

以简单平板为例来说明这一曲面形态演算的过程。周边支撑的 5cm 厚、50m 见方的平板，在每平方米承受 1 吨竖向荷载时的结构最适化变形过程中，首先在变形初期对平板指示向上部凸起的方向命令。由此，接下去计算机会根据应变最小化的演算规则对平板进行上凸化变形。当这一变形进行到第 40 步时可以确认板内的应力呈均质分布，但也造成了原先平板的表面积大幅增加以及曲面结构高度过高等不利结果。由此可知结构本身的最适解并非是建筑形态上的最适解。从第 40 步向前倒推，可以发现在第 25 步时，结构的应变状态与表面积和高度的整体平衡最为理想。然后是对平板进行振动模式下的 1 次到 3 次模式下的初期形态设定，并查看各自不同的形态演算结果。凸状的 1 次振动模式从初期状态到最后安定形态，其应变量非常小，产生了以压应力为主的高刚性稳定形态。而当其面对 2 次模式和 3 次模式时，进而又产生了剧烈的凹凸演化，朝向复杂的曲面形态变化。与 1 次模式的形态相比，结构内除了压应力之外，还包括了张拉应力和弯曲应力的混合，相应的应变量和变形也趋大，刚度下降。从横轴演化的步骤以及纵轴应变量的变化可以看出不同模式下清晰的演化变形趋向。由此获得曲面形态也同时明确了结构的空间位置坐标，接下去通过 NASTRAN 等常见的有限元法软件根据结构的坐标点进行进一步的数理顺解析，以此来对确定的曲面结构物的力学状况、应力、变形等进行验算（图 4.15，图 4.16，图 4.17）。

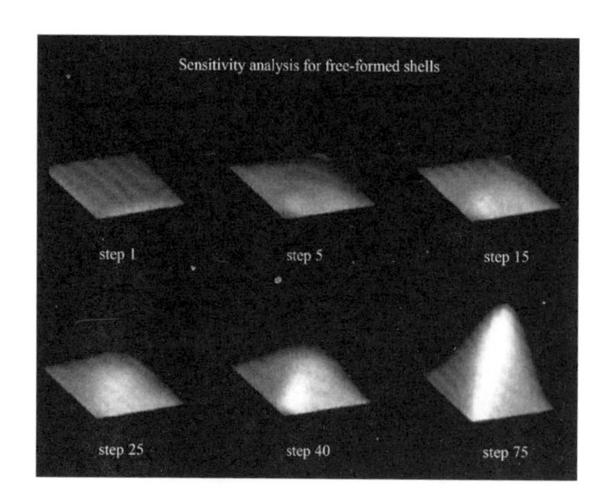

图 4.15 50m 见方平板模型

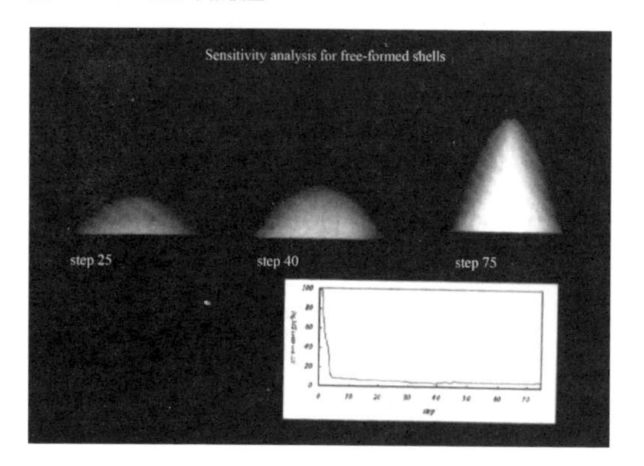

图 4.16 5cm 平板模型

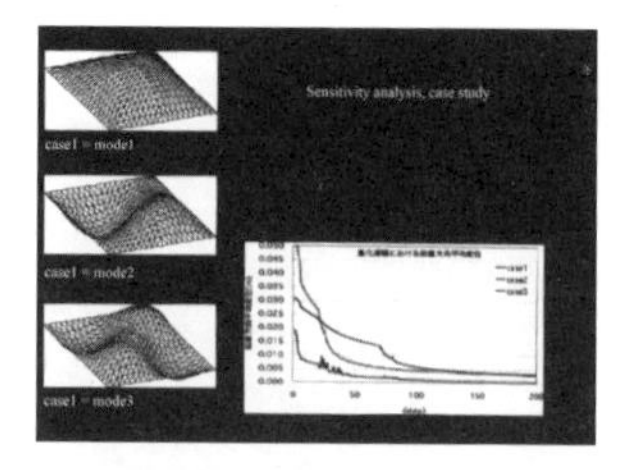

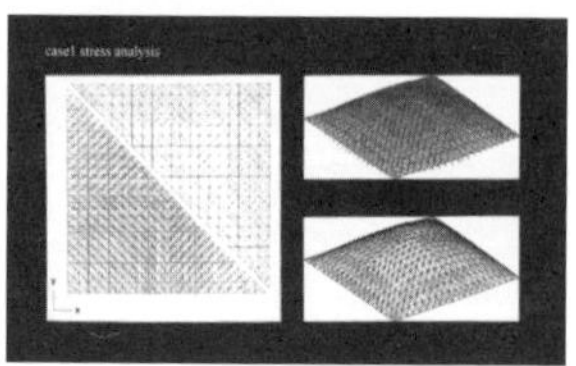

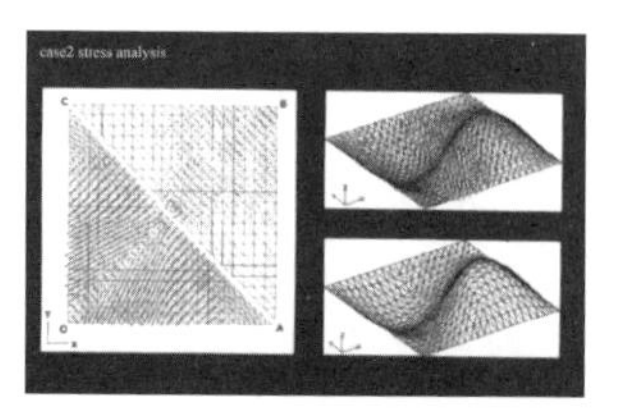

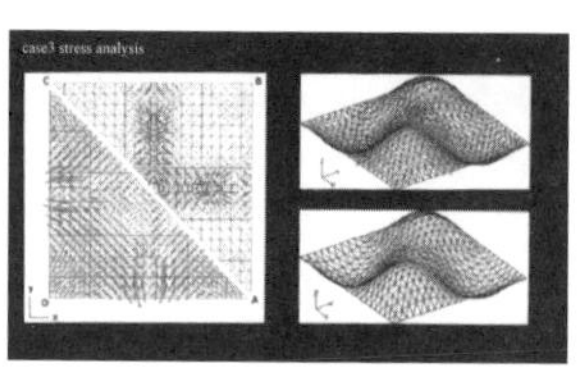

图 4.17 平板模型的振动试验（从上往下 a、b、c、d）

69 规则 - 01 YAOKO 川越美术馆（三栖右嗣纪念馆）

建筑：伊东丰雄建筑设计事务所
结构：佐佐木睦朗结构计画研究所
RC 结构　2011.12

20m 见方，4m 高的混凝土箱体内部通过两条微弧的曲线被分割为门厅、休息厅和两处展示四部分。在两个展室中央分别由与屋面连续的混凝土形成上凸与下凹的不同形态。上凸的屋面形成天窗，高敞的空间伴随着光线扩散进展室，与墙面的风景画作品形成尺度上的对应。另一展室下凹的屋面在中央形成圆柱，分割与降低的空间尺度与墙面的人物画作品又形成某种契合。

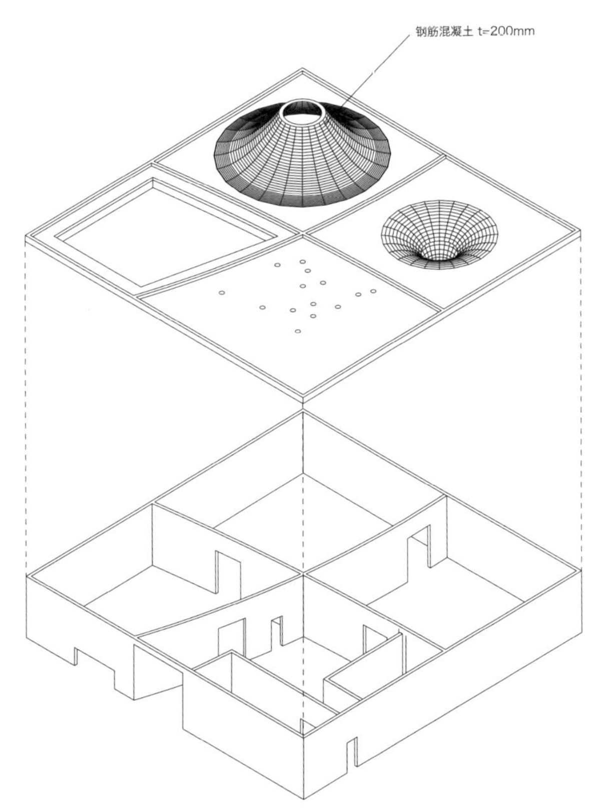

轴测图 1/500

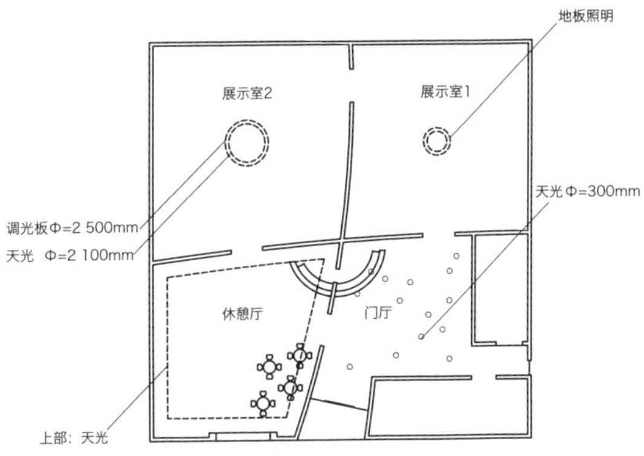

平面图 1/500

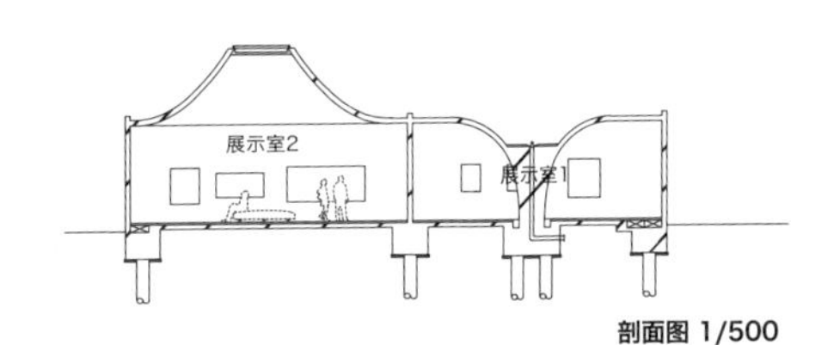

剖面图 1/500

70 规则 - 02 丰岛美术馆

建筑：西泽立卫建筑设计事务所
结构：佐佐木睦朗结构计画研究所
RC 结构　2010.09

为了在空间中形成艺术、建筑与自然三位一体，曲面的覆盖从周围茂密的自然环境开始沿着长圆形平面缓缓向中部升起，犹如水滴一般的薄壳体在靠近边缘的相对两侧各开了椭圆和正圆两处不同的开口。拱形薄壳将建筑的形态与重力的流动抽象为场所的背景，从而将艺术与人的存在呈现出来。250mm 厚钢筋混凝土薄壳覆盖通过“感度解析法”在力学最适化的基础上，在靠近一侧的角部设置了上至屋面的入口，等高线沿着建筑外周轮廓成封闭型，坡顶的最高处为 4.25m。混凝土现浇施工是将场地周围的泥土根据薄壳体内部空间的形状堆成拱形土坡，在土坡表面浇筑混凝土及配置钢筋，待 6 周后混凝土硬化产生抵抗强度后，将堆起的泥土挖出。貌似原始的施工技术在当代计算机测量和施工技术的帮助下，施工误差被控制在 ±5mm 之内。

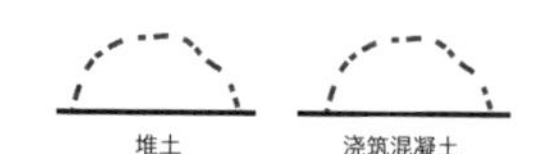

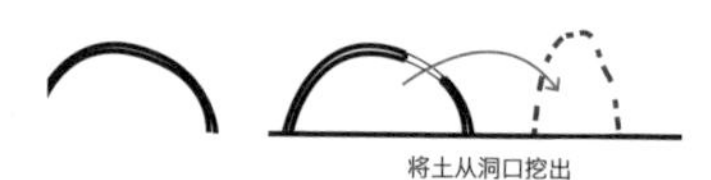

建造过程示意图

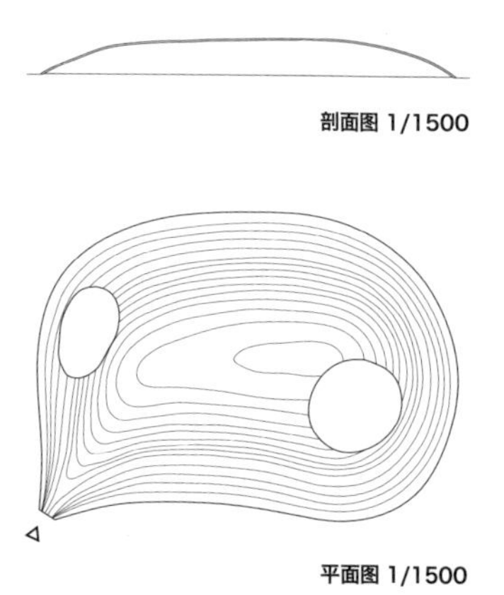

剖面图 1/1500

平面图 1/1500

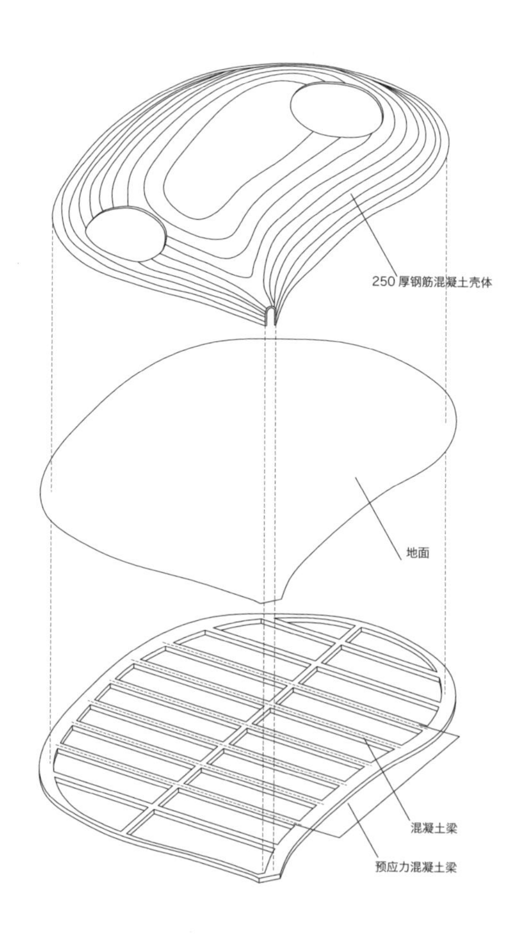

轴测图 1/1000

71 不规则 - 01
瞑想之森 · 市营斋场

建筑：伊东丰雄建筑设计事务所
结构：佐佐木睦朗结构计画研究所
RC 结构　2006.05

建筑采用曲面屋顶作为形态表现的原因之一是将门厅、等候室、火化室等内部不同高度的房间形成屋面上的连续；其次是通过曲面的形态来表现结构的合理性；三是将曲面形态与屋面排水相结合，通过在曲面谷底处布置排水口来形成与形态相结合的排水设计；四是通过曲面的屋顶形态来作为对周围群山环境的回应。曲面结构板选用 200mm 厚钢筋混凝土材料，在与独立柱相交处沿柱头周围形成连续的伞状曲面，正面随着独立柱外侧的曲面悬挑端部结构板逐渐变薄。演算的初期形态是以建筑师的基本确立形态为开始的，面积为 2361m^2 的曲面屋顶按照 1m 间隔确定了 3690 个坐标控制点，以相互之间形成的三角面作为微薄壳进行结构最适化演算。在竖向变形分布演算、主膜应力演算和主弯矩应力演算的基础上确定最后的屋顶形态。混凝土模板则是将 75×12mm 的木板条一根一根弯折之后将 5 条拼接在一起，然后在格子状的模板框架上粘贴 900×150mm 的 12mm 厚胶合板。模板的拼接是根据计算机绘制的三维曲面展开图在现场进行放样的。

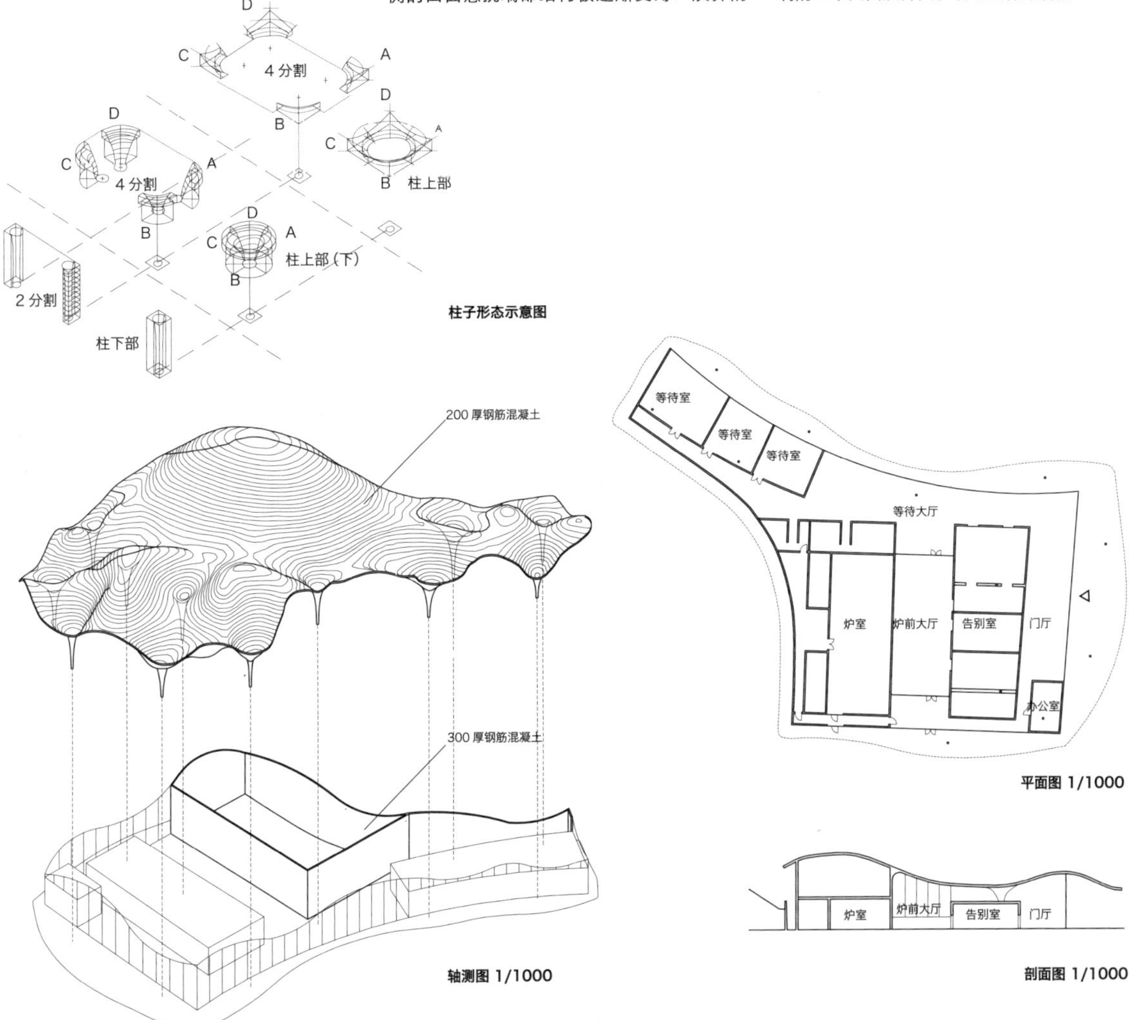

柱子形态示意图

轴测图 1/1000

平面图 1/1000

剖面图 1/1000

72 不规则 - 02 Rolex Learning Center

建筑：SANAA
结构：佐佐木睦朗结构计画研究所 + Bollinger und Grohmann GmbH
RC+ 钢结构　2009.12

195×141m 的长方形建筑包括了地下一层，地面一层。600mm 厚钢筋混凝土曲面楼板最大跨度 87m，由楼板落地部分及 17×10m 的钢柱网支撑。楼板上部连续的大空间，与楼板曲面相平行的钢木混合屋顶由分布在曲面楼板内的 9×9m ϕ139.8 钢管柱支撑。为了减轻通过“感度解析法”优化的轴力抵抗型曲面楼板的荷载，长方形的建筑平面内设置了大大小小的圆形开口。它们和楼板下部的空间一起，形成了变化丰富的空间层次和连续性。

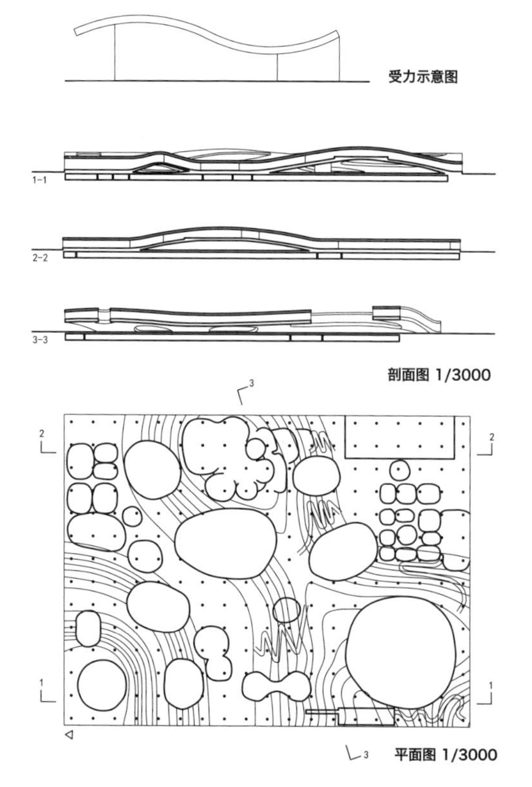

受力示意图

剖面图 1/3000

平面图 1/3000

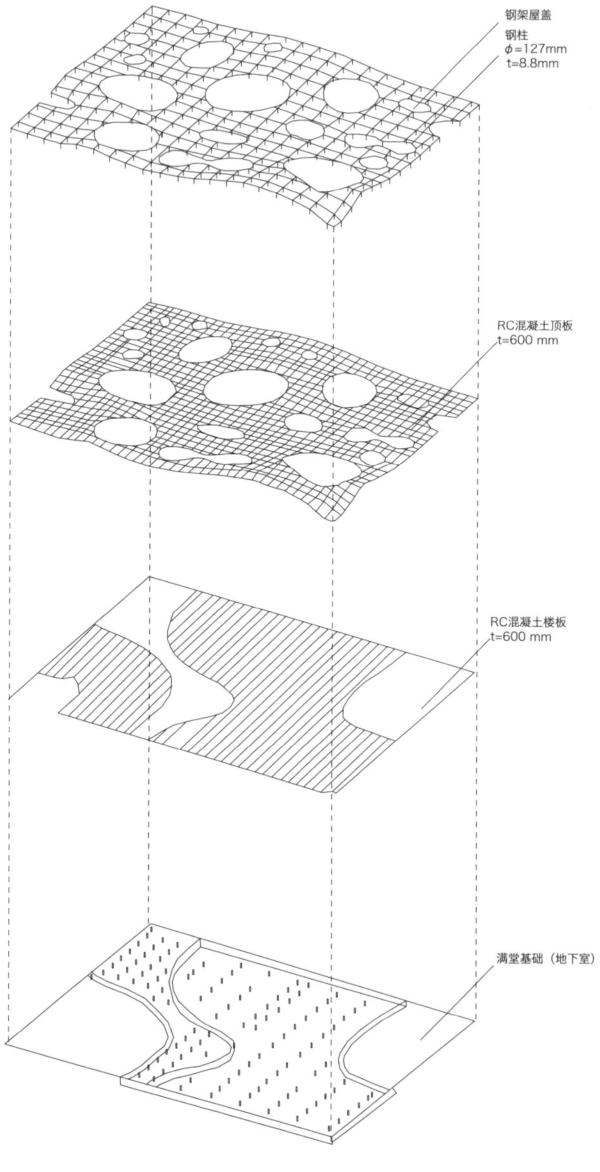

轴测图 1/3000

4.4.3 扩张 ESO 法

与“感度解析法”一样，流体结构也是基于计算机可视化解析的结构形态。其得名源自于对植物重力抵抗机制的发现。同先前结构表现主义如弗雷、渡边邦夫对植物形态抵抗重力的结构模仿不同，佐佐木睦朗将植物令人难以置信的环境适应能力以及自我组织化的生物学本质作为力学形态生成的原理。比如亚热带植物悦榕树在几乎倾倒的树干处总能发现数根支柱支撑，这是其在倾斜之中从自己的主干分叉而出的侧枝。这些从主干分出的悬挑侧枝，在针叶林与阔叶林之间存在着很大的差异。阔叶林总是要么下端膨大，要么上端膨大来形成结构上的补强。在悬挑伸出的侧枝根部形成较大的截面使应力均质分布的应力抵抗原理是植物在自身演化历史中形成的自然规律，这被认为是生物自我组化能力的重要原则。像这样当材料的强度一定时，通过截面的增减来形成均质分布的应力原理，在建筑的结构上也是一种非常经济与合理的方式。从这些亚热带植物的形态进化中我们可以看到，无论面对怎样的力学环境，一种激发植物生命力的激素在强有力地支撑着它们以各种形态成长。而基于这种植物形态机制的力学原理就是作为流体结构的“ESO 法”(Evolutionary Structural Optimization)。这是由谢亿民[22]于 1997 年提出的基于消减掉结构物中力学效应较低的部分，然后在剩余的部分中进行应力的重新分配之后，再重复地进行消减与分配的程序；是在反复的消减与重分配的操作下，结构物形态被逐渐导向效率最佳的一种结构最适化方法。结构破坏一般是由应力和应变过大导致的，同时也存在着效应指标过低的抵抗应力和应变。理想的结构状态应该是像植物的枝干那样，所有的结构物部分均布地承担接近于安全范围附近的应力。ESO 法就是将此原理作为演算的目标的。

不过，由于 ESO 法只是通过单方向地消减材料来达到应力均布的目的，其结果会使形态不断地变得更细。将结构物的形状在消减低效部分的同时，在必要的部分通过增加材料来获得均布结构形态的方法被称为“扩张 ESO 法”，它是在 2004 年由崔昌禹、大森博司和佐佐木睦朗在“基于扩张 ESO 法的结构形态创生——向三维形态扩张”[23]的论文中提出的。其与 ESO 法相比具有两点不同：等价线（三维上的等价面）的导入及消减部分的复活增长可能的双向进化。扩张 ESO 法的过程包括以下 5 个步骤：

第 1 步，将要进行最适化的设计区域进行要素分割；

第 2 步，根据所给予的荷载条件、支撑条件，通过有限元法对结构进行解析，对各要素进行定量计算；

第 3 步，将设计的整个区域点阵化，以确定消减的基准值并由此形成等价线；

第 4 步，沿等价线消减材料，形成下一循环的设计区域；

第 5 步，重复上述第 1—4 步，直到达到最终进化目标或基准量达到限定值为止。

通过以上的非线性形态解析的反复，结构形态与结构物的力学性能在联动的状态下形成整体上的有机结构形态。也由此可以获得弯矩被最小化，且应力基本处处相等的应力抵抗状态。通过扩张 ESO 法与 ESO 法在同样初始形态下演算过程与结果的比较，我们就能非常清晰地看出前者的优异性（图 4.18）。首先扩张 ESO 通过双向进化可以对既有形状进行修补，以获得更加有力的应力分布，并使等价线的确定具有更大的自由度，形态的进化更加有利。同样高度、跨度及面积的结构物，ESO 法进化的最适化结果是桁架，而扩张 ESO 则是材料与受力更加完美的“镜框拱”(Suspend Arch，图 4.19)，甚至它以同样跨度与高度的结构物进行演算可以获得与罗伯特·马亚尔（Robert Maillart）[24]1930 年设计的著名的塞吉那托贝尔桥（Salginatobel Bridge, 1929，图 4.20，图 4.21）一样的结构形态。事实上，大跨度桥梁中无论是张拉型的吊桥还是压缩型的拱桥都是尽量将弯矩应力最小化的均布应力结构，只有在这样的情况下才有可能实现最轻量化的大跨结构。

我们以一个佐佐木睦朗对结构形态的演算例子来说明扩张 ESO 法的生成过程。初始形态的设计区域为短边处沿宽度方向设置对称两端各两

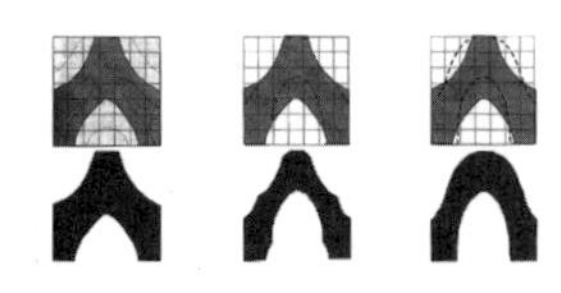

图 4.18 扩张 ESO 与 ESO 的区别

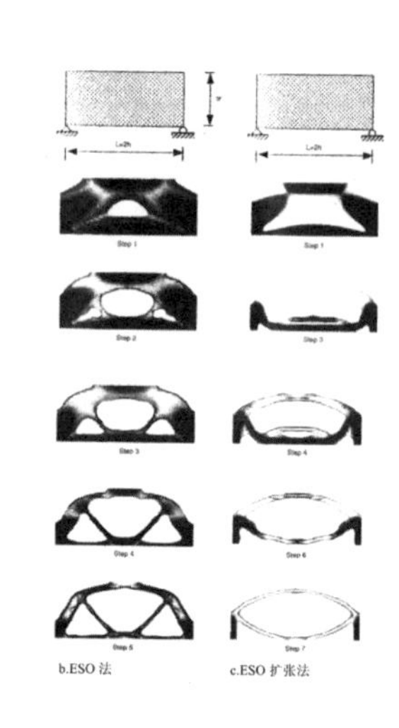

图 4.19 扩张 ESO 与 ESO 跨度演算比较

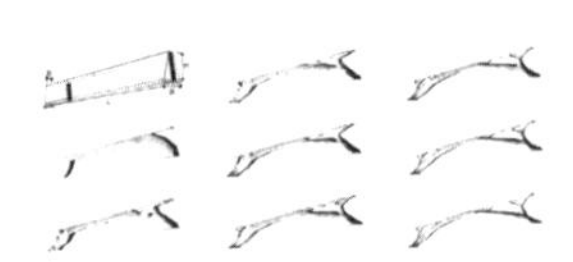

图 4.20 桥的最适化过程

图 4.21 塞吉那托贝尔桥（Salginatobel Bridge）

个间距 10m 的支点所支撑的宽 36m，高 15m，长 150m 的长方形平板。建筑上的限制条件是屋顶的上部是平的，中央部分的下侧距屋顶距离在 12m 之内。所使用的结构材料是钢结构，荷载条件设定为屋面均布竖向荷载 $w=1t/m^2$。从扩张 ESO 法演算图形过程可以看出，从初期状态开始，首先是两端的支柱处由于巨大的竖向荷载使得柱子截面变粗，之后屋面平板应力较大的部分也相继变厚，进而与开始倾斜的两端支柱形成拱形连续。其后是在屋面板的中部发生形态突变，将下部抛物形状的支撑构件与面板分离，从而使整体成为以轴向抵抗为主的结构形态。此时演算形成的结构宛如一个放大的连续梁受弯应力分布的拟态形式。接下去，向上部延伸的拱形与向上部伸展的抛物形的相互连续进一步演化，与此同时为了降低屋面板结构的复合应力，也就是作为整体结构上弦内轴向应力与部分板内的弯曲应力，在靠近拱形与抛物形的一部分相接处继续产生分叉变化。其中抛物形构件靠近平板的原因是由于支撑结构被限定在距离屋面 12m 之内初始设定的缘故。在演化的最终阶段，结构形态的局部形状通过细微的演化后，形成了满足设定条件要求下的整体结构中弯曲应变量最小化，基准应力沿结构全区域内基本均布的结构形态。可以说这一形态将作为目标设定的荷载以最高效的方式传递，是力学范畴内最为经济的合理形态(图 4.22)。

这一 ESO 扩张法的演算过程也是佐佐木睦朗与矶崎新合作的“佛罗伦萨新站竞赛案”形态设计的过程。其比上述示例的平板屋顶面积更大，是一个长 400m，宽 40m，高 20m 的巨大流体结构形态（图 4.23）。下部由两排各四处筒体空间作为支撑。为了简化对屋面扩张 ESO 法的演算，将屋面按照长向对称分为左右两部分，然后先对其中的一侧进行形态优化演算，作为另一侧的参考，进而将两处屋面拼接成一体。这是通过计算机图形计算能力来利用“人机交互”(Man Machine Interface)，将力学条件与外部设计的环境变量都能够获得满足的理论解通过计算机解析，在外部设计者参数修正的反复过程中所进行的设计作业行为。审美的判断是一种无法给予定量化的指标，但是通过显示器上的图形对解析过程的表

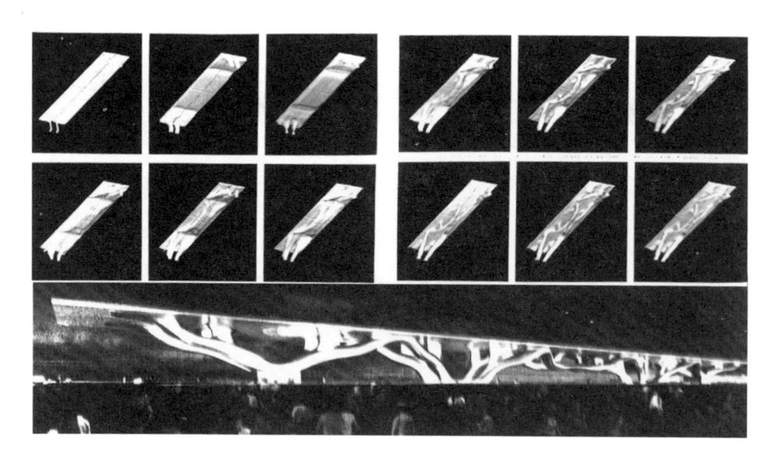
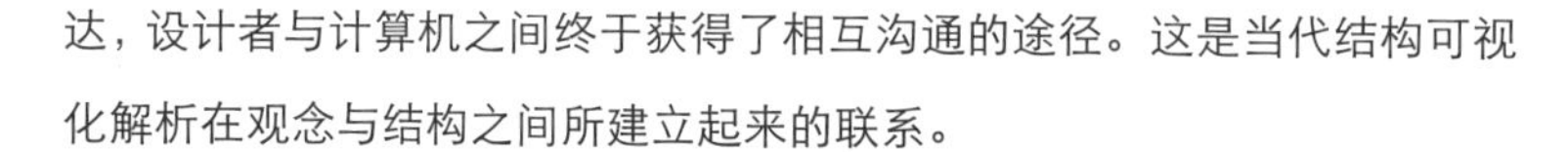

图 4.22 佛罗伦萨新车站竞赛最适化过程

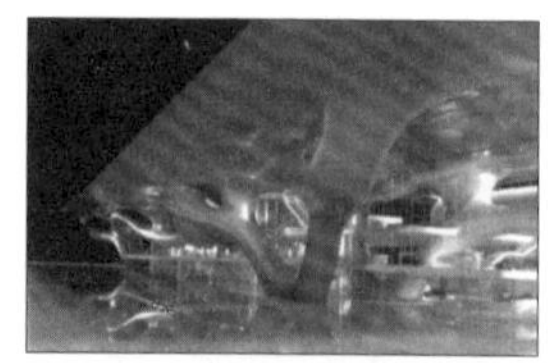

图 4.23 a. 北京汽车博物馆方案

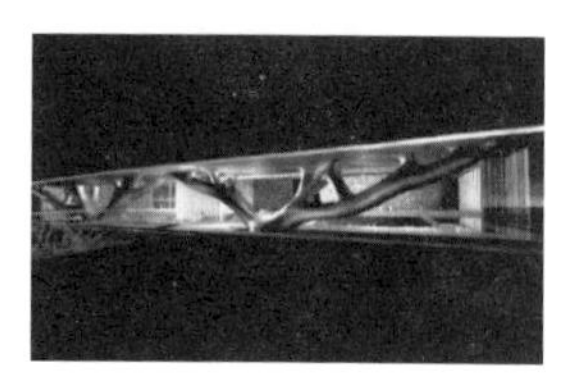

图 4.23 b. Q Project

达，设计者与计算机之间终于获得了相互沟通的途径。这是当代结构可视化解析在观念与结构之间所建立起来的联系。

无论是自由曲面的覆盖屋顶还是扩张 ESO 的有机支撑，其混凝土浇筑模板的制作、钢筋的绑扎以及混凝土的灌注、浇捣都是非常困难的。如果说感度解析法和扩张 ESO 法实现了结构力学上的最适化的话，那么显然就像我们在前文中所述的那样，对于建筑而言，除了结构之外，环境的、功能的、经济的、社会的、审美的等等外因的复杂性，使得建筑形态的设计不可能存在所谓的最适解，结构最适化的形态只不过是为我们在建筑形态的设计过程中，在力学合理性方面提供了优化方向而已，它远非建筑设计或建筑存在的整个过程的最适化。佐佐木睦朗在关于可视化的形态设计所面临的课题中说道：

> 现阶段的形态设计从理论上而言，尚未超越能够获取的结构力学的原理范围，事实上作为结构物的实现不可或缺的是生产技术的问题，也就是在所限定的建设费之中，合适的具体材料、连接方式、施工方法等问题依然没有解决。极端而言，形态设计就是把肆意构想形态的建筑设计以结构形态化的方式来取代，将其转变为以基于力学依据

的合理化结构来作为建筑形态创造的方式，而对具体地使用什么样的材料，如何连接和建造，或是采用怎样的细部来使结构物的建造变得更加经济等这些实际的生产问题并没有真正地考虑过。不过，尽管这样的做法听上去或许是有些不负责任，但不管怎样形态设计终究是涉及结构原理问题的理论工具而已，作为暂时突破第一道关卡的理论化设计手法而言，到目前为止在我看来还是充分的。[25]

除此之外，我们还应该看到计算机技术下的视觉形态很大程度上受到程序演算方式的影响。换句话说，流体形态的表现类型与程序类型之间有着很大的关联，这从感度解析法和扩张 ESO 法各自的相似性中可见一斑。金田充弘对于当代这类由“软件”决定“表现类型”的数字化设计这样阐述道：

当下，面临着新的工具与软件不断出现而呈现出的亦喜亦忧的态势……今后，也许设计者应该对软件本身具有调整的能力吧。也就是同赋予模型以痕迹（= 作为设计者的个性）相同的过程来赋予数字化以个人的痕迹。

到现在为止，人们花费在软件使用上的精力极为惊人……这也导致软件使用的门槛不断降低，其结果是“如何使用”成为胜败的关键。“正在使用这个命令”已然等同于表现形式的决定。

目前，“软件本身如何使用”的门槛还高高在上。会使用者能够抢占到先机，但这也不过是在同等层面上的先后而已。

随着今后软件门槛的降低，我们便又将回到“如何具有独创性地来驾驭软件”这一原先的评价体系上来。[26]

原本设计者的个性化和多样性在程序运算规则的制约中显然被抹杀，形态的差异转化为程序的差异。这一现象也是流体形态表现给我们的提示，如何在可视化设计中表现原有的设计师个性化势必将会成为下一步计算机设计程序进化的方向。

73 二维 芥川项目

建筑：风袋宏幸
结构：名古屋大学大森博司研究室
RC 结构　2005.01

一处狭小西南地块上的四层出租小办公楼。为了确保内部空间使用上的最大自由度，支撑与水平结构沿建筑外周布置成墙面。在面向街道的西面和南面的墙体采用了二维扩张 ESO 法的形态演算设计。设计的区域排除了在南面一层位置已确定的入口部分。然后对墙体荷载设定为竖向恒荷载与约等于 20% 竖向恒荷载的水平荷载，结构材料为钢筋混凝土。在南面墙体均布化结构演算的过程中，建筑师从设计与功能两方面综合考虑，最终确定以第 65 步演化的形态为最后结果。然后在此基础上，对形态相应的钢筋量、配筋方式、模板的制作以及饰面做法等进行梳理，使完成之后的形态成为带给街道活力的建筑表现。

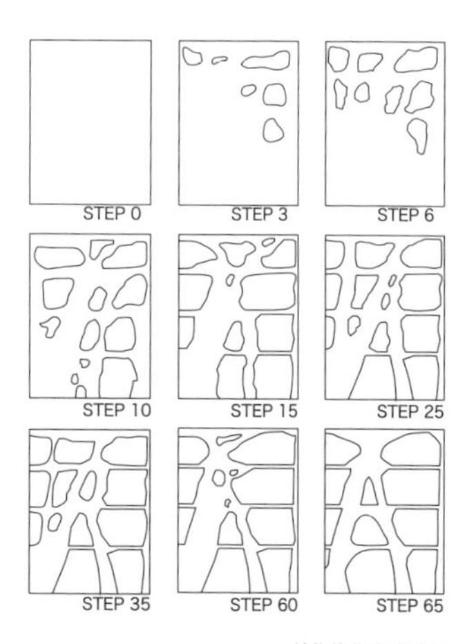

结构优化生成过程

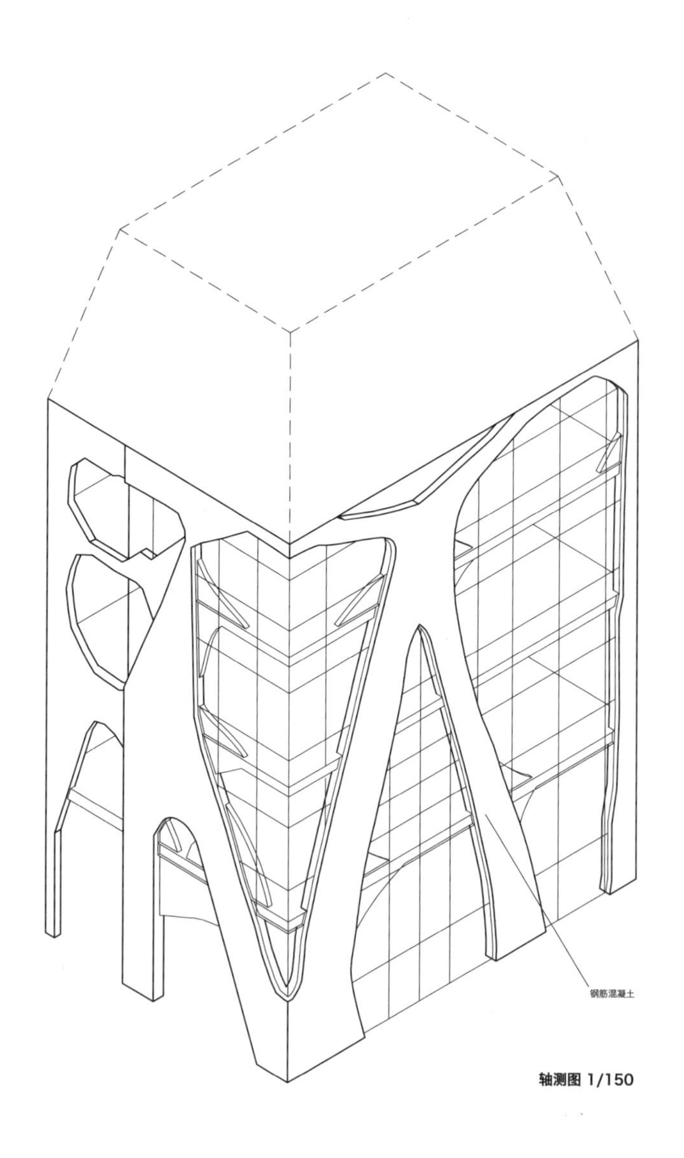

轴测图 1/150

74 三维 上海喜马拉雅艺术中心

建筑：矶崎新工作室

结构：佐佐木睦朗结构计画研究所 / 上海现代建筑设计（集团）有限公司

RC 结构　2009.10

由重力支配下横向延伸的、演算的有机形态作为了商业综合体下部多层的支撑结构。树枝状钢筋混凝土支柱蜿蜒盘曲而上，膨大的柱子内部是交通与展示的空间。

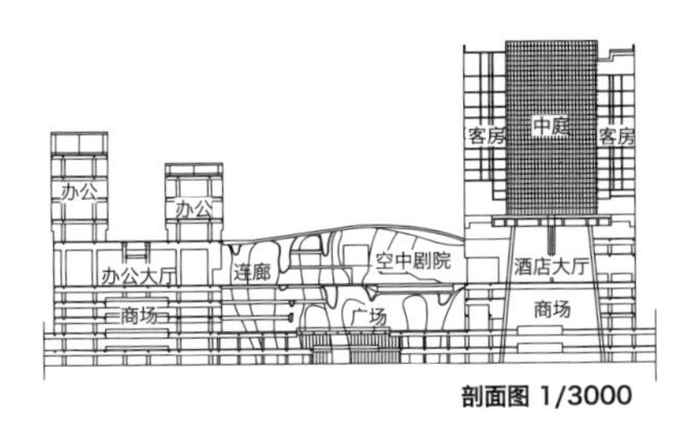

剖面图 1/3000

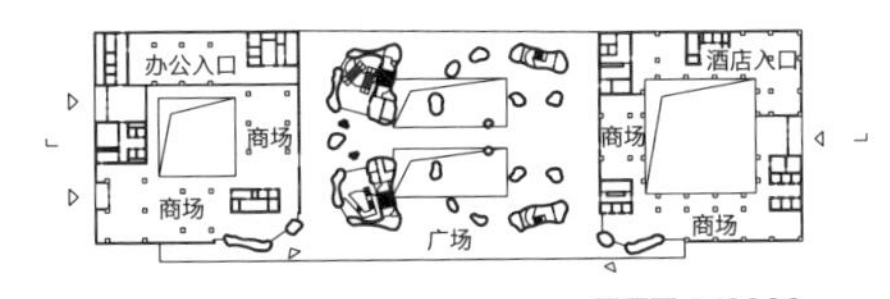

平面图 1/3000

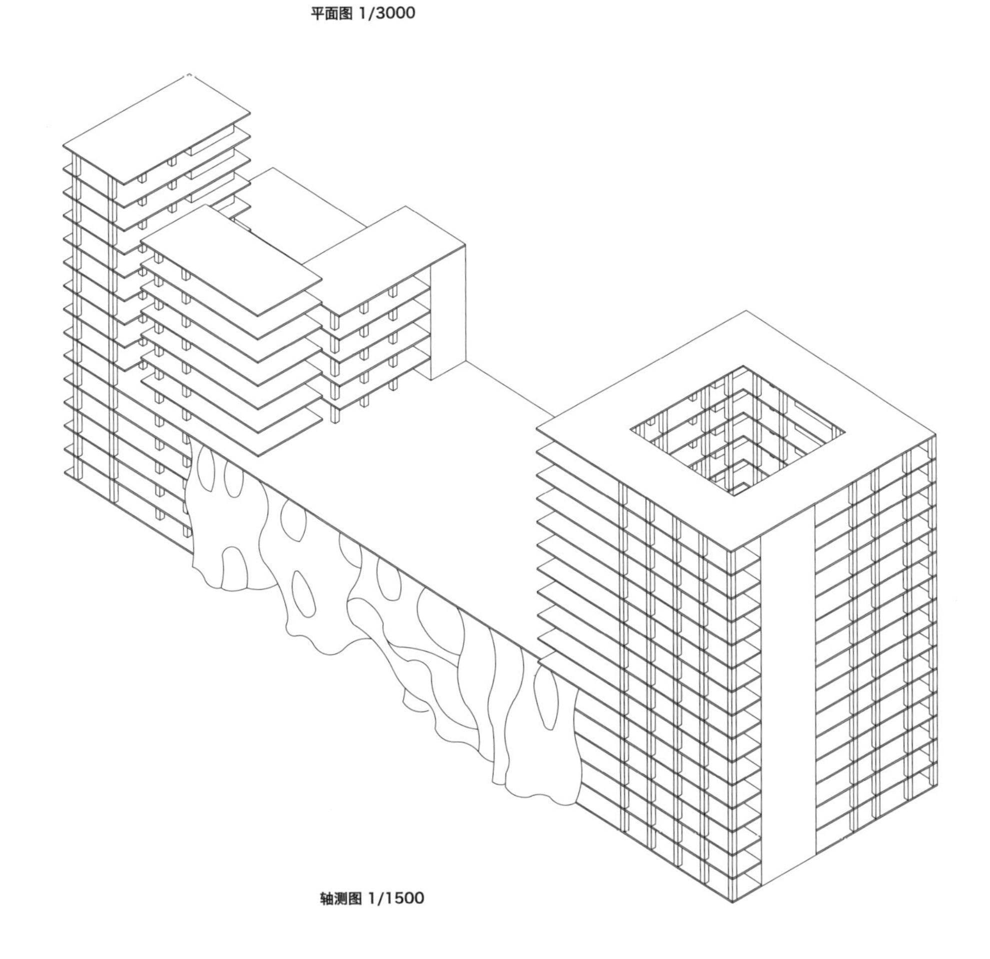
轴测图 1/1500

4.5 更新的结构

在为一个新市民美术展览以及图书馆设计制定设计竞赛方针时，时任审查委员的矶崎新将这个建筑命名为“Mediatheque”。“Mediatheque”源自法语，意思是“收纳媒体的架子”。矶崎新在解释之所以使用这个词语作为新建项目的名称时说道，以往建筑与特定名称之间存在着某种对应的关系，选择特定名称便导致建筑“型式”的确定。正因为如此，“Mediatheque”这一舶来的全新称谓既新鲜，又不会导致与既有建筑“型式”之间的关联。尽管招致竞赛者抱怨名称抽象而使人无所适从，矶崎新依然希望通过这种方式，从名称开始通过对建筑既有“型”的解构，来期待一种全新建筑的出现。1995 年 8 月，“仙台媒体中心设计”竞赛评选在史无前例的电视直播中宣布伊东丰雄案获得最终的胜利。矶崎新阐述伊东案获胜的理由是认为伊东的方案用建筑的形式对“Mediatheque”进行了真正的定义。七层平坦而轻薄的楼板、十三个海草意象摇曳而上穿越楼层的筒形网架支柱以及透明而略带反射的立面玻璃三种要素所构成的这个建筑将结构、设备、功能和空间统合集约在一起。没有等级、没有内外、没有限定、没有上下，在一切惯有的建筑空间中出现的定义在这里都被消解。这是一处平坦的、匿名的、自由的场所，通过通透的玻璃甚至可以与外部的街道一样平整、连续。伊东丰雄的方案试图建立起一种内外连续的“场所”，而非清晰的“空间”。随着功能定义被剥离、建筑符号的消解，内外之间的界限被暧昧化。随心所欲的身体运动成为场所的焦点，并在透明的内外之间保持着同质的连续。如果说“横滨港大栈桥国际客船站”案展现的是一幅建筑流动的画面的话，那么伊东的“仙台媒体中心方案”则是通过对建筑存在的消解来呈现一幅身体流动的画卷。

建筑师与结构设计师在这个项目中将“流动性”“透明性”“轻盈性”三个概念相互共享，结构设计从建筑构想的一开始就介入到形态之中。

1995 年 2 月 7 日的一张标有 19 处柱子位置的结构平面示意图传真页是对两周之前建筑师一张剖面示意图传真的结构设计的回应：双曲面状螺旋而上的钢管网架穿越夹心钢楼板的结构架构在建筑形态设计的最初就已经确定了。结构设计师佐佐木睦朗在这个项目中将通常用于大跨屋面结构的网架创造性地使用在支撑结构上，上下透层的支柱一举将建筑的附属功能包裹其间，实现了与建筑师概念的共享。十三个网架支柱中分布于平面四角的较大支柱承受竖向荷载，并将楼面荷载直接传递至柱下相连的隔震装置；而其余九个较小的支柱由于承担水平荷载，所以与基础断开。为了达到楼板厚度的极小化，钢楼板采用肋状分割焊接一体化。由于焊接所导致的钢板收缩变形的应力变形以及精度控制等难点，钢楼板的建造引入了造船技术（图 4.24）。透明的玻璃幕墙围合成建筑的表皮，将内部的活动与外部的自然景观叠加在透明的界面之上，一如视屏那样变幻而多彩。

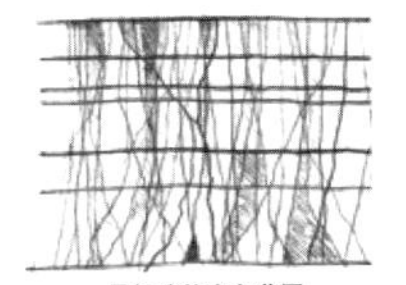

a. 最初建筑意象草图

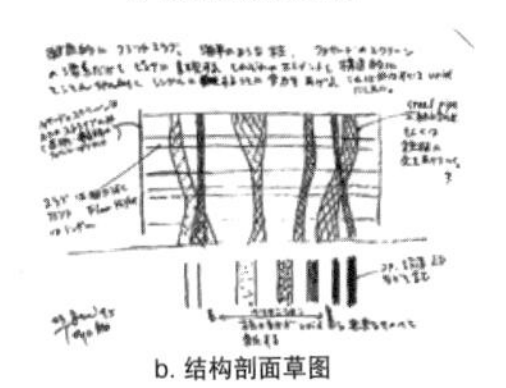

b. 结构剖面草图

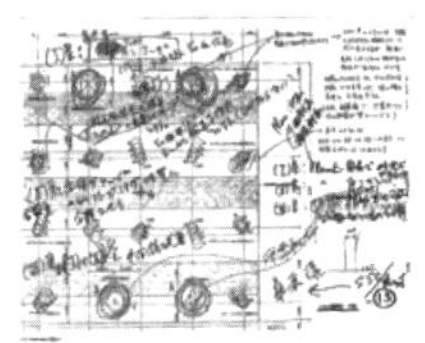

c. 结构平面草图

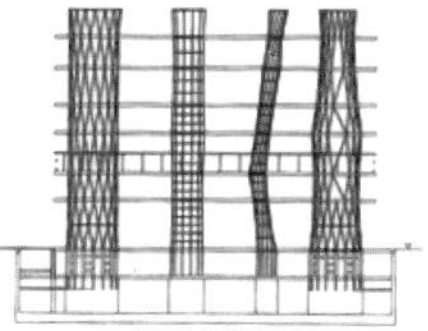

d. 实施方案结构剖面图

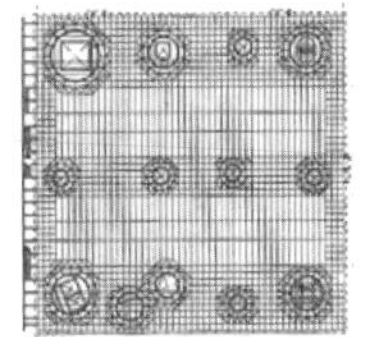

e. 实验方案结构平面图

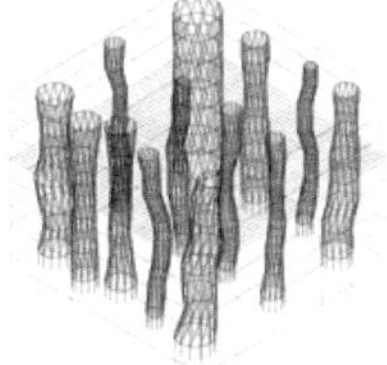

f. 结构轴测图

图 4.24 仙台媒体中心

1990 年代后现代主义如同一阵风被吹散殆尽，堕落为消费品的为技术所装备的建筑风潮流行一时。使用先进技术本身是无可非议的，但将它作为建筑的目的成为其堕落的原委。由此，在 90 年代中期，当代建筑再度迎来迷茫期，对建筑新的表现方式的摸索再度启动。如同时代般突如其来的建筑就是伊东丰雄的“仙台媒体中心”。它提出作为统合人类、自然、电子流体场所的、信息时代的建筑原型，通过依据不同媒体而各不相同的交互场所图式化的 7 块楼板、将它们组织在一起的 13 根管柱（不定形钢管网柱）以及控制环境的皮膜（玻璃被膜）这三种要素来构成建筑。那是由像薄壳筒变形那样将不定形管状柱空间结构置入玻璃方盒子之中的内在化，就好象如同密斯与高迪那般，将建筑 = 结构的那种两义性统合在一起。此外，它也是对整个 20 世纪所展现而来的近代建筑各式各样尝试的总决算，是对功能、空间、结构（形态）统合的尝试。[27]

这种被佐佐木睦朗称作为“flux structure”的流动结构将建筑、技术及自然统合在一起的“非构筑性”结构形态掀开了与先前各种结构表现形态所截然不同的新画面，更是对那些形式背后的陈腐概念的又一次刷新。

对结构的更新需要从结构自身的定义出发，从体系内部的条条框框开始挣脱，到对结构与非结构的二元的解构，显示出其与装饰、抽象抑或是流动这些显在形式表象之间的差异。更本质地说，结构的更新在于对既有结构概念的颠覆，并以此作为从根本上结构形态的重新出发。无论如何，“仙台媒体中心设计”的网架筒体、竖向功能与结构筒体的一体化、超薄的楼板以及最终所形成的透明性表情，都彰显了结构对之前的超越。

4.5.1 结构体系的更新

即便同样是结构，建筑结构也有着不同于土木、工业造型等其他领域的文化性。梁、柱、墙、板这些建筑结构所特有的指向性用语就表露出从属于建筑的结构，其与众不同的特征。换言之，这些固有的建筑结构的概念在被定义的同时，也成为确立建筑结构的另一种抽象的结构体系，以此来界定建筑结构的疆域及边界。显然，一旦这种结构体系愈发地清晰与强大，那么由此所确立的边界也就越发的牢固。自 15 世纪以来，随着结构被科学的分析所接管，沿着传力路径与方式被逐渐细分的建筑结构体系慢慢地成就起庞大而复杂的架构。受力状态与物质形态之间便利的对应性在当代效率化的催化之下，更加展现出其前所未有的便捷性与高效性。然而，越是试图依赖于这种由对应所带来的方便，也就越发会受制于体系的控制。对无限细分的绝望已经敲响了建筑结构趋于僵化的警钟。是继续去完善这一业已十分庞大而沉重的既有体系，还是另立门户开启新的结构模式？这一两难的境遇拷问着当代建筑结构的工程师和设计师们。

对既有建筑结构体系的更新或许是对上述新与旧的二选一做出的折衷。结构体系的更新对既有结构概念的从组，试图将原先建筑结构系统的分类进行一次重新的划分与定义。尽管，结构体系的更新小心翼翼地试图保全建筑结构既有的疆域及边界，但显然，内部的重组也意味着既有建筑结构的一次重生的开始。它不同于只在结构形态表层的修辞层面的操作，而是试图从结构定义的本质入手，从根本上对形态可能性进行重新的挖掘。

75 墙 + 柱 - 01
枡屋本店

建筑：平田晃久 / 平田晃久建筑设计事务所
结构：tmsd 万田隆结构设计事务所
RC 结构　2006.10

钢筋混凝土墙板落地形成三角形支撑的单层建筑。其三角形支撑主要由倒三角形的对称或单侧 150mm 厚钢筋混凝土墙板构成。将墙、梁、斜撑集约化的墙体不仅作为竖向与水平荷载的抵抗之用，还兼具分割与联系空间的效果。三角形支撑的顶部长边与屋面板直接连接。

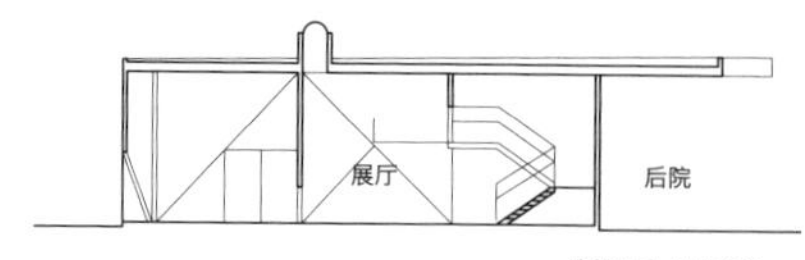

剖面图 1/500

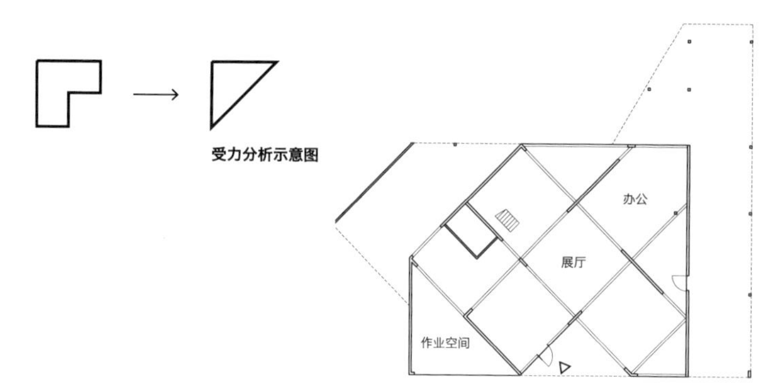

受力分析示意图

平面图 1/500

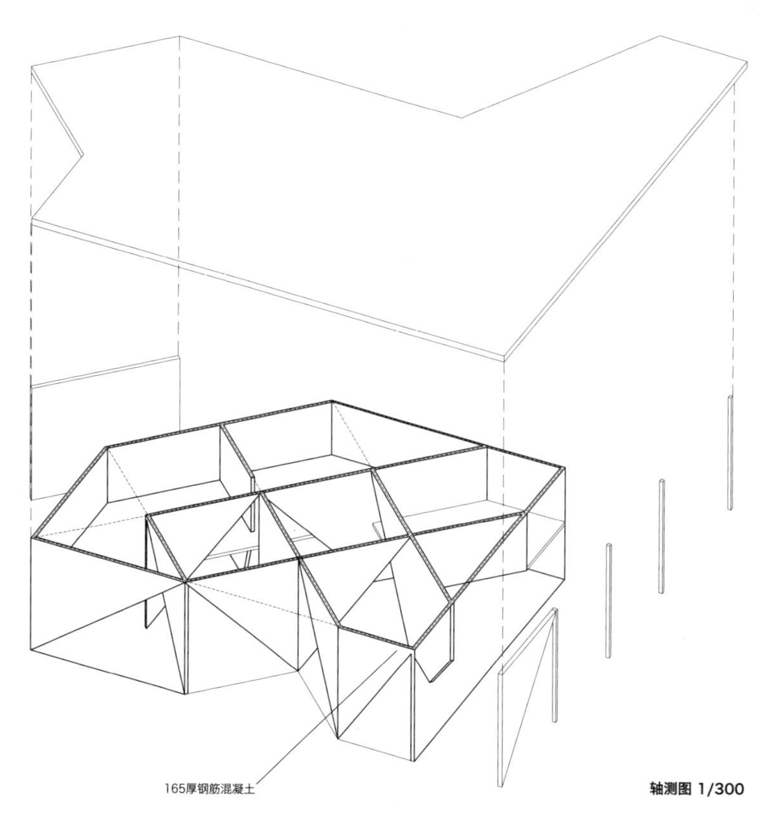

轴测图 1/300

76 墙＋柱 - 02
登别的 Group Home

建筑：藤本壮介建筑设计事务所
结构：佐藤淳结构设计事务所
RC 结构　2006.03

在这个为老年痴呆症患者及护理人员设计的设施中，个体与整体的暧昧关系被直接投射在整个空间序列的结构上。木结构的三角形支撑在与地面和屋面相连接部分形成短边，使得整个直角边三角形并非是以完整的三角形方式出现。并且，由于多片三角支撑在顶部交汇，使得三角支撑又给人以高梁的感觉。似墙非墙的三角形板片将空间界定成一种分割又连续的状态。

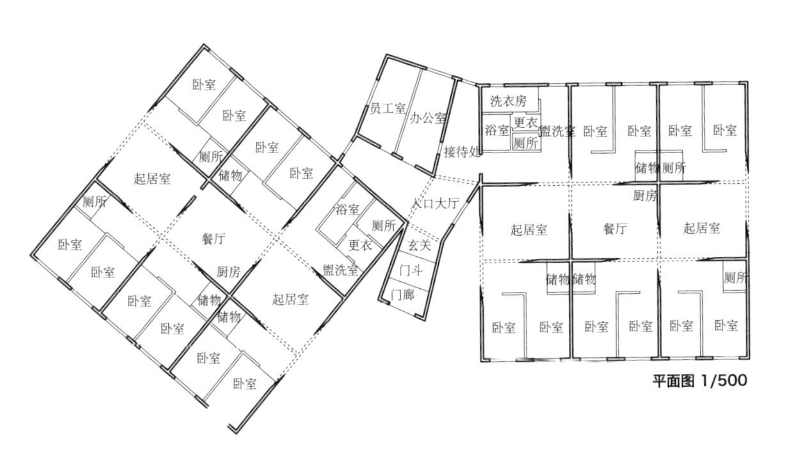

平面图 1/500

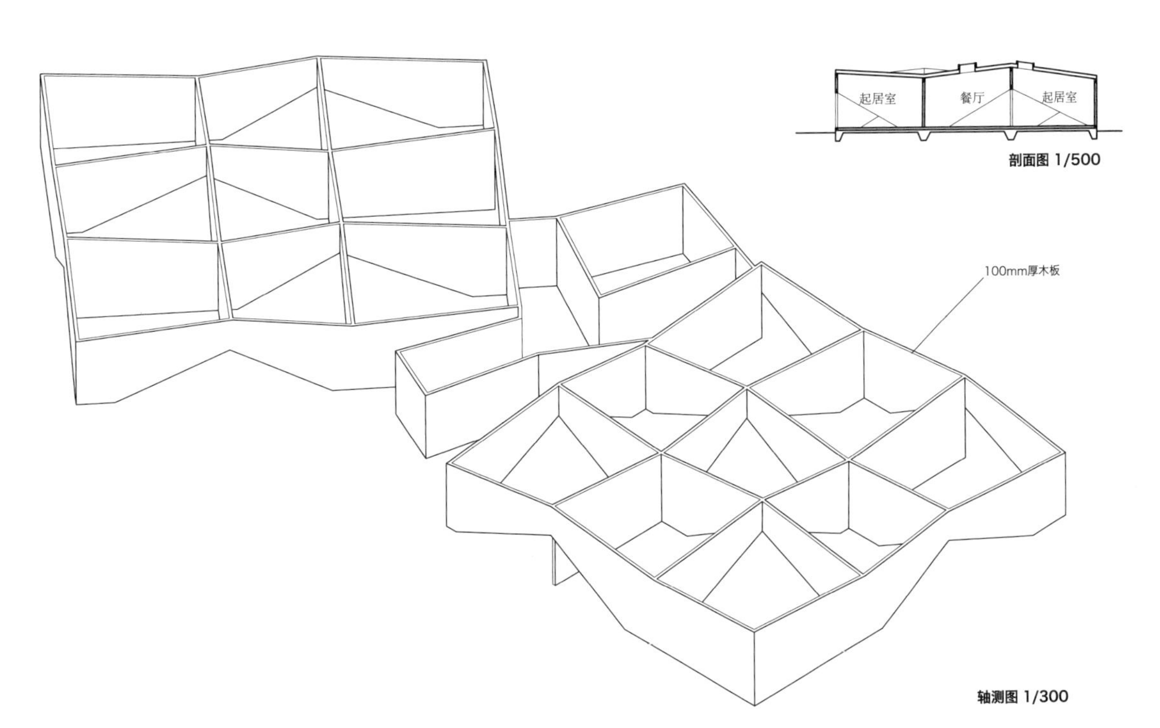

剖面图 1/500

轴测图 1/300

77 板＋网架 始良综合运动公园体育馆

建筑：古市徹雄都市建筑研究所 · 山下设计共同体
结构：川口卫结构设计事务所
钢＋木结构　2005.09

为了在这座建筑中实现“一块板”的木构大跨设想，设计中将 10.1×2.5×22mm 工厂加工标准集成材木板接合在一起形成大板面。通过在其下部设置钢结构下弦材，来实现纵长 100m，横跨 36m 的结构。集约了结构与覆盖的“一块板”屋面不仅避免了通常木结构大跨线性杆件的复杂化以及由其所导致的复杂的结构构件组合，还能在简化节点与构件组合的同时，形成轻盈的浮游形态。

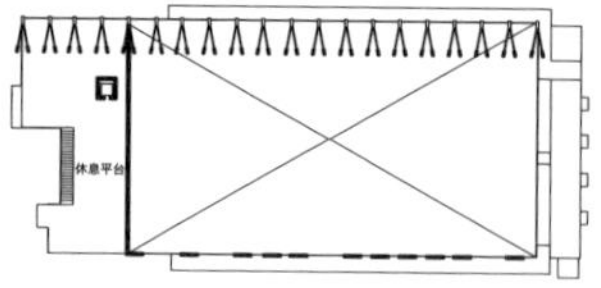

三层平面图 1/1000

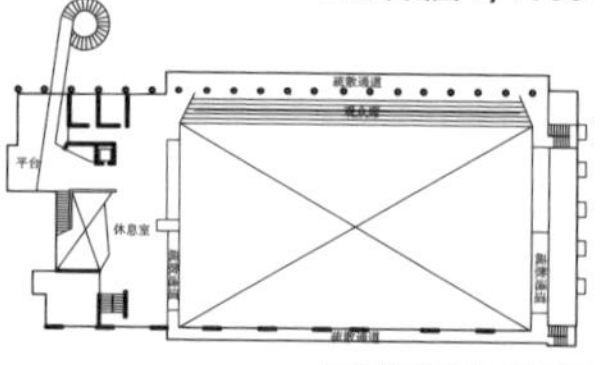

二层平面图 1/1000

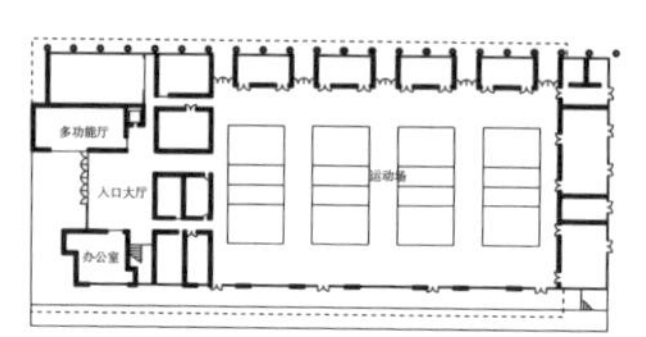

一层平面图 1/1000

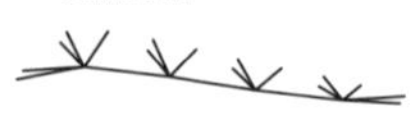

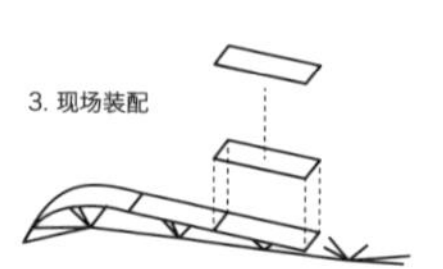

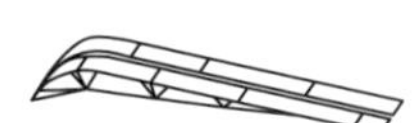

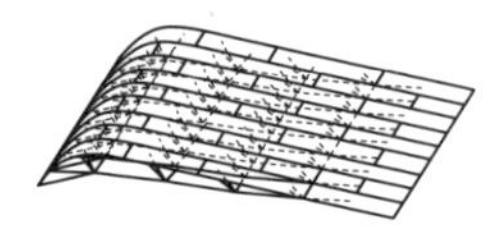

局部图 1/1000

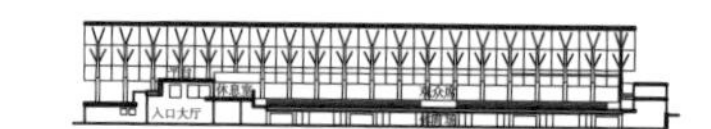

剖面图 1/1000

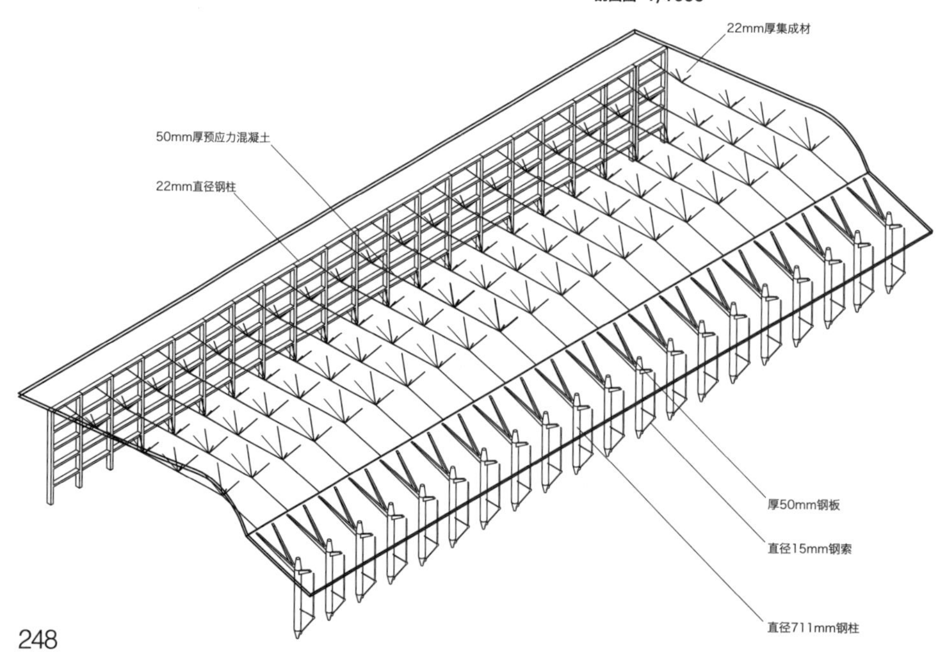

轴测图 1/500

78 墙＋顶 - 01 R // A AWE OFFICE

建筑：远藤秀平建筑研究所
结构：清贞建筑结构事务所
钢结构　2006.04

三层的住宅因为规模和尺度较大，因此波纹钢板也变成了密肋式波纹板。它们大小不同的而都直角相交，沿着地面、墙面、顶面连续的面板形成各种多样的组合，以适应空间上不同使用功能的展开。钢板只在垂直与水平相交部分以 1/4 圆弧的方式形成连续，其余部分都是直面板的形态。钢板上的开口部分通过钢柱和钢梁的支架保持稳定。

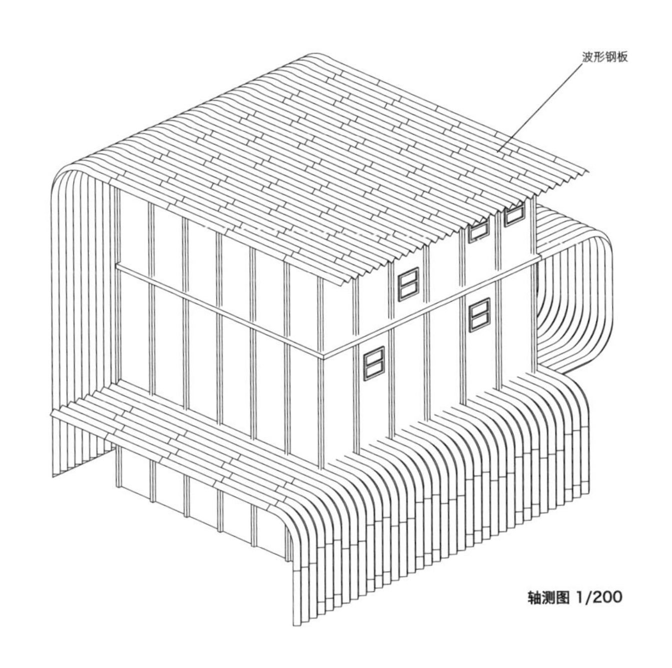

轴测图 1/200

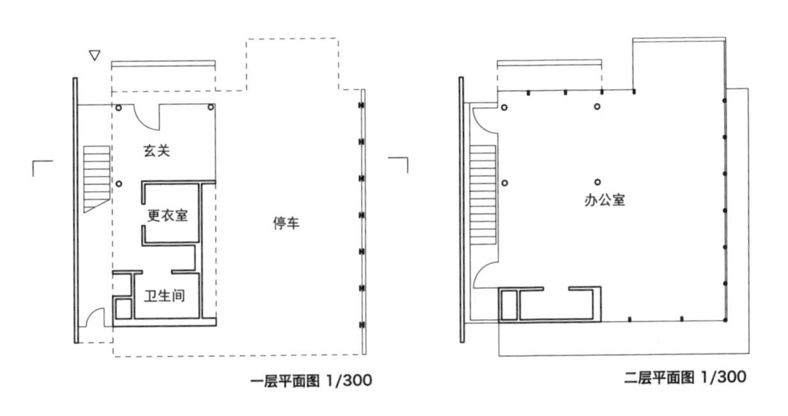

一层平面图 1/300　二层平面图 1/300

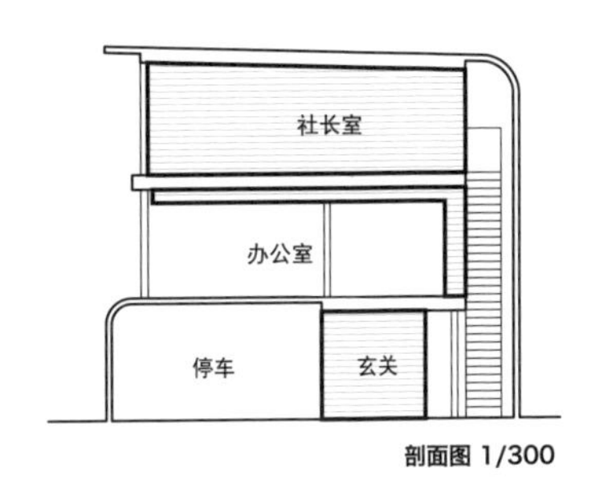

剖面图 1/300

79 墙 + 顶 - 02 house N

建筑：藤本壮介建筑设计事务所
结构：佐藤淳结构设计事务所
RC 结构　2008.06

这座住宅以内外三层同质化的墙与屋面的包裹形成“套匣”的形态，以此将内外之间清晰的界定模糊在视觉变化的层次之中。竖向和横向上不同大小的开口，使得墙面犹如墙柱的结合体一般，延伸至屋面形成的板梁结合体。所有结构板的厚度均为 220mm，使得同质的效果将空间置入分割与连续的暧昧之中。

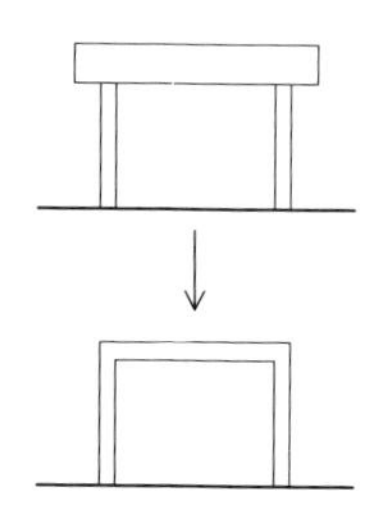

结构受力示意图

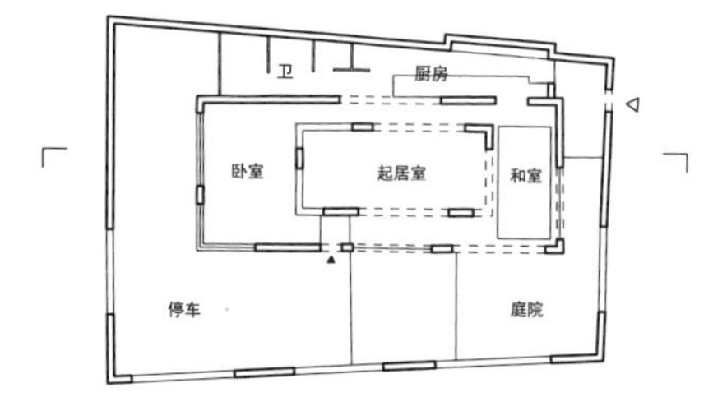

平面图 1/400

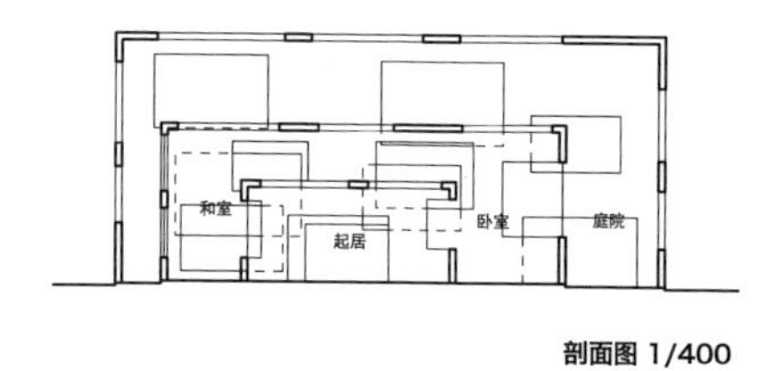

剖面图 1/400

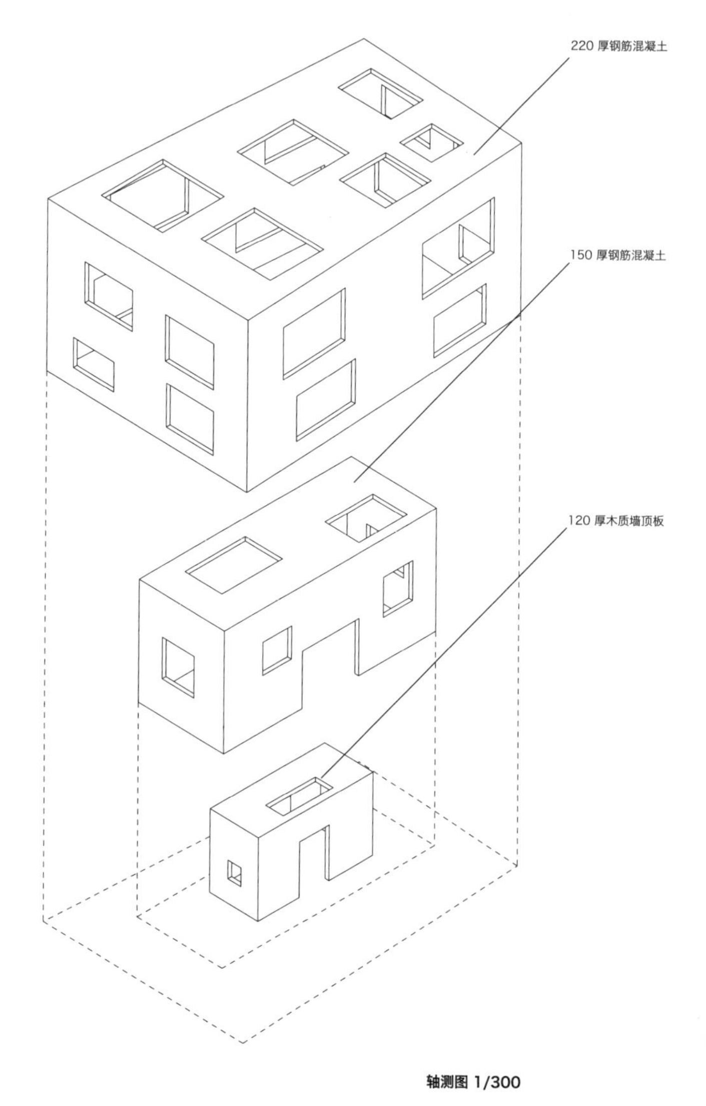

轴测图 1/300

80 墙 + 顶 - 03 house H

建筑：藤本壮介建筑设计事务所
结构：佐藤淳结构设计事务所
RC 结构　2009.07

这座三层的建筑是在矩形平面内部通过横竖四分形成并置而构成的。内部被分置的四部分以不同的层高形成剖面上错层的竖向关系。这其中，外墙 240mm，内墙 180mm，楼板 150mm。这些相近似的墙板与楼板的结构，以近似均质的格构与嵌套方式，在上下、左右、内外之间形成视线层叠的连续。它们将“犹如大树上生活”的开放性以最大化的方式呈现在作为个体生活场所的住宅之内。

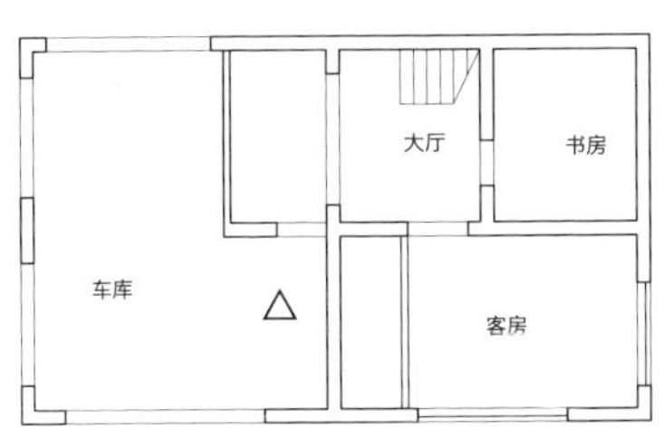

上层平面图 1/200

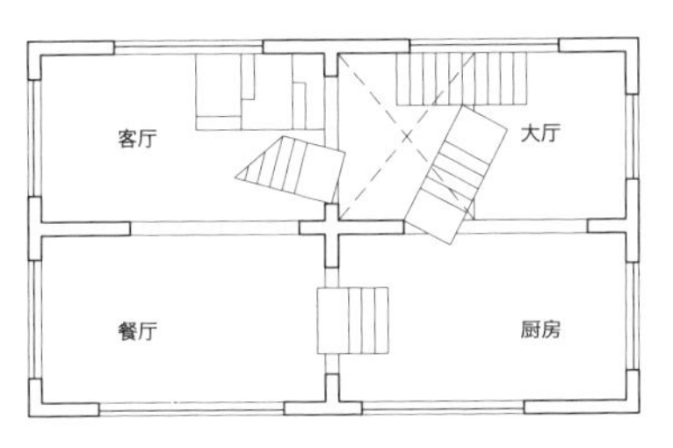

一层平面图 1/200

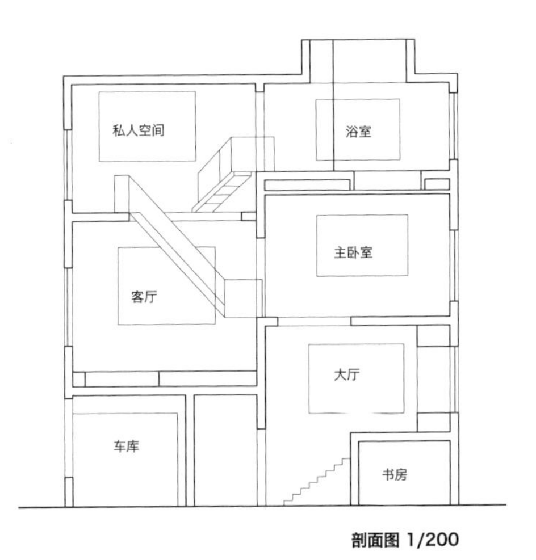

剖面图 1/200

180 厚钢筋混凝土

180 厚钢筋混凝土

180 厚钢筋混凝土

轴测图 1/200

81 梁 + 顶 伊那东小学

建筑：曾我部昌史 / 橘子组 + 小野田泰明
结构：金箱温春 / 金箱结构设计事务所
RC 结构　2008.09

建筑在增加屋面连梁高度的同时，减小了其截面的宽度。这使得连梁在通常比例的变形中呈现为如同悬浮的墙体。以此形成的清晰格构屋面不仅暗示着下部不同场所的范围，也在通过自身高度的变化将屋面荷载的受力表现为形态。由于屋面结构具有足够的高度，从而也提升了屋面自身结构的强度和跨度，也有效地较少了单层建筑内部的柱子数量。

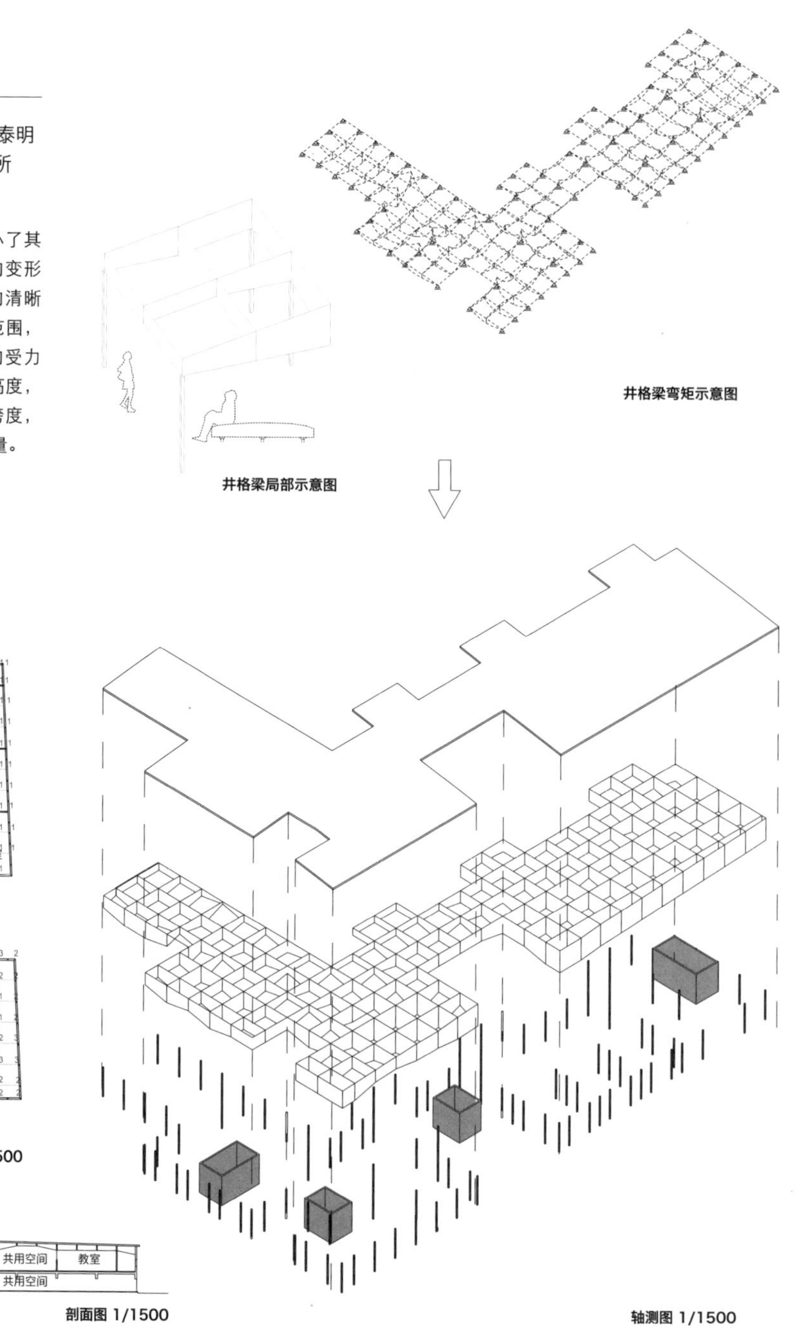

井格梁弯矩示意图

井格梁局部示意图

平面图 1/1500

剖面图 1/1500

轴测图 1/1500

82 材料
樱上水 K 邸

建筑：伊东丰雄建筑设计事务所
结构：新谷真人 / Ohku 结构设计
铝结构　2000.01

结构材料的改变势必也意味着空间形式的变化。这座全部用铝作结构的个人住宅既面临着新结构材料在强度上的挑战，也必须对全然不同于钢结构的结构连接方式作出回应。结构设计师花费了大量时间针对铝的特性，对梁、柱、墙等的断面及其连接方式进行了试验和研究。同时，铝材延性好的优点以及既有门、窗等维护结构中广泛采用铝型材的优势，也使这座住宅能够充分地将既有的结构与非结构的界限打破，进而使完整的一体化设计与建造成为可能。

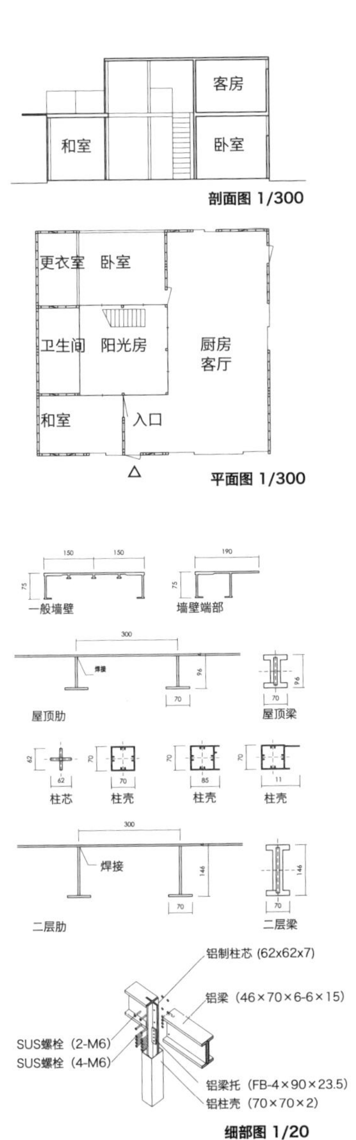

剖面图 1/300

平面图 1/300

细部图 1/20

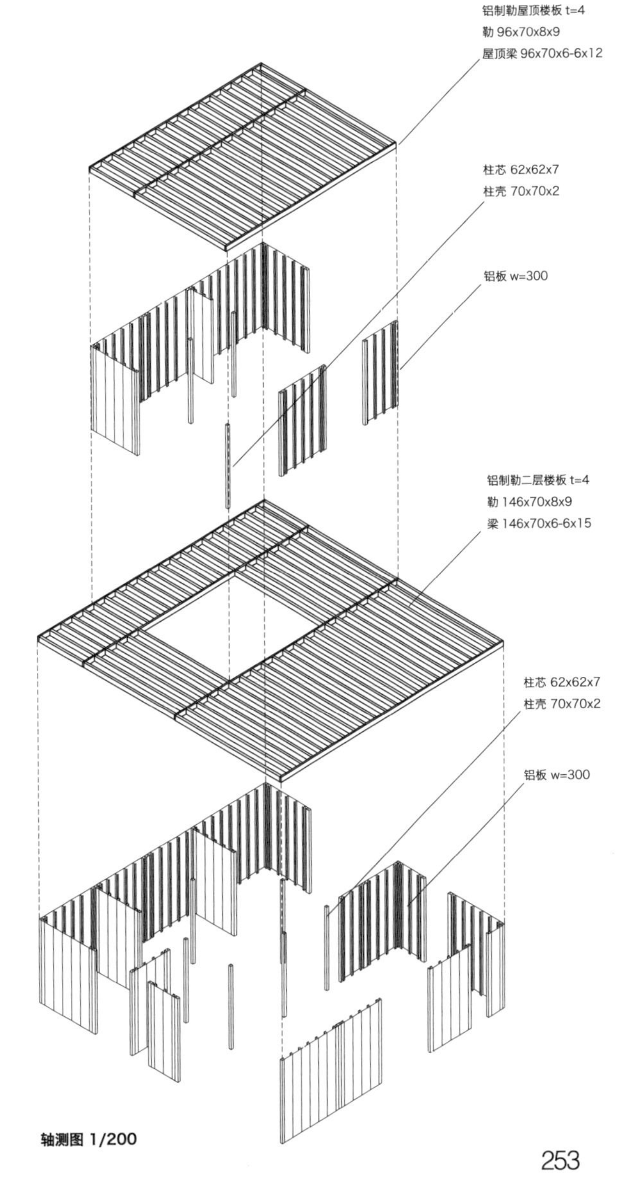

轴测图 1/200

4.5.2 集约化

如果说结构体系的更新只是针对结构概念内部的一次重新梳理的话，那么集约化的方法所带来的更新则是站在了结构与非结构的二元对立层面上，对建筑空间的构成方式进行的一次重新的定义。至少是就结构这一概念而言，以往对其印象很多时候是停留在结构作为建筑的支撑系统。进而，也就形成了所谓的结构构件与非结构构件的区分。然而，事实上，即便不是作为建筑主体结构支撑的一部分，那些诸如楼梯、雨棚、幕墙、栏杆等等的构件也都无法离开结构而存在。进而，在结构解析及建造水平已经相当发达的当代，随着结构构件的小型化，建造工艺的精致化，建筑的主体结构部件已经具备了与那些非结构部件在物理尺寸上的接近甚至相同，原本就是无处不在的结构因素更是将主体结构构件与非结构构件形成一体化的集约。这不仅是在概念层面，也是技术层面上结构具有当代性表征的现实。

另一方面，并非是只有作为建筑的主体结构创新，才能产生空间上的影响。事实上，有些非主体性的局部要素，由于所处空间表现部位的重要性，而对空间表现具有特定的作用。楼梯、幕墙等这些作为空间演出的重要局部，都有可能成为决定空间印象的关键。因而这些空间局部的结构设计显然同样是举足轻重的。其实，在上述装饰的、抽象的、流动的结构方法的描述中，或多或少地已经涉及集约化的方法。与装饰、与抽象的非结构构件、与流体的构件形成的集约化，本质上构成了结构与空间的一体化形态。而这里所强调的集约化方法，则是从上述的装饰、抽象以及流体形态之外的方面来分析结构与空间中，其他非结构要素之间的集约所演绎的形态。它同样与结构体系的更新一样，从结构概念的本源上，来挖掘结构形态在空间表现方面所潜藏的可能性。

无论是表皮还是家具或设备，结构集约化的扩张同时包括了外部和内部的不同方面。它在拓展了结构所涉及范围的同时，也对既有的建筑设计方式提出了全新的挑战。结构的确定性与安全性的特点决定了这些表皮、家具以及设备在设计过程中需要经由结构工程师的共同参与才能确定。

这也意味着结构工程师需要面临比以往更多和更全面的参与建筑空间表现的方面。与此同时，凡是与结构相关的这些建筑表现部分，也因为结构的特点，同样也面临着一旦确定就无法改变的事实。这一事实对无论是设计的过程，还是建成后的变更，都提出了更大的挑战。

83 表皮 - 01 MIKIMOTO Ginza 2

建筑：伊东丰雄建筑设计事务所 + 大成建设设计本部
结构：佐佐木睦朗结构计画研究所 + 大成建设设计本部
混凝土夹心钢板结构　2005.11

这是一座平面 14×17m、地上七层的商业建筑。外表面双面钢板外侧 12mm 厚，内侧 9mm 厚，中间浇筑 200mm 厚钢筋混凝土。原来用作于核电站反应堆外壁结构的这种钢板混凝土外墙，比起动则 1m 多厚的反应堆外壁而言，“MIKIMOTO Ginza 2”的外壁就显得超薄得多了。钢板的屈曲由钢板之间的钢筋混凝土约束，整体性刚强的钢板混凝土壁面不规则分布的开洞与以珍珠饰品闻名的“御木本 MIKIMOTO”品牌之间发生着密切的关联。钢板外墙壁以 4 750×2 160mm 的最大运输尺寸在工厂预制后运至现场，浇筑混凝土之后焊接拼装成整体。整个建筑外表面仅为 2 205m^2 的“MIKIMOTO Ginza 2”的外壁焊接长度达到了惊人的 6.8km。

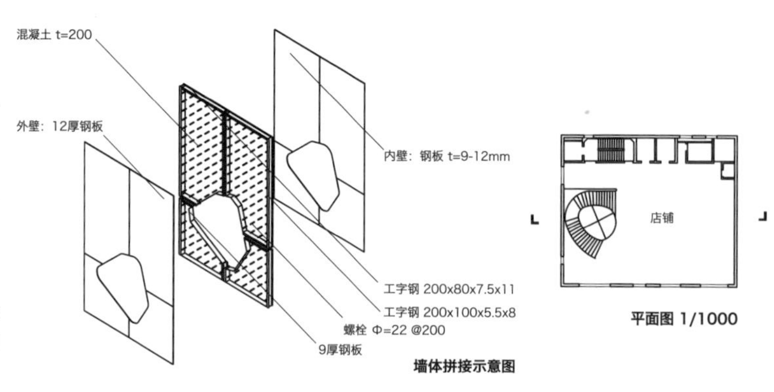

墙体拼接示意图

平面图 1/1000

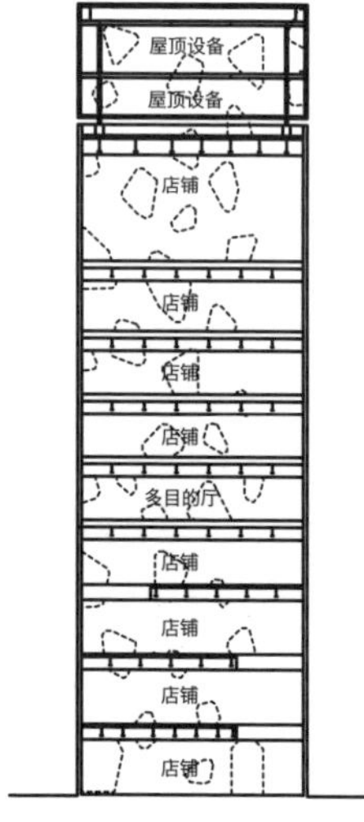

剖面图 1/1000

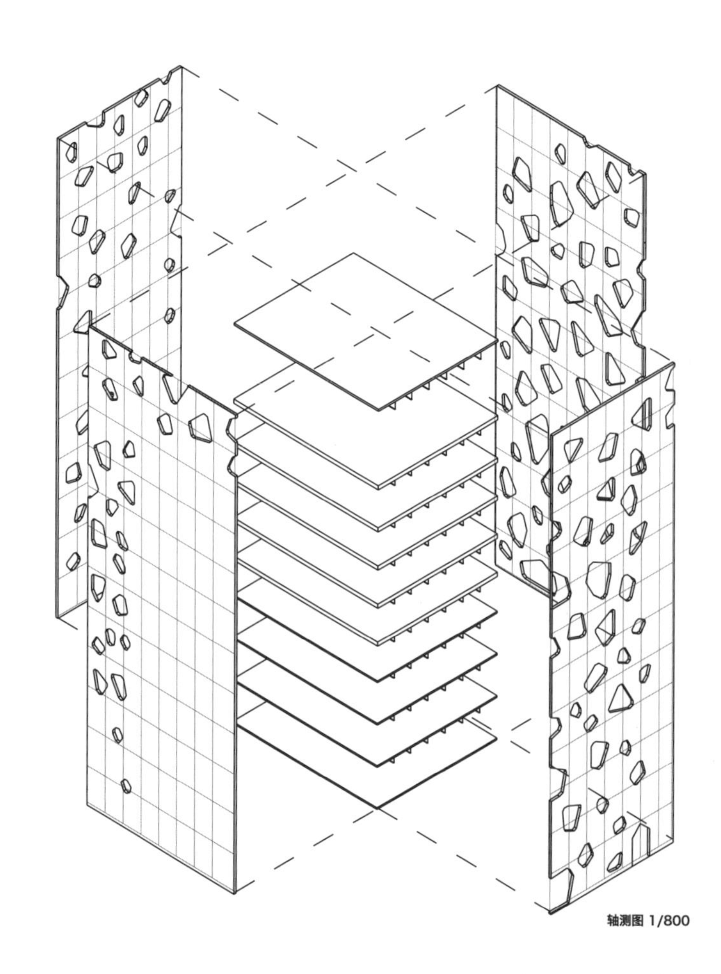

轴测图 1/800

84 表皮 - 02 F - SPACE

建筑：石黑由纪建筑设计事务所
结构：满田卫资结构计画研究所
钢 +RC 结构　2008.07

这是一座位于街道拐角处五边形地块的四层出租办公楼。为了使内部使用空间最大化，结构将沿外围玻璃的 125×60×6×8mm（一部分 125×60×9×12mm）方钢管竖框作为竖向支撑。水平荷载则由设置于后侧的电梯井、设备房墙内的斜撑抵抗。200mm 厚的楼板将跨度方向的连梁设置其中，由此形成了每层无梁柱的开敞大空间。

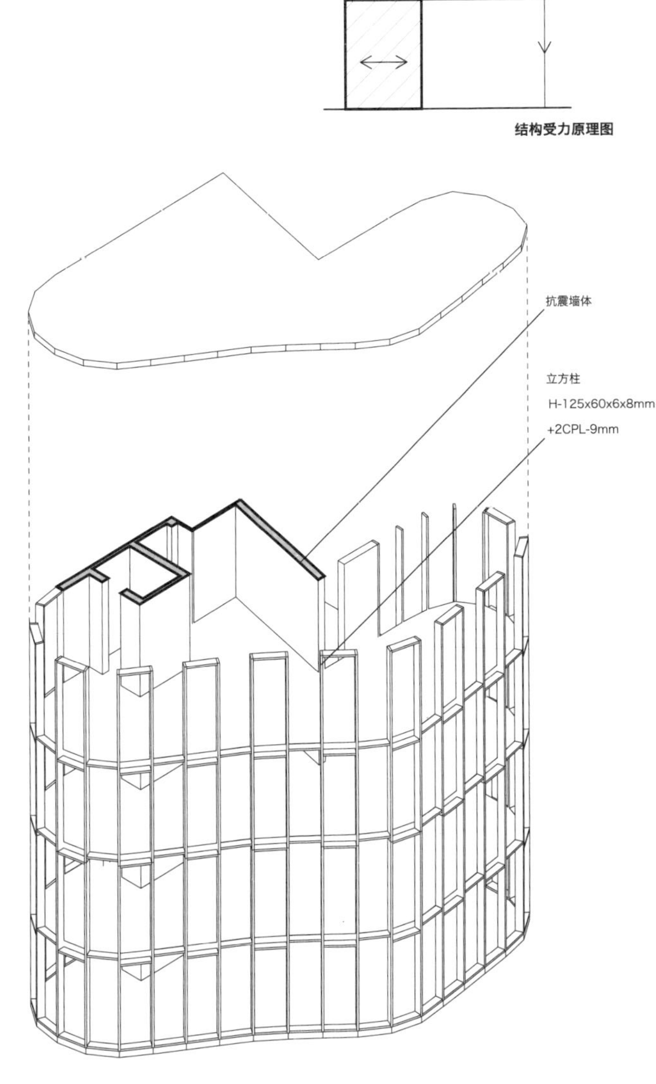

结构受力原理图

轴测图 1/150

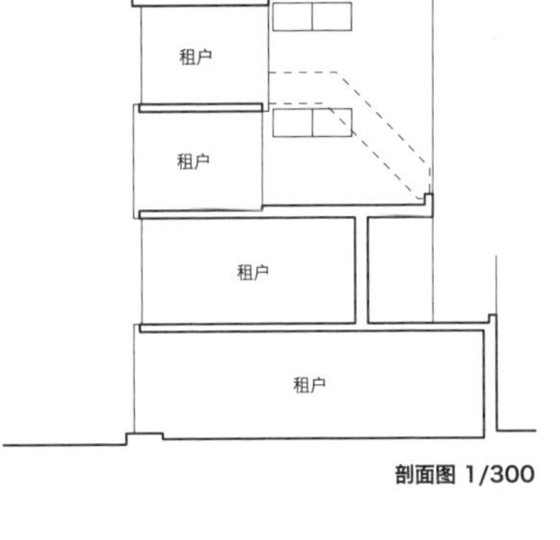

剖面图 1/300

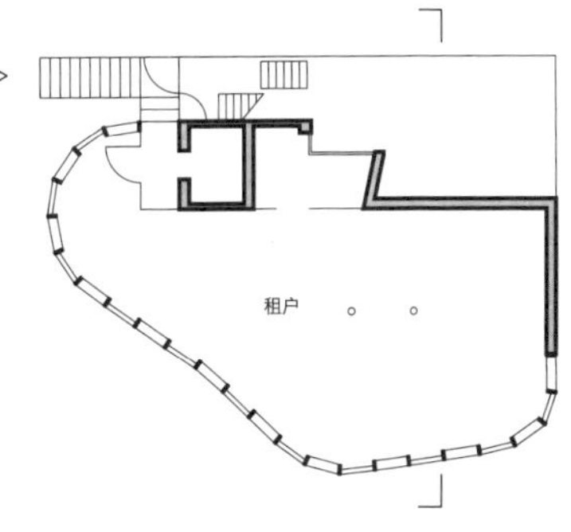

平面图 1/300

85 家具 - 01 藤幼稚园增建

建筑：手塚建筑研究所
结构：Ohno Japan / 大野博史
钢结构　2011.03

围绕着幼儿园创设纪念树的二层高度的增建环形音乐教室，是高低不同的 7 层楼板。为了保护纪念树的树根不被基础破坏，在仔细勘探树根分布的前提之下，钢筋混凝土楼板被设置在距地坪 300mm 的标高上。4.5m 的建筑高度中分别布置了 469mm、478mm、1 341mm 以及 1 344mm 不同高度与长度的环形楼板。前两者的高度所形成的楼板可以作为板凳，而后两者的高度恰是幼儿专用空间的尺度。除底层外，楼板都是带肋补强型的 9mm 钢板。由于楼板间高度的缩小，因此支撑的方柱子也可以达到仅 30mm 极为纤细的程度。柱子与楼板承担环形建筑的竖向荷载，水平荷载则由沿圆环分布的 8 组框架支撑。透明而层叠的楼板空间不仅提供了多样化的活动可能，也将儿童的游戏、家具和交通等诸多功能集约为一体。

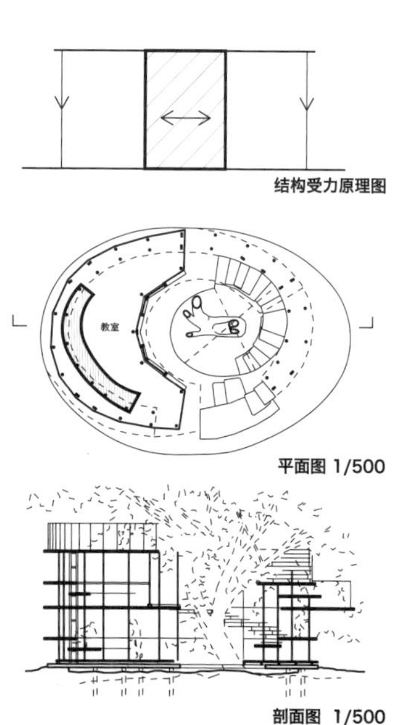

结构受力原理图

平面图 1/500

剖面图 1/500

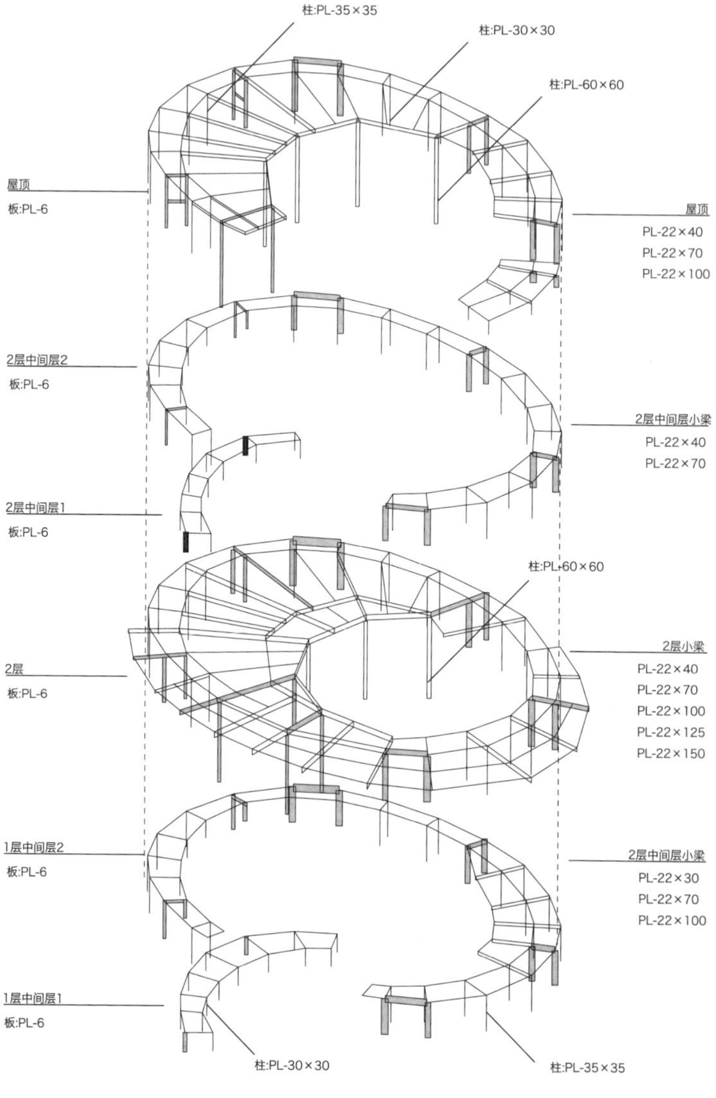

轴测图 1/250

86 家具 - 02 津田兽医诊所

建筑：小嶋一浩 / C+A
结构：佐藤淳结构设计事务所
钢结构　2003.07

建筑单层近似方形的平面，以分布于平面中部的 Z 字形钢板格架作为结构支撑。诊所医疗器材的繁多及其取用方便是建筑与结构确定采用格架式支撑的意图所在。作为结构的格架是由 6mm 厚钢板水平与竖向各 400mm 间隔的方格组成。选用 6mm 钢板一方面是因为受制于钢板焊接的最低允许的厚度，另一方则是避免钢板过厚导致与一般木格架在尺度上产生的混淆。6mm 钢板在 400mm 的间隔下，水平与竖向钢板受压的屈曲可以互相约束。整体上的 Z 字形布置，也可以在建筑物的纵向与横向上抵抗水平荷载的作用。室内顶面以及建筑中部高起的采光窗壁也都采用了相同的格架，使得空间在结构与家具之间呈现为质化的倾向。

400 400 400 400 400 400
800
400
400
1800
背板：钢板 t=3.2mm
竖版：钢板 t=6mm
横版：钢板 t=6mm
背板：钢板 t=3.2mm

细部示意图

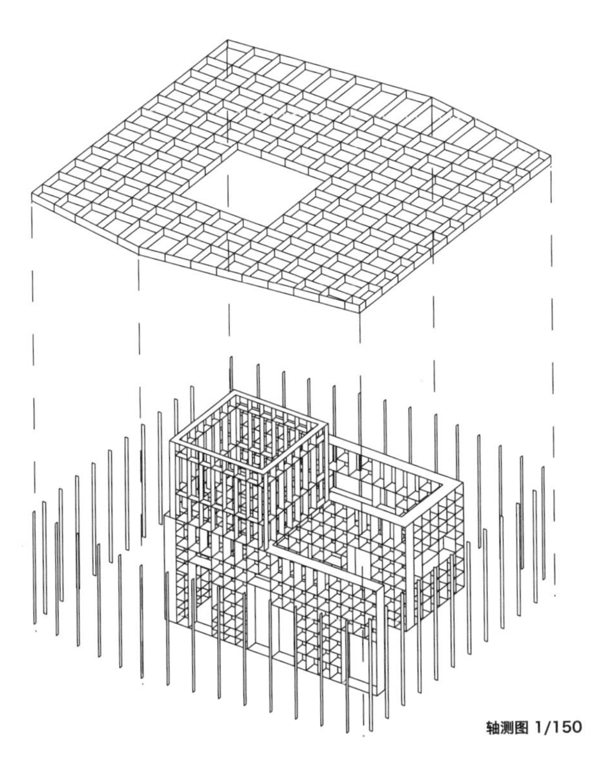

轴测图 1/150

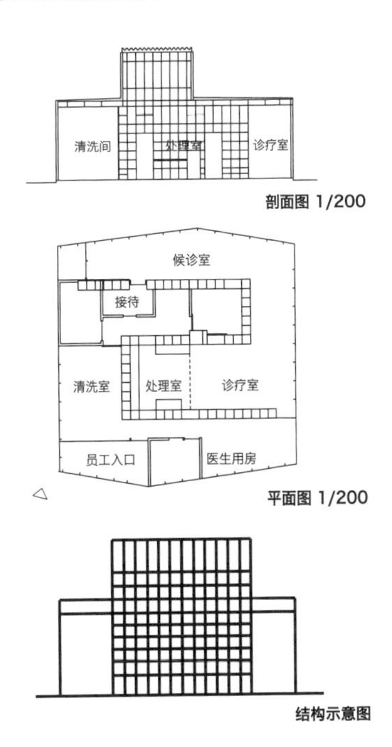

剖面图 1/200

平面图 1/200

结构示意图

87 家具 - 03 涉谷山东福寺涅槃堂

建筑：三浦慎建筑设计室
结构：佐藤淳结构设计事务所
RC 结构　2005.12

建筑物是一座五层高的、放置骨灰盒的都市型墓地。结构是由平面上风车形布置的四面格构肋状预制钢筋混凝土（PC）墙构成的。由四面格构肋状预制钢筋混凝土墙穿插支撑二至五层的四块由 H-400×200×12×22 工字钢格子梁形成的楼板。混凝土墙上的格构肋厚 100mm，上下左右间隔 650mm 见方的空格内是放置骨灰盒用的壁龛。

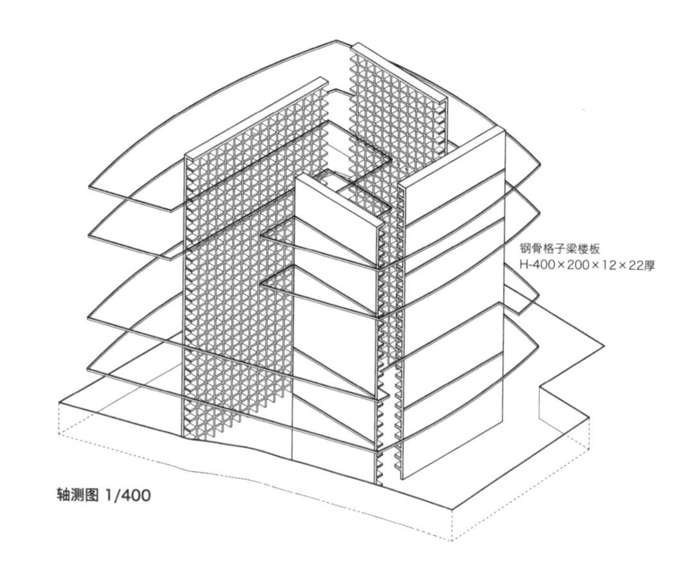

轴测图 1/400

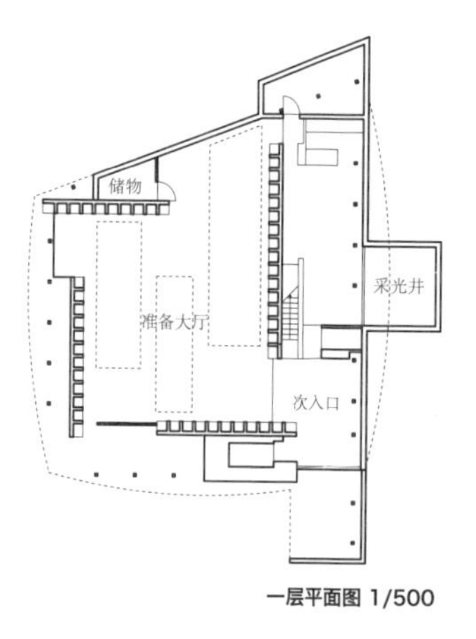

一层平面图 1/500

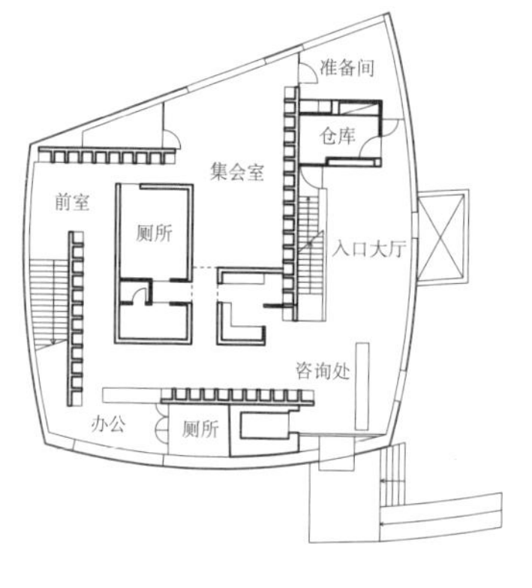

二层平面图 1/500

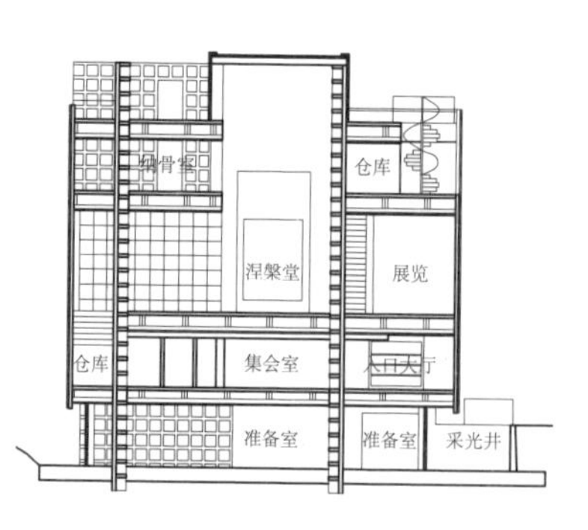

剖面图 1/500

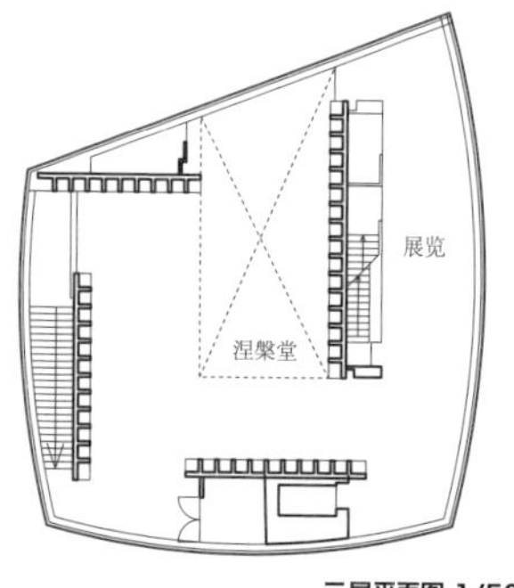

三层平面图 1/500

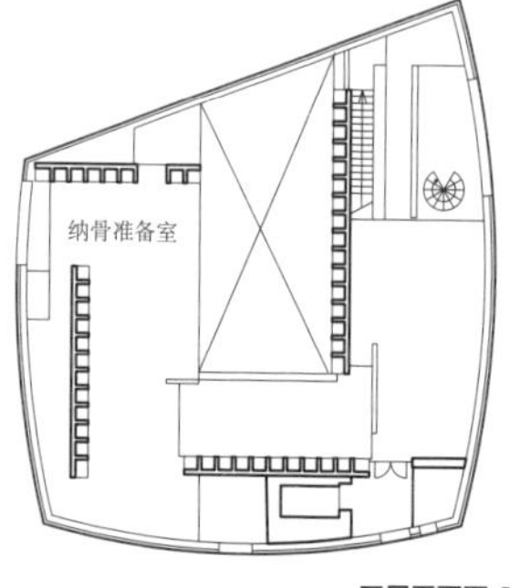

四层平面图 1/500

88 家具 - 04 吉备高原幼儿园

建筑：C+A / 小泉雅生
结构：中田捷夫研究室
木结构　1999.02

建筑物的结构是由一侧的管理用房和另一侧的木框架以及位于平面中央斜向的 S 形木框架格构游具支撑的。斜向的 S 形格构游具将三个保育室以及游戏室相对独立地分开。1.2m 的模数组合不仅支撑 3.7m 高的屋面格栅木梁，也可以让幼儿自由地在格构游具中穿行和嬉戏。为了满足结构对水平荷载的抵抗，设计还在格构游具的木框架中相应地设置了面板，以增强作为结构的格构游具的刚度。顶部的木梁由于斜向 S 形木架与两侧的支撑间距离的变化而形成不同的间距，在视觉上呈现出渐变的韵律。

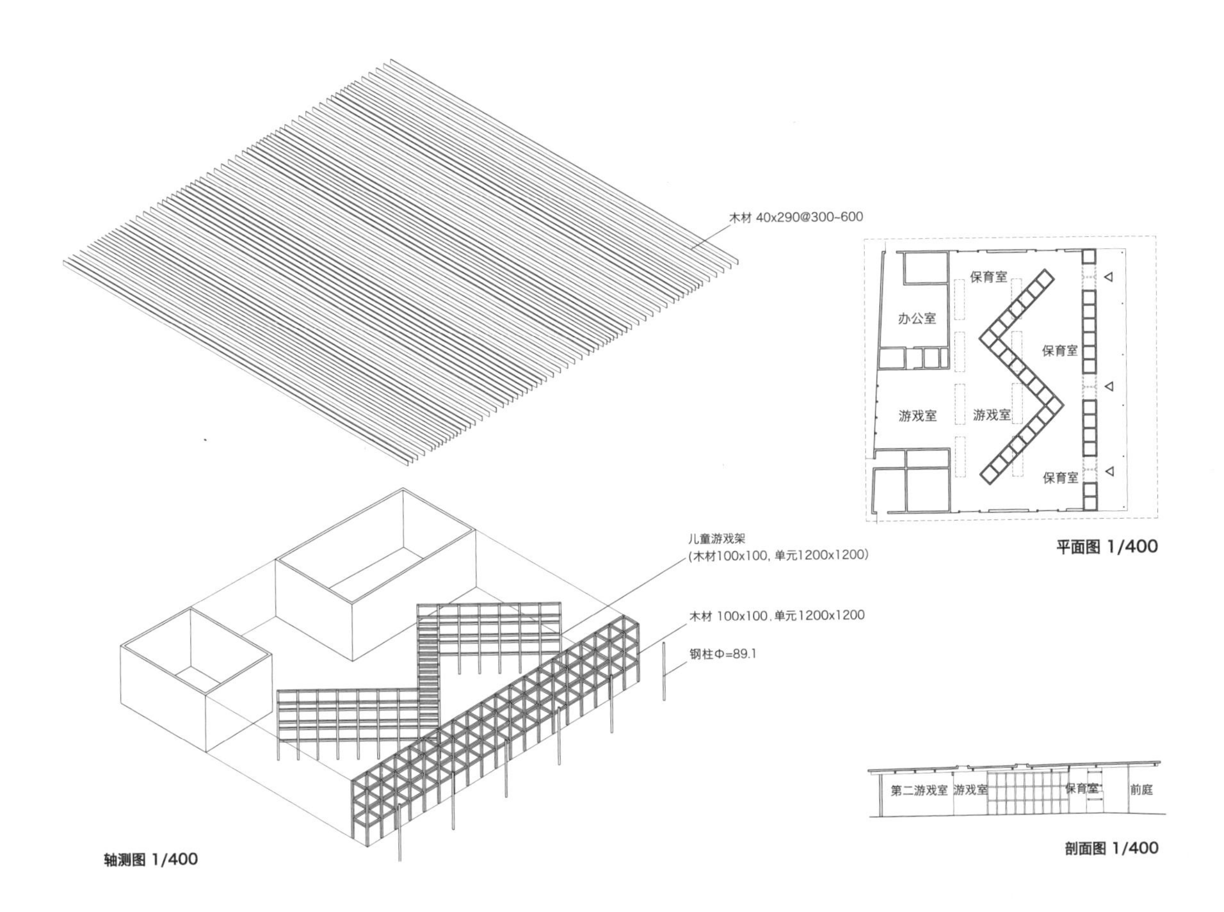

轴测图 1/400

平面图 1/400

剖面图 1/400

89 家具 -05 final wooden house

建筑：藤本壮介建筑设计事务所
结构：佐藤淳结构设计事务所
木结构　2006.06

这座位于森林中的4.2m见方的方形住宅，是由191根350mm见方的杉木条以最单纯的竖向叠放形式组成。350mm的模数在木条的错位、叠加之中围合出上下连续的局部空间的集合体。平面上被清晰划分而出的只有厨房与卫生间，其他的场所则被标注为Space1、2、3、4等。住宅内层叠的350mm木板，在身体行为的作用下随之变幻着其功能的定义。

设计概念

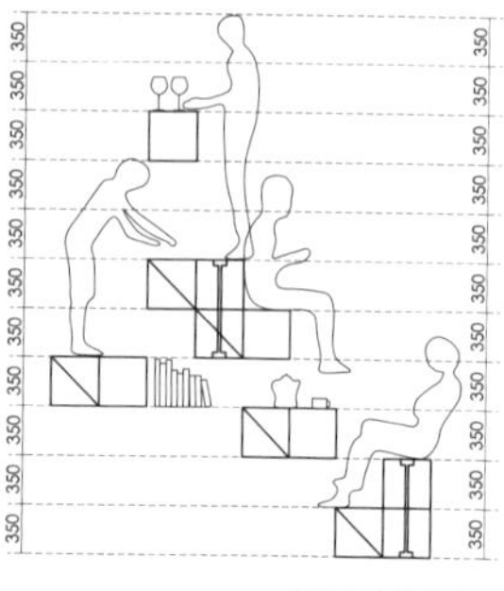

模数与身体的关系

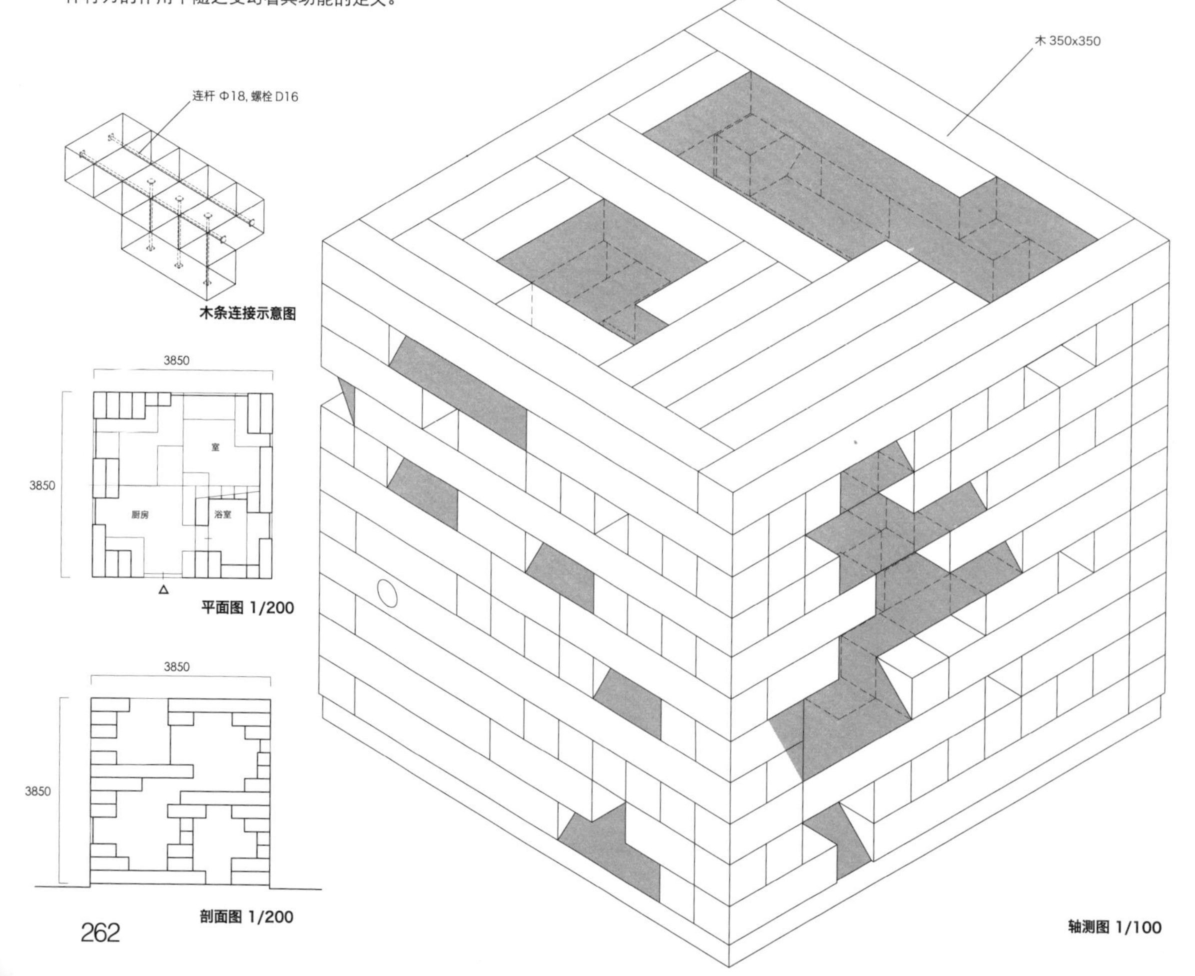

木条连接示意图

平面图 1/200

剖面图 1/200

轴测图 1/100

90 设备 BUILDING K

建筑：藤村龙至建筑设计事务所
结构：Ohno Japan / 大野博史
钢 + RC 结构　2008.05

在这座都市型出租公寓中，通过“巨构”型架构方式的导入，并将结构与设备井集约在“巨构”结构中，一举实现了公寓底层商业空间的开放。“巨构”的结构是由平面内 4 根内部集约了空调、给排水以及电气综合管井的核心筒以及位于五层的高 900mm 工字钢桁架梁组成的。不仅设备管道和管井不再占用内部空间，结构的梁柱等构筑物也从使用空间中消失了。

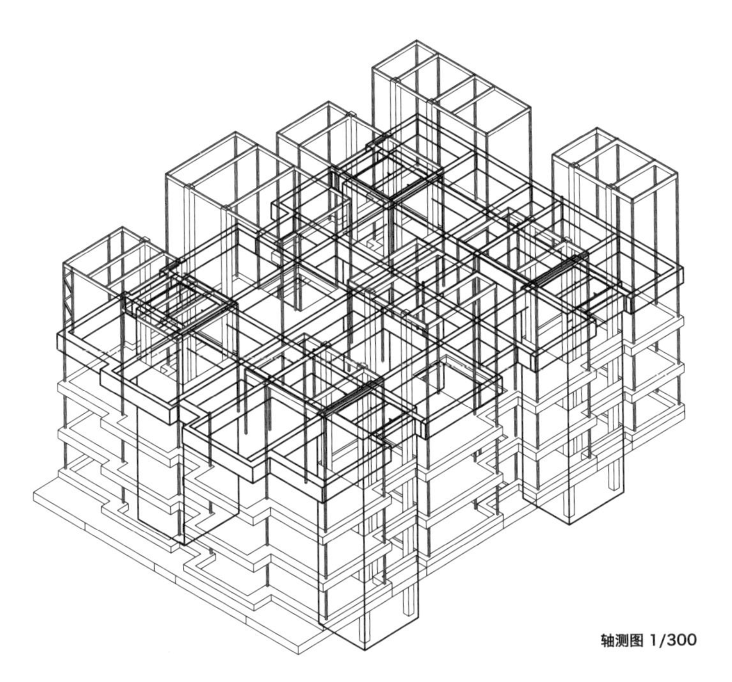

轴测图 1/300

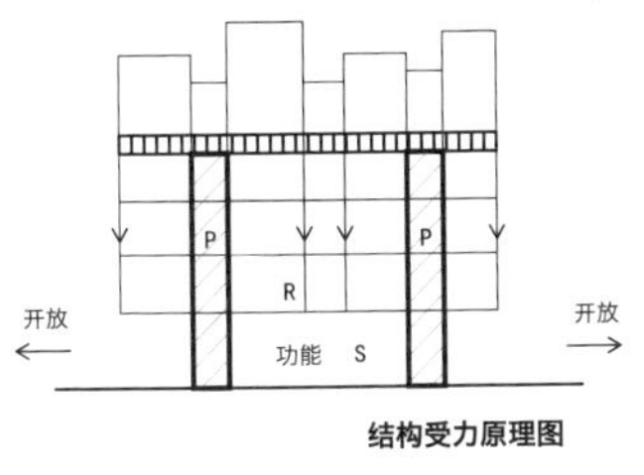

结构受力原理图

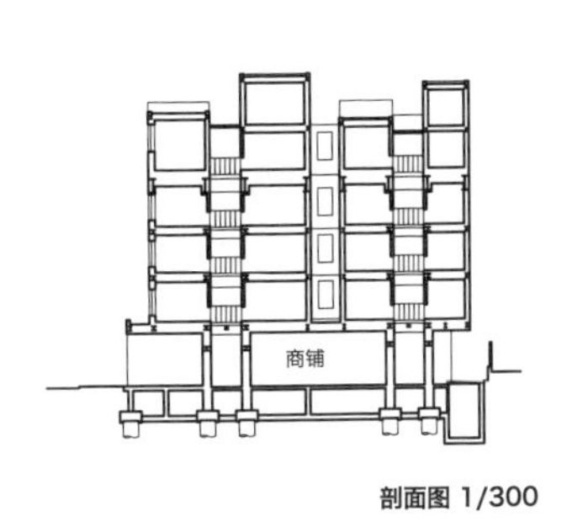

剖面图 1/300

商铺

底层平面图 1/300

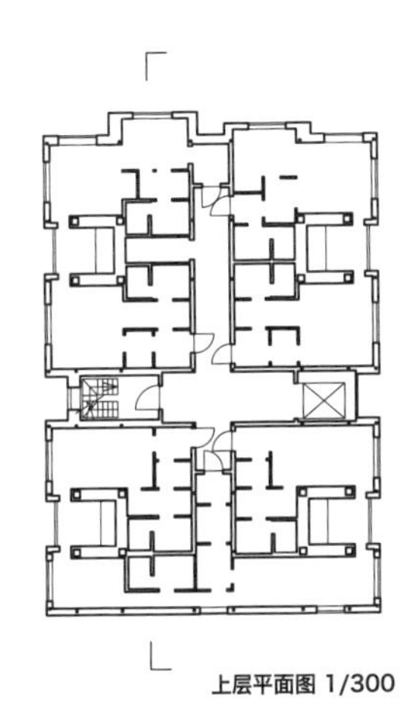

上层平面图 1/300

4.6 结语：传统再现的技术途径

一般而言，传统总会被认为是植根于特定地域的文化而从属于意识层面的观念范畴。对建筑而言，传统再现的重任自然很容易由作为风格的样式来承担。传统等同于样式的模式被视作为正统，并在岁月的沉淀中成为司空见惯的常识。由此招致的是从材料到形态的符号化与表面化，进而被通过风格的托词在表现文化层面上误入于对既往风格样式的模仿与描写的怪圈。随着多元文化的并举，建筑形态上的这种表面化的趋势显然有着愈演愈烈的趋势。建筑"空心化"也正在将文化观念与技术结构朝着相反的方向撕裂。这种以再现传统为名的地域文化的标签显然并不是日本当代建筑形态所期待的结局。无论是装饰的结构、抽象的结构、流动的结构还是更新的结构，它们都不约而同地折射出日本建筑中由传统积淀而来的某种地域的文化特征，并以一种强烈的气息从被风格样式禁锢的形式限制之中脱逸而出，变身为拥有了技术能量的结构表现。

当结构从坚实到纤细，从闭塞到透明，从均质到有机，甚至是从清晰地展露到含蓄地隐匿，也就意味着观念与技术的两分已然成为过去。新的握手昭示着在建筑中结构与设计的壁垒正在被打破。从"结构即意匠"到"美在合理的近旁"，技术将结构作为一种传统再现的途径正在不断地向人们展现出其潜在与显见的可能。至少，对于日本当代建筑形态的表现而言，结构或许已经成为一种不可或缺的存在了。

注释

1 岡村仁，名和研二，大野博史等．ヴィヴィッド·テクノロジー——建築を触発する構造デザイン．东京：学芸出版社，2007：280-281.

2 Masachi OOSAWA，1958—，日本社会学家．

3 Ryuji FUJIMURA，1976—，东洋大学讲师，建筑师．

4 “信息化”与“郊外化”出自藤村龍至／TEAM ROUNDABOUT．アーキテクト 2.0 2011 年以降の建築家像．东京：彰国社，2011：1.

5 内井昭蔵．装飾の復権 空間に人間性を．东京：彰国社，2003：177-178.

6 铃木博之．現代建築の見かた．东京：王国社，1999:28.

7 金箱温春．構造計画の原理と実践．东京：建築技術，2010：88.

8 Yoshio TANIGUCHI，1937—，日本建筑师．

9 JSCA 構造デザインの歩み編集 WG．構造デザインの歩み．东京：建築技術，2010：65.

10 新谷真人．特集 今、構造家が面白い．GA JAPAN 109，2011(3-4)：82.

11 Sejima And Nishizawa & Association，1997 年由妹岛和世与西泽立卫创设的共同事务所．

12 同 10：120.

13 同 12.

14 一家总部位于列支敦士敦的工具生产者及经营商，服务于建筑建设及维护业．

15 同 10：121.

16 拉丁文译名为 al-Khwārizmī.

17 Donald Ervin Knuth，1938—，美国著名计算机科学家，被认为是现代计算机鼻祖．

18 Makoto WATANABE，1952—，千叶大学教授，日本建筑师．

19 日本建築学会編．アルゴリズミック·デザイン 建築·都市の新しい設計手法．东京：鹿島出版会，2009：9.

20 同 19：8.

21 佐々木睦朗．フラックス·ストラクチャー．东京：TOTO 出版，2005：16.

22 Yimin XIE，1963—，澳大利亚工程院院士，澳大利亚皇家墨尔本理工大学终身教授，创新结构与材料研究中心主任，土木、环境及化学工程学院副院长．

23 崔昌禹、大森博司、佐佐木睦朗．拡張 ESO 法による構造形態の創生——三次元構造への拡張．日本建築学会構造系論文報告集，2004(2)：No.576.

24 Robert Maillart，1872—1940，瑞士结构设计师．

25 同 21：210.

26 金田充弘，平田晃久．社会構造自体を変えていくエンジニアリング．GA JAPAN 109，2011 (3-4)：53-54.

27 佐々木睦朗．建築と構造形態，これからの構造形態．建築技術 2005 (12):88.

附录

附录 1

与小西泰孝的对谈

地点：小西泰孝建筑构造设计事务所
时间：2012 年 2 月

郭：70 后的结构工程师是如何考虑问题的？如何与建筑师合作的？现在的日本建筑界，结构工程师是怎样使结构与建筑一体化的？我在《生机勃勃的技术：触发建筑的结构设计》[1]这本书里，看到过你和石上纯也合作的那个非常轻薄的桌子，主要是之前的一些作品。前些时间我又访问了你们事务所的主页，里面讲述了你对结构和食物之间关系的理解。我想先问一下你为什么把这两种毫无关系的东西放在一起呢？

小西：结构对于建筑来说就像食物与养生的关系一样。虽然建筑表面的样子很重要，但是首先要考虑的是它的骨骼，这是很重要的。太胖了太瘦了都不行，身材要正好，这对于建筑来说是很重要的。就像食物对身体而言是很重要的那样。从这个角度来说，它们之间在我看来是很有关联的。要最大限度地发挥材料的作用，比如建材里有混凝土、钢材、玻璃、石头等各种材料，就会遇到怎样才能把它们很好地组合起来的实际问题。实现高质量的建筑，那么材料的选择和组合就跟做饭非常相似了。

郭：正如最低限度的食物就能满足人的生存需要那样，最低限度的结构也能实现建筑。但是，食物有好吃与不好吃之分。好吃的东西能使人愉悦，结构也会有这样的问题吧。好吃的东西也存在着某种合理性，而且不同的人对好吃的定义也不尽相同。结构的话，用最少的材料实现最大跨度和高度，在这方面结构的合理性或者说是材料的合理性，与之前所说的愉悦是有关联的吗？

小西：这是一个很难的问题。很合理的情况并不意味着就一定是愉悦的。结构的合理性是必要的，比如最低限度的安全性等。但是当要追求愉悦的时候，我们就需要适当地打破那种绝对的合理性。当然打破的程度是非常重要的。所以，有时候我们必须接受一些并不是非常不合理的东西。我对此很感兴趣，设计的时候也特别地注意。

郭：佐佐木睦朗经常提到结构的最适解，结构的或者形态的最适解在实际的项目中是否真的存在？

小西：可能佐佐木（睦朗）所做的并不只是形态的最适解。我是在他手下成长的，他一直说，不是只要有合理性就可以了，而是要通过打破合理性来实现高品质的建筑。

郭：大野博史曾经跟我说过结构并不存在完全的合理性。当然，结构有安全性等最低限，但结构只有同建筑结合在一起时，才有所谓的结构设计。比如通过建筑的形态来将结构完全表现出来，或者相反地把结构当成骨骼那样彻底隐藏起来。在1960年代，坪井善胜和丹下健三的结构表现形态，就是将那种具有紧张感的结构以形态的方式表现出来的结果。渡边邦夫的"东京国际论坛大厦"也是那种具有强烈紧张感的结构表现空间。这些同当代结构工程师的做法有什么不同吗？是不是可以认为当代已经不再那么追求所谓的技术透明性了？

小西：1960年代，或者说渡边（邦夫）的时代，结构工程师计算结构形态的时候是相当费力的，据此就可以判别结构工程师的水平的高低。比如渡边（邦夫）能做到，坪井（善胜）也能做到的。但是，现在已经是谁都能做出那样的结构计算。当然"代代木国立竞技场"这样的设计即便是现在还是难做到，但是除此之外，其他的结构在现在对谁都已经不是难题了。我对设计一个有紧张感的结构形态并没多大的兴趣。在我看来，当代的结构设计追求的是其他方面的内容。具有紧张感的建筑里也有很多不同的意义，比如如何与设备结合来实现对风、声音、光的设计；将结构暴露到什么程度、隐藏到什么程度等等，这个度的把握是非常重要的。

郭：当代日本建筑的形态在我看来显得很轻、很薄、很透明。欧洲也有很好的结构工程师，比如瑞士的尤尔根·康塞特[2]。之前我曾经问大野，他的结构设计和康塞特有什么不同，他说基本没有什么不同，他们之间的想法是完全一样的。虽然，在我看来尽管他们之间的想法的确有着相近的地方，但是设计出来的结构形态却很不一样。比如，形态的重量感就相差很大。再比如，你和石上纯也做的那张桌子就显出极限的轻和薄。这是当代日本建筑给我的一种非常强烈的印象。是不是日本的地震、台风等风土环境使得结构对水平力的抵抗非常的敏感。这一点你怎么看？

小西：我同意你的这种观点。但这个趋势应该说源自建筑师而不是结构师。要在地震的国度日本做建筑的话，其实柱子应该做粗，梁也应该做厚。

郭：这首先是建筑师的意识？难道结构工程师就没有这样的意识吗？

小西：至少我没有这种意识。有时候我也经常会被误会。有些人认为我只对很薄、很细的结构感兴趣，其实我本人对此并没有他们想象的那么强烈的兴趣。

郭：柱子很细的话反而对抵抗地震更加有效吗？

小西：柱子细当然会更危险，但就是要既细又没有危险，这是结构设计中的技巧，有很多做法。

郭：但是你对建筑师这样的要求从一开始就没有拒绝，而是满足他们的要求而且尽量做到极致，不是吗？

小西：是的，基于安全性的极致。建筑师常常要求纤细的结构，但是重要的是要让我们理解到他们追求纤细的意义。如果只说要纤细，那么采用钢结构的话，柱子的量就会增加，结构上就会产生不合理的地方。尽管如此，如果让我们理解到纤细在建筑层面上的意义的话，我就会尽可能地去满足他们的要求。

郭：长谷川豪和大野博史的“森中小屋”，采用的柱子非常纤细，6.5m高的8根柱子，真的能做出来！在中国很多人都对此很感兴趣。尤其是在日本，像佐藤淳那样的结构工程师就擅长做纤细的结构。这种纤细、轻薄的形态潮流在世界上的其他国家都是很少见的。最起码日本的结构工程师们不会抵触那种对结构纤细化的要求。要是在中国的话，一开始就会被结构工程师以不合理为由给拒绝了。

小西：为什么呢？

郭：在我看来那是因为很多人，也包括很大一部分结构工程师会将安全性与粗大化划上等号。当然，这其实是一种对结构缺乏信心的态度。关注一下日本和中国的建筑传统的话，虽然日本建筑中的一部分是从中国大陆传过来的，但在日本的中世之后，传统建筑的表现慢慢地从社寺转移向了住宅，比如说寝殿造、书院造、数寄屋，等等。伴随着这种公共向私密空间的转变，结构的柱子也变得越来越细。而在中国传统建筑的演进当中，尽管结构的构件尺寸也在向逐渐变小转变，却没有像日本那种纤细的突变出现。虽然说，这也许也跟结构的合理性有关，但是在我看来观念应该是其中的主导因素吧。是意识上的，或者是文化上的原因所导致的结果。结构工程师在潜移默化之中将这种纤细化的传统带到了当代的结构形态当中，至少在我看来应该是这样的。

小西：刚才我说过建筑师对纤细之类的追求，我们可能没有意识到。虽然为了抵抗台风和地震，需要将柱子变粗，但是我们还要考虑如何克服这些环境所带来的影响，这可能是我们身体里潜在的某种使命感吧。

郭：我觉得很有意思的是，结构不是一种绝对化的东西，文化上和风土上的影响会将它变得更加多姿多彩。从前，同样是面对木材，欧洲人把它看作是传递轴力的材料，将它们用于结构的斜向构件。但是日本和中国都没有这样做，我们只将木材当作是正交构件来利用它的抗弯性能。欧洲人为了抵抗弯矩动足了脑筋，而我们东方人却对轴力使用了各种方法，用很暧昧的方式，不直接的、不表现紧张感的方式组织木架构。因此，同样是木结构就包含了许多文化上的影响。

小西：木结构的确是这样的，有洋式的做法和日式的做法。

郭：沙里宁的“耶鲁大学冰球馆”完全是结构的形态，而丹下健三和坪井善胜的“代代木国立竞技场”的结构就突破了合理性而将表现性加入到其中。比如上部屋盖的合理性与屋盖下沿起翘部分的表现性的混合。这是有意识地要做出这样的形态，还是文化上的差异造成的呢？

小西：这是文化上的问题吗？我之前说在结构设计上要注意的地方，是怎样打破合理性。我并没有意识到文化方面的影响。

郭：如果意识到了，或许就不再是文化了。下意识意味着脱离文化意味的其他意义的变质。在我看来，所谓文化应该是一种自然的流露，或者说传统如果被刻意表现的话，只能成为符号而彻底地变质。自然地，无意识的行为之中才能获取真正的文化表露。我是站在外部来看当代日本的建筑，而你正身处在这个文化之中，所以无法意识到。至少我们从外部来看的话，会觉得你们是具有这般纤细化意识的。

小西：原来如此。

郭：反过来，你对中国当代建筑的结构形态有什么印象？

小西：在中国有结构设计师这种定义吗？

郭：几乎没有，但有很多结构计算师。你现在在中国和谁在一起合作项目吗？

小西：某设计院。

郭：中国规范中有很多强制性的规定吧。即便是这样现在的合作还顺利吗？

小西：设计规范在世界任何地方都不会有太大的不同。不一样的是荷载值，只要注意地震和风的强度，基本上就和日本没什么太大的区别。

郭：对方都能理解吗？

小西：到现在为止还没有问题。根据提出的这些内容，在那边做施工图设计的时候，可能就会出现一些情况。只需要告诉他们其中的一部分是这样做的，我提供给他们的结构图纸只有 10 张。

郭：把这些都交给那边来做施工图设计的话，让他们来确认，然后由他们来负责具体的施工现场，目前采用的是这种做法吗？

小西：我这边已经把结构计算都完成了，然后交给那边复核，这样又会出现新的问题。不过，在世界上任何地方做都会出现这样的差异。我在欧洲和瑞士也都做过，就算跟这里用一样的软件去计算，不同的设定条件，就会出现不同的结果。

郭：你的解析软件和中国用的不一样吗？

小西：用的是一样的。现在世界上并没有太多的结构解析软件种类，基本上各种软件计算的结果都差不多。

郭：对结构工程师来说，最最不同的是一开始对结构本身理解上的差异？

小西：对！具体的计算在哪里做都是差不多的，差异在于最初对体系和机制的设定。所以在中国的这个项目的结构方案中，最初做了这样一个三角形，然后就用这个单元重复发展下去。

郭：从简单的规则开始，形成复杂的结果。比如关于现在用“演算法”（Algorithm）的形态演绎。结构领域中，有没有“演算法”应用的可能？比如佐佐木睦朗的那种结构形态方式是否可以认为是“演算法”？

小西：他做的是结构形态的“最适化”。问题主要在于给定怎样的初始条件。比如说刚才的从简单到复杂的过程。

郭：形成一个结构单元后，相互之间进行组合时是没有规则的吗？

小西：是的。

郭：去年在上海建成的矶崎新和佐佐木睦朗合作的“喜玛拉雅中心”，那也是结构形态的一种表现方式吧。

小西：形态是很特别，但是它跟建筑的功能是怎样结合的，这的确是一个问题。在中国，建筑结构主要是克服垂直荷载。如果是这样的话，它可能是合理的。仅仅作为一个结构而言，它本身并没有什么问题。但是对于建筑整体而言，它有多大的意义，这或许是另外的问题了。

郭：如果是你的话不会这么做？比方说业主有强烈的这方面的要求的话。

小西：我本身对这种结构形态没什么兴趣，只是觉得它好厉害呀！我也不同意大家对其作为结构的赞赏。还是应该从建筑整体的角度来看待比较好。比如，石上的神奈川工科大学的项目，我因为那个方案得了结构奖，而石上获得了建筑学会奖。对于我而言，与我的结构奖相比，他获得建筑学会奖是更令我高兴的事。大家都说柱子很细什么的，做得很好什么的，对此我倒不觉得有多么兴奋。却是能够作为建筑被评价这件事更让我觉得自豪。

郭：结构不是为了结构本身，而是作为建筑的结构，可以这样理解吧！

小西：对。在此基础上，结构应该如何表现的确是一个挑战。上海的“喜玛拉雅中心”那个建筑结构的确很特别，但是从它对建筑整体的意义上来看，就会令人产生质疑。

郭：中国的建筑学专业中缺乏足够的对建筑结构的学习和认知，因为建筑结构被划归于土木专业。

小西：现在世界上基本都是这样划分的。

郭：在日本，建筑学专业中有完整的建筑结构部分，这本来就是很独特的，当然还包括建筑设备的部分。结构师也需要取得一级注册建筑师的执业资格，这在世界上没有其他相同情况的吧。如此说来，日本的建筑师和结构工程师的关系是很密切的，在结构和形态的紧张关系之中，来共同创造出建筑的形态。这种教育与业界都是相互关联的吧？

小西：影响的确是很大的。在世界上，很少有在建筑学专业中设置建筑结构的。因为想学结构而进入建筑学专业的人是没有的。在入学之初，我们很难区分建筑与结构的界线。大家都是怀着想做很酷的建筑的初衷进来的。之后才分开，这才发现建筑学当中还有结构这种不同领域的存在。但是对建筑的喜爱是发自内心的，无论做多少计算，总是怀着追求建筑的美的意识。除了大规模的综合设计公司之外，在日本做这些工作的就像是我们这样的结构事务所。如果仅仅是每天没完没了地做重复的计算工作，那就会彻底忘记那些曾经怀有的对美好建筑的追求。从建筑学专业毕业的人，也有变成完全只会考虑结构计算问题的。我们这样的人主要还是因为喜欢建筑而做结构的。我爸爸原来就是搞建筑结构的。我不是想做建筑设计而进的建筑系，最初就是想做建筑结构。对于我来说，建筑结构是最近的职业。因为从小我就看着爸爸做建筑的结构，一完工就带我去。从小我就看过很多工地和现场，所以在无意识当中就产生了很想干这行的念头。

郭：还有一个问题，刚才你提到了小事务所和综合设计公司。这两个相比较而言，小事务所更有活力和个性，并且有些小事务所选择性地承接他们感兴趣的项目。作为结构工程师的你，或者大野博史、佐藤淳，你们这样的结构设计事务所，是不是可以认为是很有个性的呢？或者说，会不会有这样的项目我坚决不做之类的情况呢？

小西：有。实际上在接项目之前是会考虑的。比如说形态已经基本上定了的项目，我是不太会接的。我更喜欢在与建筑师的交谈中，逐渐完成建筑形态的项目。

郭：只是为了使某种形态成立的项目你是没兴趣的？

小西：偶尔也会遇到这样的情况，有的建筑师非要做某种形态不可。我就会很明白地告诉他，我不会接这种项目。

郭：这是一个形态的问题。你刚才说不太喜欢佐佐木那样的有机形态，但是如果有这样的项目的话，你会接吗？

小西：那要看情况。只要是能引起我兴趣的，我就会做。我不会只根据项目的内容去判断，还要看日程安排。大家主要还是看我从前的业绩，来请我做设计。基本上没有从一开始就拒绝的项目。

郭：从石上（纯也）的桌子到神奈川工科大学的项目，大家都觉得小西的构造是很细的、很薄的，现在接到的项目基本都是这一类的吗？还是根据项目的情况？

小西：根据项目的情况。是因为石上（纯也）太有名了，所以这些项目比较突出。但是钢结构的项目本来就是要体现建筑的轻。在我们事务所的项目中，这类钢结构项目基本上占到30%，钢筋混凝土和木结构各占1/3。做得很细的只有其中很少的一部分。

郭：比如说，钢结构和钢筋混凝土结构，或者木结构，每种结构之间形态区别很大。我觉得你的结构并不特别在意材料，而是将结构的思考方法作为逻辑去实现，而没有对材料特别的喜好与挑剔。

小西：我有意识地不给自己设定强项。在结构事务所当中，有只做木结构的，也有只做混凝土结构的。在我看来像这样专注于某个方向上的发展也不失为一种选择，但我对材料的态度还是比较自由的。首先要看建筑师想做什么，然后再确定材料。如果自己有特别偏好的话，就只会选择一种方向了。选择我来做结构的建筑师想必应该也是看重我的这个特点吧。我是很有意识地对材料保持自由态度的。但是因为不偏重某个方面，所以与一些只做木结构的事务所相比，在具体问题上或许还是有点弱的。但就整体而言，我还是觉得这样比较好。

郭：那么现在的项目基本上多数是多大规模的？

小西：在我的项目中住宅占到大部分。

郭：最能表现结构魅力的是什么样规模的项目呢？是不是像住宅这样的小规模项目更能体现结构的趣味呢？

小西：也不能这样说。小的话，怎么样都能做出来。比如石上（纯也）的神奈川工科大学的细柱子，那也是因为建筑是一层的，在那个规模下才能实现。如果是3层的话，就不可能了。要想做一些奇怪的事情的话，越小越好做，但是要说趣味性的话，大项目也有大项目的规则，在它的空间中展示出它的趣味。要是想做得很新奇，还是小规模的比较有可能。

郭：大野博史觉得对他来说，建筑规模大了的话结构就会受更多的限制。因此他会控制建筑的规模，然后从中去寻找结构的趣味性。他认为结构的趣味性与规模的大小之间是有关系的。

小西：可能的确如此。但是我觉得，大有大的乐趣，就我而言还是想更广泛地接触不同类型和规模的项目。

郭：比如说高层建筑怎样呢？

小西：当然可以啊！我还是想追求在不同规模上都能实现的自身结构的趣味。

郭：也就是说不同规模的建筑，它们的趣味指向也是不同的，对吧？

小西：的确是这样。小规模的建筑可以实现使人惊讶的东西，比如说很细的柱子，比如说石上的桌子。但是如果在住宅中的话，这些都是无法实现的。我倒并不觉得这个很有意思，要做是可以实现的，那仅仅是在考虑结构时的一种趣味性。我觉得中等规模的和大规模的项目也一样存在着结构的趣味性。比如现在中国的这个5000m^{2}的项目，同样去考虑结构的逻辑的话，也是很有趣的。

郭：这个没有柱子吗？

小西：有！一个跨度是24m，很大。梁的高度是750mm。由这个来形成整体，我觉得是很有意思的。

郭：是因为看起来很轻所以有意思吗？

小西：的确看起来很轻，但是柱子有50cm，很粗。
郭：在中国不算特别粗。

小西：但这是只有一层的建筑，50cm的柱子算很粗了。

郭：这不仅和结构有关，还跟施工和材料有关。特别是在中国大多数结构还只是抗震设计，而不是像日本已经相当普及化了隔震设置。结构抗震的做法，需要材料抵抗荷载作用的话，自然就会很浪费。

尤其是钢筋混凝土结构，在“汶川大地震”之后，更加严格的抗震规范已经把柱子变得越来越粗，不仅如此梁也越来越高。一味地通过加强结构刚度来作为抗震设计的目标也是浪费的主要原因。

小西：今天的话题主要还是小建筑能实现各种各样的东西。但我觉得要考虑各种不同规模的建筑。我也经常跟自己的员工说，要会考虑各种规模的建筑的情况，在了然于各种规模的特点之后，再去思考它们的规模。

郭：这么说在规模的问题上，结构和建筑是一样的。必须有对空间的和对身体的思考，通过这种想象来创造空间。没有对特定规模的想象力的话，也就意味着把握不了空间。比如剧场的空间会有怎样的想象，高层建筑又会是怎样的，住宅应该如何去考虑，等等。假如没有像这样的空间尺度的想象力，感觉是绝对不行的。现在看来，在这一点上建筑结构也是完全一样的。就比如桌子吧，要先了解对于它的使用，然后再去思考用怎样的结构来实现。

小西：事务所的优点是能在各种规模的项目中自由切换。一般大规模的项目是由大公司来做的，做高层的公司每天只做高层。从项目的规模和公司的规模上来看，这是非常得体的一种配合。但从人的尺度来看，有时就让人感觉有些粗暴。我们的优点是各种规模的项目都可以做，还能够综合地去思考规模与结构特征的关系。这是与大公司之间最大的不同吧。

郭：那么大公司里的结构工程师会跟小事务所里的结构工程师很不一样吗？

小西：当然是不一样的！比如像日建设计，他们的项目很具个人特色，尽管会有一些差异，这一点与事务所是相近的。大公司的设计与结构都有固定的套路。比如日建设计里的结构工程师基本上都只做自己公司的项目，他们的设计有着自己的历史，方案设计也都是一脉相承的。这样说来，他们的做法不会有很大的变化。而我们面对的是各种各样不同的建筑师，年龄也从 20 多岁到 60 多岁不等。不同的人会提出不同的要求，这使得我们每次的想法也都不尽相同。

郭：那是一种挑战吗？

小西：我们确实一直在挑战，所以有些部分是很不确定的。比如说住宅，到底是选择建筑师还是选择住宅开发生产公司就会令人犹豫。如果说他们的平均分都是 70 分的话，那么有些事务所可以拿到 100 分，而有些可能只有 30 分。建筑结构也是一样的，大公司比较平均，不会太好也不会太差。他们在各方面都达到一个平均水准，而我们则会注重于某一个部分。

郭：有没有写过关于建筑结构设计方面的文章？

小西：没有。只有刚才说的《生机勃勃的技术：触发建筑的结构设计》，还有最近 GA 的访谈[3]。

郭：是和金田充弘他们的那期吧？

小西：对！

郭：是不是结构工程师不太喜欢向大众发表自己的思想？

小西：嗯，的确不多。但是最近已经改变了很多，出现了许多有关建筑结构方面的特辑和杂志。

郭：最近，建筑的结构设计逐渐成为很热门的话题了。

小西：最近可以发言的机会的确不少呢。

郭：非常感谢，我学到了很多。

注释

1 岡村仁，名和研二，大野博史等．ヴィヴィッド・テクノロジー—建築を触発する構造デザイン．东京：学芸出版社，2007．

2 Jurg Conzett，1956—，瑞士结构工程师，毕业于瑞士苏黎世联邦高等工业学院．

3 金田充弘，平田晃久．社会構造自体を変えていくエンジニアリング．GA JAPAN 109，2011（3-4）：53-54．

附录 2

与大野博史的对谈

地点：Ohno JAPAN 事务所
时间：2013 年 2 月

郭：首先，我想问一下最近看到你发表的一篇文章。它有关知觉这个相当复杂问题的讨论。这篇围绕“无法命名的结构形式”的文章[1]提到了“被知觉感受到的结构表现”。用文章中的词来说就是“Hide-tech”，即非视觉化的结构。看见或看不见用建筑学的词来说就是所谓“透明性”的问题。例如柯林·罗[2]的“透明性”，在他的理论中分为视觉的透明性和知觉的透明性，它们可能单独或同时存在，也或许可以相互重叠。我觉得这种视觉与知觉的透明性也同样存在于结构与形态之间的关系上，这是我看到你用“知觉化的结构形式”时意识到的。在日本当代的建筑师中，有通过透明的结构表现来呈现形态的线性巴洛克，也有通过“算法”的视觉化解析来表现的圆滑性巴洛克。它们的共通点都致力于展现力对形态的控制性。此外还有像妹岛和世那样，以纤细轻薄为特征的反物质性抽象透明。虽然我还不知道这究竟算是看得见还是看不见，但姑且认为它是给人以透明的表象的。与上述这些呈现透明性的“Hi-tech”相对的是，你在文中提到的“Hide-tech”，却是试图以一种隐身的方式来表现结构在形态中的存在。由此可以发现，日本同时存在透明与不透明的结构表现。尽管这里面并不存在价值高低上的判断，但结构与形态之间这样的视觉与知觉的不同表现方式在我看来就显得非常有意思了。坪井善胜那句“美在合理的近旁！”一直被认为是日本结构设计界的座右铭。这其中的“合理”之处是不是可以理解为视觉的“透明”呢？换句话说，是不是通过“近旁”，就能够将这种“透明性”从视觉转变为知觉呢？我想问的是你所指的“hide”其所隐藏的对象是什么？是抽象的力流的传递方式，还是具象的架构物质？

大野：这个问题好难啊！两方面都有吧，其实当然结构是可见的，但尽管可以看见，但它并不是作为结构被看见的。以前的建筑，柱子只能被看作柱子，呈现出的就是有着柱子功能的构件。而我现在所说的“Hide-tech”，虽然知道其中当然是有柱子的，但并不作为柱子被知觉所感受到。比如，在某些部位作为有着各种功能的构件，比如柱子作为书架的一部分从而得以隐藏起来。

郭：也就是说是通过集约的方式将原本存在的结

构概念打破吗？

大野：没错。

郭：如此说来，比如首先是有了柱和梁的概念，概念和物质结合从而成为作为形式的定义。那么比如柱子的这一定义究竟到何处为止呢？或者像是筱原一男通过尺度的变化来消解门、窗之类的定义，从而打破文化对形式的束缚。那么对于结构工程师而言，比如说柱子细到什么程度就可以认为不再是柱子了呢？

大野：我们可以反向思考这个问题。最初在用木头建造小屋的时候，对框架中竖直的起支撑作用的构件，有人将其命名为柱子，由此产生了“柱”的概念，但当下往往有构件既有着柱的支撑功能，同时也有不是柱子的一面。两方面正在变得越来越平坦，要将其视作为柱子也就自然越来越困难了。

郭：这只是尺度或比例上的问题吗？

大野：是角色的问题。

郭：原本的柱子在结构中只有负担垂直荷载的职责。而现在柱子会成为像是书架或其他的家具，也就渐渐不能被称为柱子了。

大野：它们尽管还可以被当作是柱子，但不作为或者说不能仅仅被当作是柱子了。

郭：比如柱子与幕墙框一体化的问题就是这样的吧。

大野：是的。既有功能的一体化，另外还有截面的问题。当幕墙框承担其本身的功能时，其尺寸达到或超过某个标准，就也能起到柱子的作用。这时，为什么不把它当作柱子来用呢？所以不仅是功能，它的截面与功能往往是存在着某种关系的。

郭：原来如此！另一个问题是有关佐佐木睦朗他们做的基于“演算法”的另一种结构表现方式。我觉得这与1960年代的结构表现主义是不同的。与那种几何形的直接化相比，“演算法”结构则表现出非常柔软平滑的形态。此外，佐佐木睦朗他们是以受力变化形态上的“最适解”作为判断依据的，这个“最适解”其实会导致诸如施工以及使用上的很多问题，或者说“最适解”是一种仅局限于结构范畴内的合理性。我非常疑惑这种封闭领域上的合理性与建筑整体上的合理性的区别。比方说1960年代结构表现主义时期的钢筋混凝土薄壳就因为混凝土浇筑的困难而被钢结构网架所取代。佐佐木的这种合理性究竟是不是建筑的合理性呢？会不会是另一种当年结构表现主义的当代的另一种再现呢？

大野：其实每件事都是一样的。在被给予某个条件后才能判断是否真的是最适的。佐佐木先生也说过，在项目中寻求“最适解”时，比如说，这里和那里都有柱子，那么一层中就有着这样的大梁。但在这个区域，如果加上想要让梁高小些的条件，剖面渐渐地就会变成这样。因此，追求“最适解”的结构思维方式，是指怎样发现并整理出条件，并以此决定建筑整体的合理性。所以如果条件太少，那么所谓的“最适解”就局限在结构之中了，那只是结构的“最适解”罢了。

郭：在某个区间之内才可能存在所谓的“最适解”吧。是不是可以说局限于结构区间之内就是“结构表现主义”呢？

大野：与其说是“结构表现主义”，不如说还只是“结构表现”吧。

郭：当下参数化设计非常流行，3D打印技术也已经变为现实。使用计算机设计包括结构在内的形式，你觉得这种可能性的前景如何？

大野：确实，作为当下的趋势之一，我认为是可能的。

郭：那么，这对于迄今为止的建筑与结构的设计方法，是否会有很大影响呢？比如，一起看着计算过程的步骤来确定形态之类的做法。是否会出现与之前截然不同的设计过程呢？

大野：可能性当然是有的，但我并不认为所有工作都能以这样的方法完成。比如说CG，可能日本和别处还不太一样，CG现在已经非常发达了，有人将CG作为展示的工具，也有建筑师将其作为工具来思考建筑的形态。但建筑师的工作并不局限于此，也有人在用模型或草图开展设计的工作。所以就建筑结构的设计工作而言，就像刚才说的借助复杂的参数化研究来决定形态的结构设计，我认为今后会发展得更为深入。但同时也会有很多人不使用这样的方法，而采用其他更加多样化的方式。建筑设计则很显然会由于参数化手法而发生改变，但我并不认为它会成为主流。

郭：在中国，由于前期缺乏设计的阶段，建筑结构工程师习惯于将大量工作全部丢给计算机去解决。事实上，“结构解析”软件的确也能够在很短的时间内完成结构整体与构件的形态。结果造成了结构形态对计算机的依赖化，或者说是结构形态的计算机化了，或者说是解析化了。可以说，这在某种程度上同佐佐木睦朗利用计算机来获取形态的过程又完全是大相径庭的，因为数字的运算解析化同与之视觉化的操作当然是截然不同，特别是对于形态设计而言就更是如此了。我们可以感觉到建筑结构的设计在变得高速化的同时，建筑师与结构工程师之间的合作的模式将会发生什么样的变化呢？石上纯也与小西泰孝的“KAIT”的项目中，有很多极细的柱子，其中分为张拉柱与压缩柱。我听说最初这两种柱子在施工刚完成时，其实区别还是非常明显的。小西为了实现建筑师最初的设想，而建议将这两种结构杆件在形式上做同质化的处理，不知道这件事情你是否听说过。结构工程师站在自己的立场上，先于建筑师想要隐藏结构，或者说结构工程师不想站在建筑师前面展现自己的存在。这件事情让我印象非常深刻，也让我非常想知道你认为结构工程师应该在建筑形态中如何展现自己的存在呢？

大野：就个人而言，每个人都各不相同。我是先听取建筑师想做的东西，之后再设计与之最匹配的结构。所以，与建筑师交流他想做什么是非常重要的。在这个意义上，也不能单单讨论结构，其他诸如设备、家具布置等也必须考虑在内。比如刚才我们的项目讨论中，我拿出了这个方案，推敲了剖面。而下一次的讨论中，建筑师画了新的平面，发现其实这里有个卫生间。可以说，结构师与建筑师的思考方式是不同的。这时我一定会思考为什么这里不能加上结构呢？既然原本的结构方案与建筑平面布置不符，那么就再做一次。所以，建筑师构想的空间与我对此做出解答的结构设计之间其实常常是不吻合的。一边思考两方面的情况，一边提出方案。当方案形成并提出之时，又要再次进行调整，这样周而复始，设计就会渐渐变得完善。

郭：这样说来，我曾从藤村龙至那边听说，他与大野（博史）和小西（泰孝）两者都一起合作过，他把大野比作是“文人”，而把小西泰孝比作“武士”。据他说，当他把四方箱形的方案拿到小西（泰孝）那儿去，拿回来的还是四方形的方案，没什么太大的变化。他给小西（泰孝）什么，小西（泰孝）就会说：“好，我帮你实现它！”这与他之前拿着四方形的方案与你讨论后，形态变得截然不同的过程是很不一样的。你也跟很多建筑师合作过，其中有极为强势的，也有非常温和的，对于不同的建筑师你会采取不同的应对方式吗？或者说，如果对方态度很强硬的话，您还会像这样去试图修改方案吗？碰到这种情况会不会放弃呢？

大野：对强势的建筑师来说，即使结构不合理也没关系的话，那我也就那样做了。但要是他追求更合理的话，比如他原本想要加上一根梁，那为什么要加上这根梁呢？当回到原因层面时，我就会提出，你想做的是不是其实就是这样的东西呢？并同时提出我的方案。因为不懂结构的人，即使强势地提出想要这么做，他们其实并不知道其中的原理。比如北京的鸟巢体育场，那就是赫尔佐格提出想要那样做，那时负责结构的人应该有责任提出异议。框架结构用得太多了，所以结构师应当提出“你想做的其实真的是这样吧”，来让赫尔佐格重新思考其设计。建筑师提出的东西不合理也没关系，但必须反复推敲。

郭：像你这样的结构师可以柔软地根据建筑师的方案提出自己的不同建议。那么当你碰到不想做的方案，比如建筑师拿来极细、极薄的设计的话，你会不会拒绝呢？

大野：与其说是不想做，其实是如果这方案除了我别人也能做出来的话，那我做不做也无关紧要了。比如梁柱的布置已经确定了，而且柱子是可见的，这时如果建筑师只是说“请帮忙把柱子设计得好看点吧”。对于这样的事情，我是无能为力的。我会做的是这根柱子是不是去掉更好些，或者这根梁露在外面，那是不是细一些比较好。我会对这些需求做出回应。如果已经确定看得见了，要我设计这可见的东西，那我是没法做到的。另外像是有柱子露出来，想让我提出些装饰的建议，这并不是我的职责，我认为这样一根柱子就行了。对于装修结构的设计我是无能为力的。

郭：嗯，是触及结构本质的问题而非装修是结构设计师的工作。从佐佐木睦朗近来的作品来看，都似乎比较拘泥，或者说风格化，这种感觉很强烈。

大野：是吗？

郭：除了伊东（丰雄）那些“演算法”的流线形结构表现之外，妹岛（和世）作品中的结构抽象化是显而易见的。另外，佐藤淳的做法也是偏向于纤细和轻薄的表现。你是属于哪种类型的呢？我感觉你似乎并不拘泥于这类可见的风格化形式。某种程度上可以说你具有的是某种方法上的连续性，可以这么说吗？

大野：可以这么说吧。我想佐佐木（睦朗）并不是想要做什么奇怪的东西。他认为基本上建筑没有结构是最好的，我也很理解这一点。没有结构，当然这里并非是说安全性的话题，其基于的立场是没有结构妨碍的话，平面布置会更方便，建筑也会变得更好。举例而言结构工程师说，“您可以不用考虑结构，请自由地设计平面吧”，于是建筑师设计出很多面墙，像办公楼那样。当然如果墙可以作为结构起作用的话那就最好了。总之，就是如果作为建筑所必须有的东西能原原本本地作为结构的话那就最好了。我想给出的并非是结构的方案，只是想用建筑师真正需要的东西来使建筑成立。

郭：明白了，并非是为了结构而结构的目标，而是为了建筑的结构。我们需要重新思考什么是“作为建筑的结构”，而不是“作为结构的结构”。我对1995年之后的日本《新建筑》杂志中出现过的结构案例进行过研究。从中可以感觉到，其实在日本真正从事结构设计的并没有想象的那么多，结构设计家相比建筑设计师的人数而言要少得多。特别给我留下深刻印象的是，出身于30后一直到70后的结构设计师们，不同年龄段所展现出来的个性也是不同的。像30后的渡边邦夫、川口卫，他们的做法在我看来可以被划分为是古典式的。而40后和70后的结构设计师是最为活跃的。与之相对的是50后和60后结构设计师则表现出相对中规中矩的稳健风格，并且相对人数也不多。这种年龄群体之间的差异究竟是由什么原因造成的，对此我非常感兴趣。作为个人推测的理由之一或许是40后的结构设计师们在接受教育的时期，适逢1960年代结构表现主义盛行。而70后也同样是受到了1990年代结构与建筑重归一体化的影响。50后和60后的结构设计师们在接受教育时期遭遇了后现代主义将结构与建筑相分离的影响吧。

大野：这么说起来是挺不可思议的。50后和60后的结构设计师的确不多。个中原因我很难推测。可能是60后的结构设计师他们开始工作的时期是后现代主义的鼎盛期，结构被赶到角落里去了吧。当时的建筑师追求的是立面如何做出古典形式。另外，社会上也有着Scrap & Build这样的，拆了建、建了拆的风潮。所以从结构上也没办法提出什么积极的方案来。在这样不利的环境下培养出来的人和我们这一代人确实是很不一样的。但真正的原因其实我也说不清楚。

郭：多少还是有影响的吧。接下来，我想继续前面提到的有关纤细性的话题。如今日本建筑中的结构形态显得非常纤细，这种倾向在欧美以及中国等地都是见不到的。这是否与传统有关，还是与日本的风土环境，例如对地震、台风等的抵御相关呢？又或者是由于用地狭窄所以为了尽量扩大使用面积而尽量缩减结构构件的截面呢？不管怎样我对这种纤细化的形态印象深刻，甚至觉得那是日本当代建筑的一张标签。你怎么认为？这种倾向是有意识的还是在无意识中产生的呢？

大野：我并不认为这是一种传统。最为切实的问题还是由于土地稀缺，所以结构占据的截面面积其价值很高。常有从这个角度想将截面缩小的需求。从以前开始，大型建筑就是与结构设计师相关的，但小型建筑在日本则是由木匠设计建造的，即使是建筑师的设计也会由木匠师傅来计算，或者更多地依仗经验判断。当开始使用钢筋混凝土和钢结构时才终于引入结构工程师，但由于这些结构工程师几乎都只做过大型建筑，所以是用那样的尺度感来设计的。我以前在池田昌弘事务所工作过。在日本差不多从2000年左右开始，大型建筑的项目越来越少了，建筑师更多地开始从事小型建筑设计，包括住宅。在住宅项目中引入结构工程师以后，由于他们是通过计算来确定构件截面的，所以能将木头或钢架的截面做得更小。或是通过将柱与墙一体化将结构截面缩小，进而使房间变大。所以在住宅设计中才涌现出了那么多小截面的方案。这样的情况产生之后，日本才被认为倾向于考虑小截面设计。应该说，在那以前其实并没有什么小截面的设计。

郭：嗯，妹岛和世呢？

大野：妹岛（和世）初期的话，就比方那个“PLATFORM”系列吧？

郭：对了，很像筱原一男的做法。

大野：那个柱子很粗啊。变细是最近的事情了。

郭：你指的最近是多久？ 10年？

大野：15、16年前。比如在银座与佐佐木睦朗合作的项目。银座的土地非常昂贵，建筑面向街道，对街道产生这样的区划。如果普通地设计的话，截面就会变得很大。佐佐木睦朗是怎么做的呢？面对银座的高地价，截面可以做到多小呢？他将小型工字钢大量排列，通过这样的做法达到的并非建筑意匠上的目的，而是节约了土地。这大概是从1980年代后期开始的，我想差不多是那个时候吧。

郭：在日本的传统建筑中，木结构建筑最早是从中国大陆或朝鲜半岛传入的。这些建筑经历了日本的风土洗礼，日本的古人用中国大陆的木结构技术建造了日本中世之后的建筑，像是寝殿造、书院造、数寄屋等，这与中国或日本早期的木结构建筑相比，其尺度，这里指的并非空间尺度，而是结构的尺度被大幅缩小了。

大野：是吗？

郭：是的，大幅度地缩小了，柱子之类的，与法隆寺和东大寺时期与中国几乎相同的“大佛样式”相比。

大野：与那时比确实如此，桂离宫、数寄屋之类的。

郭：突然之间尺度与结构形式就变细了，那个时期是日本自己的建筑变成熟的时期。那么是不是那个时期日本人所谓喜欢纤细东西的想法开始全面迸发了呢？

大野：的确，变细的趋势是在书院造这样的用木结构建造人所居住的场所时才发生的。

郭：确切地说是从住宅这种形式占据主流开始出现的吧。

大野：的确，数寄屋中也是如此。寺庙中因为有佛像在，所以结构构件的截面可以很大。

郭： 因为寺庙是公共建筑。但在中国的传统建筑的演进中，却并没有出现像日本这样结构纤细化的突变。

大野： 这倒很有意思，原来是日本独有的呢。

郭： 所以是否多少有些风土或居住方式方面的原因呢？至少从我们这些从外部看日本的人来说，会感觉到日本的结构形态的纤细与透明与世界上的其他地方，比如瑞士相比，有着某种很特别的柔软性。

大野： 我认为的确如此。

郭： 另外，石上纯也在“威尼斯双年展建筑展2010展示”的作品中，采用的碳纤维结构构件非常纤细，感觉跟线一样。还有，据说佐藤淳与塚本由晴合作的最近设计的建筑中，如果撞到柱子的话，整个房子都会晃动。然后有人对佐藤淳说：“都晃了？”佐藤淳答道：“是会晃啊！”

大野： 哈哈！

郭： 甚至连楼梯也会晃动。我想追求纤细原本无可厚非，但结构的尺度究竟有没有底线呢？或者说即便结构可以晃动，但建筑中总还有绝不允许晃动的部分吧。在这种矛盾中，结构究竟能细到什么程度呢？进而，如果把结构做得像家具一样的话，比方说家具是可以移动的，但结构却无法接受随意的摇晃。由此，结构之中是否存在着某种尺度的极限呢？

大野： 关于这一点，我们毕竟不是在做家具而是在设计建筑，所以我并没有这样的想法。但最重要的是在进行结构设计的时候，它其实是个不等式。常用的是轴力和弯矩的公式。如果这个数字是在1.0以下的话，那就完全没问题，有很多个解，只要满足这个条件就可以。至于将1.0是调整到1.2、1.5还是0.9，这在某种程度上是取决于设计者的，当然也必须遵守规范的要求。像刚才说的居住性当中，关于晃动的问题，规范所允许的是最低限度的标准，在此基础上每个人能有自己的选择。我认为最重要的是，晃动的时候绝不能让人感到不安。比如在平房中，屋顶无论怎么晃也没有人会觉得不安，这时我就会针对那个设计把参数灵活地调到0.8左右。但如果是楼板晃动了就会让人感到不安，这是不可行的。同样地，窗子由于设置在屋顶与楼板之间，所以虽然屋顶晃动不会让人不安，但可能会让窗子破损或者打不开。那么就无法实现建筑的功能了，这种情况我认为也是不可以的。

郭： 是的，结构终究不是数字的游戏，如果说结构是为了建筑而存在的话，那么最终它还是必须回到身体的知觉层面上来吧。东工大（东京工业大学）的奥山信一教授曾经对我说过，日本的结构设计师中存在着“晃动派”和“不晃派”。比如金箱温春就属于“不晃派”，而“木村俊彦系”则基本都是“晃动派”的。

大野： 哈哈！

郭： 我觉得这之间还是有关系的。或者说是与“刚”和“柔”的取向相关。是否可以认为这是属于结构设计师的个性呢？

大野：可以这么说吧。但建筑的设计方式与感到晃动的使用者也是有关的。比如涉及住宅的时候，我认为不能让业主感受到振动，所以业主是怎样的一个人在设计中也有很大的影响。我会从建筑师那边了解业主是怎样的。其实在设计结构时基本上不会有晃动的问题，会出现问题的主要是楼梯之类的次要构件。建筑师往往想把楼梯做得纤细轻薄，但做细了就容易晃，那时最重要的还是业主对于晃动的敏感程度。总而言之，安全与否是我能够设计的，但就灵活性而言，每个人都不一样。所以我哪怕觉得没事，只要业主反对就还是不行，这时怎么办呢？只有问业主才知道了。

郭：比如同样都是金箱温春的设计，犬吠工作室和仙田满的环境设计研究的事务所楼，在"311 大地震"的时候，两者的表现完全不同。犬吠工作室卧室里的东西全都掉到楼下了。

大野：你是说"House & Atelier Bow-Wow"？那是新谷真人设计的结构。

郭：是吗？难怪不一样呢。完全印证了奥山所言的"木村系"是"晃动派"的说法呢。

大野：确实可以理解这样的说法。

郭：甚至据说木村（俊彦）先生自己也说过"晃一晃也没什么嘛"这类的话。

大野：不太会这样吧，究竟是怎么回事呢？果然还是因为截面太小了才晃的吧。但我还是觉得成天晃终归是不行的，犬吠工作室的那个楼真的没事吗？

郭：不行啊，他也这么说了。柱子细到一定程度，就会像家具一样偏离，真的很吓人。单纯追求一个方面的极致就会变得很恐怖。

大野：晃动的问题和强度的问题还有点不同。当然，晃动造成损坏就是另一回事了。

郭：再比如说渡边邦夫吧，他所追求的是唯美至上。某种程度上说他的结构设计会牺牲一些安全储备，来确保形态的美。你属于是哪一类呢，是"安全派"吗？

大野：真要说的话，还是属于"冒险派"吧！哈哈！但我对晃动还是非常严格的，肯定不会有这一类的问题。

郭：原来如此！你是"冒险派"的大野！哈哈！"安全派"的话标兵应该是"结构计画研究所"[3]吧。他们是以结构安全的解析为宗旨的，但是跟结构设计完全是不同的类型，因此并没有可比性。从前渡边邦夫曾经对我说过，结构设计师和建筑师应当成为"夫妻"，而不应该是"主人"与"宠物"的关系。他认为现在的大部分结构工程师都不过是建筑师的"宠物"罢了。

大野：关于这点我常提到夏尔巴人[4]，也就是登山者请来做向导的那个民族。那种关系就很好，建筑师可以说是在登山，而结构设计师则是作为引路的向导存在的。比如登山者会说"我想登那座山"，但他并不知道登上去的方法。哪边的路好走，以及观测天气以决定今天是否适合登山之类，懂得这些的只有夏尔巴人。

郭：所以相对于建筑师，结构设计师在某种程度上是掌握了危险性或者说山的特性，但他们并不做决定，而是给出建议。

大野：是的。夏尔巴人会看登山者的身体状况，如果觉得有困难，会对他说"那座山你登不上的，对你来说还是这边这座比较好"。这就是我认为的结构设计师应该有的形象。

郭：那对于像小西泰孝这样来者不拒的"武士派"而言，有人如果说"我想到那边去"，他一定会说"好，那我们走吧"，会是这样的吗？

大野：不仅小西泰孝，包括佐佐木睦朗在内，他们会先看那人到底能不能登上去。不行的话会立刻说"不行，你肯定上不去"。但如果可行的话，他们会说，"很好，那就走吧！"他们的确就是这样的。而对我来说，可能登不上，但换座山的话就能上去了，或者登山的时候稍作休息的话也可以做到，我会提出很多我的建议。

郭：就是并不做出"Yes"或"No"的二元判断。而是一起发现除此之外新的可能性。

大野：没错。我是帮助别人找出真正想爬的山。

郭：设计上封闭与开放的选择，看来我明白这其中的区别了。下面还有一个结构与家具的问题。之前我曾经读过陶器浩一的一篇文章，他提到把结构设计成兼作家具时，由于家具是与空间的功能相关联的，当空间的功能发生改变时，这样的做法就会出现很多问题。你对家具与结构之间的关系是怎么看的？比如，最初想将结构设计为可以作为家具使用的，那么这结构就无法改变，被固定住了。这会使得建筑师的设计方法与此前相比有很大的不同，您怎么看待这个问题？

大野：在作为结构使用时就决定了未来它是拿不掉的。必须在考虑到这一点后做出抉择，是否应该将结构和家具一体化设计？如果选择这种使用方法的话，我认为它在未来就是可行的。但未来怎么用其实很难预测。另一个问题是家具的尺度感。比如这把椅子用的是 9mm 的胶合板，顶端是 30mm。而一旦把结构与家具一体化了，结构的界面大小会增加一个级数。比如梁会到 300mm，即便是楼板也还是有 100mm。所以功能上可能结构可以作为家具使用，像是放放书之类的，但尺度上它并非家具，只是把梁当做家具来用了，所以如果把结构与家具的功能相重叠，只要它们的尺度不相符，就没有意义。

郭：只是将两者的功能集约化了。除此之外，也有将家具变为结构的做法吧？这样的话就会使结构纤细轻薄，全面地呈现出来。但当房间的功能突然发生改变的时候，它的意义就消失了，甚至可能成为妨碍。如此看来，结构与家具怎么联系起来真的是很困难呢。但如今一对一的明确对应已经是越来越少了，这究竟是手机还是 ipod 已经分不清了。在这样的时代结构也越来越接近这样的去是了。我们是否正在迎来一个分不清建筑师和结构工程师之间关系的时代呢？

大野：就立场而言我想建筑师和结构工程师，以及设备工程师，他们还是在分离的。但虽然处于分离之中，他们交流的次数却将逐渐增多。尽管他们有各自的专业领域，但相互之间却必须了解相互的领域。

郭：日本的教育中建筑意匠与结构工程是一体的。所以两者有很多共通的东西。在中国，建筑结构所属的土木工程与建筑设计完全是分开的，因此建筑设计与结构之间相互共通的东西少之又少。所以建筑设计师在包括结构在内的技术储备方面其实是非常有限的。反过来，结构工程师对设计的感觉也非常羸弱。正因为两者无法展开顺畅的交流，各自都被孤立起来了。你现还在日本大学教书吧？

大野：是的，我教的是建筑设计。

郭：建筑设计？好厉害啊！

大野：没错，但是低年级的。

郭：我很想知道你的教学方法。

大野：这是没有正确答案的啊，我也不过是在摸索罢了。

郭：您的教学是从结构设计出发的吗？

大野：不，完全不是这样的。

郭：那是从何出发的呢？基地和 program 吗？

大野：各不相同吧，有学生从基地分析出发的话就从那里开始。

郭：有什么成果吗？

大野：学生的？没有。还只是一年级，所以都还对怎么设计建筑一头雾水呢。有人从目标入手；有人从基地分析入手；也有人单纯从个人经验下手。我所做的是将他们想做的东西提取出来，鼓励他们不断推进，做出能够图示化的方案。

郭：那么有正经的关于结构的教学吗？比如对他们说“这个结构不行”之类的。

大野：这倒没有，还没有到那个程度。

郭：但日本大学还是有结构教学的吧？

大野：有的。

郭：你不参与吗？

大野：不参与。那个是正统的结构课程，教的是结构计算，所以没什么太大的关系。

郭：据我所知在东工大，本科三年级的建筑设计有金箱温春这样的结构设计师全过程参与教学的，以此让学生在一个建筑设计的过程中体会到将来会经常遇到的与结构设计师之间的沟通方式。类似这样的教学方式日本大学没有吗？

大野：到现在还没有。

郭：佐藤淳现在在东京大学教的是什么呢？

大野：不太清楚呢。

郭：上次我问他，他说教的是“结构的感觉”。

大野：怎么说呢，佐藤淳的做法是用各种材料，通过实验最后将结果反馈到设计中去。这与我非常不同，大学里的老师某种程度上其实是个研究者。研究与做实际工作其实是不同的，但通过引入佐藤淳这样的人，他会做玻璃的破坏实验，然后设计出玻璃结构的房子，他与社会有着紧密的联系。这很有意义，但问题是佐藤淳是个超越极限的人，所以本来不用玻璃就能建起来的建筑也要用玻璃，就我而言是不会这么做的。

郭：如果做一个分类的话，佐藤淳是属于“Super High-tech”吧？

大野：确实。

郭：而你是“Hide-tech”。

大野：相比之下我就真成这样了呢！所以我跟出身于东工大的建筑师合作上还挺合拍的呢。

郭：都有谁？

大野：长谷川豪、能作文德[5]等等。他们也都会思考结构，但并不会去表现它。他们都不希望结构成为空间的主题。

郭：确实，东工大派大都不太喜欢表现结构的。与东京大学的像隈研吾、内藤广、伊东（丰雄）他们相比，东工大的思考建筑的方式跟大野还真颇为相似啊。也就是不刻意流于形式的表现。像坂本一成那样的，不突出于前，却能够感受得到结构对于建筑的存在。这种做法在你接触过的其他建筑师中有类似的吗？

大野：东工大确实有它独特的学风。特别像是坂本（一成）系、塚本（由晴）系的人。在他们当中似乎有着某种规则，他们努力地在不脱离这个规则。别的大学没有这样的东西，所以走出学校之后，去伊东丰雄和妹岛和世事务所的人就会不一样。

郭：呈现出的是事务所之间的不同呢。

大野：是的，这就是东工大与众不同之处。

郭：今天就到此为止吧，非常感谢！

注释

1. 大野博史 . 知覚された構造表現　名前のない構造形式をめぐって . 建築技術 2011（4）: 100-101.
2. Colin Rowe，1920—1999，美国建筑和城市历史学家、批评家和理论家。
3. 由服部正于 1956 年创立的结构设计与结构软件开发的工程公司。
4. 夏尔巴人是一支散居在尼泊尔、中国、印度和不丹等国边境喜玛拉雅山脉两侧的民族。
5. Fuminori NOSAKU，1982—，东京工业大学助理教授，建筑师。

附录 3 日本近代结构发展年表

时间	架构形式	材料 / 建造	解析 / 设计	法规 / 规范	社会事件
1894—1945	1894 钢结构（秀英舍印刷工厂 - 若山铉吉） 1908 RC 结构（佐世保军港建筑物 - 真岛健三郎） 1909 幕墙结构（丸善书店 - 佐野利器） 1912 多层办公楼（三井贷事务所） 1912 大空间结构（旧国技馆穹窿） 1913 RC 结构（京都商品陈列所 -A 武田五一、S 日比忠彦） 1914 RC 结构（三井物产横滨支店 1 号馆 -A 远藤于菟、S 佐野利器） 1920 砖砌体 + 钢结构（东京海上大厦 -A 曾禰・中条、S 内田详三） 1930 钢结构 +RC 结构（兴业银行 -A 渡边节、S 内藤多仲） 1935 抗震墙设置 + 结构体系化（日赤京都支部医院 - 棚桥谅）	1913 钢筋腐蚀研究（佐野利器 + 内田祥三） 1939 预应力混凝土（PS）研究（吉田宏彦）	1903 钢结构讲义（横河民辅） 1905 RC 及钢结构讲义（佐野利器） 1914 RC 图式计算法（后藤庆二） 1915 房屋抗震结构论（佐野利器） 1915 抗震横墙分担系数（内藤多仲） 1915 RC 梁板计算图表（佐野利器 + 内田祥三 + 内藤多仲 + 土居松市） 1915—1916 张拉辅助材屋面结构理论及计算（后藤庆二） 1916 "震度"定义的提出（佐野利器） 1917 八折屋面（后藤庆二） 1919 RC 梁的挠曲（后藤庆二） 1920 半球形立体结构（丸山茂树） 1923 框架建筑抗震结构论（内藤多仲） 1926 高层建筑物振动曲线受弯变形及剪切振动的组合研究（框架结构振动理论研究）（水原旭） 1928 特定点法（坂静雄） 1928 水平力近似解法及修正图定弯矩法（武藤清） 1928 隔震结构（建筑物与地面铰接）（冈隆一） 1929 机械作法表（挠角法）（鹰部屋福平） 1930—1931 抗震墙与楼板受弯及剪切变形理论（田边学平） 1933 曲板结构技术研究（谷口忠） 1938 制震性隔震结构（柔性结构 + 制震减衰层）（鹰部屋福平）	1895 木结构抗震房屋结构指导 1919 市街地建筑物法 1923—1924 市街地建筑物法修正 1926 混凝土委员会成立 1929 混凝土及 RC 标准图集（建筑学会） 1929 RC 标准示例书（土木学会） 1935 RC 结构计算基准（建筑学会）	1894 浓尾地震 1920 "分离派建筑会"成立 1923 关东大地震 1923 "创宇社建筑会"成立 1930—1931 "柔性结构"与"刚性结构"论争 1937 发动侵略战争 1945 败战
1946—1955	1948 都营高轮公寓（RC 墙体结构 - 东京都建设局住宅课） 1951 Leaders Digest 东京支社（RC 墙 + 钢柱结构 -A 雷蒙德、S 冈本刚） 1951 森林纪念馆（3 铰拱架） 1952 日活国际会馆（RC 框架抗震墙结构 - 竹中工务店） 1952 皮尔金顿大厦（RC 框架结构，地下抗震墙结构 - 松田平田设计） 1952 日本相互银行（钢框架结构 -A 前川国男、S 横山不学） 1953 广岛和平中心（RC 框架结构（底层架空）-A 丹下健三） 1953 法政大学（核心筒结构） 1953 广岛儿童之家（RC 曲面薄壳） 1953 爱媛县民馆（RC 球形薄壳大空间结构 -A 丹下健三、S 坪井善胜） 1955 图书印刷株式会社原町工厂（RC 柱 + 钢桁架大跨结构 -A 丹下健三、S 横山不学）	1949 IWAKI 水泥 1950 异性钢筋的引入（小仓弘一郎） 1950 轻石混凝土开始使用 1950 AE 剂开始使用 1950 深基础施工法（东京新闻社扩建） 1951 现场搅拌式作业（新丸之内大厦 - 三菱地所） 1951 气锤式桩机引入 1951 集成材（森林纪念馆） 1952 新型异性钢筋 1953 搅拌车引入 1954 高强度钢生产 1954 高强度螺栓 1954 塔式吊车 1955 轻钢型钢生产（中之岛制铁） 1955 金属模板开始使用	1951 实物大强震实验 1952 SMAC 强震计开发设置	1947 日本建筑规格 3001 1946 钢结构计算规范 1946 RC 结构计算规范 1946 木结构计算规范 1950 建筑基准公布施行 1950 施行令结构规定（水平震度 0.2，高度 31 米限制） 1952 地震地域系数告示制定 1952 特殊混凝土结构设计规范 1952 砌体结构设计规范 1952 建筑基础结构设计规范 1952 焊接规范 1953 建筑工程标准图集（JASS）（建筑学会）	1945 南海地震 1946 日本国宪法颁布 1948 福井地震 1952 十胜冲地震 1955 日本住宅工团设立

续表

时间	架构形式	材料 / 建造	解析 / 设计	法规 / 规范	社会事件
1956 — 1965	1957 角形 HP 薄壳（肋梁）结构（静冈县骏府会馆 -A 丹下健三，S 坪井善胜） 1957 PCa.PsRC+PC 钢结构（南淡町役场 -A 增田有也，S 坂静雄） 1958 塔式桁架（东京塔 - 内藤多仲 + 日建设计） 1958 SRC 巨型结构（晴海高层公寓 -A 前川国男，S 横山不学） 1959 RC 钢结构圆壳结构（东京国际贸易中心 2 号馆 -A 村田政真，S 坪井善胜） 1961 折板结构（群马音乐厅 -A 雷蒙德，S 冈本刚） 1962 弯曲集成材大跨结构（新发田市立厚生年金体育馆 - 饭塚五藏郎） 1963 PC 环形楼板（三爱多利姆中心 - 日建设计（林昌二）） 1963 钢管壳体结构（神户标志塔 - 日建设计） 1964 最早框架式高层建筑结构（新大谷饭店本馆 - 大成建设） 1964 复合 HP 结构（东京圣玛利亚大教堂 -A 丹下健三，S 坪井善胜） 1964 张拉式悬索半刚性屋面 + 制震结构（国立代代木竞技场 -A 丹下健三，S 坪井善胜）	1956 滑模中层住宅施工 1957 高强钢板焊接（八幡制铁所改造厚板工厂 - 冈崎工业） 1957 合成模板使用 1957 高强钢管焊接（东京塔竹中工务店） 1957 风洞试验（东京塔 - 竹中工务店） 1958 深基础施工法（晴海高层公寓 - 清水建设） 1958 静音打桩机 1958 预制混凝土施工 1958 耐候钢的引进 1958 人造轻钢龙骨开始生产 1959 八幡制铁 H 型钢开始生产 1959 PCa 大板结构施工（多摩平团地 - 大成建设） 1961 HI 型钢量产化（八幡制铁） 1961 大型预制板住宅施工 1961 混凝土泵 1962 ALC 板开始生产 1963 金属模板实用化 1963 钢管交接自动化作业 1963 重复循环施工法 1963 高强抗拉螺栓（神户标志塔 - 大林组 + 三菱重工） 1963 PC 施工（三爱多利姆中心 - 竹中工务店） 1964 极厚 H 型钢开始生产 1964 大型全天候吊车 1965 国产混凝土泵车	1957 克雷莫纳解析法（东京塔 - 内藤多仲 + 日建设计） 1957 疲劳系数 + 容许挠度（八幡制铁所改造厚板工厂 - 高桥庆夫） 1960 结构研究所引进 IBM620 1961 模拟计算机 SERAC 成形 1963 差分解析法（东京圣玛利亚大教堂 - 坪井善胜）	1956 薄板钢结构计算规准（建筑学会） 1958 钢骨钢筋混凝土结构计算规准（建筑学会） 1959 建筑基准法施行令修正（防火强化） 1961 预应力混凝土设计施工规准（建筑学会） 1962 钢管结构计算规准（建筑学会） 1962 铁塔结构计算规准（建筑学会） 1963 结构用集成材制造规准（建筑学会） 1963 建筑基准法修正（根据容积率高度 31 米限制废除） 1965 建筑基准法修正（高度 31 米限制废除） 1965 高强螺栓摩擦接合设计施工规准（建筑学会）	1956 第二次中东战争爆发 1956 第一届世界地震工学会议召开（美国） 1956 日本第一台计算机诞生（FUJIC）1957 Fortran 语言（IBM） 1957 日本加入联合国 1960 日美安保斗争 1961 人类初次宇宙飞行 1963 宇宙空间站出现 1964 东京奥运会 1964 新泻地震 1965 日本建筑中心设立 1965 松代群发地震

续表

时间	架构形式	材料 / 建造	解析 / 设计	法规 / 规范	社会事件
1966 — 1975	1967 斜张拉式大规模悬吊屋面（船桥市中央卸货市场楼 - 日建设计） 1968 超高层（147 米）+ 制震结构（霞关大厦 - 山下设计） 1968 预应力结构（先张 + 后张）（千叶县中央图书馆 -A 大高正人，S 木村俊彦） 1968 钢板制震墙结构（广场酒店 - 大成建设） 1970 巨型空间网架结构（EXPO' 70 庆典广场屋面 -A 丹下健三，S 坪井善胜 + 川口卫） 1970 管状空气膜结构（EXPO' 70 富士集团馆 -A 村田丰，S 川口卫） 1971 巨型框架式无柱大空间结构（波拉五反田大厦 - 日建设计） 1972 大规模车轮型半刚性悬吊屋面（大石寺正本堂 -A 横山公男，S 青木繁） 1974 RC 超高层住宅（鹿岛建设椎名町公寓 - 鹿岛建设） 1974 工字钢筒中筒框架结构（东京海上大厦 -A 前川国难，S 横山公男） 1974 核心筒超高层（200 米）结构（新宿住友大厦 - 日建设计） 1974 竖向桁架高层结构（新宿三井大厦 - 日本设计 + 武藤清）	1969 钢管柱现场焊接 1970 钢管梁现场焊接（帝国饭店本馆 - 鹿岛建设） 1970 高性能减水剂使用 1973 高轻量混凝土泵送（全国劳动青少年会馆 - 太阳广场 - 大林组） 1973 膨胀混凝土（全国劳动青少年会馆 - 太阳广场 - 大林组） 1974 高强粗钢筋（鹿岛建设椎名町公寓 - 鹿岛建设） 1974 混凝土品质管理手法（鹿岛建设椎名町公寓 - 鹿岛建设） 1975 流动化混凝土普及	1967 空间结构应力计算机解析（船桥市中央卸货市场楼 -IBM） 1967 应力解析程序（日建设计） 1967 振动解析程序（日建设计） 1968 地震荷载解析（霞关大厦 - 山下设计） 1970 膜材料容许应力度设定(EXPO' 70 富士集团馆 - 川口卫) 1973 地震动态解析（SEARC）（东京大学工学部） 1973 技术计算 Service-Work（NTT-DEMOS） 1974 风荷载容许应力解析（新宿住友大厦 - 日建设计） 1974 架构应力解析（日本设计 + 武藤清）	1967 钢管混凝土结构设计规准（建筑学会） 1968 高层建筑技术指南（建筑学会） 1969 钢结构设计规准（建筑学会） 1970 钢筋混凝土结构计算规准大修正 - 剪切补强法强化 1971 高强螺栓接合设计施工指南（建筑学会） 1971 钢结构建筑焊接超声波探伤检查规准（建筑学会） 1973 轻钢结构设计施工指南（建筑学会） 1974 钢结构塑性设计指南（建筑学会）	1968 艾比地震 1968 十胜冲地震（短波剪切型地震） 1969 阿波罗 11 号登陆月球 1970 大阪世博会 1972 札幌冬季奥运会 1973 石油危机 1974 伊豆半岛地震 1975 冲绳地震
1976 — 1985	1979 TAC 抗震墙 + 贝尔特桁梁超高层结构（新宿中心大厦 - 大成建设） 1979 钢结构高层住宅（芦屋浜高层住宅街 ASTM- 竹中工务店） 1980 超高层结构（池袋副都心开发规划办公楼 - 三菱地所设计） 1980 RC 结构高层住宅（太阳城 G 栋 - 鹿岛建设） 1983 层叠橡胶隔震结构（八千代台抗震住宅 - 多田英之） 1984 双龙骨 + 大空间结构（藤泽市秋叶台文化体育馆 -A 桢文彦，S 木村俊彦）	1979 层叠式法（池袋副都心开发规划办公楼 - 大成建设） 1980 油压锤实用化 1982 高强补强钢筋 1984 不锈钢材使用（藤泽市秋叶台文化体育馆 -S 木村俊彦） 1984 膜结构材料 1984 SRC 用工字型钢开始生产		1976 钢骨施工技术指南（建筑学会） 1977 新抗震法颁布 1977 地震地域系数确定（建设省 1074 号） 1980 基准法施行令抗震规定修正（新抗震设计法 1981 年施行） 1981 结构设计师恳谈会 1981 建筑物荷载指南（建筑学会） 1981 保有耐力与变形性能（建筑学会） 1981 结构计算指南（建筑学会） 1982 建筑设备抗震设计施工指南（建筑中心） 1984 对于地震荷载的基础设计指南（建筑中心） 1985 隔震结构评定开始 1985 非结构部材抗震设计指南（建筑学会）	1978 伊豆大岛近海地震 1978 宫城县冲地震（偏心与架空层） 1979 计算机研发（NEC: PC8001） 1981 计算机开始销售 1983 日本海中部地震 1984 长野县西部地震 1985 筑波科技博览会

续表

时间	架构形式	材料 / 建造	解析 / 设计	法规 / 规范	社会事件
1986 — 1995	1986 制震结构（千叶展望塔－日建设计） 1986 大深度地下结构(国立国会图书馆新馆-A 前川国男，S 建设大臣官房官厅营缮司） 1987 半圆筒梁（东京工业大学百年纪念馆-A 筱原一男，S 和田章） 1988 空气膜结构（东京巨蛋－日建设计） 1988 短木材空间网架大跨结构（小国町民体育馆-A 叶祥荣，S 松井源吾） 1989 世界最早的活性制震结构(AMD 系统)(京桥成和大厦-Aria，S 鹿岛建设） 1989 巨型空间框架张拉结构（幕张中心-A 桢文彦，S 渡边邦夫（SDG）） 1990 巨型桁框架结构（日本电器本社大厦－日建设计） 1990 杆件型膜结构(秋田 Sky-Dome-鹿岛建设) 1990 大型张拉梁穹顶（Green Dome 前桥-A 松田平田，S 斋藤公男） 1990 超高层制震结构(水晶塔－竹中工务店) 1990 组合柱型巨型框架结构（大阪东京海上大厦－鹿岛建设） 1990 巨型结构系统（东京都第 1 本厅舍-A 丹下健三，S 穆特社） 1992 复合系统混合结构(海的博物馆-A 内藤广，S 渡边邦夫（SDG）） 1992 消能斜撑式筒中筒超高层结构（新横滨王子饭店－清水建设） 1992 木集成材＋钢＋膜大跨结构（出云 Dome-A 鹿岛建设，S 鹿岛建设＋斋藤公男） 1992 大型基础隔震结构（第一生命府中大厦（C-1 大厦）－日本设计＋松田平田） 1992 大型上下制震楼板系统结构（江户东京博物馆-A 菊竹清训，S 松井源吾） 1992 木集成材悬索膜大跨结构（白龙 Dome-竹中工务店） 1993 顶部连接型超高层结构(梅田 Sky 大厦-A 原广司，S 木村俊彦） 1993 开闭式大跨穹顶(福冈 Dome-竹中工务店) 1994 减衰消能评价制震结构(静冈媒体大厦-A 田中忠雄，S 住友建设） 1994 CFT 式双杆框架结构（技研寺本社研究所大厦－日建设计） 1995 历史建筑共存式结构（DN 塔-21-清水建设） 1995 细分＋集约型梁柱结构（葛西临海公园展望广场-A 谷口吉生，S 木村俊彦）	1986 风洞内振动实验（千叶展望塔－日建设计） 1986 地下 RC 连续墙（国立国会图书馆新馆－清水建设） 1987 高性能 AE 放水研发 1988 内压力控制系统（东京巨蛋－竹中工务店） 1988 耐火钢(FR 钢)研发 1989 压弯限制斜撑（KSP 川崎科技园－日本设计） 1989 TMPC 钢获得认定 1990 扬程 300 米世界最大吊车 1992 传统木构接合再现（海的博物馆－渡边邦夫(SDG)） 1990 风摆制震（摆锤式 TMD）（水晶塔－竹中工务店） 1990 TMCP 钢使用（巨型结构系统）（东京都第 1 本厅舍－穆特社） 1990 上台式（Push-Up）施工法（出云 Dome- 鹿岛建设） 1992 膜材料现场张拉工艺（白龙 Dome- 竹中工务店） 1993 超高层抬升式施工法（梅田 Sky 大厦－竹中工务店） 1993 焊接用铸钢（福冈 Dome- 竹中工务店） 1994 黏滞型减衰墙（静冈媒体大厦－住友建设） 1994 地震荷载控制系统（静冈媒体大厦－住友建设） 1995 耐液状化网格深层混合处理地质改良施工法（神户东方大酒店－竹中工务店）	1988 膜结构初期形态解析（东京巨蛋－日建设计） 1988 几何学非线性解析（东京巨蛋－日建设计） 1990 杆件部材压弯解析（秋田 Sky-Dome- 鹿岛建设）	1986 高层 RC 结构技术委员会设置(建筑中心) 1986 原木组构法基准 1986 震灾建筑物受灾度判定基准（建防造） 1987 木结构 3 层建基准 1988 建筑基础结构设计指南（建筑学会） 1989 日本建筑结构技术者协会成立 1989 隔震结构设计指南（建筑学会） 1990 RC 结构建筑终局强度型抗震设计指南（建筑学会） 1991 关于居住振动性能评价指南（建筑学会） 1991 震灾建筑物等受害判定基准（建防造） 1994 冷加工成型角钢管评价基准制定（建筑中心） 1994 建筑物结构规定（建筑中心） 1995 建筑物抗震改建促进法公布施行 1995 新结构体系开发总则颁布	1991 普贤岳火山喷发 1993 釧路冲地震 1993 北海道南西冲地震 1994 北海道东方冲地震 1994 三陆春华冲地震 1995 兵库县南部地震 1995Windows95 发布

附录 4　结构发展年表

结构解析	结构架构	结构材料
伽利略（D.Galileo Galilei）：张拉强度与截面关系	伽利略（D. Galileo Galilei）：梁的受弯机制	莱谬尔（Reaumur）：炼钢作业实验
胡克（R.Hooke）：弹性模量	马略特（E. Mariotte）：受弯中性轴（位置错误）	缪森布鲁克（P. Musschenbroek）：实验机械测试钢铁
马略特（E.Mariotte）：张拉、受弯与弹性体破坏	拉格朗日（J.L.Lagrange）：弹性力学中柱变形	高迪（Gauthey）：石材实验
伯努利（J.Bernoulli）：弹性曲线	波莱尼（M. Poleni）：圣彼德大教堂穹窿加固	隆德莱（Rondelet）：改进石材实验
奥伊拉（L.Euler）：弹性曲线的解析（扭转曲线）	帕伦特（Parent）：梁应力、发现正确中性轴	兰姆拉尔迪（J.E.Lamblardie）：木材实验
都庞（F.P.C. Dupin）：弹性性质研究	库伦（C.A. Coulomb）：梁扭力、剪力与张拉力	纳维尔（Navier）：材料力学的奠定
杨（T. Young）：弹性与非弹性变形	贝里德（Belidor）：挡土土压研究	都庞（F.P.C. Dupin）：木材梁受弯实验
格斯特纳（F.J. Gerstner）：张拉变形	普罗尼（Prony）：挡土墙实用设计方法	迪洛奥（A. Dulea）：铁受弯、压弯实验
柯西（A. Cauchy）：弹性理论的发展	拉伊尔（Lahire）：拱券静力学研究	维卡（Vicat）：各种材料的剪力分布
珀伊森（S.D. Poisson）：基于分子结构的弹性理论	库伦（C.A. Coulomb）：拱券理论的发展	塞康（Sequin）：铁制悬索研究
拉梅（Lame）：固体数理弹性理论	纳维尔（Navier）：结构静力学的奠定	拉梅（Lame）：铁的机械性能
维斯巴赫（J. Weisbach）：机械件组合应力	克拉佩隆（E. Clapeyron）：拱券理论研究	庞斯莱（Poncelet）：金属疲劳研究
莱汀巴赫（F. Redtenbacher）：应用力学解析	特莱德戈尔德（T. Tredgold）：柱安全应力公式	巴隆（Peter Barlow）：木材强度与应力研究
格拉斯霍夫（F. Grashof）：弹性与强度理论研究	拉梅（Lame）：连续梁应力解析	费尔巴恩（W. Fairbairn）：铸铁变形研究
布莱斯（J.A.C. Bresse）：弯矩的应力解析	杰尔曼（S. Germain）：板振动理论	冯　伯格（A.K. von Burg）：钢板强度试验
格林（G. Green）：弹性常数论	克拉佩隆（E. Clapeyron）：三连弯矩式	卡尔马修（K. Karmasch）：金属缆线强度
沃特海姆（W. Wertheim）：张拉弹性常数	文科勒（E. Winkler）：梁柱理论研究	兰金（W.J.M. Rankine）：金属疲劳研究
诺伊曼（F. Neumann）：光弹性理论研究	费尔巴恩（W. Fairbairn）：金属箱型梁（桁桥）	包辛格（J. Bauschinger）：钢材降伏点
斯托克斯（G.G. Stokes）：弹性体振动论	杰罗夫斯基（N.E. Joukowski）：桁架解析研究	巴哈（C. Bach）：材料与强度研究
萨文那（B. de Saint-Venant）：扭力与半逆解法	斯文德勒（J.W. Schwedler）：弯矩剪力桁架解析	艾格萨（F. Engesser）：钢材压弯理论
达梅尔（J.M.C. Duhamel）：弹性体振动理论	克雷莫纳（Cremona）：相反图金属桁架解析	菲普尔（A. Foppl）：钢材应力解析
菲利普斯（E. Philips）：弹性振动变形论研究	库尔曼（K. Culmann）：切断法桁架解析	古柳尔森（E. Gruneisen）：材料的弹性限度
克莱布修（A. Clebsch）：固体弹性论	兰金（W.J.M. Rankine）：软土挡土安定计算	格里菲斯（A.A. Griffith）：脆性材料破坏
凯尔文（W.T.L. Kelvin）：膨胀系数	马克思威尔（J.C. Maxwell）：空间立体结构解析	卡曼（T. von Karman）：脆性材料塑性化
马克思威尔（J.C. Maxwell）：弹性方程式	格鲁斯特纳（F.J. Gerstner）：拱压应力线研究	普拉特（L. Prandtl）：延性材料的脆性剪切破坏
摩尔（O. Mohr）：最大应变理论	摩兹利（H. Moseley）：拱压应力线位置确定	洛德（W. Lode）：铁、铜的剪切强度
卡斯蒂亚诺（A. Castigliano）：扰度最小工作原理	维拉尔索（Y. Villarceau）：最佳拱形研究	泰勒（G.I. Taylor）+昆尼（H. Quinney）：铝、软钢的剪切强度
雅辛斯基（F.S. Jasinsky）：结构体弹性稳定原理	拉马尔（E. Lamarle）：柱稳定（长细比）公式	夏伯纳（P. Chevenard）：金属高温溶解实验
博西内思科（J.V. Boussinesq）：弹性体应用论	谢夫勒（H. Scheffler）：合理短柱解析法	迪克森（J.H.S Dichenson）：暗钢高温溶解实验
雷雷（L. Rayleigh）：振动论研究	科齐霍夫（G.R. Kirchhoff）：板受力理论	贝利（R.W. Bailey）：铅的高温溶解、扭转
利兹（W. Ritz）：雷雷-利兹法	杰罗夫斯基（N.E. Joukowski）：静定桁架解析	艾佛利特（F.L. Everet）：钢管的高温扭转
沃伊格特（W. Voigt）：结晶弹性论	摩尔（O. Mohr）：桁架扭转变形研究	格尔贝（W. Gerber）：金属疲劳解析
赫兹（H.R. Hertz）：弹性体压缩变形研究	维利奥（M. Williot）：图解法解析桁架扭转变形	贝阿斯道（L. Bairstow）：金属疲劳及应力安全范围

结构解析	结构架构	结构材料
瓦戈林（A. Wangerin）：回转体对称变形研究	伽利略（D. Galileo Galilei）：梁的受弯机制	莱谬尔（Reaumur）：炼钢作业实验
博黑尔特（C.W. Borchardt）：热应力论	马克思威尔（J.C. Maxwell）：超静定桁架解析	霍普金森（B. Hopkinson）+ 威廉姆斯（G.T. Williams）：金属耐久极限速测法
格罗维恩（H. Golovin）：二维平面应力研究	贝蒂（E. Betti）：超静定结构影响线确立	菲普尔（A. Foppl）：金属衰减容量测定
米歇尔（J.H. Michell）：二维平面集中应力研究	卡平切夫（V.L. Kirptchev）：连续梁与拱影响线	哈姆福利（J.C.W. Humfrey）：金属耐久极限的速测法（表面摩擦法）
库克（E.G. Coker）：光弹性法普及	摩尔（O. Mohr）：拱压力线图解法	高夫（H.J. Gough）+ 汉森（D. Hansen）：摩擦造成的金属耐久极限下降
法维莱（H. Favre）：三次光弹性应力解析	雷普汗（G. Rebhann）：挡土墙图解法	詹金（C.F. Jenkin）：金属耐久极限影响机制
卡拉科沃斯基（N. Kalakoutzky）：残余应力研究	泡卡（Pauker）：基础埋深研究	麦克亚当（D.J. McAdam）：金属腐蚀疲劳
克莱恩（F. Klein）：纯粹数学与应用力学的结合	拉姆（H. Lamb）：板受弯近似理论	高夫（H.J. Gough）+ 波拉德（H.V. Pollard）：金属组合应力疲劳
维贝尔（E.E. Weibel）：应力集中研究	拉沃（A.E.H. Love）：薄板受弯机制、地震波	贝塔松（R.E. Perterson）：金属集中应力疲劳
雅科伯森（L.S. Jacobsen）：变截面扭力	普拉特（L. Prandtl）：横倒压弯与膜相似理论	瓦格纳（H. Wagner）：薄截面压缩材压弯研究
理查德森（L.F. Richardson）：二次弹性应力解析	卡曼（T. von Karman）：塑性域柱压弯研究	卡普斯（R. Kappus）：薄截面压缩材压弯理论
索斯威尔（R.V. Southwell）：系统二次弹性解析论	赫伯特（H. Herbert）：塑性变形研究	
马亚尔（R. Maillart）：三次弹性应力解析	克亚洛维奇（B.M. Kojalovich）：固定板应力最初解析	
布拉蒙塔尔（O. Blumenthal）+ 格科勒（J.W. Gekeler）：膜应力近似法	埃文斯（T.H. Evans）：固定板应力解析法	
希尔斯（J.E. Sears）：弹性体冲击实验研究	维（S. Way）：板厚度研究	
玛森（H.L. Mason）：接触面变形与受弯振动研究	埃隆（H. Aron）+ 拉沃（A.E.H. Love）：壳内弯矩研究	
	哈沃斯（Havers）：球壳不对称荷载解析	
	尼拉达（H. Nylander）：横倒压弯理论	
	胡布林克（E. Huelbrink）：二铰拱解析	
	梅亚（R. Mayer）+ 加贝（E. Gaber）：三铰拱解析与实验	
	斯特伊曼（E. Steuermann）+ 丁尼科（A.N. Dinnik）+ 菲德霍夫（K. Federhofer）：变截面拱研究	
	哈林格（J.A. Haringx）：螺旋形研究	
	本迪克森（A. Bendixen）：超静定解析法	
	福利特（A.P. Van der Fleet）：结构细长材解析	
	梅修（E. Morsch）+ 梅兰（J. Melan）+ 斯特拉斯纳（A. Strassner）：拱推力与弯矩研究	
	迪辛格（F. Dischinger）：预应力	
	里特（W. Ritter）：补刚桁架	
	戈达尔（T. Godard）：最不利荷载分布	

附录 5 图表出处

图片出处

第一章

图1.1 菊竹清训关于“形态”图示:挑戦する構造．建築画報2011（3）：22.

图1.2 康关于“form”图示:香山壽夫．建築意匠講義．东京：東京大学出版会，1996：38.

图1.3 格式塔杯：刘先觉主编. 现代建筑理论（第二版）. 北京：中国建筑工业出版社，2008：139，图6-4.

图1.4 Two New Sciences 封面:S.P.ティモシェンコ著（最上武雄監訳，川口昌宏訳）．材料力学史．东京：鹿島出版会，2007：10（图13）.

图1.5 伽利略动物骨头示意图:坪井善，昭川口衛，佐々木睦朗等．力学・素材・構造デザイン．东京：建築技術，2012：30-31（图2，图3）.

图1.6 艾菲尔铁塔与自由女神像结构:艾菲尔铁塔http://oblique-trinity.com/images/image_asset/buildings/EIFEL_TOWER.gif，自由女神像结构http://www2.cnrs.fr/sites/journal/061203_068_f1_hd.jpg.

图1.7 结构表现主义

a. 罗马小体育宫（F. 奈尔维）:坪井善昭，川口衛，佐々木睦朗等．力学・素材・構造デザイン．东京：建築技術，2012：52（图10）.

b. 阿尔罕希拉斯市场（E. 特罗哈）:坪井善昭，川口衛，佐々木睦朗等.力学・素材・構造デザイン．东京：建築技術，012：52（图11）.

c. 奥赛阿诺餐厅（F. 坎德拉）:坪井善昭，川口衛，佐々木睦朗等．力学・素材・構造デザイン．东京：建築技術，2012：54（图18）.

图1.8 “防护帽”:隈研吾．新・建築入門——思想と歴史．东京：ちくま新書016，1994：15（图2）.

图1.9 “胶囊”:隈研吾．新・建築入門——思想と歴史．东京：ちくま新書016，1994：15（图1）.

图1.10 第三国际纪念碑 塔特林1919-1920：長尾重武,星和彦編著,石川清,小林克弘,末永航など共著. ビジュアル版 西洋建築史 デザインとスタイル. 东京：丸善株式会社，1996：144，1.

图1.11 达芬奇几何：http://www.hq.xinhuanet.com/news/2006-06/23/content_7336791.htm.

图1.12 帕提农神殿黄金比分析：http://zihua.com.cn/social/interview/268.

图1.13 文艺复兴立面几何分析： http://www.ad.ntust.edu.tw/grad/think/HOMEWORK/Master/arch_form/M9013108/index.htm.

图1.14 进化：http://baike.sogou.com/v101749.htm.

第二章

图2.1 巴黎世博会日本馆1937：鈴木博之編著,五十嵐太郎,横手義洋著．近代建築史．东京：市ヶ谷出版社，2008：191，図2.163.

图2.2 新陈代谢 Helix City 黑川纪章 1961：鈴木博之編著,五十嵐太郎,横手義洋著．近代建築史．东京：市ヶ

谷出版社，2008:210，図3.9.

图2.3 生物中的结构:建築技術2005（12）：117，119.

图2.4 a. 东京国际会议大厦中庭巨型鱼腹式绗架平剖面：渡辺邦夫著. 飛躍する構造デザイン. 东京：学芸出版社，2002:84，12.

b. 东京国际会议大厦中庭巨型鱼腹式绗架内部：渡辺邦夫著. 飛躍する構造デザイン. 东京：学芸出版社，2002:85，14.

图2.5 昆虫翅膀的结构:佐々木睦朗．構造設計の詩法.住宅からスーパーシェズまで．东京：住まい図書出版局，1997：封面.

图2.6 "微观建筑学"中行为与建筑的相互作用:中村拓志．微視的設計論．东京：INAX出版，2010：36-37.

图2.7 平等院凤凰堂平面:日本建築学会編．日本建築史図集．东京：彰国社，1980：25（5）.

图2.8 寝殿造（东三条殿）复原平面:日本建築学会編．日本建築史図集．东京：彰国社，1980：35（1）.

图2.9 法隆寺百济观音像:http://www.douban.com/note/480998171/?type=like.

图2.10 DOBSF 不可思议的森林DOB君:http://gensun.org/?img=ecx%2Eimages-amazon%2Ecom%2Fimages%2FI%2F4111Y420A3L%2E.jpg.

图2.11 无进深的家：Atelier Bow-Wow．Bow-Wow from POST BUBBLE CITY．东京：INAX出版，2006：14.

图2.12 江户城本丸建筑布局：井上充夫著．日本建築の空間SD037．东京：鹿島出版会，1969：241（图V-5）.

图2.13 舍身饲虎图:http://upload.wikimedia.org/wikipedia/commons/1/13/Tamamushi_ Shrine_%28lower_left%29.jpg.

图2.14 行为空间模式（a与b等价）：井上充夫著．日本建築の空間SD037．东京：鹿島出版会，1969：241（图V-6）.

图2.15 黑的空间：筱原一男．东京：TOTO出版，1996：71（13）.

图2.16 地铁与身体文化

a.诸星大二郎：下地铁……: Tokyo Images 1990s地下を廻って10＋1No.19都市／建築クロニクル1990—2000．东京：INAX出版，2000：149.

b.吉田秋生：《BANANA FISH》第8卷: Tokyo Images 1990s地下を廻って10＋1No.19都市／建築クロニクル1990—2000．东京：INAX出版，2000：154.

图2.17 养老天命转运地：20世紀建築研究編集委員会編．20世紀建築研究．东京：INAX出版，1998：119（Fig.4）

图2.18 "Behaviorology"：Atelier Bow-Wow. The Architectures of Atelier Bow-Wow: Behaviorology. NewYork: Rizzoli，2010.封面.

图2.19 《考现学》：今和次郎. 考現学,今和次郎全集第一卷．东京：ドメス出版，1971：封面.

图2.20 "The Production of Space":Henri Lefebvre, translated by Donald Nicholson-Smith .The Production of Space. Australia:Wiley-Blackwell，1984：封面.

图2.21 Final Home Mother 设计图：青木淳．住宅論—12ダイアローグ．东京：INAX出版，2000：295（fig.2，3）.

图2.22 东京游牧少女的包

a. I 1985年 轴测：二川幸夫編集，原広司論文．GAARCHITECT17伊東豊雄1970—2001．东京：A.D.A EDITA Tokyo，2001：36（左）.

b. II 1989年 轴测：二川幸夫編集，原広司論文．GAARCHITECT17伊東豊雄1970—2001．东京：A.D.A EDITA Tokyo，2001：37（左下）.

图2.23 运动中的男子草图：ル・コルビュジエ 建築・家具・人間・旅の全記録．东京：X-Knowledge，2011：57.

图2.24 PLATFORM系列

a. Platform I 轴测：二川由夫編集．妹島和世読本—1998．东京：GA，1998：31.

b. Platform II 轴测：二川由夫編集．妹島和世読本—1998．东京：GA，1998：44-45.

c. Platform III 轴测：二川由夫編集．妹島和世読本—1998．东京：GA，1998：51.

图2.25 LV表参道 草图：青木淳．原っぽと遊園地．东京：王国社，2004：30.

图2.26 四角风船 结构剖面：石上純也．ちいさな図版のまとまりから建築について考えたこと．东京：INAX出版，2008：52（87）.

图2.27 荣螺堂轴测：井上充夫著．日本建築の空間SD037东京：鹿島出版会，1969：277（图V-32）.

图2.28 “仙台媒体中心”竞赛古谷诚章案 模型：古谷誠章．古谷誠章の建築ノート．东京：TOTO出版，2002：77下.

图2.29 螺旋Spiral轴测：槙文彦1960—2013.建筑创作164-165，2013：246.

图2.30 Hillside Terrace Complex 轴测：槙文彦1960-2013.建筑创作164-165，2013：113.

图2.31 Mode学园螺旋塔结构原理：竹内徹．らせん．建築画報2011（3）：65（右）.

图2.32 高雄主体育场结构：竹内徹．らせん．建築画報2011（3）：67（10）.

图2.33 构：http://www.shufawu.com/zd/info-290791/.

图2.34 东大寺南大门剖面：日本建築学会编．日本建築史図集．东京：彰国社，1980：38（5）.

图2.35 法隆寺五重塔剖面图：日本建築学会编．日本建築史図集．东京：彰国社，1980：4（4）.

图2.36 江户城本丸大广间、故宫太和殿、希腊雅典卫城帕提农神殿柱跨比较：日本建築学会编．日本建築史図集．东京：彰国社，1980：73（2），
刘敦桢主编．中国古代建筑史（第二版）．北京：中国建筑工业出版社，1984：299，
陈志华著.外国建筑史（19世纪末叶以前）.北京：中国建筑工业出版社，1997：40（图4-13）.

图2.37 a. 中山家：增田一真. 建築構法の变革. 东京：建築資料研究社，1998:100，下.
b.水平力土壁抵抗：增田一真. 建築構法の变革. 东京：建築資料研究社，1998：123，上左.

图2.38 a.平面结构：增田一真. 建築構法の变革. 东京：建築資料研究社，1998:122，左.
b.平面结构：增田一真. 建築構法の变革. 东京：建築資料研究社，1998:122，右.

图2.39 霞关大厦结构：日本建築構造技術者協会編．日本の構造技術を変えた建築100選．东京：彰国社，2003：102（图2）.

图2.40 八千代尤其其卡式隔震住宅立面：日本建築構造技術者協会編．日本の構造技術を変えた建築100選．东京：彰国社，2003：193（图1（a））.

图2.41 旧帝国饭店 浮基础:奥野親正．揺れを組み込む．建築画報2011（3）：104（右）.

图2.42 千叶港塔 剖面:日本建築構造技術者協会編．日本の構造技術を変えた建築100選．东京：彰国社，2003：203（图2）.

图2.43 国立西洋美术馆本馆剖面:日本建築構造技術者協会編．日本の構造技術を変えた建築100選．东京：彰国社，2003：360（图2）.

图2.44 “东京国际会议大厦”地下铁出口全玻璃雨蓬剖面：渡辺邦夫著．飛躍する構造デザイン．东京：学芸出版社，2002：93（30）.

图2.45 “平成宫朱雀门”解析：日本建築構造技術者協会編．日本の構造技術を変えた建築100選．东京：彰国社，2003：355（图4），（图5）.

图2.46 Primitive Hut：香山壽夫．建築意匠講義．东京：東京大学出版会，1996：36，2-32.

图2.47 万神庙结构：http://forum14.hkgolden.com/view.aspx?type=CA&message=6090652.

图2.48 结构类型的分类
a. 海诺·恩格尔分类法：[德]海诺·恩格尔．结构体系与建筑造型．林昌明等译校.天津：天津大学出版社，2002：28-29.
b. 杉本洋文分类法：青木淳，杉本洋文，高橋晶子，金箱温春，新谷真人．ハイブリッド構造への期待．建築技術1998（01）：110.
c. 增田一真分类法：增田一眞．建築構法の变革．东京：建築資料研究社，1998：65，66.
d. 金箱温春分类法：金箱温春．力と構造形態．建築技術2005（12）：112（图9），113（图11，图12）.

第三章

图3.1　德温特湖的两幅画

a. 无名氏：德温特湖，面向博罗德尔的景色（石版画，1826年）：[英]E.H.贡布里希．艺术与错觉——图画再现的心理学研究．林夕等译．长沙：湖南科学技术出版社，2007：60（图61）.

b. 蒋彝：德温特湖畔之牛（水墨画，1936年）：同上，（图60）.

图3.2　伊势神宫 结构图：日本建築学会編．日本建築史図集．东京：彰国社，1980：4（4），[日]川口卫，阿部优，松谷宥彦等，（王小盾等译）．建筑结构的奥秘——力的传递与形式. 北京：清华大学出版社，2012:23（23（b））.

图3.3　哥特兰岛上的仓储屋：材料、形式和建筑．p.12（右下）.

图3.4　全国人寿保险公司大楼（ARS）剖面：山本学治著．SD選書244　造型と構造と．东京：鹿島出版会，2007：101.

图3.5　耶鲁大学冰球馆立面：http://blog.sina.com.cn/s/blog_b538639c0101bboq.html.

图3.6　代代木国立室内综合竞技场结构轴测：構造デザインマップ編集委員会編．構造デザインマップ　東京．东京：総合資格学院，2014：42.

图3.7　“出云穹顶”整体抬升式施工：日本建筑学会著（郭屹民、傅艺博等译）．建筑结构创新工学．上海同济大学出版社，2015：143右下.

图3.8　神户世界纪念会堂屋面结构抬升过程：斎藤公男著．新しい建築のみかた．东京：X-Kownledge，2011：122左.

图3.9　Integration Diagram：池田昌弘．小住宅の構造．东京：エーディーエー・エディタ・トーキョー，2003：9.

图3.10　“结构设计”成立的要因：渡辺邦夫著．飛躍する構造デザイン．东京：学芸出版社，2002：23（1）.

图3.11　结构设计的定位：作者自绘.

图3.12　日本相互银行 结构剖面：日本建築構造技術者協会．日本の構造技術を変えた建築100選—戦後50余年の軌跡．东京：彰国社，2003：29（図2）.

图3.13　藤泽市秋叶台文化体育馆剖面（东西）：日本建築構造技術者協会編．日本の構造技術を変えた建築100選．东京：彰国社，2003：199（図3）.

图3.14　东京巨蛋屋面结构：日本建築構造技術者協会編．日本の構造技術を変えた建築100選．东京：彰国社，2003：215（図3）.

图3.15　日本大学法拉第会堂屋面结构：斎藤公男著．新しい建築のみかた．东京：X-Kownledge，2011：104左下。

图3.16　新建筑木村俊彦特辑封面：新建築社. 木村俊彦特集（新建築臨時増刊）.东京：新建築社，1995：封面.

图3.17　木村俊彦塾：日本現代建築家シリーズ17　木村俊彦．別冊新建築．东京：新建築社，1996.6：239（下）.

图3.18　爱媛县民馆剖面：日本建築構造技術者協会編．日本の構造技術を変えた建築100選．东京：彰国社，2003：33（図3）.

图3.19　日本结构工程师—设计师谱系：作者自绘.

图3.20　结构设计师与建筑师的组合关系：作者自绘.

图3.21　东京工业大学建筑学科课程设置：作者自绘.

图3.22　秀英社印刷工场外观：山本学治著．SD選書244　造型と構造と．东京：鹿島出版会，2007：50（上）.

图3.23　东京中央邮局外观：山本学治著．SD選書244　造型と構造と．东京：鹿島出版会，2007：69（上）.

图3.24　日本齿科医专医院外观：山本学治著．SD選書244　造型と構造と．东京：鹿島出版会，2007：69（下）.

图3.25　庆应大学日吉寄宿舍外观：山本学治著．SD選書244　造型と構造と．东京：鹿島出版会，2007：70.

图3.26　丰多摩监狱外观：村松貞次郎．岩波現代書庫　日本近代建築の歴史．东京：岩波書店，2005：179（图48）.

图3.27　赤坂离宫外观：铃木博之编著,五十嵐太郎,横手義洋著. 近代建築史. 东京：市ヶ谷出版社，2008：124

（图2.49）.

图3.28 Leaders Digest东京支社

a. 二层平面：日本建築構造技術者協会編. 日本の構造技術を変えた建築100選. 东京：彰国社，2003：18（図4）.

b. 剖面：日本建築構造技術者協会编. 日本の構造技術を変えた建築100選. 东京：彰国社，2003：18（図5）.

图3.29 晴海高层公寓结构剖面：日本建築構造技術者協会编. 日本の構造技術を変えた建築100選. 东京：彰国社，2003：50（図5）.

图3.30 静冈骏府会馆 悬吊方向剖面：日本建築構造技術者協会编. 日本の構造技術を変えた建築100選 . 东京：彰国社，2003：47（図2）.

图3.31 图书印刷原町工厂剖面与屋面结构：日本建築構造技術者協会编. 日本の構造技術を変えた建築100選. 东京：彰国社，2003：37（図2）.

图3.32 东京国际贸易中心2号馆结构轴测：日本建築構造技術者協会编. 日本の構造技術を変えた建築100選. 东京：彰国社，2003：57（図2）.

图3.33 群马音乐中心

a. 屋面：日本建築構造技術者協会编. 日本の構造技術を変えた建築100選. 东京：彰国社，2003：68（図5）.

b. 剖面：日本建築構造技術者協会编. 日本の構造技術を変えた建築100選. 东京：彰国社，2003：69（図6）.

图3.34 东京圣玛利亚大教堂结构轴测：日本建築構造技術者協会编. 日本の構造技術を変えた建築100選. 东京：彰国社，2003：91（図4）.

图3.35 代代木国立竞技场结构：構造デザインマップ編集委員会编. 構造デザインマップ東京. 东京：総合資格院，2014：44（2）.

图3.36 船桥市中央装卸市场剖面：日本建築構造技術者協会编. 日本の構造技術を変えた建築100. 东京：彰国社，2003：93（図2）.

图3.37 大阪世博会庆典广场结构平面与剖面：日本建築構造技術者協会编. 日本の構造技術を変えた建築100選. 东京：彰国社，2003：119（図1）.

图3.38 大石寺正本堂剖面局部：日本建築構造技術者協会编. 日本の構造技術を変えた建築100選. 东京：彰国社，2003：144（図4）.

图3.39 福冈Yahoo DOME屋面结构平面与剖面：日本建築構造技術者協会编. 日本の構造技術を変えた建築100選. 东京：彰国社，2003：292（図2，3）.

图3.40 关西国际空港旅客站结构剖面：日本建築構造技術者協会编. 日本の構造技術を変えた建築100 選. 东京：彰国社，2003：306（図4）.

图3.41 幕张Messe新展示场结构剖面（4种屋面结构）：渡辺邦夫著. 飛躍する構造デザイン. 东京：学芸出版社，2002：68（22）.

图3.42 20世纪日本结构空间的高度与尺度的变化：日本建築構造技術者協会编. 日本の構造技術を変えた建築100選. 东京：彰国社，2003：426–427.

图3.43 空间开放率与构件尺度变化：今川宪英：新建築1991年6月臨時増刊創刊65周年記念号. 建築20世紀Part2. 东京：新建築社，1991：333（上）.

图3.44 日本近现代（明治—1995年）建筑与结构关系变化：作者自绘。

第四章

图4.1 沙林毒气事件：http://baike.sogou.com/h7797217.htm?sp=Snext&sp=l67769493.

图4.2 Windows95：http://www.sj33.cn/digital/UIsj/200910/20980.html.

图4.3 阪神大地震：http://www.xinwen.hk/news/20150117/2430.html.

图4.4 3.11东日本大地震：http://www.517japan.com/viewnews-50794.html.

图4.5 东京国际会议大厦结构剖面草图

a. 短向结构剖面：渡辺邦夫著. 飛躍する構造デザイン. 东京：学芸出版社，2002：83（11），JSCA構造デザインの歩み編集WG編著. 構造デザインの歩み構造設計者が目指す建築の未来. 东京：建築技術，2010：336（図4）.

b. 长向结构剖面：渡辺邦夫著．飛躍する構造デザイン．东京：学芸出版社，2002：91（26），JSCA構造デザインの歩み編集WG編著．構造デザインの歩み 構造設計者が目指す建築の未来东京：建築技術，2010：336（図2）.

c. 抗震要素平面分布：JSCA構造デザインの歩み編集WG編著．構造デザインの歩み構造設計者が目指す建築の未来.东京：建築技術，2010：336（図1）.

图4.6 结构系统中不同的混合方式

a. 构件混合：金箱温春．構造計画の原理と実践．东京：建築技術，2010：88図4-1、4-2.

b. 平面混合：金箱温春．構造計画の原理と実践．东京：建築技術，2010：89図4-3A、B.

c. 竖向混合：金箱温春．構造計画の原理と実践．东京：建築技術，2010：89図4-3C.

d. 节点混合：金箱温春．構造計画の原理と実践．东京：建築技術，2010：89図4-4D.

图4.7 端部有无支柱的地震力抵抗比较：中村伸．オープンファサード／オープンスペース．建築画報2011（3）：98（左上）.

图4.8 抗震墙分散布置效应：中村伸．オープンファサード／オープンスペース．建築画報2011（3）：98（右下）.

图4.9 葛西临海公园展望广场休憩馆

a. 结构设计草图：JSCA構造デザインの歩み編集WG編著．構造デザインの歩み　構造設計者が目指す建築の未来．东京：建築技術，2010：65（图1）.b. 结构轴测：作者自绘.

图4.10 材料抵抗与几何抵抗：作者自绘.

图4.11 正预变形与反预变形：作者自绘.

图4.12 横滨港大栈桥国际客船站

a. 屋面折板结构：新建築2002年6月行：84.

b. 结构剖面：新建築2002年6月行：77.

图4.13 形态设计的过程与应答过程：佐々木睦朗．フラックス・ストラクチャー．东京：TOTO出版，2005：201（Fig.23）.

图4.14 中国国家大剧院竞赛设计方案：佐々木睦朗．フラックス・ストラクチャー．东京：TOTO出版，2005：44（Fig.21）.

图4.15 50米见方平板模型：佐々木睦朗．フラックス・ストラクチャー．东京：TOTO出版，2005：53（Fig.32）.

图4.16 5cm平板模型：佐々木睦朗．フラックス・ストラクチャー．东京：TOTO出版，2005：53（Fig.33）.
图4.17 平板模型的振动试验：佐々木睦朗．フラックス・ストラクチャー．东京：TOTO出版，2005：53（Fig.34，35，36，37）.

图4.18 扩张ESO与ESO的区别。

图4.19 扩张ESO与ESO跨度演算比较：佐々木睦朗．フラックス・ストラクチャー．东京：TOTO出版，2005：75（Fig.63）.

图4.20 桥的最适化过程：佐々木睦朗．フラックス・ストラクチャー．东京：TOTO出版，2005：75（Fig.64）.

图4.21 塞吉那托贝尔桥（Salginatobel Bridge）：渡边邦夫提供。

图4.22 佛罗伦萨新车站竞赛最适化过程：佐々木睦朗．フラックス・ストラクチャー．东京：TOTO出版，2005：78（Fig.65）.

图4.23 采用扩张ISO法形态最适化的方案

a. “北京汽车博物馆方案”：佐々木睦朗．フラックス・ストラクチャー．东京：TOTO出版，2005：80（Fig.66）.

b. “Q Project”：佐々木睦朗．フラックス・ストラクチャー．东京：TOTO出版，2005：83（Fig.71）.

图4.24 仙台媒体中心

a+b. 结构剖面草图：二川由夫編集．PLOT03 伊東豊雄：建築のプロセス．东京：GA，2003：22，23.c+d. 结构平面与剖面：日本建築構造技術者協会編．日本の構造技術を変えた建築100選．东京：彰国社，2003：395（图2），396（图2）.

f. 结构轴测：作者自绘。

表格出处

附录 6 参考文献

[1] 林中杰. 丹下健三与新陈代谢运动 日本现代城市乌托邦. 北京：中国建筑工业出版社，2011.05.

[2] 陈以一. 世界建筑结构设计精品选・日本篇. 北京：中国建筑工业出版社，2001.

[3] 傅金华. 日本抗震结构・隔震结构的设计方法. 北京：中国建筑工业出版社，2010. 09.

[4] 王静. 日本现代空间与材料表现. 南京：东南大学音像出版社，2005.

[5] 张毅捷. 中日楼阁式木塔比较研究. 上海：同济大学出版社，2012.

[6] 武云霞. 60—90年代日本建筑中的民族性与时代性研究[D]. 东南大学，1995.

[7] 姚亚雄. 建筑创作与结构形态[D]. 哈尔滨工业大学，2000.

[8] 程云杉. 从支撑系统到建筑体系——面向结构一体的案例研究[D]. 东南大学，2010.

[9] 钱晶晶. 从生活方式角度解析日本住宅空间[D]. 东南大学，2008.

[10] 张杨. 日本近现代建筑发展演变的脉络关系浅析[D]. 北京大学，2012.

[11] 何永超，邓长根，曾康康等. 日本高层建筑基础隔震技术的开发和应用[J]. 工业建筑，2002，32(5)：29-31.

[12] 牛盛楠，马剑，杨现国，等. "以柔克刚"——谈汶川震后对日本建筑结构抗震新技术的借鉴[J]. 新建筑，2008，(4)：109-111.

[13] 杨杰. 日本建筑抗震技术及其启示[J]. 成都航空职业技术学院学报，2011，27(2)：45-47.

[14] 沈麒，杨沈. 中日建筑抗震规范抗震设计比较[J]. 工程抗震与加固改造，2012，34(4)：102-106.

[15] 楼旦丰，杨彦鑫. 浅谈日本抗震建筑设计的要素[J]. 科协论坛（下半月），2011，(6)：19-20.

[16] 吴农，巩新枝，王军，等. 日本大城市建筑物地震灾害模拟技术[J]. 新建筑，2009，(2)：107-111.

[17] 李志民，周岷，李曙婷，等. 日本中小学校建筑抗震设计研究[J]. 城市建筑，2009，(3)：23-25.

[18] 霍维捷. 日本建筑结构抗震技术现状[J]. 上海建设科技，2005，(6)：17-19.

[19] 王国光. 重建福祉——日本中小学校的防灾与灾后重建启示[J]. 南方建筑，2008，(6)：23-25.

[20] 林晨. 日本木结构独立住宅的建造及其人性化特点[J]. 华中建筑，2012，(5)：29-33.

[21] 包慕萍. 英雄主义和幕后导演日本建筑师与东京奥林匹克及其后的都市创造[J]. 时代建筑，2008，(4)：34-40.

[22] 黄居正，吴国平. 建构与生成——战后日本现代建筑的演变[J]. 新建筑，2011，(2)：76-88.

[23] 许懋彦，邹晓霞. 由三个问题浅议20世纪90年代日本建筑现象[J]. 城市建筑，2005，(4)：20-23.

[24] 单琳琳，刘松茯. 日本现代建筑民族根生性的意蕴表达[J]. 华中建筑，2012，(7)：36-39.

[25] 许政. 日本建筑的现代化及其借鉴[C]. 2009世界建筑史教学与研究国际研讨会论文集, 2009: 439-443.

[26] 张扬. 试析日本当代建筑之表现[J]. 河北工业大学学报, 2000, 29(4): 97-100.

[27] 肖艳萍. 向日本学什么? ——关于日本建筑考察的思考[J]. 建筑技艺, 2011, (5): 246-247.

[28] 吴家琛. 中国古代建筑对日本建筑的影响[J]. 世界家苑, 2011, (1): 46,86.

[29] 顾晶, 杨茂川. 日本建筑继承传统意象手法浅析与启示. 山西建筑, 2009, 35(20): 14-15.

[30] 薛晔. 战后二十年间的日本现代建筑及其美学特征. 2007国际工业设计教育研讨会论文集: 387-391.

[31] 杨畅. 日本建筑作品中的本土文化反映. 山西建筑, 2012, 38(30): 39-40.

[32] 杨一帆. 近代日本建筑师对"日本式"建筑的早期探索及其社会背景. 全国第八次建筑与文化学术研讨会论文集, 2004: 346-348.

[33] 叶晓健. 日本高层居住建筑发展中体现社会以及技术问题的变迁. 住区, 2012, (3).

[34] 柳肃. 日本的神社建筑及其文化特征. 中外建筑,2002.

[35] 何柯. 从模仿到回归——论日本现代建筑发展的五个阶段. 建筑与文化, 2010.

[36] 李湘洲. 国外住宅建筑工业化的发展与现状(一)—日本的住宅工业化. 中国住宅设施, 2005.

[37] 马国馨. 丹下健三. 北京: 中国建筑工业出版社, 1989.

[38] 郑时龄, 薛密. 黑川纪章. 北京: 中国建筑工业出版社, 1997.

[39] 王建国, 张彤. 安藤忠雄. 北京: 中国建筑工业出版社, 1999.

[40] [英]爱德华·露西—史密斯. 艺术词典. 殷企平等译. 北京: 生活、读书、新知三联书店, 2005.

[41] [美] 安德鲁·查尔森. 建筑中的结构思维: 建筑师与结构工程师设计手册. 李凯等译. 北京: 机械工业出版社, 2008.

[42] [英] 安格斯·J·麦克唐纳. 结构与建筑. 陈治业等译. 北京: 中国水利水电出版社, 知识产权出版社, 2003.

[43] [英] 彼得·沃森. 20世纪思想史. 朱进东等译. 上海: 上海译文出版社, 2008.

[44] [英] 比尔·阿迪斯. 创造力和创新: 结构工程师对设计的贡献. 高立人译. 北京: 中国建筑工业出版社, 2008.

[45] [日] 柄谷行人. 作为隐喻的建筑. 应杰译. 北京: 中央编译出版社, 2011.

[46] [法] 柏格森. 时间与自由意志. 吴士栋译. 北京: 商务印书馆, 1958.

[47] [古希腊] 柏拉图. 蒂迈欧篇. 谢文郁译. 上海: 上海人民出版社, 2005.

[48] 陈洁萍. 场地书写. 南京: 东南大学出版社, 2011.

[49] 布正伟. 现代建筑的结构构思与设计技巧. 天津: 天津科学技术出版社, 1986.

[50] [日] 川端康成. 我在美丽的日本. 叶渭渠译. 石家庄: 河北教育出版社, 2002.

[51] [日] 川口卫, 阿部优, 松谷宥彦, 等. 建筑结构的奥秘——力的传递与形式. 王小盾等译. 北京: 清华大学出版社, 2012.

[52] 戴航, 高燕. 梁构·建筑. 北京: 科学出版社, 2008.

[53] [英] E. H. 贡布里希. 艺术与错觉——图画再现的心理学研究. 林夕等译. 长沙: 湖南科学技术出版社, 2007.

[54] [英] E. H. 贡布里希. 艺术的故事. 范景中译. 南宁: 广西美术出版社, 2008.

[55] [美] 富勒·摩尔. 结构系统概论. 赵梦琳译. 沈阳: 辽宁科学技术出版社, 2004.

[56] [美] 戴维·P.比林顿. 塔和桥: 结构工程的新艺术. 钟吉秀译. 北京: 科学普及出版社, 1991.

[57] 樊振和. 建筑结构体系及选型. 北京: 中国建筑工业出版社, 2011.

[58] 葛鹏仁. 西方现代艺术 · 后现代艺术. 长春: 吉林美术出版社, 2000年.

[59] [德] 戈特弗里德·森佩尔. 建筑四要素. 罗德胤等译. 北京: 中国建筑工业出版社, 2010.

[60] [美] H. H. 阿森纳. 绘画·雕塑·建筑 西方现代艺术

史. 邹德侬等译. 天津：天津人民美术出版社，1994.

[61] [日] 黑川纪章. 新共生思想. 覃力等译. 北京：中国建筑工业出版社，2009.

[62] 韩立红. 日本文化概论. 天津：南开大学出版社，2004.

[63] [德]海诺·恩格尔. 结构体系与建筑造型. 林昌明等译. 天津：天津大学出版社，2001.

[64] [日] 矶崎新. 反建筑史. 胡倩等译. 北京：中国建筑工业出版社，2004.

[65] [法] 加斯东·巴什拉. 空间的诗学. 张逸婧译. 上海：上海译文出版社，2009.

[66] [英] 肯尼斯·弗兰姆普敦. 建构文化研究——论19世纪和20世纪建筑中的建造诗学. 王骏阳译. 北京：中国建筑工业出版社，2007.

[67] [英] 理查德·韦斯顿. 材料、形式和建筑. 范肃宁，陈佳良译. 北京：中国水利水电出版社，知识产权出版社，2005.

[68] 李允鉌. 华夏意匠——中国古典建筑设计原理分析. 天津：天津大学出版社，2005.

[69] 刘敦桢. 中国古代建筑史. 北京：中国建筑工业出版社，1984.

[70] [挪] 克里斯蒂安· 诺伯格—舒尔茨. 西方建筑的意义. 李路珂，欧阳怡之译. 北京：中国建筑工业出版社，2005.

[71] [美] 柯林·罗，罗伯特·斯拉茨基. 透明性. 金秋野，王又佳译. 北京：中国建筑工业出版社，2008.

[72] [美] 肯尼斯·弗兰姆普敦. 现代建筑：一部批判的历史. 张钦楠等译. 北京：生活·读书·新知三联书店，2004.

[73] [美] 肯特·C·布鲁姆，查尔斯·W·摩尔. 身体，记忆与建筑. 成朝晖译. 中国美术学院出版社，2008.

[74] [意] L·本奈沃洛. 西方现代建筑史. 邹德侬等译. 天津：天津科学技术出版社，1996.

[75] 刘先觉. 现代建筑理论（第二版） 建筑结合人文科学自然科学与技术科学的新成就. 北京：清华大学出版社，2008.

[76] 刘悦笛. 视觉美学史——从前现代、现代到后现代. 济南：山东文艺出版社，2008.

[77] 罗福午，张惠英，杨军. 建筑结构概念设计及案例. 北京：清华大学出版社，2003.

[78] 日建设计集团. 环境建筑的前沿 日建设计的思考与实践. 北京：中国建筑工业出版社，2009.

[79] Richard C. Levene and Fernando Marquez Cecilia. 1987—1998雷姆·库哈斯. 林尹星等译. 台北：惠彰企业，2002.

[80] [英] 塞西尔·巴尔蒙德. 异规. 李寒松译. 北京：中国建筑工业出版社，2008.

[81] 沈克宁. 建筑现象学. 北京：中国建筑工业出版社，2008.

[82] 陶东风，周宪. 文化研究. 北京：社会科学文献出版社，2010.

[83] [英] 托尼·亨特. 托尼·亨特的结构学手记. 于清译. 北京：中国建筑工业出版社，2004.

[84] [德] V. M. 兰普尼亚尼. 哈特耶 20世纪建筑百科辞典. 楚新地，邓庆尧译. 郑州：河南科学技术出版社，2006.

[85] [德] 瓦尔特·本雅明. 机械复制时代的艺术. 李伟，郭东译. 重庆：重庆出版社，2006.

[86] [德] 威尔弗利·柯霍. 建筑风格学 欧洲建筑艺术经典——从古典到当代. 陈滢世译. 沈阳：辽宁科学技术出版社，2006.

[87] 夏征农，陈至立. 辞海. 上海：上海辞书出版社，2010.

[88] [英] 休·奥尔德西-威廉斯. 当代仿生建筑. 卢昀伟等译. 大连：大连理工大学出版社，2004.

[89] [西] 伊格拉西·德拉索—莫拉莱斯. 差异——当代建筑的地志. 施植明译. 北京：中国水利水电出版社，知识产权出版社，2007.

[90] [澳] 约翰·哈特利. 文化研究简史. 季广茂译. 北京：金城出版社，2008.

[91] [日] 斋藤公男. 空间结构的发展与展望——空间结构设计的过去·现在·未来. 季小莲等译. 北京：中国建筑工业出版社，2006.

[92] [日] 增田一真. 结构形态与建筑设计. 任莅棣译. 北

京：中国建筑工业出版社，2002.
[93] 中国社会科学研究院语言研究所．新华字典．北京：商务印书馆，1992.
[94] 中国社会科学院语言研究所．现代汉语词典．北京：商务印书馆，2005.
[95] 周诗岩．建筑物与像——远程在场的影像逻辑．南京：东南大学出版社，2007.
[96] [日] 深泽义和．建筑结构设计精髓．刘云俊译．北京：中国建筑工业出版社，2011.
[97] [日] 原口秀昭．漫画结构力学入门．林晨怡译．北京：中国建筑工业出版社，2011.
[98] [日] 末益博志，长嶋利夫．漫画材料力学入门．滕永红译．北京：科学出版社，2012.
[99] [英] 萨慧兰・莱尔．结构大师：构筑当代创新建筑．香港日瀚国际文化有限公司译．天津：天津大学出版社，2004.
[100] [日] 冈村仁等．充满生机的技术 激活建筑的结构设计．邹洪灿译．北京：中国建筑工业出版社，2012.
[101] 20世紀建築研究編集委員会．20世紀建築研究．东京：INAX出版，1998.
[102] アトリエ・ワン．空間の響き / 響きの空間．东京：INAX出版，2009.
[103] 奥山信一．アフォリズム・篠原一男の空間言説．篠原一男監修．东京：鹿島出版会，2004.
[104] エイドリアン・フォーティー．言葉と建築　語彙大系としてのモダニズム．坂牛卓，邉見浩久監訳．东京：鹿島出版会，2005.
[105] エドワード・ホール．かくれた次元．日高敏隆，佐藤信行訳．东京：みすず書房，1970.
[106] 坂本一成，多木浩二．住まい大系074　対話・建築の思考．东京：住まい図書館出版局，1996.
[107] 坂本一成．建築を思考するディメンション 坂本一成との対話．东京：TOTO出版，2002.
[108] 坂本一成．建築に内在する言葉．东京：TOTO出版，2011.
[109] 坂本一成，塚本由晴，岩岡竜夫，等．建築構成学 建築デザインの方法．东京：実教出版，2012.
[110] 坂本一成．住宅——日常の詩学．东京：TOTO出版，2001.
[111] 浜口隆一．ヒューマニズムの建築 日本近代建築の反省と展望．东京：雄鶏社，1944.
[112] 坂牛卓．建築の規則 現代建築を創り・読み解く可能性．东京：ナカニシヤ出版，2008.
[113] 貝島桃代，黒田潤三，塚本由晴．メイド イン トーキョー．东京：鹿島出版会，2001.
[114] 柄沢祐輔，田中浩也，藤村龍至，等．設計の設計．东京：INAX出版，2011.
[115] C・ロウ, F・コッター．SD選書251コラージュ・シティ．渡辺真理訳．东京：鹿島出版会，2009.
[116] 倉方俊輔，中山英之，吉村靖孝，等．建築家の読書術．东京：TOTO出版，2010.
[117] 長谷川豪．考えること、建築すること、生きること．东京：INAX出版，2011.
[118] 川口衛．構造と感性．东京：法政大学建築学科同窓会，2007.
[119] 村上隆．DOBSFふしぎの森のDOB君．东京：美術出版社，1999.
[120] 村松貞次郎．日本建築技術史．东京：地人書館，1959.
[121] 村松貞次郎．日本近代建築技術史．东京：彰国社，1976.
[122] 村松貞次郎．岩波現代文庫　日本近代建築の歴史．东京：岩波書店，2005.
[123] 池田昌弘．小住宅の構造．东京：エーディーエー・エディタ・トーキョー，2003.
[124] D'Arcy Wentworth Thompson．生物のかたち．柳田友道、远藤勲、古澤健彦，等訳．东京：東京大学出版会，1973.
[125] 渡辺邦夫，金箱温春,西藺博美，等．SPACE STRUCTURE 木村俊彦の設計理念[M]．东京：鹿島出版会，2000.
[126] 渡辺邦夫．飛躍する構造デザイン．东京：学芸出版社，2002.
[127] 大辞林．东京：三省堂書店，1995.
[128] 塚本由晴研究室．Window Scape　窓のふるまい学．

东京：フィルムアート社，2010.
[129] 多木浩二．生きられた家　経験と象徴．东京：岩波書店，2001.
[130] 多木浩二．建築家・篠原一男　幾何学的想像力．东京：青土社，2007.
[131] 二川由夫．PLOT03 伊東豊雄：建築のプロセス．东京：GA，2003.
[132] 二川幸夫編集，原広司論文．GA　ARCHITECT17伊東豊雄1970—2001．东京：A.D.A EDITA Tokyo，2001.
[133] F・オットー．SD選書201　自然な構造体．岩村和夫訳．东京：鹿島出版会，1986.
[134] 岡村仁，名和研二，大野博史，等．ヴィヴィッド・テクノロジー——建築を触発する構造デザイン．东京：学芸出版社，2007.
[135] 古谷誠章．Shuffled古谷誠章の建築ノート．东京：TOTO出版，2002.
[136] 谷口汎邦監修，藤岡洋保．近代建築史．东京：森北出版株式会社，2011.
[137] 高木隆司．形の事典．东京：丸善，2003.
[138] 高橋慶夫．建築構造の知識と智恵．千叶：都市文化社，1989.
[139] 高橋慶夫．建築家のための構造力学．东京：理工図書，1977.
[140] 丸山真男．日本政治思想史研究．东京：東京大学出版会，1952.
[141] 金箱温春．構造計画の原理と実践．东京：建築技術，2010.
[142] 井上充夫．日本建築の空間SD037．东京：鹿島出版会，1969.
[143] 磯崎新，浅田彰監修．Anyone．东京：NTT出版，1997.
[144] 磯崎新，浅田彰監修．Anyhow．东京：NTT出版，2000.
[145] 磯崎新，浅田彰監修．Anybody．东京：NTT出版，1999.
[146] 磯崎新，浅田彰監修.グローバル化の諸問題Anymore.东京：NTT出版，2003.
[147] 磯崎新，浅田彰監修．Anywise．东京：NTT出版，1999.
[148] 磯崎新，浅田彰監修．時間の諸問題Anytime．东京：NTT出版，2001.
[149] 磯崎新，浅田彰監修．Anyway．东京：NTT出版，1995.
[150] 磯崎新，浅田彰監修．Anyplace．东京：NTT出版，1996.
[151] 磯崎新，浅田彰監修．Anywhere．东京：NTT出版，1994.
[152] 磯崎新．建築における日本的なもの．东京：新潮社，2003.
[153] JSCA構造デザインの歩み編集WG．構造デザインの歩み[M]．东京：建築技術，2010.
[154] 铃木博之. 建築の世紀末. 东京：晶文社，1977.
[155] 铃木博之. 現代建築の見かた. 东京：王国社，1999.
[156] 铃木博之編著,五十嵐太郎,横手義洋著. 近代建築史. 东京：市ヶ谷出版社，2008.
[157] 铃木博之＋東京大学建築学科編. 近代建築論講義. 东京：東京大学出版会，2009.
[158] マイケル・ポラニー，（佐藤敬訳）.暗黙知の次元言語から非言語へ.东京：紀伊国屋書店，1980.
[159] 木村俊彦．構造設計とはON STRUCTURAL DESIGN．东京：鹿島出版会，1991.
[160] 難波和彦，伊藤毅，鈴木博之等．建築の理（ことわり）難波和彦における技術と歴史[M]．东京：彰国社，2010.
[161] 南泰裕. 建築の還元——更地から考えるために. 东京：青土社，2011.
[162] 内井昭蔵. 装飾の復権 空間に人間性を. 东京：彰国社，2003.
[163] 内藤廣．構造デザイン講義．东京：王国社，2008.
[164] 坪井善昭，佐々木睦朗，川口健一等．力学・素材・構造デザイン[M]．东京：建築技術，2012.
[165] 平田晃久. animated 生命のような建築へ 発想の視点.东京：グラフィック社,2009.
[166] 平田晃久. 建築とは<からまりしろ>をつくることで

ある. 东京：INAX出版,2011.

[167] 『清家清』編集委員会編集．清家清1918－2005．东京：新建築社，2006.

[168] 青木淳．住宅論－12ダイアローグ．东京：INAX出版，2000.

[169] 青木淳．原っぽと遊園地．东京：王国社，2004.

[170] 日本建築構造技術者協会．日本の構造技術を変えた建築100選―戦後50余年の軌跡. 东京：彰国社，2003.

[171] 日本建築学会编. アルゴリズミック・デザイン　建築·都市の新しい設計手法. 东京：鹿島出版会，2009.

[172] 日本建築学会编．建築論事典．东京：彰国社，2008.

[173] 日本建築学会编．日本建築史図集．东京：彰国社，1980.

[174] 山本学治．創造するこころ．东京：鹿島出版会，2007.

[175] 山本学治．歴史と風土の中で．东京：鹿島出版会，2007.

[176] 山本学治．素材と造形の歴史．东京：鹿島出版会，1966.

[177] 山本学治．造形と構造と. 东京：鹿島出版会，2007.

[178] 山本学治．現代建築と技術．东京：彰国社，1971.

[179] 神代雄一郎. 近代建築の黎明 明治・大正を建てた人びと. 东京：美術出版社，1963.

[180] 石上純也．ちいさな図版のまとまりから建築について考えたこと．东京：INAX出版，2008.

[181] スラヴォイ・ジジェック著，（鈴木晶訳）．斜めから見る　大衆文化を通してラカン論理へ．东京：青土社，1995.

[182] S. P. ティモシェンコ著，（最上武雄監訳，川口昌宏訳）．材料力学史．东京：鹿島出版会，2007.

[183] TNプローブ编. 都市の変異．东京：NTT出版，2002.

[184] 太田博太郎. 日本建築史序説 増补第二版. 东京：彰国社，1947.

[185] 湯沢正信. 文献解題―建築造形論の方法展開，日本建築学大系5. 东京：彰国社，1985.

[186] 藤本壮介. 原初的な未来の建築. 东京：INAX出版，2008.

[187] 藤村龍至／TEAM　ROUNDABOUT．1995年以降　次世代建築家の語る現代の都市と建築．东京：エクスナレッジ，2009.

[188] 藤村龍至／TEAM　ROUNDABOUT．アーキテクト2.0 2011年以降の建築家像．东京：彰国社，2011.

[189] 藤森照信. 建築史的モンダイ. 东京：筑摩書房，2008.

[190] 土肥博至監修. 建築デザイン用語辞典. 东京：井上書店，2009.

[191] 土居義岳. 言語と建築　建築の批判の史的地平と諸概念. 东京：建築技術，1997.

[192] 隈研吾．新・建築入門——思想と歴史．东京：ちくま新書016，1994.

[193] 五十嵐太郎. 終わりの建築／始まりの建築　ポスト・ラディカリズムの建築と言説．东京：INAX出版，2001.

[194] 五十嵐太郎，小野田泰明，金田充弘等. オルタナティブ・モダン 建築の自由をひらくもの. 东京：TN Probe，2005.

[195] 五十嵐太郎. 現代建築に関する16章 空間、時間、そして世界. 东京：講談社，2006.

[196] 五十嵐太郎. 建築はいかに社会と回路をつなぐのか. 东京：彩流社，2010.

[197] 五十嵐太郎. 都市建築　21世紀ガイドブック．东京：彰国社，2010.

[198] 仙田満．21世紀建築の展望．东京：丸善株式会社，2003

[199] 篠原一男．篠原一男．东京：TOTO出版，1996:

[200] 篠原一男. 住宅建築. 东京：彰国社，1964.

[201] 伊東豊雄，藤本壮介，平田晃久等．20XXの建築原理へ．东京：INAX出版，2009.

[202] 原広司. 空間<機能から様相へ>. 东京：岩波書店，2007.

[203] 増田一眞．建築構法の変革[M]．东京：建築資料研究社，1998.

[204] 塚本由晴.「小さな家」の気づき. 东京：王国社，2003.

[205] 塚本由晴,西沢太良. 現代住宅研究. 东京：INAX出版，

2004.

[206] 中村昌生. SD選書053茶匠と建築. 东京：鹿島出版会，1971.

[207] 中村拓志. 微視的設計論. 东京：INAX出版，2010.

[208] 中谷礼仁. 国学・明治・建築家——近代「日本国」建築の系譜をめぐって. 东京：一季出版，1993.

[209] 佐藤淳. 佐藤淳 | 佐藤淳構造設計事務所のアイテム. 东京：INAX出版，2010.

[210] 佐々木睦朗. フラックス・ストラクチャー. 东京：TOTO出版，2005.

[211] 佐々木睦朗. 構造設計の詩法—住宅からスーパーシェッズまで. 东京：住まいの図書館出版局，1997.

[212] 五十嵐太郎. 現代日本建築家列伝　社会といかに関わってきたか. 东京：河出書房新社，2011.

[213] Alan Holgate. The Art in Structural Design: An Introduction and Sourcebook [M]. New York: Oxford University Press, USA, 1986.

[214] Alois Riegl, Tr. E. Kain. Stilfragen. Problems of style, Princeton, 1992.

[215] Atelier Bow-Wow. Bow-Wow from POST BUBBLE CITY. 东京: INAX出版, 2006.

[216] Atelier Bow-Wow. The Architectures of Atelier Bow-Wow: Behaviorology. NewYork: Rizzoli，2010.

[217] Banister Flight Fletcher. A History of Architecture on the Comparative Method. London: Nabu Press，2011.

[218] Beatriz Colomina. Privacy and Publicity: Modern Architecture As Mass Media, Adolf Loos and Le Corbusier. NewYork: The MIT Press, 1994.

[219] Domino Galileo Galilei, Henry Crew, Alfonso de Salvio: Two New Sciences. 1933.

[220] Eduardo Torroja. Philosophy of Structures[M]. Berkeley: University of California Press，1967.

[221] Forrest Wilson. Structure: The Essence of Architecture[M]. New York: Van Nostrand Reinhold Co.，1982.

[222] Geoffrey Scott. The Architecture of Humanism New edition edition. New York. Architectural Press.1980.

[223] George L. Hersey. Pythagorean Palaces—Magic and Architecture in the Italian Renaissance. Cornell University Press，1976.

[224] Heinrich Wölfflin, Marie Donald Mackie Hottinger. Principles of Art History: the Problem of the Development of Style in Later Art. Dover Publications, 1932.

[225] Jean Baudrillard. Simulacres et simulations. D é bats, 1981.

[226] John Summerson. The Classical Language of Architecture. NewYork: The MIT Press, 1966.

[227] J ü rg Conzett, Mohsen Mostafavi, Bruno Reichlin. Structure as Space[M]. London: Architectural Association, 2006.

[228] Max Dvorak. Kunstgeschichte als Geistesgeschichte. R. Piper, 1924.

[229] Peter Collins. Changing Ideas in Modern Architecture 1750-1950. McGill-Queen's University Press, 1998.

[230] Lon R. Shelby. The Geometrical Knowledge of Mediaeval Master Masons, Speculum Vol.47 No.3, 1972.

[231] Rudolf Wittkower. Architectural Principles in the Age of Humanism. W. W. Norton & Company, 1971.

[232] 10＋1　No.48アルゴリズム的思考と建築. 东京：INAX出版，2007. No.19都市/建築クロニクル1990—2000. 东京：INAX出版，2000. No.20言説としての日本近代建築 戦前の建築評論家の建築観. 东京：INAX出版，2000.

[233] 崔昌禹、大森博司、佐佐木睦朗.拡張ESO法による構造形態の創生——三次元構造への拡張.日本建築学会構造系論文報告集，2004.

[234] domus China 2007（1）. 2011（5）.

[235] 東浩紀. 広告1999（11/12）.

[236] ダイアローグIV. 芸術と理念と. 批判空間1993.

[237] GA JAPAN 109，2011（3-4）.

[238] 建築と日常No.0 2009，No.1特集：物語の建築2010，No.2特集：建築の持ち主2011.

[239] 建築雑誌1989（6），1998（1）. 2005（12）.2008（3）. 2008（6）. 2011（4）.

[240] 建築を開く構造デザイン. 建築文化2000（12）.

[241] 特集 坪井善勝. 建築1961（1）.

[242] 挑戦する構造. 建築画報2011（3）.

[243] 新建築1995（2）. 1995（7）. 1995（11）. 1995（12）. 1996（3）. 1997（1）. 1997（2）. 1997（9）. 1997（11）. 1997（12）. 1998（1）. 1998（4）. 1998（6）. 1998（7）. 1998（8）. 1998（9）. 1999（1）. 1999（2）. 1999（3）. 1999（4）.1999（6）.1999（7）.1999（9）.1999（11）.2000（8）.2000（9）.2001（8）.2002（1）.2002（3）.2002（5）.2002（7）.2002（8）.2002（9）.2002（10）.2002（11）.2003（1）.2003（2）.2003（3）.2003（5）.2003（7）.2003（8）.2003（9）.2003（12）.2004（1）.2004（2）.2004（3）.2004（5）.2004（7）.2004（8）.2004（9）.2004（11）.2004（12）.2005（1）.2005（4）.2005（5）.2005（6）.2005（8）.2005（9）.2005（11）.2006（1）.2006（3）.2006（5）.2006（6）.2006（7）.2006（8）.2006（9）.2006（11）.2006（12）.2007（1）.2007（2）.2007（3）.2007（4）.2007（5）.2007（6）.2007（7）.2007（8）.2007（9）.2007（12）.2008（2）.2008（3）.2008（4）.2008（5）.2008（6）.2008（7）.2008（8）.2008（9）.2008（11）.2008（12）.2009（1）.2009（2）.2009（4）.2009（5）.2009（6）.2009（7）.2009（9）.2009（11）.2009（12）.2010（1）.2010（3）.2010（5）.2010（7）.2010（8）.2010（9）.2010（12）.2011（1）.2011（5）.2011（6）.2012（8）.2012（10）.2012（11）.2012（12）.2013（1）.2013（5）.2013（6）.2013（7）.2013（9）.2013（11）.

[244] 新建築新建築臨時増刊 20世紀の技術と21世紀の建築 node：ノード. 东京：新建築社，2000.

[245] 新建築1991年6月臨時増刊創刊65周年記念号 建築20世紀Part1. Part2. 东京：新建築社，1991.

[246] 新建築1995年12月臨時増刊創刊70周年記念号　現代建築の軌跡1925–1995「新建築」に見る建築と日本の近代. 东京：新建築社，1995.

[247] 新建築2001年11月臨時増刊　建築20世紀4人の建築家が問う1990年代. 东京：新建築社，2001.

[248] 新建築2005年11月臨時増刊　日本の建築空間. 东京：新建築社，2005.

[249] 新世代建築家 / クリエイター100人の仕事. HOME 2010（2）.

致谢

这本书的出版首先是缘于东南大学葛明教授一直以来善意的催促。真挚地感谢葛明老师这些年来在学术上志同道合的支持和对本书的关心。

同济大学王骏阳教授是我博士学位论文的导师。王老师具有前瞻性的学术观点及深有造诣的理论指导是这本书不可或缺的组成。

东南大学王建国院士是我博士学位论文评阅的主席。王老师一直以来在学术上无微不至的关怀与支持对于这本书的成形是非常重要的动力。

同济大学张永和教授是我博士学位论文答辩的主席。张老师的鼓励及其中肯且富有建设性的意见是本书不同于论文的结构性内容调整的由来。特别是本书的第四章图解案例研究的方式采纳了张老师希望“以图示意”的重要建议。

同时也要感谢参与答辩以及论文评审的同济大学王伯伟教授、钱峰教授、卢永毅教授、吴明儿教授、南京大学丁沃沃教授、华南理工大学孙一民教授、华东建筑设计研究总院汪孝安首席总建筑师、东京工业大学坂本一成名誉教授、奥山信一教授，他们对于论文的意见和建议都已经融入在这本书的内容之中。

同济大学建筑与城市规划学院和东京工业大学建筑学系宽泛的学术视野与严谨的学术态度对我个人以及这本书的学术风格有着至关重要的影响。

东京工业大学的仙田满名誉教授是我硕士研究生的导师。他对于这样一篇与我硕士研究内容并不相关的博士论文研究给予的全力支持和悉心鼓励使我感到万分的感激。东京工业大学的坂本一成名誉教授和八木幸二名誉教授则对于论文的研究架构提出了宝贵的意见；安田幸一教授、奥山信一教授、塚本由晴教授以及盐崎太伸副教授针对论文的案例分析及比较方法提供了许多有益的建议，它们都是这篇论文试图以更加客观的方法来获取结论的重要原因。诚挚地感谢母校东京工业大学建筑学科诸位老师们这些年来一直在学业和人生规划上给予我的无私帮助和关爱。

在攻读博士学位的这四年多期间，我非常荣幸地受到南京大学建筑与城市规划学院的邀请参与了自2009年以来研究生一年级秋季学期的“建构设计研究课程”的教学指导。感谢丁沃沃教授、赵辰教授、冯金龙教授、周凌教授、鲁安东教授、傅筱教授，以及在这些年的教学中给予我信任和支持的老师和同学们。他们给我提供了一个从研究到教学的知识系统化的机会。这些在教与学的反馈中不断地反思和更新论文的研究，进而成为我博士论文极有价值的补充。

同济大学建筑与城市规划学院的李振宇教授、李翔宁教授、蔡永洁教授、王方戟教授、彭怒教授、周鸣浩助理教授、笔记人老师刘东洋博士、大舍的柳亦春先生、东南大学建筑学院的韩冬青教授、朱雷副教授、李华副教授、天津大学建筑学院的丁垚副教授、土木学院的张早讲师、华中科技大学建筑与城市规划学院的汪原教授、华南理工大学建筑学院的冯江副教授、中国建筑设计研究院总院李兴钢总建筑师，也都曾先后对论文提出过许多中肯和积极的意见和建议。东京工业大学的同窗川上正伦、关本丹青、长谷川豪、东京艺术大学藤村龙至副教授，以及东京理科大学的坂牛卓教授、大阪市立大学的宫本佳明教授、仓方俊辅副教授给予了我很多相关方面的补充和深入的理解。与大野博史关于论文选题、架构组织和案例分析的讨论使我收获了许多对论文的补充和提升。感谢渡边邦夫、手塚贵晴、小西泰孝、佐藤淳接受我关于结构问题的访谈，感谢两位日本建筑学会前会长斋藤公男日本大学名誉教授与和田章东京工业大学名誉教授有关结构问题与我的讨论和建议，它们都对本书具有重要的建设性作用。

感谢《时代建筑》主编支文军教授、张晓春副教授、《建筑学报》杂志的李晓鸿副主编、刘爱华编辑、《建筑师》杂志的易娜编辑，感谢黄居正对于我的研究所给予的热心帮助，让我能够通过建筑媒体及时总结和分享研究的成果。

除此之外，陈笛、平辉、薛君、肖潇、李一纯、周伊幸帮忙参与了文献和案例收集和整理的工作；肖潇、陆少波、李一纯、刘大禹、李梓园、傅艺博、解文静、罗林君、郭皓阳、王西帮忙参与了大部分的图表绘制工作，没有上述各位的大力帮助，很难想象论文以及本书如此大量的分析和整理工作能够在有限的时间内完成。在此向他们表示由衷的感谢。

最后，感谢同济大学出版社秦蕾编辑、晁艳编辑、李争编辑、左奎星先生一直以来对本书的容忍和支持。感谢家人对我一直以来的默默关心和支持！

谨以此书献给各位！

图书在版编目（C I P）数据

结构制造：日本当代建筑形态研究 / 郭屹民著 . -- 上海：同济大学出版社，2016.11

ISBN 978-7-5608-6065-7

Ⅰ . ①结… Ⅱ . ①郭… Ⅲ . ①建筑形式－研究－日本－现代
Ⅳ . ① TU-0

中国版本图书馆 CIP 数据核字 (2015) 第 266343 号

结构制造

日本当代建筑形态研究

郭屹民 著

出版人：华春荣

责任编辑：秦蕾

特约编辑：李争

责任校对：徐春莲

装帧设计：左奎星　柯云风

封面设计：刘大禹

版 次：2016 年 11 月第 1 版

印 次：2016 年 11 月第 1 次印刷

印 刷：上海安兴汇东纸业有限公司

开 本：889mmX1194mm 1/24

印 张：13

字 数：406 000

书 号：ISBN 978-7-5608-6065-7

定 价：69.00 元

出版发行：同济大学出版社

地 址：上海市四平路 1239 号

邮政编码：200092

网 址：http://www.tongjipress.com.cn